容积卡尔曼滤波算法与应用

Cubature Kalman Filter Algorithm and Application

李兆铭　杨文革　廖育荣　倪淑燕　著

国防工业出版社

·北京·

内容简介

本书重点阐述容积卡尔曼滤波算法与应用。分析了容积卡尔曼滤波算法性能；在高斯模型假设条件下给出新的容积卡尔曼滤波算法；研究了特殊系统模型条件下以及非理想噪声条件下相应的容积卡尔曼滤波算法，并应用于基于紫外敏感器的航天器自主轨道估计和航天器地基实时轨道估计中。

本书既可供从事非线性系统状态估计等相关技术工作的科技工作者参考，也可供高等院校相关专业研究生和科研院所的科研人员参考。

图书在版编目(CIP)数据

容积卡尔曼滤波算法与应用 / 李兆铭等著. -- 北京 : 国防工业出版社, 2025. 3. -- ISBN 978-7-118-13430-8

Ⅰ. TN713

中国国家版本馆 CIP 数据核字第 2025SD0374 号

※

国防工業出版社 出版发行

(北京市海淀区紫竹院南路 23 号　邮政编码 100048)

天津嘉恒印务有限公司印刷

新华书店经售

*

开本 710×1000　1/16　　**印张** 14　　**字数** 249 千字

2025 年 3 月第 1 版第 1 次印刷　　**印数** 1—2000 册　　**定价** 88.00 元

国防书店:(010)88540777　　书店传真:(010)88540776

发行业务:(010)88540717　　发行传真:(010)88540762

前　言

作为现代控制的重要方法,状态反馈控制需要实时获取被控系统的状态以实现闭环控制。系统状态是决定系统动力学行为的空间元素,描述系统演化的内在信息,由于测量过程本身是一个包含噪声的非确定性随机过程,而且仅能获取系统外部特征,因此系统状态一般难以通过测量直接精确获得,而是需要基于系统动力学模型,从带有噪声的外部测量数据中提炼出统计意义上最接近状态真值的估计值,这便是广泛存在于信号处理、目标跟踪、航天测控和智能导航等领域的多维非线性随机动态系统状态估计问题。非线性卡尔曼滤波是解决该问题的一种重要方法,而容积卡尔曼滤波是非线性卡尔曼滤波发展的前沿阶段,对容积卡尔曼滤波算法的深入研究不仅具有补充和完善非线性卡尔曼滤波算法体系的理论意义,更具有解决工业领域中面临的各种具体状态估计问题的工程意义。

本书重点针对容积卡尔曼滤波算法与应用展开阐述。全书共分为 6 章:第 1 章绪论部分主要阐述了容积卡尔曼滤波的研究意义,并介绍了非线性卡尔曼滤波发展现状;第 2 章主要阐述了容积卡尔曼滤波算法的实现过程,并对容积卡尔曼滤波算法的性能进行了分析;第 3 章在精确高斯模型假设条件下,阐述了四种新的容积卡尔曼滤波算法;第 4 章研究了四种特殊系统模型条件下相应的容积卡尔曼滤波算法;第 5 章研究了三种非理想噪声条件下相应的容积卡尔曼滤波算法;第 6 章研究了容积卡尔曼滤波算法在基于紫外敏感器的航天器自主轨道估计和航天器地基实时轨道估计中的应用。

本书是在团队的共同努力下完成的,参与本书资料整理、校对审核和技术支持的主要人员有李云涛、李磊、杨新岩、林存宝等。在本书的撰写及修改过程中,得到航天工程大学电子与光学工程系领导及专家教授的支持与指导,在此表示衷心的感谢。同时,感谢所有为本书出版给予过支持和帮助的领导、同事、学生、同行和朋友。

容积卡尔曼滤波广泛应用于信号处理、目标跟踪、航天测控、智能导航等领域，由于作者水平有限，书中难免有疏漏和不妥之处，欢迎专家和读者批评指正。

作者

2023 年 10 月

目录

第1章
绪　论

1.1　容积卡尔曼滤波的研究意义

线性系统是非线性系统在做理论分析或满足应用精度需求前提下的一种近似处理，随着系统非线性特征的增强与工程应用精度要求的提高，传统线性系统理论方法难以获得令人满意的结果，因而在工程应用中，人们更希望能够直接处理非线性系统。非线性系统往往需要采用多个状态变量进行描述，并且由于随机噪声以及系统中某些复杂未建模因素的驱动，会使得系统表现出非线性随机特性。状态反馈控制作为现代控制的主要方法，需要实时获取被控对象的本质状态以实现系统闭环。状态是决定系统动力学行为的空间元素，是描述系统演化的内在信息，一般难以通过测量直接获得[1]，而是需要基于系统动力学模型，从带有噪声的外部测量数据中提炼出统计意义上最接近状态真值的估计值，这便是实际工程领域中广泛存在的一类多维非线性随机动态系统最优状态估计问题。

非线性卡尔曼滤波是解决多维非线性随机动态系统最优状态估计问题的一种重要方法，作为非线性卡尔曼滤波发展的重要成果，容积卡尔曼滤波（cubature Kalman filter，CKF）一经提出便引起各方广泛关注，对容积卡尔曼滤波的深入研究不仅具有补充和完善非线性卡尔曼滤波算法体系的理论意义，更具有解决实践中面临的各种非线性系统状态估计问题的工程意义。在航天测控工程中，航天器轨道确定是监视航天器在轨运行状态等任务的前提，是一项基础性工作。航天器轨道确定问题在本质上同样是多维非线性随机动态系统状态估计问题，随着航天技术的发展，迫切需要提高轨道估计的精度与实时性，为此，除提高轨道动力学建模精度和数据测量精度之外，容积卡尔曼滤波算法的应用也是关键所在。

1.2　非线性卡尔曼滤波发展现状

多维非线性随机动态系统是工程实践中一类常见系统，系统模型一般包括物理系统数学模型和传感器测量数学模型。前者通过状态方程描述系统的内部特性和演化过程，后者通过输出或量测方程将系统输出与状态相关联。系统一般受两种输入变量作用，分别为控制输入和系统噪声。前者一般是由控制器生成的确定性信号，后者是系统内、外部的不可控随机信号。

多维非线性随机动态系统状态估计的主要目的是利用带噪声的量测数据实时获取系统状态在某种准则下的最优估计值，而非线性滤波方法是解决多维时变非线性系统状态估计问题的重要方法。由贝叶斯理论可知，获得系统状态最优估计的前提需要获得状态后验概率密度函数的完整描述[2]。然而，任意非线性系统状态后验概率密度函数的求解是极其复杂的，在一般情况下甚至是无法实现的。为此，在高斯概率密度假设的前提下，近几十年发展出多种次优非线性卡尔曼滤波（KF）算法，最具代表性的有扩展卡尔曼滤波（extended Kalman fiter，EKF）、无迹卡尔曼滤波（unscented Kalman filter，UKF）和容积卡尔曼滤波（CKF），如图 1－1 所示。

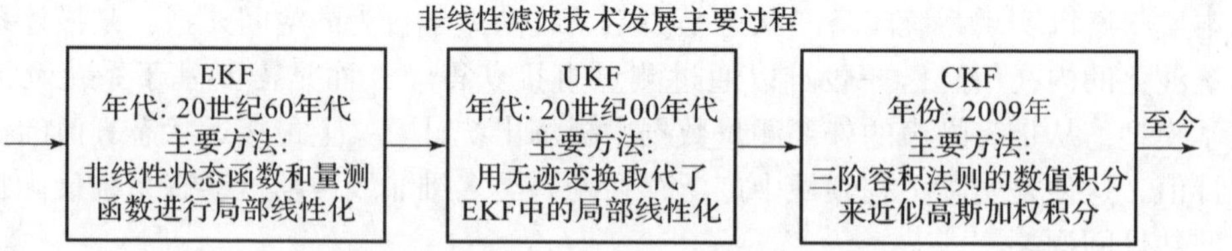

图 1－1　非线性卡尔曼滤波主要发展历程

1.2.1　扩展卡尔曼滤波

标准卡尔曼滤波是针对线性随机系统设计的，而工程实践中面临的系统经常无法用线性系统近似描述，为此，在 20 世纪 60 年代，Bucy 等[3]提出了适用于非线性随机系统状态估计的扩展卡尔曼滤波（EKF），其基本思想是将非线性状态方程和量测方程进行泰勒级数展开，仅保留其中的一阶项，从而实现非线性系统模型的局部线性化，进而应用标准卡尔曼滤波算法进行时域内的递推求解[4]。由此可见，EKF 是一种和卡尔曼滤波具有相同基本结构的次优滤波，由于其原理简单，在过去几十年被广泛应用于各种工程领域[5]。

然而，EKF 仅具有一阶滤波精度，为了进一步提高滤波精度，研究人员相继提出了迭代 EKF[6]和二阶截断 EKF[7]等改进方法。迭代 EKF 采用高斯－

牛顿迭代[8]对量测更新进行迭代计算，充分利用量测值，在理论上可以获得更高的滤波精度。二阶截断 EKF 保留泰勒级数展开中的二阶项，从而减小了系统的一阶线性化误差[9]。这些方法以提高计算量为代价，而且没有克服 EKF 固有的雅可比矩阵求解和系统模型约束，因而在实际的应用中并不普及。EKF 要求精确已知系统噪声的先验统计特性，如果系统噪声统计特性的建模不够准确，则会导致 EKF 滤波精度下降甚至发散。为了解决这些问题，众多学者将自适应卡尔曼滤波中诸如 Sage – Husa 极大后验估计[10]、假想噪声抵消[11]、动态偏差去耦合估计[12-13]等方法推广到 EKF 中，重新推导了相应自适应 EKF 算法，使得 EKF 在一定程度上具备了应对噪声时变的能力。

为了解决因系统模型误差或系统突变引起的 EKF 失效问题，周东华等[14-15]在状态预测误差协方差矩阵中乘以一种次优渐消因子，该因子可以动态调整滤波增益矩阵，从而使得滤波残差被迫保持相互正交，并将该滤波器称为强跟踪滤波器[16-17]（strong tracking filter，STF）。STF 是 EKF 的一种改进形式，有效提高了 EKF 在模型参数失配以及系统状态突变情况下的鲁棒性[18]。同样，学者们在研究过程中针对 STF 的不足给出了一些改进方法[19-20]。

目前，虽然 EKF 在很多领域获得了一定应用，但以下几个缺点限制了其在工程实践中的进一步发展：①EKF 仅具有一阶滤波精度，只有当非线性系统泰勒级数展开中的高阶项对系统影响较小时可以获得满意的滤波精度，而对强非线性系统的滤波精度较低，甚至出现滤波发散。②EKF 需要计算系统的雅可比矩阵，这就要求系统的状态方程和量测方程连续光滑可微，这对系统模型是一种限制，一旦模型不满足该条件，EKF 将无法使用。同时，对于高维强非线性系统，雅可比矩阵的计算十分复杂，极易降低 EKF 的数值稳定性，从而导致滤波发散。③EKF 的软件实现依赖于系统模型及偏导数的具体形式，因此难以进行程序的模块化设计。虽然 EKF 存在一些缺点，但 EKF 算法结构简单清晰，物理意义明确，因而对 EKF 相关算法的研究对研究其他非线性滤波及改进算法性能具有一定的指导意义[21-22]。

1.2.2　无迹卡尔曼滤波

为了克服 EKF 中存在的不足，剑桥大学的学者 Julier 等[23]认为相比于对任意非线性函数的近似，对非线性函数概率密度的近似更为简单，并以该观点为基础提出了无迹卡尔曼滤波（UKF）。UKF 同样包含时间更新和量测更新这两个卡尔曼滤波的基本递推计算结构，但是 UKF 中用无迹变换（unscented transformation，UT）传递均值和协方差，从而代替了 EKF 中非线性函数一阶线性化的方法，这样一方面解除了算法对系统模型的限制，即不要求系统模型必须满足连续光滑可微的条件，另一方面无须计算雅可比矩阵，因而更适合应用于强非线性系统[24]。

UKF 属于 Ito 等[25]提出的非线性近似高斯滤波器中的一种，其基本思想是在非线性最优高斯滤波框架中，利用 UT 生成固定数量的 sigma 采样点，同时每个采样点对应不同的权重值，首先直接利用非线性系统方程对这些 sigma 采样点进行传递，得到一系列传递后的采样点，然后再对这些传递后的采样点进行加权计算，从而得到系统状态后验均值和协方差的近似值。研究表明，无论系统模型的非线性程度如何，在理论上 UT 至少能达到三阶精度，从而可以获得比 EKF 更高的滤波精度。

sigma 采样点的生成方式在 UKF 中具有重要地位，不同的生成方式决定了采样点数量、采样点位置和对应权值的大小。Julier 在研究中先后给出了几种适用于 UT 的 sigma 采样点生成方式，主要有对称采样方式、单形采样方式、三阶矩偏度采样方式以及高斯分布四阶矩对称采样方式等[26]。其中，对称采样方式由于其简单的实现方式，被诸多学者在研究中广泛地应用。然而，当系统维数 $n \geqslant 4$ 时，由于 UT 中可调参数的约束限制可能会导致中心 sigma 采样点对应的权值为负数，进而导致协方差矩阵非正定而使得滤波计算中断。而且 sigma 采样点与中心点的距离也会随着系统维数的增加而增大，从而引发非局部采样效应[27]，导致滤波估计精度的降低。

Julier 等[28]从统计线性回归的角度对 UT 进行了阐释，即随机线性化的离散实现。与局部线性化不同，统计线性回归利用了系统在状态空间的多点信息，更好地描述了 UT 的特征，并揭示了免微分 UKF 比 EKF 精度高的机理。另外，Xiong 等[29]在理论上给出了 UKF 的收敛性条件，填补了长期以来 UKF 收敛性的理论证明。

为了使 UKF 更好地适用于工程应用，学者们提出了多种改进 UKF 算法。Merwe 等提出了平方根 UKF 算法，利用 QR 分解和 Cholesky 分解使得协方差阵的平方根直接参与滤波计算，避免了由于舍入误差导致的协方差非正定问题，从而提高了算法的数值稳定性。王小旭等[30]利用统计线性回归方法，推导出了协方差矩阵的线性近似表示，并以此推导出了次优渐消因子的等价表示形式，从而将 UT 嵌入 STF 之中，提出了强跟踪 UKF（STUKF）。STUKF 结合了 STF 和 UKF 的优点，并且给出了一种强跟踪非线性卡尔曼滤波计算框架。赵琳等[31]基于 MAP 估计原理，推导了常值噪声统计估计器，并给出了该估计器的无偏性证明。进而，针对时变噪声，采用渐消记忆指数加权的方法，给出了时变噪声统计估计器。将该两种噪声统计估计器与 UKF 相结合，提出了带噪声统计估计器的自适应 UKF 算法，有效提高了算法应对噪声统计特性时变的能力。

1.2.3　容积卡尔曼滤波

为了克服 UKF 在采样过程中由于可调参数选取不恰当所导致的滤波精度降低，以及对高维系统出现数值不稳定的问题，2009 年 Arasaratnam 等[32-33]提出了一种新的基于容积变换的非线性滤波算法，称为容积卡尔曼滤波（CKF）算法。非线性卡尔曼滤波的核心和难点是计算任意非线性函数的高斯加权积分[34]，在 CKF 算法中，通过坐标系的转换将该积分从笛卡儿坐标系转换到球面–径向坐标系，并将该积分分解为球面积分和径向积分[35]。分别借助单项式球面积分公式的闭式解和矩匹配法，给出了计算该两种积分的球面准则和径向准则，联立这两种准则便得到了计算非线性高斯加权积分的三阶球面–径向容积准则。CKF 的计算过程与 UKF 类似，即均是在高斯滤波算法框架之下，利用三阶球面–径向容积准则选取容积点，然后直接利用非线性系统方程对这些容积点进行传递，最后对传递后的点进行加权处理来逼近状态后验均值和协方差[36-37]。

CKF 与 UKF 都属于确定性采样滤波，从形式上看，CKF 可以认为是 UKF 在参数 $\kappa=0$ 时的特例，但二者在推导及应用过程中仍有较大区别。

首先，CKF 在对非线性高斯加权积分进行数值近似的过程中具有严密的数学推导，而 UKF 是根据“对概率分布进行近似要比对非线性函数进行近似容易很多”这个感性的认识而提出，即 UKF 在理论上缺少 CKF 的严密性。虽然 CKF 可以认为是 UKF 在参数 $\kappa=0$ 时的特例，但 CKF 在理论上第一次给出了参数要这样选择的原因[32]。

其次，UKF 的采样点个数为 $2n+1$ 个，且中心采样点权值与其他采样点不同，对于高维系统，中心采样点的权值甚至为负，从而可能出现由协方差非正定而导致的滤波计算中断。而 CKF 中容积点的个数为 $2n$ 个，相比 UKF 减少了一个，且这些容积点具有相同的权值 $1/2n$，权值始终为正数，从而避免了由加权求和所导致的协方差非正定问题，在一定程度上保证了滤波器的数值稳定性。在研究中通常用积分点权值的绝对值求和来评价积分公式的数值稳定性，该值也被称作稳定因子，容易看出，UKF 的稳定因子随状态维数的增长呈线性增长，而 CKF 的稳定因子为固定值 1，因此可以认为 CKF 具有比 UKF 更高的数值稳定性。

再次，相比于 UKF 算法，CKF 更容易改造成平方根的形式[38]，可以在一定程度上缓解滤波舍入误差导致的精度降低问题[39-40]。

三种非线性卡尔曼滤波算法优缺点比较如表 1－1 所示。

表 1－1　三种非线性卡尔曼滤波算法优缺点比较

算法	计算量	稳定性	估计精度	高维系统适应能力
EKF	大	差	低	弱
UKF	小	较好	高	弱
CKF	小	好	高	强

由于 CKF 的各种优点，一经提出就被各领域的学者所接纳，并在各种工程领域中得到了广泛应用[41－46]。

Wang 等[47]采用球面单形变换群计算球面积分，提出了球面单形－径向容积卡尔曼滤波（spherical simplex－radial cubature Kalman filter，SSRCKF），并指出对于高维系统，SSRCKF 具有比 CKF 更高的滤波精度。该方法已被应用于机器人快速同时定位与地图创建问题[48]和纯方位目标跟踪问题[49]中，有效提高了定位建图精度和跟踪精度。然而，在 CKF 与 SSRCKF 中，径向积分均是采用矩匹配法进行计算，该方法简单有效，但无法保证径向积分的最优性。

与 UKF 相类似，CKF 在应用过程中同样会面临系统噪声统计特性未知时变、系统模型存在误差、系统状态突变等情况，为此，学者们分别提出了自适应 CKF[50]、强跟踪 CKF[51－56]等改进算法，有效提高了 CKF 算法在工程应用中的鲁棒性。

为了进一步提高滤波精度，Jia 等[57]采用任意阶全对称球面插值准则和矩匹配原理计算球面积分和径向积分，提出了五阶容积卡尔曼滤波（fifth－degree cubature Kalman filter，5－CKF）。该方法已经广泛应用于目标跟踪[58－60]、捷联惯导对准[61]和多传感器数据融合[62]等领域。文献［63］利用统计线性回归模型近似非线性量测模型，提出了基于 Huber 的 5－CKF。文献［64］利用矩阵对角化变换代替 5－CKF 中的 Cholesky 分解，提高了滤波计算的稳定性。Wang 等[47]利用高阶球面单形变换群计算球面积分，提出了五阶球面单形－径向容积卡尔曼滤波（fifth－degree spherical simplex－radial cubature Kalman filter，5－SSRCKF），并指出在高维条件下，5－SSRCKF 具有比5－CKF 更高的滤波精度。Zhang 等[65]采用七阶球面单形准则，提出了七阶球面单形－径向容积卡尔曼滤波（seventh－degree spherical simplex－radial cubature Kalman filter，7－SSRCKF），并通过仿真实验表明该方法滤波精度已十分逼近高斯－厄米特滤波（Gauss－Hermite quadrature filter，GHQF）。在此基础上，文献［66］优化了径向积分准则，提出了高阶球面单形－径向容积求积分卡尔曼滤波，进一步提高了精度。

1.2.4 其他非线性卡尔曼滤波

前述的EKF、UKF和CKF是在各自发展阶段应用最为广泛的非线性卡尔曼滤波算法，除了这三种滤波算法外，还有以下几种非线性卡尔曼滤波算法：

Ito采用多项式插值的方式计算多维积分，提出了中心差分滤波（central difference filter，CDF），该滤波器计算简单且易于实现。Nørgaard等[67]采用Stirling多项式插值公式近似计算非线性函数的多维积分，得到了分开差分滤波（divided difference filter，DDF）。由于DDF和CDF都是基于函数拟合的思想，在本质上是一致的，因此Merwe等将它们统称为中心差分卡尔曼滤波（central difference Kalman filter，CDKF）。对非线性函数的近似除了可以采用泰勒级数展开，还可以采用多项式近似，进而得到一类多项式卡尔曼滤波，其中主要包括切比雪夫多项式卡尔曼滤波[68]（Chebyshev polynomial Kalman filter，CPKF）和傅里叶－厄米特卡尔曼滤波[69]（Fourier－Hermite Kalman filter，FHKF）等。如果采用乘积准则将高斯－厄米特求积分准则从一维加权积分拓展到多维加权积分，并结合贝叶斯滤波框架，便可以得到高斯－厄米特卡尔曼滤波[70]（Gauss－Hermite Kalman filter，GHKF）。然而，该滤波器的计算量会随着系统维数的增加呈指数增长，从而导致“维数灾难”的出现。为了降低GHKF的计算量，Jia等[71]采用非乘积准则中的稀疏网格求积分准则[72]计算数值积分，提出了一种稀疏网格求积分滤波（sparse－grid quadrature filter，SGQF），该滤波器中积分点的个数随系统维数呈多项式增长，相比GHKF有效降低了计算量[73]。

卡尔曼滤波同样广泛应用于解决多源信息融合问题中，其中最简单的方法是集中式卡尔曼滤波，该滤波器接收各节点量测信息并用一个卡尔曼滤波器来进行集中式处理，在理论上可以得到最优估计。然而，集中式卡尔曼滤波存在以下两个主要问题[74]：

（1）由于需要对各节点量测信息进行扩维处理，因此集中式卡尔曼滤波的系统维数较高，计算负担较重，不利于系统的实时运行；

（2）集中式卡尔曼滤波的系统可扩展性和容错性较差，一旦某个节点出现故障，则会污染整个系统滤波结果。

为此，在研究中逐渐出现了区别于集中式滤波的分散式滤波和分布式滤波方法。无论集中式卡尔曼滤波还是分散式卡尔曼滤波，系统中都存在一个数据融合中心，区别在于数据融合的方式不同。系统正常运转时，融合中心要承担较重的计算和通信压力，而一旦该融合中心出现故障，则整个系统将陷入崩溃。针对这个问题，学者们在研究中逐渐提出了分布式滤波的概念。

分布式滤波是指系统中的每个节点直接使用局部量测值进行独立的局部估计，或者各个节点间通过确定的信息协同交互策略实现联合估计。分布式滤波与集中式滤波和分散式滤波最大的不同，便是系统中每个节点的地位相等，因而不存在融合中心。由于每个节点只需要与邻居节点进行局部通信，新的节点和故障节点可以方便地加入和退出，因此分布式滤波具有很强的可扩展性和对故障节点的鲁棒性。系统中各节点可以实现信息的并行同步计算，对信息的快速处理有效提高了状态估计的实时性。

从理论上讲，由于分布式滤波仅使用局部量测信息，因而估计精度要低于集中式滤波。但是通过适当的算法改造，可以使分布式滤波的精度在理论上逼近集中式滤波。同时，由于系统中各个节点仅利用局部的量测信息，难免会造成对同一目标状态估计上较大的差异。为了消除系统中不同节点在对目标状态估计中的差异性，需要设计一种信息协同交互策略以实现系统中各个节点对目标状态估计的一致性。平均一致性策略是分布式控制系统中常用的一种信息协同交互策略，该策略可以实现系统中各局部状态收敛于一致值，且该值为各系统初始状态的算术平均值。采用平均一致性策略可以使得相邻节点间交换的信息随着时间演化在整个系统中进行传播，将其与卡尔曼滤波相结合，便可以构造出分布式卡尔曼滤波算法。

Olfati 等[75]针对传感器网络中的分布式状态估计问题，在考虑单个节点对状态的最优估计和相邻节点间信息交互的一致性处理的基础上，提出了分布式卡尔曼滤波（distributed Kalman filter，DKF），基本思路是按照加权量测和逆协方差矩阵将 DKF 拆分成两个独立的动态一致性问题，分别采用不同的低通或带通一致性滤波器实现数据的分布式融合，渐进消除不同节点对状态估计的差异，从而实现传感器间估计值的渐进一致，因此该算法也称为卡尔曼一致性滤波算法（Kalman - consensus filter，KCF）[76]。随后 Olfati 在文献[77]中给出了 KCF 的稳定性分析、算法参数的优化设计和算法的信息流动版本描述。文献[78]采用卡尔曼滤波的等价信息表示，将状态估计问题映射到信息空间，提出了一种信息一致性滤波（information consensus filter，ICF）。其基本思路是将扩维集中式滤波写成信息求和的形式，每个节点将局部信息与邻居交换，在一个滤波周期内通过静态一致性算法实现局部信息的一致滤波，最终使得所有节点对目标状态的估计值达到一致。与 KCF 的状态变量交互不同，ICF 采用信息矢量和信息矩阵进行交互，使得计算流程更为清晰简便。针对非线性系统中存在的分布式滤波问题，Li 等[79]采用统计线性回归方法设计了伪量测矩阵，并结合平均一致性协同策略提出了分布式UKF算法，要求在一个滤波周期内实现不同节点间信息的一致性同步，即一致性调节步长与滤波步长不一致，这可能会给应用带来困难。

1.3 本书的主要内容与安排

第1章 绪论

阐述了容积卡尔曼滤波算法的研究意义并介绍了非线性卡尔曼滤波算法的国内外研究现状。

第2章 容积卡尔曼滤波算法基础

主要给出了常用容积卡尔曼滤波算法的实现过程，并对容积卡尔曼滤波算法的性能进行了分析。针对非线性动态系统模型的情况，详细阐述了容积卡尔曼滤波实现的具体过程。针对容积卡尔曼滤波算法所能达到的性能，分别从算法稳定性和精度两个方面进行分析。

第3章 精确高斯模型假设下四种容积卡尔曼滤波算法

在精确高斯模型假设条件下，给出四种容积卡尔曼滤波算法。首先，针对容积卡尔曼滤波算法中球面、径向积分准则并非最优的问题，给出一种单形容积求积分卡尔曼滤波算法，该算法具有比标准容积卡尔曼滤波更高的估计精度；其次，针对常用五阶容积卡尔曼滤波仍需拆分非线性高斯加权积分导致算法推导和拓展不够灵活的问题，给出一种直接精度匹配五阶容积卡尔曼滤波算法，该算法可以看作对传统五阶容积卡尔曼滤波理论的一种补充完善；再次，针对降低五阶容积卡尔曼滤波算法计算量，进而提高算法应用实时性的问题，给出一种逼近容积点个数下限的五阶容积卡尔曼滤波算法，该算法所需的容积点个数仅比理论下限多一个点；最后，针对进一步提高五阶容积卡尔曼滤波算法估计精度问题，给出广义高阶单形容积求积分卡尔曼滤波算法，该两种滤波算法具有比前述算法更高的估计精度。

第4章 针对特殊系统模型的容积卡尔曼滤波算法

本章研究了四种特殊系统模型条件下相应的改进容积卡尔曼滤波算法。首先，给出跟踪突变状态且初值降敏的强跟踪容积卡尔曼滤波算法，可以实现对系统突变状态的有效跟踪。该算法采用一种方法计算次优渐消因子，减少了容积点的计算次数，减少了高阶信息的损失，在降低计算量的同时提高了估计精度。其次，给出抵抗系统未建模误差的鲁棒容积 H_∞ 滤波算法，提高了系统存在未建模误差时算法的鲁棒性。该算法利用Riccati不等式和一矩阵不等式引理建立了非线性条件下约束水平与滤波新息的一种新的反比关系，实现了约束水平的自适应调整。再次，给出面向伪线性系统模型的降维容积卡尔曼滤波算法，解决了伪线性系统模型造成的容积点浪费问题。该算法按照状态的非线性子集中的元素个数构造容积点，降低了系统的维数和计算量。最后，给出了两种容积卡尔曼滤波的分布式实现方式，解决了多源量测系统模型采用集中式容积卡尔曼滤波造成的融合中心计算通信负担重、系统冗余性和可扩展性差的问题。

第 5 章　非理想噪声条件下容积卡尔曼滤波算法

本章研究了三种非理想噪声条件下相应的改进容积卡尔曼滤波算法。首先，针对噪声统计特性存在常值漂移导致滤波精度降低甚至发散的问题，设计了一种噪声统计特性极大后验次优在线辨识器，可以实时辨识出噪声的非零均值和协方差。其次，针对噪声统计特性随时间快、慢变化导致滤波精度降低甚至发散的问题，给出两种指数加权自适应容积卡尔曼滤波算法。在算法中分别设计了渐消记忆指数加权辨识器和限定记忆指数加权辨识器，并给出了针对高维系统的辨识器的有偏修正改进形式，有效提高了噪声统计时变情况下的滤波估计精度和数值稳定性。最后，针对在非高斯噪声情况下容积卡尔曼滤波算法精度明显降低甚至发散的问题，给出高斯混合容积卡尔曼滤波算法，设计了基于 Mahalanobis 距离的高斯分量裁剪方法，进而提高了非高斯噪声情况下的滤波估计精度。

第 6 章　容积卡尔曼滤波在航天器轨道估计中的应用

本章重点研究了容积卡尔曼滤波算法在基于紫外敏感器的航天器自主轨道估计和航天器地基实时轨道估计中的应用。建立了相应的滤波系统模型，并分别验证了降维计算、模型误差、非理想量测噪声、状态机动、多站分布式测量等情况下容积卡尔曼滤波算法的有效性。

第2章
容积卡尔曼滤波算法基础

2.1 容积卡尔曼滤波算法

2.1.1 非线性高斯加权积分的分解

卡尔曼滤波作为在时域解决线性系统最小均方误差估计问题的经典方法，经过多年的研究发展，目前其理论已经较为完善成熟。然而，线性系统仅能在一些特定情况下近似描述系统的性能特点，对于线性描述无法满足工程要求精度的情况，只有采用非线性系统模型才能更为全面地刻画系统的数学特征。进而，卡尔曼滤波需向非线性系统拓展。

与线性系统不同，非线性系统滤波会遇到实质性困难。这是因为状态后验统计特性可以通过线性系统函数进行直接精确传递计算，而对于非线性系统，其状态的后验统计特性依赖于高阶矩信息，无法直接利用非线性系统函数进行传递计算，这将导致建立在线性系统模型之上的完善的递推求解关系的失效。因此，对于非线性系统滤波问题，其关键是精确获取系统状态的后验概率密度函数。

状态的后验概率密度函数可以有效反映出随机动态系统的内在演化规律，作为非线性滤波的核心，只要获取状态的后验概率密度函数，便可以得到状态的各种统计特性，进而在不同的准则函数下计算各种最优估计值，如最小均方误差估计、最大后验估计等。

考虑如下随机动态系统的状态空间模型描述：

$$\begin{cases}\boldsymbol{x}_k=\boldsymbol{f}(\boldsymbol{x}_{k-1})+\boldsymbol{w}_{k-1}\\ \boldsymbol{z}_k=\boldsymbol{h}(\boldsymbol{x}_k)+\boldsymbol{v}_k\end{cases}\tag{2-1}$$

式中：$\boldsymbol{x}_k\in\mathbf{R}^n$ 和 $z_k\in\mathbf{R}^m$ 分别为 k 时刻系统的状态向量和量测向量；$\boldsymbol{f}(\cdot)$：$\mathbf{R}^n\rightarrow\mathbf{R}^n$ 和 $\boldsymbol{h}(\cdot)$：$\mathbf{R}^n\rightarrow\mathbf{R}^m$ 分别为系统的状态函数和量测函数，可以用来统一

描述线性系统或非线性系统；$\boldsymbol{w}_k \in \mathbf{R}^n$ 和 $\boldsymbol{v}_k \in \mathbf{R}^m$ 分别表示系统的过程噪声和量测噪声。

在实际工程应用中，获取的估计值越接近客观真实值越好。然而，为了评估估计结果，必须首先选定一个估计准则。估计准则一般采用性能函数表示，并通过求解该函数的极值计算。估计准则的选取可以有多种方法，本书主要研究最小均方误差准则（minimum mean square error，MMSE）。MMSE 的性能函数采用估计误差协方差矩阵定义如下：

$$J(\boldsymbol{x}) = \mathrm{E}\{[\boldsymbol{x} - \hat{\boldsymbol{x}}_{\mathrm{MMSE}}(\boldsymbol{z})][\boldsymbol{x} - \hat{\boldsymbol{x}}_{\mathrm{MMSE}}(\boldsymbol{z})]^{\mathrm{T}}\} \tag{2-2}$$

而使得性能函数 $J(\boldsymbol{x})$ 达到最小的 $\hat{\boldsymbol{x}}_{\mathrm{MMSE}}(\boldsymbol{z})$ 便是最小均方误差估计值，一般通过极小化方法求得，即 $\partial J(\boldsymbol{x})/\partial \boldsymbol{x}\,|_{x=\hat{x}_{\mathrm{MMSE}}(z)} = \mathbf{0}$。可以证明，状态的最小均方误差估计等于在已知量测值 z 前提下 $\boldsymbol{x}$ 的条件均值，即：$\hat{\boldsymbol{x}}_{\mathrm{MMSE}}(\boldsymbol{z}) = \mathrm{E}(\boldsymbol{x}\,|\,\boldsymbol{z})$。同样可以证明，最小均方误差估计为无偏估计，即 $\mathrm{E}(\boldsymbol{x} - \hat{\boldsymbol{x}}_{\mathrm{MMSE}}) = \mathbf{0}$。

最小均方误差估计可以适用于线性系统和非线性系统的状态估计，估计误差协方差矩阵为

$$\begin{aligned}
\mathrm{var}(\tilde{\boldsymbol{x}}) &= \mathrm{E}(\tilde{\boldsymbol{x}}^{\mathrm{T}}\tilde{\boldsymbol{x}}) = \mathrm{E}\{[\boldsymbol{x} - \mathrm{E}(\boldsymbol{x}\,|\,\boldsymbol{z})][\boldsymbol{x} - \mathrm{E}(\boldsymbol{x}\,|\,\boldsymbol{z})]^{\mathrm{T}}\} \\
&= \int_{-\infty}^{+\infty}\left\{\int_{-\infty}^{+\infty}[\boldsymbol{x} - \mathrm{E}(\boldsymbol{x}\,|\,\boldsymbol{z})][\boldsymbol{x} - \mathrm{E}(\boldsymbol{x}\,|\,\boldsymbol{z})]^{\mathrm{T}} p(\boldsymbol{x}\,|\,\boldsymbol{z})\,\mathrm{d}\boldsymbol{x}\right\} p(\boldsymbol{z})\,\mathrm{d}z \\
&= \int_{-\infty}^{+\infty} \mathrm{var}(\boldsymbol{x}\,|\,\boldsymbol{z})\, p(\boldsymbol{z})\,\mathrm{d}z
\end{aligned} \tag{2-3}$$

已经证明，最小均方误差估计为已知量测下的条件均值，因此可以得到 k 时刻状态估计及其估计误差协方差矩阵如下：

$$\hat{\boldsymbol{x}}_k^{\mathrm{MMSE}} = \mathrm{E}(\boldsymbol{x}_k\,|\,\boldsymbol{Z}_1^k) = \int \boldsymbol{x}_k p(\boldsymbol{x}_k\,|\,\boldsymbol{Z}_1^k)\,\mathrm{d}\boldsymbol{x}_k \tag{2-4}$$

$$\boldsymbol{P}_k = \int (\boldsymbol{x}_k - \hat{\boldsymbol{x}}_k^{\mathrm{MMSE}})(\boldsymbol{x}_k - \hat{\boldsymbol{x}}_k^{\mathrm{MMSE}})^{\mathrm{T}} p(\boldsymbol{x}_k\,|\,\boldsymbol{Z}_1^k)\,\mathrm{d}\boldsymbol{x}_k \tag{2-5}$$

同理，根据极大后验估计原理，可以得到状态极大后验估计 $\hat{\boldsymbol{x}}_k^{\mathrm{MAP}} = \max p(\boldsymbol{x}_k\,|\,\boldsymbol{Z}_1^k)|_{x_k=\hat{x}_k}$。

高斯分布是自然界中广泛存在的一种概率分布，可以考虑采用高斯分布来逼近状态的后验概率密度函数，从而得到高斯滤波，高斯滤波是目前被广泛接受和研究的一种非线性系统次优滤波方法，主要因为高斯概率密度函数可以由均值和协方差完全表示，一旦假设系统状态的后验概率密度服从高斯分布，那么滤波估计及相应的误差协方差便可使用均值和协方差直接表示，为非线性随机动态系统估计提供了一种可执行的解决方案。

下面推导高斯滤波的具体执行步骤，对式（2-1）所示的模型做如下两

个假设：

（1）过程噪声 $\boldsymbol{w}_k$ 和量测噪声 $\boldsymbol{v}_k$ 是互不相关的零均值高斯白噪声，且 $\boldsymbol{w}_k \sim \mathrm{N}(\boldsymbol{w}_k;\boldsymbol{0},\boldsymbol{Q}_k)$，$\boldsymbol{v}_k \sim \mathrm{N}(\boldsymbol{v}_k;\boldsymbol{0},\boldsymbol{R}_k)$，以及 $\mathrm{E}(\boldsymbol{w}_k\boldsymbol{v}_j^{\mathrm{T}})=\boldsymbol{0}$。

（2）初始状态 $\boldsymbol{x}_0$ 服从正态分布，即 $\boldsymbol{x}_0 \sim \mathrm{N}(\boldsymbol{x}_0;\hat{\boldsymbol{x}}_0,\boldsymbol{P}_0)$，且 $\boldsymbol{x}_0$ 与 $\boldsymbol{w}_k$ 和 $\boldsymbol{v}_k$ 互不相关。

根据最小均方误差估计准则，非线性高斯系统最优滤波问题是基于已知的量测信息 $\boldsymbol{Z}_1^k=\{z_1,z_2,\cdots,z_k\}$，求解条件均值 $\mathrm{E}(\boldsymbol{x}_k \mid \boldsymbol{Z}_1^{k-1})$、$\mathrm{E}(z_k \mid \boldsymbol{Z}_1^{k-1})$ 和 $\mathrm{E}(\boldsymbol{x}_k \mid \boldsymbol{Z}_1^k)$ 以及相应的协方差 $\boldsymbol{P}_k^-$、$\boldsymbol{P}_{z,k}^-$、$\boldsymbol{P}_{xz,k}^-$ 和 $\boldsymbol{P}_k^+$。

假设状态和量测的联合后验概率密度服从高斯分布，即

$$p(\boldsymbol{x}_k,z_k \mid \boldsymbol{Z}_1^{k-1})=\mathrm{N}\left[\begin{pmatrix}\boldsymbol{x}_k\\ z_k\end{pmatrix};\begin{pmatrix}\hat{\boldsymbol{x}}_k^-\\ \hat{z}_k\end{pmatrix},\begin{pmatrix}\boldsymbol{P}_k^- & \boldsymbol{P}_{xz,k}^-\\ (\boldsymbol{P}_{xz,k}^-)^{\mathrm{T}} & \boldsymbol{P}_{z,k}^-\end{pmatrix}\right] \tag{2-6}$$

显然，边缘概率密度函数同样服从高斯分布，即

$$p(\boldsymbol{x}_k \mid \boldsymbol{Z}_1^{k-1})=\mathrm{N}(\boldsymbol{x}_k;\hat{\boldsymbol{x}}_k^-,\boldsymbol{P}_k^-) \tag{2-7}$$

$$p(z_k \mid \boldsymbol{Z}_1^{k-1})=\mathrm{N}(z_k;\hat{z}_k^-,\boldsymbol{P}_{z,k}^-) \tag{2-8}$$

由于 $\boldsymbol{w}_k$ 和 $\boldsymbol{v}_k$ 是互不相关的零均值高斯白噪声，因此在最小均方误差估计准则下可以得到：

（1）时间更新。

状态先验估计为

$$\begin{aligned}\hat{\boldsymbol{x}}_k^- &= \mathrm{E}(\boldsymbol{x}_k \mid \boldsymbol{Z}_1^{k-1}) = \mathrm{E}[\boldsymbol{f}(\boldsymbol{x}_{k-1})+\boldsymbol{w}_{k-1} \mid \boldsymbol{Z}_1^{k-1}]\\ &= \mathrm{E}[\boldsymbol{f}(\boldsymbol{x}_{k-1}) \mid \boldsymbol{Z}_1^{k-1}] = \int_{\mathbf{R}^n}\boldsymbol{f}(\boldsymbol{x}_{k-1})p(\boldsymbol{x}_{k-1} \mid \boldsymbol{Z}_1^{k-1})\mathrm{d}\boldsymbol{x}_{k-1}\\ &= \int_{\mathbf{R}^n}\boldsymbol{f}(\boldsymbol{x}_{k-1})\mathrm{N}(\boldsymbol{x}_{k-1};\hat{\boldsymbol{x}}_{k-1}^+,\boldsymbol{P}_{k-1}^+)\mathrm{d}\boldsymbol{x}_{k-1}\end{aligned} \tag{2-9}$$

状态先验估计误差协方差矩阵为

$$\begin{aligned}\boldsymbol{P}_k^- &= \mathrm{E}[(\boldsymbol{x}_k-\hat{\boldsymbol{x}}_k^-)(\boldsymbol{x}_k-\hat{\boldsymbol{x}}_k^-)^{\mathrm{T}} \mid \boldsymbol{Z}_1^{k-1}]\\ &= \int(\boldsymbol{x}_k-\hat{\boldsymbol{x}}_k^-)(\boldsymbol{x}_k-\hat{\boldsymbol{x}}_k^-)^{\mathrm{T}}p(\boldsymbol{x}_k \mid \boldsymbol{Z}_1^k)\mathrm{d}\boldsymbol{x}_k\\ &= \int\boldsymbol{f}(\boldsymbol{x}_{k-1})\boldsymbol{f}^{\mathrm{T}}(\boldsymbol{x}_{k-1})\mathrm{N}(\boldsymbol{x}_{k-1};\hat{\boldsymbol{x}}_{k-1}^+,\boldsymbol{P}_{k-1}^+)\mathrm{d}\boldsymbol{x}_{k-1}-\hat{\boldsymbol{x}}_k^-(\hat{\boldsymbol{x}}_k^-)^{\mathrm{T}}+\boldsymbol{Q}_{k-1}\end{aligned} \tag{2-10}$$

（2）量测更新。

量测预测值为

$$\begin{aligned}\hat{z}_k &= \mathrm{E}(z_k \mid \boldsymbol{Z}_1^{k-1}) = \mathrm{E}[\boldsymbol{h}(\boldsymbol{x}_k)+\boldsymbol{v}_k \mid \boldsymbol{Z}_1^{k-1}]\\ &= \mathrm{E}[\boldsymbol{h}(\boldsymbol{x}_k) \mid \boldsymbol{Z}_1^{k-1}] = \int\boldsymbol{h}(\boldsymbol{x}_k)p(\boldsymbol{x}_{k-1} \mid \boldsymbol{Z}_1^{k-1})\mathrm{d}\boldsymbol{x}_k\end{aligned}$$

$$= \int \boldsymbol{h}(\boldsymbol{x}_k) \mathrm{N}(\boldsymbol{x}_k; \hat{\boldsymbol{x}}_k^-, \boldsymbol{P}_k^-) \mathrm{d}\boldsymbol{x}_k \tag{2-11}$$

量测预测协方差矩阵为

$$\begin{aligned} \boldsymbol{P}_{z,k} &= \mathrm{E}(\tilde{\boldsymbol{z}}_k \tilde{\boldsymbol{z}}_k^{\mathrm{T}} | \boldsymbol{Z}_1^{k-1}) \\ &= \int \boldsymbol{h}(\boldsymbol{x}_k) \boldsymbol{h}^{\mathrm{T}}(\boldsymbol{x}_k) \mathrm{N}(\boldsymbol{x}_k; \hat{\boldsymbol{x}}_k^-, \boldsymbol{P}_k^-) \mathrm{d}\boldsymbol{x}_k - \hat{\boldsymbol{z}}_k^- (\hat{\boldsymbol{z}}_k^-)^{\mathrm{T}} + \boldsymbol{R}_k \end{aligned} \tag{2-12}$$

状态和量测的交叉协方差矩阵为

$$\begin{aligned} \boldsymbol{P}_{xz,k} &= \mathrm{E}(\tilde{\boldsymbol{x}}_k^- \tilde{\boldsymbol{z}}_k^{\mathrm{T}} | \boldsymbol{Z}_1^{k-1}) \\ &= \int \boldsymbol{x}_k \boldsymbol{h}^{\mathrm{T}}(\boldsymbol{x}_k) \mathrm{N}(\boldsymbol{x}_k; \hat{\boldsymbol{x}}_k^-, \boldsymbol{P}_k^-) \mathrm{d}\boldsymbol{x}_k - \hat{\boldsymbol{x}}_k^- (\hat{\boldsymbol{z}}_k^-)^{\mathrm{T}} \end{aligned} \tag{2-13}$$

可以证明，对于服从高斯分布的非线性系统，状态的最小均方误差估计将是量测值的线性函数。为此，可以将非线性系统状态估计表示为如下线性形式：

$$\hat{\boldsymbol{x}}_k^+ = \hat{\boldsymbol{x}}_k^- + \boldsymbol{K}_k (z_k - \hat{\boldsymbol{z}}_k^-) \tag{2-14}$$

式中：$\boldsymbol{K}_k$ 为滤波增益矩阵。

状态估计误差可以相应的写为

$$\begin{aligned} \tilde{\boldsymbol{x}}_k^+ &= \boldsymbol{x}_k - \hat{\boldsymbol{x}}_k^+ = \boldsymbol{x}_k - \hat{\boldsymbol{x}}_k^- - \boldsymbol{K}_k \tilde{\boldsymbol{z}}_k^- \\ &= \tilde{\boldsymbol{x}}_k^- - \boldsymbol{K}_k \tilde{\boldsymbol{z}}_k^- \end{aligned} \tag{2-15}$$

于是，可以得到状态估计误差协方差矩阵为

$$\begin{aligned} \boldsymbol{P}_k^+ &= \mathrm{E}[\tilde{\boldsymbol{x}}_k^+ (\tilde{\boldsymbol{x}}_k^+)^{\mathrm{T}}] = \mathrm{E}[(\tilde{\boldsymbol{x}}_k^- - \boldsymbol{K}_k \tilde{\boldsymbol{z}}_k)(\tilde{\boldsymbol{x}}_k^- - \boldsymbol{K}_k \tilde{\boldsymbol{z}}_k)^{\mathrm{T}}] \\ &= \mathrm{E}[\tilde{\boldsymbol{x}}_k^- (\tilde{\boldsymbol{x}}_k^-)^{\mathrm{T}}] - \mathrm{E}(\tilde{\boldsymbol{x}}_k^- \tilde{\boldsymbol{z}}_k^{\mathrm{T}}) \boldsymbol{K}_k^{\mathrm{T}} - \boldsymbol{K}_k \mathrm{E}[\tilde{\boldsymbol{z}}_k^- (\tilde{\boldsymbol{x}}_k^-)^{\mathrm{T}}] + \boldsymbol{K}_k \mathrm{E}(\tilde{\boldsymbol{z}}_k^- \tilde{\boldsymbol{z}}_k^{\mathrm{T}}) \boldsymbol{K}_k^{\mathrm{T}} \\ &= \boldsymbol{P}_k^- - \boldsymbol{P}_{xz,k} \boldsymbol{K}_k^{\mathrm{T}} - \boldsymbol{K}_k \boldsymbol{P}_{xz,k}^{\mathrm{T}} + \boldsymbol{K}_k \boldsymbol{P}_{z,k} \boldsymbol{K}_k^{\mathrm{T}} \end{aligned} \tag{2-16}$$

下面根据最小均方误差准则，通过求解式（2-16）中矩阵 $\boldsymbol{P}_k^+$ 的迹的极小值来计算解 $\boldsymbol{K}_k$。

根据以下矩阵求导法则：

$$\frac{\partial}{\partial \boldsymbol{A}} [\mathrm{tr}(\boldsymbol{A}\boldsymbol{B}\boldsymbol{A}^{\mathrm{T}})] = 2\boldsymbol{A}\boldsymbol{B} \tag{2-17}$$

$$\frac{\partial}{\partial \boldsymbol{A}} [\mathrm{tr}(\boldsymbol{A}\boldsymbol{C}^{\mathrm{T}})] = \frac{\partial}{\partial \boldsymbol{A}} [\mathrm{tr}(\boldsymbol{C}\boldsymbol{A}^{\mathrm{T}})] = \boldsymbol{C} \tag{2-18}$$

可得

$$\begin{aligned} \frac{\partial \boldsymbol{P}_k^+}{\partial \boldsymbol{K}_k} &= \frac{\partial}{\partial \boldsymbol{K}_k} (\boldsymbol{P}_k^- - \boldsymbol{P}_{xz,k} \boldsymbol{K}_k^{\mathrm{T}} - \boldsymbol{K}_k^{\mathrm{T}} \boldsymbol{P}_{xz,k}^{\mathrm{T}} + \boldsymbol{K}_k \boldsymbol{P}_{z,k} \boldsymbol{K}_k^{\mathrm{T}}) \\ &= -2\boldsymbol{P}_{xz,k} + 2\boldsymbol{K}_k \boldsymbol{P}_{z,k} \end{aligned} \tag{2-19}$$

于是，滤波增益矩阵可以写为如下形式：

$$\boldsymbol{K}_k^{\mathrm{T}}=\boldsymbol{P}_{xz,k}\boldsymbol{P}_{z,k}^{-1} \tag{2-20}$$

由式（2－20）可得等价关系如下所示：

$$\boldsymbol{P}_{xz,k}\boldsymbol{K}_k^{\mathrm{T}}=\boldsymbol{P}_{xz,k}\boldsymbol{P}_{z,k}^{-1}\boldsymbol{P}_{z,k}\boldsymbol{K}_k^{\mathrm{T}}=\boldsymbol{K}_k\boldsymbol{P}_{z,k}\boldsymbol{K}_k^{\mathrm{T}} \tag{2-21}$$

$$\boldsymbol{K}_k\boldsymbol{P}_{xz,k}^{\mathrm{T}}=\boldsymbol{K}_k\boldsymbol{P}_{z,k}(\boldsymbol{P}_{xz,k}\boldsymbol{P}_{z,k}^{-1})^{\mathrm{T}}=\boldsymbol{K}_k\boldsymbol{P}_{z,k}\boldsymbol{K}_k^{\mathrm{T}} \tag{2-22}$$

进而，可以求得状态估计误差协方差矩阵的极小值为

$$\boldsymbol{P}_k^{+}=\boldsymbol{P}_k^{-}-\boldsymbol{K}_k\boldsymbol{P}_{z,k}\boldsymbol{K}_k^{\mathrm{T}} \tag{2-23}$$

由于对于高斯系统，线性与非线性状态的最小均方误差估计与线性最小均方误差估计等价，因此由式（2－14）、式（2－20）和式（2－23）可以看出，对于非线性系统，系统状态的后验估计、增益矩阵以及协方差矩阵的表达式与线性卡尔曼滤波完全一致。由高斯滤波的递推计算步骤可知，高斯滤波可以拆分为线性解析部分和非线性高斯加权积分部分，这两部分交替进行，从而获得系统状态的后验估计。具体而言，线性解析部分包括后验状态估计和后验协方差矩阵的计算，非线性高斯加权积分部分包括先验状态估计、先验协方差矩阵、量测预测、量测协方差矩阵和交叉协方差矩阵的计算。

非线性高斯加权积分部分为

$$\begin{cases}\hat{\boldsymbol{x}}_k^{-}=\int \boldsymbol{f}(\boldsymbol{x}_{k-1})\mathrm{N}(\boldsymbol{x}_{k-1};\hat{\boldsymbol{x}}_{k-1}^{+},\boldsymbol{P}_{k-1}^{+})\mathrm{d}\boldsymbol{x}_{k-1}\\ \boldsymbol{P}_k^{-}=\int \boldsymbol{f}(\boldsymbol{x}_{k-1})\boldsymbol{f}^{\mathrm{T}}(x_{k-1})\mathrm{N}(\boldsymbol{x}_{k-1};\hat{\boldsymbol{x}}_{k-1}^{+},\boldsymbol{P}_{k-1}^{+})\mathrm{d}\boldsymbol{x}_{k-1}-\hat{\boldsymbol{x}}_k^{-}(\hat{\boldsymbol{x}}_k^{-})^{\mathrm{T}}+\boldsymbol{Q}_{k-1}\\ \hat{\boldsymbol{z}}_k=\int \boldsymbol{h}(\boldsymbol{x}_k)\mathrm{N}(\boldsymbol{x}_k;\hat{\boldsymbol{x}}_k^{-},\boldsymbol{P}_k^{-})\mathrm{d}\boldsymbol{x}_k\\ \boldsymbol{P}_{z,k}=\int \boldsymbol{h}(\boldsymbol{x}_k)\boldsymbol{h}^{\mathrm{T}}(\boldsymbol{x}_k)\mathrm{N}(\boldsymbol{x}_k;\hat{\boldsymbol{x}}_k^{-},\boldsymbol{P}_k^{-})\mathrm{d}\boldsymbol{x}_k-\hat{\boldsymbol{z}}_k^{-}(\hat{\boldsymbol{z}}_k^{-})^{\mathrm{T}}+\boldsymbol{R}_k\\ \boldsymbol{P}_{xz,k}=\int \boldsymbol{x}_k\boldsymbol{h}^{\mathrm{T}}(\boldsymbol{x}_k)\mathrm{N}(\boldsymbol{x}_k;\hat{\boldsymbol{x}}_k^{-},\boldsymbol{P}_k^{-})\mathrm{d}\boldsymbol{x}_k-\hat{\boldsymbol{x}}_k^{-}(\hat{\boldsymbol{z}}_k^{-})^{\mathrm{T}}\end{cases} \tag{2-24}$$

线性解析部分为

$$\begin{cases}\hat{\boldsymbol{x}}_k^{+}=\hat{\boldsymbol{x}}_k^{-}+\boldsymbol{K}_k(z_k-\hat{\boldsymbol{z}}_k^{-})\\ \boldsymbol{P}_k^{+}=\boldsymbol{P}_k^{-}-\boldsymbol{K}_k\boldsymbol{P}_{z,k}^{-}\boldsymbol{K}_k^{\mathrm{T}}\\ \boldsymbol{K}_k=\boldsymbol{P}_{xz,k}^{-}(\boldsymbol{P}_{z,k}^{-})^{-1}\end{cases} \tag{2-25}$$

高斯滤波的实现需要计算式（2－24）中非线性高斯加权积分，当系统状态方程和量测方程为非线性函数时，式（2－24）所示的积分一般难以解析求解，为此，必须考虑采用数值积分的方法对其进行近似求解。求解的核心是计算以下形如“非线性函数 × 高斯概率密度”的积分：

$$I_N=\int_{\mathbf{R}^n}\boldsymbol{g}(\boldsymbol{x})\mathrm{N}(\boldsymbol{x};\hat{\boldsymbol{x}},\boldsymbol{P}_x)\mathrm{d}\boldsymbol{x} \tag{2-26}$$

可以证明，积分 I_N 具有如下等价表示形式：

$$I_N = \frac{1}{\sqrt{\pi^n}}\int_{\mathbf{R}^n} \boldsymbol{g}(\sqrt{2\boldsymbol{P}_x}\boldsymbol{x} + \hat{\boldsymbol{x}})\exp(-\boldsymbol{x}^{\mathrm{T}}\boldsymbol{x})\mathrm{d}\boldsymbol{x} \tag{2-27}$$

证明：

令 $\boldsymbol{x} = \sqrt{2\boldsymbol{P}_x}\boldsymbol{y} + \hat{\boldsymbol{x}}$，则有 $\mathrm{d}\boldsymbol{x} = \left|\sqrt{2\boldsymbol{P}_x}\right|\mathrm{d}\boldsymbol{y}$，式（2-27）右侧可变为

$$\begin{aligned} I_N &= \int_{\mathbf{R}^n} \boldsymbol{g}(\sqrt{2\boldsymbol{P}_x}\boldsymbol{x} + \hat{\boldsymbol{x}})\frac{1}{\sqrt{|2\pi\boldsymbol{P}_x|}}\exp(-\boldsymbol{y}^{\mathrm{T}}\boldsymbol{y})\sqrt{|2\boldsymbol{P}_x|}\mathrm{d}\boldsymbol{y} \\ &= \frac{1}{\sqrt{\pi^n}}\int_{\mathbf{R}^n} \boldsymbol{g}(\sqrt{2\boldsymbol{P}_x}\boldsymbol{y} + \hat{\boldsymbol{x}})\exp(-\boldsymbol{y}^{\mathrm{T}}\boldsymbol{y})\mathrm{d}\boldsymbol{y} \\ &= \frac{1}{\sqrt{\pi^n}}\int_{\mathbf{R}^n} \boldsymbol{g}(\sqrt{2\boldsymbol{P}_x}\boldsymbol{x} + \hat{\boldsymbol{x}})\exp(-\boldsymbol{x}^{\mathrm{T}}\boldsymbol{x})\mathrm{d}\boldsymbol{x} \end{aligned} \tag{2-28}$$

证毕。

积分 I_N 一般难以获得解析解，而只能采用数值积分方法进行近似求解。考虑如下带权值函数的高斯求积公式：

$$\int \boldsymbol{g}(x)\boldsymbol{\omega}(x)\mathrm{d}x \approx \sum_{i=1}^{L}\boldsymbol{\omega}_i g(x_i) \tag{2-29}$$

式中：$\omega(x)$ 为权值函数；ω_i 为求积加权系数，$\omega_i = \int l_i(x)\omega(x)\mathrm{d}x$，$l_i(x)$ 为插值基函数。

可以看出，积分权值 ω_i 仅与权值函数 $\omega(x)$ 有关，而与被积函数无关，因而，为了简化 I_N 的计算，首先在 n 维笛卡儿坐标系下考虑以下积分：

$$I_G = \int_{\mathbf{R}^n} \boldsymbol{g}(\boldsymbol{x})\exp(-\boldsymbol{x}^{\mathrm{T}}\boldsymbol{x})\mathrm{d}\boldsymbol{x} \tag{2-30}$$

从式（2-27）和式（2-30）可以看出，I_N 和 I_G 具有相同的权值函数 $\omega(\boldsymbol{x}) = \exp(-\boldsymbol{x}^{\mathrm{T}}\boldsymbol{x})$，这样，只要积分 I_G 可以用数值方法表示为 $I_G \approx \sum_{i=1}^{L}\omega_i \boldsymbol{g}(\boldsymbol{x}_i)$，那么积分 $I_N \approx \frac{1}{\sqrt{\pi^n}}\sum_{i=1}^{L}\omega_i \boldsymbol{g}(\sqrt{2\boldsymbol{P}_x}\boldsymbol{x}_i + \hat{\boldsymbol{x}})$，从而实现积分 I_N 的近似计算。

为了计算 I_G，首先令 $\boldsymbol{x} = r\boldsymbol{s}$，其中，$\boldsymbol{s} = (s_1, s_2, \cdots, s_n)^{\mathrm{T}}$ 为方向向量，且满足 $\boldsymbol{s}^{\mathrm{T}}\boldsymbol{s} = 1$，构成单位球体表面 $U_n = \{\boldsymbol{s} \in \mathbf{R}^n \mid s_1^2 + s_2^2 + \cdots + s_n^2 = 1\}$，$r = \sqrt{\boldsymbol{x}^{\mathrm{T}}\boldsymbol{x}} \geqslant 0$ 为球体半径。由微分学理论可得 $\mathrm{d}\boldsymbol{x} = r^{n-1}\mathrm{d}r\mathrm{d}\sigma(\boldsymbol{s})$，其中，$\sigma(\cdot)$ 为 U_n 的面积元素。至此，积分 I_G 便可以转换到球面－径向坐标系，并具有以下形式[32]：

$$I_G = \int_0^{\infty}\int_{U_n} \boldsymbol{g}(r\boldsymbol{s})r^{n-1}\exp(-r^2)\mathrm{d}\sigma(\boldsymbol{s})\mathrm{d}r \tag{2-31}$$

式（2-31）中的积分 I_G 可以拆分为两类积分，分别为球面积分 $S(r)=\int_{U_n}\boldsymbol{g}(r\boldsymbol{s})\mathrm{d}\sigma(\boldsymbol{s})$，其权值函数 $\omega(\boldsymbol{s})=1$，以及径向积分 $R=\int_0^\infty S(r)r^{n-1}\exp(-r^2)\mathrm{d}r$，其权值函数 $\omega(r)=r^{n-1}\exp(-r^2)$，假设分别由以下 L_s 和 L_r 点的数值积分方法近似：

$$S(r)\approx\sum_{i=1}^{L_s}\omega_{s,i}\boldsymbol{g}(r\boldsymbol{s}_i)\tag{2-32}$$

$$R\approx\sum_{j=1}^{L_r}\omega_{r,j}S(r_j)\tag{2-33}$$

则 I_G 可以近似表示为

$$\begin{aligned}I_G&=\int_0^\infty r^{n-1}\exp(-r^2)\mathrm{d}r\int_{U_n}\boldsymbol{g}(r\boldsymbol{s})\mathrm{d}\sigma(\boldsymbol{s})\\&\approx\int_0^\infty r^{n-1}\exp(-r^2)\sum_{i=1}^{L_s}\omega_{s,i}\boldsymbol{g}(r\boldsymbol{s}_i)\mathrm{d}r\\&\approx\sum_{j=1}^{L_r}\sum_{i=1}^{L_s}\omega_{r,j}\omega_{s,i}\boldsymbol{g}(r_j\boldsymbol{s}_i)\end{aligned}\tag{2-34}$$

式中：$\{\boldsymbol{s}_i,\omega_{s,i}\}$ 为球面积分的积分点和权值，L_s 为积分点个数。$\{r_j,\omega_{r,j}\}$ 为径向积分的积分点和权值，L_r 为积分点个数；如果径向积分点中不存在0时，积分点的总数为 L_rL_s；当径向积分点中存在0时，则积分点的总数为 $(L_r-1)L_s+1$。

2.1.2 球面积分与径向积分的数值计算

为了获得计算式（2-32）和式（2-33）所示的球面积分和径向积分的具体表达式，首先给出数值积分代数精度的定义。

定义2-1[80] 给定积分区间内一组节点 $x_i,i=0,1,\cdots,L$，采用式(2-29)中的数值方法计算积分。当被积函数为次数不超过 L 的多项式时，即 $g(x)=x^k,k=1,2,\cdots,L$，若有数值积分准确表示式，即

$$I_L(x^k)=I(x^k),k=1,2,\cdots,L\tag{2-35}$$

但对 $L+1$ 次多项式，即 $g(x)=x^{L+1}$，有 $I_L(x^{k+1})\neq I(x^{k+1})$，则称数值积分式的代数精度为 L。

1. 球面积分准则

为了获得球面积分准则的具体表达式，引入如下单项式球面积分公式的闭式解：

$$\int_{U_n} y_1^{d_1} y_2^{d_2} \cdots y_n^{d_n} \mathrm{d}\sigma(\boldsymbol{y}) = 2\frac{\Gamma\left(\frac{d_1+1}{2}\right)\Gamma\left(\frac{d_2+1}{2}\right)\cdots\Gamma\left(\frac{d_n+1}{2}\right)}{\Gamma\left(\frac{\sum_{i=1}^{n} d_i + n}{2}\right)} \tag{2-36}$$

式中：$\Gamma(z) = \int_0^\infty \exp(-t)t^{z-1}\mathrm{d}t$ 为 Gamma 函数，且 $\Gamma(1/2)=\sqrt{\pi}$，$\Gamma(z+1) = z\Gamma(z)$。

则三阶球面积分准则由以下 $L_s=2n$ 个积分点计算获得

$$\int_{U_n} \boldsymbol{g}(\boldsymbol{y})\mathrm{d}\sigma(\boldsymbol{y}) \approx \omega_s \sum_{i=1}^{2n} \boldsymbol{g}(\boldsymbol{y}_i) \tag{2-37}$$

$$\boldsymbol{g}(\boldsymbol{y}) = 1 : 2n\omega_s = \int_{U_n} \mathrm{d}\sigma(\boldsymbol{y}) = A_n \tag{2-38}$$

$$\boldsymbol{g}(\boldsymbol{y}) = y_1^2 : 2\omega_s \boldsymbol{y}^2 = \int_{U_n} y_1^2 \mathrm{d}\sigma(\boldsymbol{y}) = \frac{A_n}{n} \tag{2-39}$$

$$A_n = \frac{2\Gamma^n(1/2)}{\Gamma(n/2)} = \frac{2\sqrt{\pi^n}}{\Gamma(n/2)} \tag{2-40}$$

联立式（2-38）和式（2-39）得 $\omega_s = A_n/2n$，$y^2=1$。由此可知，积分点为单位球面与坐标轴的交点。以二维空间为例，4 个积分点的集合为

$$\left\{\begin{pmatrix}1\\0\end{pmatrix},\begin{pmatrix}0\\1\end{pmatrix},\begin{pmatrix}-1\\0\end{pmatrix},\begin{pmatrix}0\\-1\end{pmatrix}\right\} \tag{2-41}$$

由此可得式（2-32）所示的三阶球面准则为

$$S(r) = \frac{A_n}{2n}\sum_{i=1}^{n}\left[\boldsymbol{g}(r\boldsymbol{e}_i) + \boldsymbol{g}(-r\boldsymbol{e}_i)\right] \tag{2-42}$$

式中：$\boldsymbol{e}_i \in \mathbf{R}^n$ 表示元素 i 为 1 的单位向量，而积分点数 $L=2n$。

2. 径向积分准则

采用矩匹配法计算如下径向积分：

$$\int_0^\infty S(r)r^{n-1}\exp(-r^2)\mathrm{d}r \approx \sum_{j=1}^{L_r}\omega_{r,j}S(r_j) \tag{2-43}$$

假定采用式（2-33）所示的某种数值方法计算径向积分，并使其代数精度达到 $2p+1$。由球面－径向准则的性质可知，只需满足偶数阶的径向积分精度，则可使得最终的球面－径向积分的积分点满足完全对称性[32]。令 $S(r)=r^l$，为了使径向积分的代数精度达到 $2p+1$，仅需式（2-43）对 $l=0,2,\cdots,2p$ 准确成立，即需要满足 $p+1$ 个等式。当 p 为奇数时，满足 $p+1$ 个等式的最小积点数为 $(p+1)/2$。当 p 为偶数时，最小积分点数为 $p/2+1$。

将 $S(r)=r^l$ 代入式（2-43）的左侧，可以得到

$$\int_0^{\infty} r^l r^{n-1} \exp(-r^2)\,\mathrm{d}r = \frac{1}{2}\Gamma\left(\frac{n+l}{2}\right) \tag{2-44}$$

当 $p=1$ 时，$2p+1=3$，此时得到三阶径向准则，则最小积分点数 $L_r=(p+1)/2=1$，且 l 的取值为 $l=0,2$。

当 $l=0$ 时，将 r^0 代入式（2-44），可得

$$\omega_{r,1} r_1^0 = \frac{1}{2}\Gamma\left(\frac{n}{2}\right) \tag{2-45}$$

当 $l=2$ 时，将 r^2 代入式（2-44），可得

$$\omega_{r,1} r_1^2 = \frac{1}{2}\Gamma\left(\frac{n}{2}+1\right) = \frac{n}{4}\Gamma\left(\frac{n}{2}\right) \tag{2-46}$$

联立式（2-45）和式（2-46），可以解得

$$r_1 = \sqrt{\frac{n}{2}},\omega_{r,1} = \frac{1}{2}\Gamma\left(\frac{n}{2}\right) \tag{2-47}$$

将式（2-47）代入式（2-43），可得

$$\int_0^{\infty} S(r) r^{n-1} \exp(-r^2)\,\mathrm{d}r \approx \frac{1}{2}\Gamma\left(\frac{n}{2}\right) S\left(\sqrt{\frac{n}{2}}\right) \tag{2-48}$$

至此，便得到了径向积分 R 的数值积分表达式。

2.1.3　容积卡尔曼滤波算法计算步骤

上节给出了球面积分和径向积分的具体计算方法，在本小节中，将该两类积分相结合便可以推导出逼近多维非线性高斯加权积分的球面-径向容积准则。将式（2-42）代入式（2-48），并结合 n 维单位球表面积的定义，便可得到 I_G 的计算式如下：

$$\begin{aligned} I_G &= \sum_{j=1}^{L_r}\sum_{i=1}^{L_s} \omega_{r,j}\omega_{s,i}\boldsymbol{g}(r_j\boldsymbol{y}_i) \\ &= \sum_{j=1}^{L} \frac{1}{2}\Gamma\left(\frac{n}{2}\right)\sum_{i=1}^{n}\frac{A_n}{2n}[\boldsymbol{g}(r_j\boldsymbol{e}_i) + \boldsymbol{g}(-r_j\boldsymbol{e}_i)] \\ &= \Gamma\left(\frac{n}{2}\right)\frac{A_n}{4n}\sum_{i=1}^{n}\left[\boldsymbol{g}\left(\sqrt{\frac{n}{2}}\boldsymbol{e}_i\right) + \boldsymbol{g}\left(-\sqrt{\frac{n}{2}}\boldsymbol{e}_i\right)\right] \\ &= \frac{\sqrt{\pi^n}}{2n}\sum_{i=1}^{n}\left[\boldsymbol{g}\left(\sqrt{\frac{n}{2}}\boldsymbol{e}_i\right) + \boldsymbol{g}\left(-\sqrt{\frac{n}{2}}\boldsymbol{e}_i\right)\right] \end{aligned} \tag{2-49}$$

进而，由 I_G 与 I_N 的关系可得如下计算多维非线性高斯加权积分的球面-径向容积准则

$$I_N = \frac{1}{2n}\sum_{i=1}^{n}[\boldsymbol{g}(\sqrt{n\boldsymbol{P}_x}\boldsymbol{e}_i + \hat{\boldsymbol{x}}) + \boldsymbol{g}(-\sqrt{n\boldsymbol{P}_x}\boldsymbol{e}_i + \hat{\boldsymbol{x}})]$$

$$= \frac{1}{2n}\sum_{i=1}^{2n}\left[\boldsymbol{g}\left(\sqrt{n\boldsymbol{P}_x}\,(\boldsymbol{e},\ -\boldsymbol{e})_i + \hat{\boldsymbol{x}}\right)\right] \tag{2-50}$$

容积准则计算的随机生成点的非线性均值积协方差如图 2－1 所示。

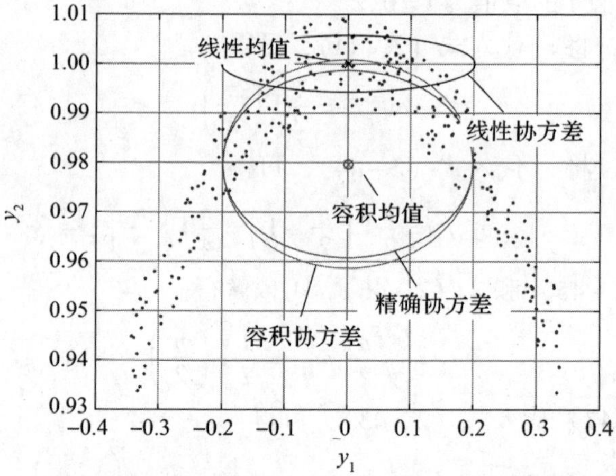

图 2－1　容积准则计算的随机生成点的非线性均值和协方差

从式（2－50）的容积准则中抽象出容积点和权值的计算方法为

$$\hat{\boldsymbol{x}}^{(i)} = \hat{\boldsymbol{x}} + \sqrt{n\boldsymbol{P}_x}\,(\boldsymbol{e},-\boldsymbol{e})_i, i=1,2,\cdots,2n \tag{2-51}$$

$$\omega_i = \frac{1}{2n}, i=1,2,\cdots,2n \tag{2-52}$$

基于高斯滤波框架，利用式（2－50）的容积准则计算非线性高斯加权积分，可以得到容积卡尔曼滤波的递推计算步骤如下。

步骤 1：滤波初始化

$$\begin{cases}\hat{\boldsymbol{x}}_0^+ = \mathrm{E}(\boldsymbol{x}_0)\\ \boldsymbol{P}_0^+ = \mathrm{E}\left[(\boldsymbol{x}_0 - \hat{\boldsymbol{x}}_0^+)(\boldsymbol{x}_0 - \hat{\boldsymbol{x}}_0^+)^{\mathrm{T}}\right]\end{cases} \tag{2-53}$$

循环 $k=1$，2，…，完成以下步骤。

步骤 2：时间更新

计算容积点

$$\hat{\boldsymbol{x}}_{k-1}^{(i)} = \hat{\boldsymbol{x}}_{k-1}^+ + \sqrt{n\boldsymbol{P}_{k-1}^+}\,(\boldsymbol{e},\ -\boldsymbol{e})_i, i=1,2,\cdots,2n \tag{2-54}$$

计算容积点的非线性传递

$$\boldsymbol{X}_k^{(i)} = \boldsymbol{f}(\hat{\boldsymbol{x}}_{k-1}^{(i)}) \tag{2-55}$$

计算先验状态估计

$$\hat{\boldsymbol{x}}_k^- = \frac{1}{2n}\sum_{i=1}^{2n}\boldsymbol{X}_k^{(i)} \tag{2-56}$$

计算先验误差协方差矩阵

$$\boldsymbol{P}_k^- = \frac{1}{2n}\sum_{i=1}^{2n}(\boldsymbol{X}_k^{(i)} - \hat{\boldsymbol{x}}_k^-)(\boldsymbol{X}_k^{(i)} - \hat{\boldsymbol{x}}_k^-)^{\mathrm{T}} + \boldsymbol{Q}_{k-1} \tag{2-57}$$

步骤 3：量测更新

计算容积点

$$\hat{\boldsymbol{x}}_k^{(i)} = \hat{\boldsymbol{x}}_k^- + \sqrt{n\boldsymbol{P}_k^-}(\boldsymbol{e}, -\boldsymbol{e})_i, i = 1,2,\cdots,2n \tag{2-58}$$

计算容积点的非线性传递

$$\boldsymbol{Z}_k^{(i)} = \boldsymbol{h}(\hat{\boldsymbol{x}}_k^{(i)}) \tag{2-59}$$

计算量测预测值

$$\hat{z}_k = \frac{1}{2n}\sum_{i=1}^{2n}\boldsymbol{Z}_k^{(i)} \tag{2-60}$$

计算量测误差协方差矩阵

$$\boldsymbol{P}_z = \frac{1}{2n}\sum_{i=1}^{2n}(\boldsymbol{Z}_k^{(i)} - \hat{z}_k)(\boldsymbol{Z}_k^{(i)} - \hat{z}_k)^{\mathrm{T}} + \boldsymbol{R}_k \tag{2-61}$$

计算交叉协方差矩阵

$$\boldsymbol{P}_{xz} = \frac{1}{2n}\sum_{i=1}^{2n}(\hat{\boldsymbol{x}}_k^{(i)} - \hat{\boldsymbol{x}}_k^-)(\boldsymbol{Z}_k^{(i)} - \hat{z}_k)^{\mathrm{T}} \tag{2-62}$$

计算卡尔曼滤波增益

$$\boldsymbol{K}_k = \boldsymbol{P}_{xz,k}\boldsymbol{P}_{z,k}^{-1} \tag{2-63}$$

计算后验状态估计

$$\hat{\boldsymbol{x}}_k^+ = \hat{\boldsymbol{x}}_k^- + \boldsymbol{K}_k(z_k - \hat{z}_k) \tag{2-64}$$

计算后验误差协方差矩阵

$$\boldsymbol{P}_k^+ = \boldsymbol{P}_k^- - \boldsymbol{K}_k\boldsymbol{P}_{z,k}\boldsymbol{K}_k^{\mathrm{T}} \tag{2-65}$$

从形式上看，CKF 可以看作 UKF 在参数 $\kappa = 0$ 时的特例，然而，CKF 从一个全新的角度第一次在数学上严格给出了 $\kappa = 0$ 的原因，CKF 在采样时舍去了 UKF 中的中心采样点，从而获得了更高的数值稳定性。

2.2　容积卡尔曼滤波算法稳定性分析

2.2.1　容积卡尔曼滤波算法随机稳定性分析

本节主要进行容积卡尔曼滤波算法的随机稳定性分析，即分析在随机噪声干扰条件下容积卡尔曼滤波算法的状态估计误差是否有界。定义 $\boldsymbol{e}_{k+1} = \boldsymbol{x}_{k+1} - \hat{\boldsymbol{x}}_{k+1}^-$，$\Delta\boldsymbol{x} = \boldsymbol{x}_k - \hat{\boldsymbol{x}}_k^+$，并对 $\boldsymbol{x}_{k+1}$ 在点 $\hat{\boldsymbol{x}}_k^+$ 处进行泰勒级数展开得

$$\boldsymbol{x}_{k+1}=\boldsymbol{f}(\boldsymbol{x}_k)+\boldsymbol{w}_k=\boldsymbol{f}(\hat{\boldsymbol{x}}_k^+)+\mathrm{D}_{\Delta x}\boldsymbol{f}+\frac{\mathrm{D}_{\Delta x}^2\boldsymbol{f}}{2!}+\frac{\mathrm{D}_{\Delta x}^3\boldsymbol{f}}{3!}+\frac{\mathrm{D}_{\Delta x}^4\boldsymbol{f}}{4!}+\cdots+\boldsymbol{w}_k \tag{2-66}$$

$$\hat{\boldsymbol{x}}_{k+1}^-=\boldsymbol{f}(\hat{\boldsymbol{x}}_k^+) \tag{2-67}$$

式中：$\mathrm{D}_{\Delta x}\boldsymbol{f}$ 代表 $\boldsymbol{f}(\cdot)$ 关于 $\Delta\boldsymbol{x}$ 的向量微分运算；$\mathrm{D}_{\Delta x}^i\boldsymbol{f}$ 为 i 阶微分运算。

容积点为

$$\begin{cases}\hat{\boldsymbol{x}}_k^{(i)}=\hat{\boldsymbol{x}}_k^++\sqrt{n\boldsymbol{P}}\\ \hat{\boldsymbol{x}}_k^{(i+n)}=\hat{\boldsymbol{x}}_k^+-\sqrt{n\boldsymbol{P}}\end{cases} \tag{2-68}$$

相应的权值为 $\omega_i=1/2n$，定义 $\boldsymbol{\sigma}_{i,k}=\hat{\boldsymbol{x}}_k^{(i)}-\hat{\boldsymbol{x}}_k^+$，则非线性转换函数在 $\hat{\boldsymbol{x}}_k^+$ 点的泰勒级数展开为

$$\boldsymbol{X}_k^{(i)}=\boldsymbol{f}(\hat{\boldsymbol{x}}_k^{(i)})=\boldsymbol{f}(\hat{\boldsymbol{x}}_k^+)+\mathrm{D}_{\sigma_{i,k}}\boldsymbol{f}+\frac{\mathrm{D}_{\sigma_{i,k}}^2\boldsymbol{f}}{2!}+\frac{\mathrm{D}_{\sigma_{i,k}}^3\boldsymbol{f}}{3!}+\frac{\mathrm{D}_{\sigma_{i,k}}^4\boldsymbol{f}}{4!}+\cdots \tag{2-69}$$

$$\boldsymbol{X}_k^{(i+n)}=\boldsymbol{f}(\hat{\boldsymbol{x}}_k^{(i+n)})=\boldsymbol{f}(\hat{\boldsymbol{x}}_k^+)+\mathrm{D}_{-\sigma_{i,k}}\boldsymbol{f}+\frac{\mathrm{D}_{-\sigma_{i,k}}^2\boldsymbol{f}}{2!}+\frac{\mathrm{D}_{-\sigma_{i,k}}^3\boldsymbol{f}}{3!}+\frac{\mathrm{D}_{-\sigma_{i,k}}^4\boldsymbol{f}}{4!}+\cdots \tag{2-70}$$

式中：$\mathrm{D}_{\sigma_{ik}}\boldsymbol{f}$ 为向量微分运算；$\mathrm{D}_{\sigma_{ik}}^i\boldsymbol{f}$ 为 i 阶微分运算。

定义微分运算子如下：

$$\nabla=\left(\frac{\partial}{\partial x_1},\frac{\partial}{\partial x_2},\cdots,\frac{\partial}{\partial x_n}\right)^{\mathrm{T}} \tag{2-71}$$

$$\mathrm{D}_{\sigma_k}\boldsymbol{f}=(\boldsymbol{\sigma}_k^{\mathrm{T}}\nabla)\boldsymbol{f}(\hat{\boldsymbol{x}}_k^{(i)})\big|_{\hat{x}_k^{(i)}\to\hat{x}_k^+} \tag{2-72}$$

$$\mathrm{D}_{\sigma_k}^2\boldsymbol{f}=\mathrm{D}_{\sigma_k}(\mathrm{D}_{\sigma_k}\boldsymbol{f})=(\boldsymbol{\sigma}_k^{\mathrm{T}}\nabla\boldsymbol{\sigma}_k^{\mathrm{T}}\nabla)\boldsymbol{f}(\hat{\boldsymbol{x}}_k^{(i)})\big|_{\hat{x}_k^{(i)}\to\hat{x}_k^+} \tag{2-73}$$

由向量微分运算性质可知，$\mathrm{D}_{\sigma_k}\boldsymbol{f}=-\mathrm{D}_{-\sigma_k}\boldsymbol{f}$，$\mathrm{D}_{\sigma_k}^2\boldsymbol{f}=\mathrm{D}_{-\sigma_k}^2\boldsymbol{f}$，进而，在代入容积准则后式（2-67）的泰勒级数展开式为

$$\begin{aligned}\hat{\boldsymbol{x}}_{k+1}^-&=\sum_{i=1}^{2n}\omega_i\boldsymbol{f}(\hat{\boldsymbol{x}}_k^{(i)})=\frac{1}{2n}\left(\sum_{i=1}^{n}\boldsymbol{f}(\hat{\boldsymbol{x}}_k^{(i)})+\sum_{i=1}^{n}\boldsymbol{f}(\hat{\boldsymbol{x}}_k^{(i+n)})\right)\\&=\frac{1}{2n}\Bigg\{\sum_{i=1}^{n}\left[\boldsymbol{f}(\hat{\boldsymbol{x}}_k^+)+\mathrm{D}_{\sigma_{i,k}}\boldsymbol{f}+\frac{\mathrm{D}_{\sigma_{i,k}}^2\boldsymbol{f}}{2!}+\frac{\mathrm{D}_{\sigma_{i,k}}^3\boldsymbol{f}}{3!}+\frac{\mathrm{D}_{\sigma_{i,k}}^4\boldsymbol{f}}{4!}+\cdots\right]+\\&\qquad\sum_{i=1}^{n}\left[\boldsymbol{f}(\hat{\boldsymbol{x}}_k^+)+\mathrm{D}_{-\sigma_{i,k}}\boldsymbol{f}+\frac{\mathrm{D}_{-\sigma_{i,k}}^2\boldsymbol{f}}{2!}+\frac{\mathrm{D}_{-\sigma_{i,k}}^3\boldsymbol{f}}{3!}+\frac{\mathrm{D}_{-\sigma_{i,k}}^4\boldsymbol{f}}{4!}+\cdots\right]\Bigg\}\\&=\boldsymbol{f}(\hat{\boldsymbol{x}}_k^+)+\frac{1}{n}\sum_{i=1}^{n}\left(\frac{\mathrm{D}_{\sigma_{i,k}}^2\boldsymbol{f}}{2!}+\frac{\mathrm{D}_{\sigma_{i,k}}^4\boldsymbol{f}}{4!}+\frac{\mathrm{D}_{\sigma_{i,k}}^6\boldsymbol{f}}{6!}+\cdots\right)\\&=\boldsymbol{f}(\hat{\boldsymbol{x}}_k^+)+\frac{\mathrm{D}_{\sigma_{i,k}}^2\boldsymbol{f}}{2!}+\frac{1}{n}\sum_{i=1}^{n}\left(\frac{\mathrm{D}_{\sigma_{i,k}}^4\boldsymbol{f}}{4!}+\frac{\mathrm{D}_{\sigma_{i,k}}^6\boldsymbol{f}}{6!}+\cdots\right)\end{aligned} \tag{2-74}$$

由于 $\mathrm{D}_{\sigma_{i,k}}\boldsymbol{f}=\boldsymbol{A}\Delta x$，$\boldsymbol{A}=\partial\boldsymbol{f}(\hat{\boldsymbol{x}}_k^+)/\partial\boldsymbol{x}$，由式（2-66）和式（2-74）可以得到

$$\boldsymbol{e}_{k+1}=\boldsymbol{A}(\boldsymbol{x}_k-\hat{\boldsymbol{x}}_k^+)+\boldsymbol{w}_k+\boldsymbol{\phi}(\boldsymbol{x}_k,\hat{\boldsymbol{x}}_k^+,\boldsymbol{w}_k) \tag{2-75}$$

式中：$\boldsymbol{\phi}(\boldsymbol{x}_k,\hat{\boldsymbol{x}}_k^+,\boldsymbol{w}_k)$是泰勒级数展开式的高阶项。类似的，可以得到

$$z_k=\boldsymbol{h}(\boldsymbol{x}_k,\boldsymbol{v}_k)=\boldsymbol{h}(\hat{\boldsymbol{x}}_k^-,0)+\mathrm{D}_{\Delta x'}\boldsymbol{h}+\frac{\mathrm{D}_{\Delta x'}^2\boldsymbol{h}}{2!}+\frac{\mathrm{D}_{\Delta x'}^3\boldsymbol{h}}{3!}+\frac{\mathrm{D}_{\Delta x'}^4\boldsymbol{h}}{4!}+\cdots+\boldsymbol{v}_k \tag{2-76}$$

$$\begin{aligned}\hat{z}_k&=\boldsymbol{h}(\hat{\boldsymbol{x}}_k^-)+\frac{1}{n}\sum_{i=1}^{n}\left(\frac{\mathrm{D}_{\Delta x'}^2\boldsymbol{h}}{2!}+\frac{\mathrm{D}_{\Delta x'}^4\boldsymbol{h}}{4!}+\frac{\mathrm{D}_{\Delta x'}^6\boldsymbol{h}}{6!}+\cdots\right)\\&=\boldsymbol{h}(\hat{\boldsymbol{x}}_k^-)+\frac{\mathrm{D}_{\Delta x'}^2\boldsymbol{h}}{2!}+\frac{1}{n}\sum_{i=1}^{n}\left(\frac{\mathrm{D}_{\Delta x'}^4\boldsymbol{h}}{4!}+\frac{\mathrm{D}_{\Delta x'}^6\boldsymbol{h}}{6!}+\cdots\right)\end{aligned} \tag{2-77}$$

式中：$\boldsymbol{h}(\cdot)$为非线性量测函数；$\Delta\boldsymbol{x}'=\hat{\boldsymbol{x}}_k^+-\hat{\boldsymbol{x}}_k^-$。

引入以下贝叶斯滤波过程：

$$\hat{\boldsymbol{x}}_k^+=\hat{\boldsymbol{x}}_k^-+\boldsymbol{K}_k(z_k-\hat{z}_k) \tag{2-78}$$

将式（2-76）和式（2-77）代入式（2-78）中得到

$$\begin{aligned}\hat{\boldsymbol{x}}_k^+&=\hat{\boldsymbol{x}}_k^-+\boldsymbol{K}_k(\mathrm{D}_{\Delta x'}\boldsymbol{h}+\boldsymbol{v}_k+\boldsymbol{\varphi}(\hat{\boldsymbol{x}}_k^+,\hat{\boldsymbol{x}}_k^-,\boldsymbol{v}_k))\\&=\hat{\boldsymbol{x}}_k^-+\boldsymbol{K}_k(\boldsymbol{H}(\hat{\boldsymbol{x}}_k^+-\hat{\boldsymbol{x}}_k^-)+\boldsymbol{v}_k+\boldsymbol{\varphi}(\hat{\boldsymbol{x}}_k^+,\hat{\boldsymbol{x}}_k^-,\boldsymbol{v}_k))\end{aligned} \tag{2-79}$$

式中：$\boldsymbol{H}=\partial\boldsymbol{h}(\hat{\boldsymbol{x}}_k^-)/\partial\boldsymbol{x}$；$\boldsymbol{\varphi}(\hat{\boldsymbol{x}}_k^+,\hat{\boldsymbol{x}}_k^-,\boldsymbol{v}_k)$是相应泰勒级数展开的高阶误差项。

将式（2-79）代入式（2-75）中得到

$$\begin{aligned}\boldsymbol{e}_{k+1}&=\boldsymbol{A}(\boldsymbol{x}_k-\hat{\boldsymbol{x}}_k^+-\boldsymbol{K}_k[\boldsymbol{H}(\hat{\boldsymbol{x}}_k^+-\hat{\boldsymbol{x}}_k^-)+\boldsymbol{v}_k+\boldsymbol{\varphi}(\hat{\boldsymbol{x}}_k^+,\hat{\boldsymbol{x}}_k^-,\boldsymbol{v}_k)])\\&\quad+\boldsymbol{w}_k+\boldsymbol{\phi}(\boldsymbol{x}_k,\hat{\boldsymbol{x}}_k^+,\boldsymbol{w}_k)\\&=\boldsymbol{A}(\boldsymbol{I}-\boldsymbol{KH})\boldsymbol{e}_k+\boldsymbol{\phi}(\boldsymbol{x}_k,\hat{\boldsymbol{x}}_k^+,\boldsymbol{w}_k)-\boldsymbol{AK}_k\boldsymbol{\varphi}(\hat{\boldsymbol{x}}_k^+,\hat{\boldsymbol{x}}_k^-,\boldsymbol{v}_k)\\&\quad+\boldsymbol{w}_k-\boldsymbol{AK}_k\boldsymbol{v}_k\end{aligned} \tag{2-80}$$

状态误差协方差矩阵为

$$\begin{aligned}\boldsymbol{P}_{k+1}^-&=\sum_{i=1}^{2n}\omega_i(\boldsymbol{X}_{k+1}^{(i)}-\boldsymbol{f}(\hat{\boldsymbol{x}}_k^+))(\boldsymbol{X}_{k+1}^{(i)}-\boldsymbol{f}(\hat{\boldsymbol{x}}_k^+))^{\mathrm{T}}\\&=\frac{1}{2n}\sum_{i=1}^{2n}(\boldsymbol{X}_{k+1}^{(i)}(\boldsymbol{X}_{k+1}^{(i)})^{\mathrm{T}})-\boldsymbol{f}(\hat{\boldsymbol{x}}_k^+)\boldsymbol{f}^{\mathrm{T}}(\hat{\boldsymbol{x}}_k^+)\end{aligned} \tag{2-81}$$

式（2-81）中的右侧第一项可以表示为

$$\begin{aligned}\frac{1}{2n}\sum_{i=1}^{2n}(\boldsymbol{X}_{k+1}^{(i)}(\boldsymbol{X}_{k+1}^{(i)})^{\mathrm{T}})=\frac{1}{2n}\Bigg\{&\sum_{i=1}^{n}\left[\boldsymbol{f}(\hat{\boldsymbol{x}}_k^+)+\mathrm{D}_{\sigma_{i,k}}\boldsymbol{f}+\frac{\mathrm{D}_{\sigma_{i,k}}^2\boldsymbol{f}}{2!}+\frac{\mathrm{D}_{\sigma_{i,k}}^3\boldsymbol{f}}{3!}+\frac{\mathrm{D}_{\sigma_{i,k}}^4\boldsymbol{f}}{4!}+\cdots\right]\times\\&\left[\boldsymbol{f}(\hat{\boldsymbol{x}}_k^+)+\mathrm{D}_{\sigma_{i,k}}\boldsymbol{f}+\frac{\mathrm{D}_{\sigma_{i,k}}^2\boldsymbol{f}}{2!}+\frac{\mathrm{D}_{\sigma_{i,k}}^3\boldsymbol{f}}{3!}+\frac{\mathrm{D}_{\sigma_{i,k}}^4\boldsymbol{f}}{4!}+\cdots\right]^{\mathrm{T}}+\\&\sum_{i=1}^{n}\left[\boldsymbol{f}(\hat{\boldsymbol{x}}_k^+)+\mathrm{D}_{-\sigma_{i,k}}\boldsymbol{f}+\frac{\mathrm{D}_{-\sigma_{i,k}}^2\boldsymbol{f}}{2!}+\frac{\mathrm{D}_{-\sigma_{i,k}}^3\boldsymbol{f}}{3!}+\frac{\mathrm{D}_{-\sigma_{i,k}}^4\boldsymbol{f}}{4!}+\cdots\right]\times\\&\left[\boldsymbol{f}(\hat{\boldsymbol{x}}_k^+)+\mathrm{D}_{-\sigma_{i,k}}\boldsymbol{f}+\frac{\mathrm{D}_{-\sigma_{i,k}}^2\boldsymbol{f}}{2!}+\frac{\mathrm{D}_{-\sigma_{i,k}}^3\boldsymbol{f}}{3!}+\frac{\mathrm{D}_{-\sigma_{i,k}}^4\boldsymbol{f}}{4!}+\cdots\right]^{\mathrm{T}}\Bigg\}\end{aligned}$$

$$
\begin{aligned}
&= \boldsymbol{f}(\hat{\boldsymbol{x}}_k^+)\boldsymbol{f}^{\mathrm{T}}(\hat{\boldsymbol{x}}_k^+) + \boldsymbol{f}(\hat{\boldsymbol{x}}_k^+)\left[\frac{1}{n}\sum_{i=1}^{n}\left(\frac{\mathrm{D}_{\sigma_{i,k}}^2\boldsymbol{f}}{2!} + \frac{\mathrm{D}_{\sigma_{i,k}}^4\boldsymbol{f}}{4!} + \cdots\right)\right]^{\mathrm{T}} + \\
&\quad \left[\frac{1}{n}\sum_{i=1}^{n}\left(\frac{\mathrm{D}_{\sigma_{i,k}}^2\boldsymbol{f}}{2!} + \frac{\mathrm{D}_{\sigma_{i,k}}^4\boldsymbol{f}}{4!} + \cdots\right)\right]\boldsymbol{f}^{\mathrm{T}}(\hat{\boldsymbol{x}}_k^+) + \\
&\quad \frac{1}{n}\left[\sum_{i=1}^{n}\left(\mathrm{D}_{\sigma_{i,k}}\boldsymbol{f} + \frac{\mathrm{D}_{\sigma_{i,k}}^3\boldsymbol{f}}{3!} + \cdots\right)\right]\left[\sum_{i=1}^{n}\left(\mathrm{D}_{\sigma_{i,k}}\boldsymbol{f} + \frac{\mathrm{D}_{\sigma_{i,k}}^3\boldsymbol{f}}{3!} + \cdots\right)\right]^{\mathrm{T}} + \\
&\quad \frac{1}{n}\left[\sum_{i=1}^{n}\left(\frac{\mathrm{D}_{\sigma_{i,k}}^2\boldsymbol{f}}{2!} + \frac{\mathrm{D}_{\sigma_{i,k}}^4\boldsymbol{f}}{4!} + \cdots\right)\right]\left[\sum_{i=1}^{n}\left(\frac{\mathrm{D}_{\sigma_{i,k}}^2\boldsymbol{f}}{2!} + \frac{\mathrm{D}_{\sigma_{i,k}}^4\boldsymbol{f}}{4!} + \cdots\right)\right]^{\mathrm{T}}
\end{aligned} \tag{2-82}
$$

式（2－81）的右侧第二项可以写为以下形式：

$$
\begin{aligned}
\boldsymbol{f}(\hat{\boldsymbol{x}}_k^+)\boldsymbol{f}^{\mathrm{T}}(\hat{\boldsymbol{x}}_k^+) &= \left[\boldsymbol{f}(\hat{\boldsymbol{x}}_k^+) + \frac{1}{n}\sum_{i=1}^{n}\left(\frac{\mathrm{D}_{\sigma_{i,k}}^2\boldsymbol{f}}{2!} + \frac{\mathrm{D}_{\sigma_{i,k}}^4\boldsymbol{f}}{4!} + \frac{\mathrm{D}_{\sigma_{i,k}}^6\boldsymbol{f}}{6!} + \cdots\right)\right] \\
&\quad \left[\boldsymbol{f}(\hat{\boldsymbol{x}}_k^+) + \frac{1}{n}\sum_{i=1}^{n}\left(\frac{\mathrm{D}_{\sigma_{i,k}}^2\boldsymbol{f}}{2!} + \frac{\mathrm{D}_{\sigma_{i,k}}^4\boldsymbol{f}}{4!} + \frac{\mathrm{D}_{\sigma_{i,k}}^6\boldsymbol{f}}{6!} + \cdots\right)\right]^{\mathrm{T}} \\
&= \boldsymbol{f}(\hat{\boldsymbol{x}}_k^+)\boldsymbol{f}^{\mathrm{T}}(\hat{\boldsymbol{x}}_k^+) + \boldsymbol{f}(\hat{\boldsymbol{x}}_k^+)\left[\frac{1}{n}\sum_{i=1}^{n}\left(\frac{\mathrm{D}_{\sigma_{i,k}}^2\boldsymbol{f}}{2!} + \frac{\mathrm{D}_{\sigma_{i,k}}^4\boldsymbol{f}}{4!} + \cdots\right)\right]^{\mathrm{T}} + \\
&\quad \left[\frac{1}{n}\sum_{i=1}^{n}\left(\frac{\mathrm{D}_{\sigma_{i,k}}^2\boldsymbol{f}}{2!} + \frac{\mathrm{D}_{\sigma_{i,k}}^4\boldsymbol{f}}{4!} + \cdots\right)\right]\boldsymbol{f}^{\mathrm{T}}(\hat{\boldsymbol{x}}_k^+) + \\
&\quad \frac{1}{n^2}\left[\sum_{i=1}^{n}\left(\frac{\mathrm{D}_{\sigma_{i,k}}^2\boldsymbol{f}}{2!} + \frac{\mathrm{D}_{\sigma_{i,k}}^4\boldsymbol{f}}{4!} + \cdots\right)\right]\left[\sum_{i=1}^{n}\left(\frac{\mathrm{D}_{\sigma_{i,k}}^2\boldsymbol{f}}{2!} + \frac{\mathrm{D}_{\sigma_{i,k}}^4\boldsymbol{f}}{4!} + \cdots\right)\right]^{\mathrm{T}}
\end{aligned} \tag{2-83}
$$

将式（2－82）和式（2－83）代入式（2－81），得到

$$
\begin{aligned}
\boldsymbol{P}_{k+1}^- &= \frac{1}{n}\sum_{i=1}^{n}\mathrm{D}_{\sigma_{i,k}}\boldsymbol{f}(\mathrm{D}_{\sigma_{i,k}}\boldsymbol{f})^{\mathrm{T}} + \frac{1}{n}\sum_{i=1}^{n}\mathrm{D}_{\sigma_{i,k}}\boldsymbol{f}\left[\sum_{i=1}^{n}\left(\mathrm{D}_{\sigma_{i,k}}\boldsymbol{f} + \frac{\mathrm{D}_{\sigma_{i,k}}^3\boldsymbol{f}}{3!} + \cdots\right)\right]^{\mathrm{T}} + \\
&\quad \frac{1}{n}\sum_{i=1}^{n}\left[\sum_{i=1}^{n}\left(\mathrm{D}_{\sigma_{i,k}}\boldsymbol{f} + \frac{\mathrm{D}_{\sigma_{i,k}}^3\boldsymbol{f}}{3!} + \cdots\right)\right](\mathrm{D}_{\sigma_{i,k}}\boldsymbol{f})^{\mathrm{T}} + \\
&\quad \frac{1}{n}\sum_{i=1}^{n}\left[\sum_{i=1}^{n}\left(\frac{\mathrm{D}_{\sigma_{i,k}}^3\boldsymbol{f}}{3!} + \frac{\mathrm{D}_{\sigma_{i,k}}^5\boldsymbol{f}}{5!} + \cdots\right)\right]\left[\sum_{i=1}^{n}\left(\frac{\mathrm{D}_{\sigma_{i,k}}^3\boldsymbol{f}}{3!} + \frac{\mathrm{D}_{\sigma_{i,k}}^5\boldsymbol{f}}{5!} + \cdots\right)\right]^{\mathrm{T}} + \\
&\quad \frac{1}{n}\left[\sum_{i=1}^{n}\left(\frac{\mathrm{D}_{\sigma_{i,k}}^2\boldsymbol{f}}{2!} + \frac{\mathrm{D}_{\sigma_{i,k}}^4\boldsymbol{f}}{4!} + \cdots\right)\right]\left[\sum_{i=1}^{n}\left(\frac{\mathrm{D}_{\sigma_{i,k}}^2\boldsymbol{f}}{2!} + \frac{\mathrm{D}_{\sigma_{i,k}}^4\boldsymbol{f}}{4!} + \cdots\right)\right]^{\mathrm{T}} - \\
&\quad \frac{1}{n^2}\left[\sum_{i=1}^{n}\left(\frac{\mathrm{D}_{\sigma_{i,k}}^2\boldsymbol{f}}{2!} + \frac{\mathrm{D}_{\sigma_{i,k}}^4\boldsymbol{f}}{4!} + \cdots\right)\right]\left[\sum_{i=1}^{n}\left(\frac{\mathrm{D}_{\sigma_{i,k}}^2\boldsymbol{f}}{2!} + \frac{\mathrm{D}_{\sigma_{i,k}}^4\boldsymbol{f}}{4!} + \cdots\right)\right]^{\mathrm{T}}
\end{aligned} \tag{2-84}
$$

式（2－84）的右侧第一项可以写为

$$\begin{aligned}\frac{1}{n}\sum_{i=1}^{n}\mathrm{D}_{\sigma_{i,k}}\boldsymbol{f}(\mathrm{D}_{\sigma_{i,k}}\boldsymbol{f})^{\mathrm{T}} &= \frac{1}{n}\sum_{i=1}^{n}(\nabla^{\mathrm{T}}\boldsymbol{f}(\hat{\boldsymbol{x}}_k^{+}))(\boldsymbol{\sigma}_{i,k}\boldsymbol{\sigma}_{i,k}^{\mathrm{T}})(\nabla\boldsymbol{f}(\hat{\boldsymbol{x}}_k^{+}))^{\mathrm{T}}\\ &= (\nabla^{\mathrm{T}}\boldsymbol{f}(\hat{\boldsymbol{x}}_k^{+}))\frac{1}{n}\sum_{i=1}^{n}(\boldsymbol{\sigma}_{i,k}\boldsymbol{\sigma}_{i,k}^{\mathrm{T}})(\nabla\boldsymbol{f}(\hat{\boldsymbol{x}}_k^{+}))^{\mathrm{T}}\\ &= \boldsymbol{A}\boldsymbol{P}_k^{+}\boldsymbol{A}^{\mathrm{T}}\end{aligned} \tag{2-85}$$

预测协方差矩阵与后验协方差矩阵间的关系为

$$\boldsymbol{P}_{k+1}^{-} = \boldsymbol{A}\boldsymbol{P}_k^{+}\boldsymbol{A}^{\mathrm{T}} + \delta\boldsymbol{P}_k^{+} \tag{2-86}$$

式中：$\delta\boldsymbol{P}_k^{+}$ 为线性化过程中可以忽略的高阶项的组合。

同时，协方差矩阵 $\boldsymbol{P}_{k+1}^{-}$ 可以表示为

$$\begin{aligned}\boldsymbol{P}_{k+1}^{-} &= \mathrm{E}(\boldsymbol{e}_{k+1}\boldsymbol{e}_{k+1}^{\mathrm{T}})\\ &= \mathrm{E}\{[\boldsymbol{A}(\boldsymbol{I}-\boldsymbol{K}_k\boldsymbol{H})\boldsymbol{e}_k + \boldsymbol{\phi}(\boldsymbol{x}_k,\hat{\boldsymbol{x}}_k^{+},\boldsymbol{w}_k) - \boldsymbol{A}\boldsymbol{K}_k\boldsymbol{\varphi}(\hat{\boldsymbol{x}}_k^{+},\hat{\boldsymbol{x}}_k^{-},\boldsymbol{v}_k) + \boldsymbol{w}_k - \boldsymbol{A}\boldsymbol{K}_k\boldsymbol{v}_k]\\ &\quad [\boldsymbol{A}(\boldsymbol{I}-\boldsymbol{K}_k\boldsymbol{H})\boldsymbol{e}_k + \boldsymbol{\phi}(\boldsymbol{x}_k,\hat{\boldsymbol{x}}_k^{+},\boldsymbol{w}_k) - \boldsymbol{A}\boldsymbol{K}_k\boldsymbol{\varphi}(\hat{\boldsymbol{x}}_k^{+},\hat{\boldsymbol{x}}_k^{-},\boldsymbol{v}_k) + \boldsymbol{w}_k - \boldsymbol{A}\boldsymbol{K}_k\boldsymbol{v}_k]^{\mathrm{T}}\}\\ &= [\boldsymbol{A}(\boldsymbol{I}-\boldsymbol{K}_k\boldsymbol{H})]\boldsymbol{P}_k^{-}[\boldsymbol{A}(\boldsymbol{I}-\boldsymbol{K}_k\boldsymbol{H})]^{\mathrm{T}} + (\boldsymbol{r}_k + \boldsymbol{s}_k)[\boldsymbol{A}(\boldsymbol{I}-\boldsymbol{K}_k\boldsymbol{H})\boldsymbol{e}_k]^{\mathrm{T}} +\\ &\quad [\boldsymbol{A}(\boldsymbol{I}-\boldsymbol{K}_k\boldsymbol{H})\boldsymbol{e}_k](\boldsymbol{r}_k+\boldsymbol{s}_k)^{\mathrm{T}} + \boldsymbol{r}_k\boldsymbol{r}_k^{\mathrm{T}} + \boldsymbol{s}_k\boldsymbol{s}_k^{\mathrm{T}} + \Delta\boldsymbol{P}_{k+1}^{-}\end{aligned} \tag{2-87}$$

在式（2-87）中，$\Delta\boldsymbol{P}_{k+1}^{-}$为期望近似计算中引入的协方差误差，其他变量定义如下：

$$\boldsymbol{s}_k = \boldsymbol{w}_k - \boldsymbol{A}\boldsymbol{K}_k\boldsymbol{v}_k \tag{2-88}$$

$$\boldsymbol{r}_k = \boldsymbol{\phi}(\boldsymbol{x}_k,\hat{\boldsymbol{x}}_k^{+},\boldsymbol{w}_k) - \boldsymbol{A}\boldsymbol{K}_k\boldsymbol{\varphi}(\hat{\boldsymbol{x}}_k^{+},\hat{\boldsymbol{x}}_k^{-},\boldsymbol{v}_k) \tag{2-89}$$

忽略高阶微分项，可以得到

$$\begin{aligned}\boldsymbol{P}_{k+1}^{-} &= [\boldsymbol{A}(\boldsymbol{I}-\boldsymbol{K}_k\boldsymbol{H})]\boldsymbol{P}_k^{-}[\boldsymbol{A}(\boldsymbol{I}-\boldsymbol{K}_k\boldsymbol{H})]^{\mathrm{T}} + \boldsymbol{r}_k[\boldsymbol{A}(\boldsymbol{I}-\boldsymbol{K}_k\boldsymbol{H})\boldsymbol{e}_k]^{\mathrm{T}} +\\ &\quad [\boldsymbol{A}(\boldsymbol{I}-\boldsymbol{K}_k\boldsymbol{H})\boldsymbol{e}_k]\boldsymbol{r}_k^{\mathrm{T}} + \boldsymbol{r}_k\boldsymbol{r}_k^{\mathrm{T}} + \boldsymbol{s}_k\boldsymbol{s}_k^{\mathrm{T}} + \Delta\boldsymbol{P}_{k+1}^{-}\end{aligned} \tag{2-90}$$

定义结构矩阵为

$$\boldsymbol{V}_{k+1}(\boldsymbol{e}_{k+1}) = \boldsymbol{e}_{k+1}^{\mathrm{T}}(\boldsymbol{P}_{k+1}^{-})^{-1}\boldsymbol{e}_{k+1} \tag{2-91}$$

将式（2-80）和式（2-90）代入式（2-91），可以得到

$$\begin{aligned}\boldsymbol{V}_{k+1}(\boldsymbol{e}_{k+1}) &= \boldsymbol{e}_{k+1}^{\mathrm{T}}(\boldsymbol{P}_{k+1}^{-})^{-1}\boldsymbol{e}_{k+1}\\ &= \boldsymbol{e}_{k+1}^{\mathrm{T}}[(\boldsymbol{I}-\boldsymbol{K}_k\boldsymbol{H})^{\mathrm{T}}\boldsymbol{A}^{\mathrm{T}}](\boldsymbol{P}_{k+1}^{-})^{-1}[\boldsymbol{A}(\boldsymbol{I}-\boldsymbol{K}_k\boldsymbol{H})]\boldsymbol{e}_k +\\ &\quad \boldsymbol{e}_k^{\mathrm{T}}[(\boldsymbol{I}-\boldsymbol{K}_k\boldsymbol{H})^{\mathrm{T}}\boldsymbol{A}^{\mathrm{T}}](\boldsymbol{P}_{k+1}^{-})^{-1}(\boldsymbol{r}_k+\boldsymbol{s}_k) +\\ &\quad \boldsymbol{r}_k^{\mathrm{T}}(\boldsymbol{P}_{k+1}^{-})^{-1}\{[\boldsymbol{A}(\boldsymbol{I}-\boldsymbol{K}_k\boldsymbol{H})]\boldsymbol{e}_k + \boldsymbol{r}_k + \boldsymbol{s}_k\} +\\ &\quad \boldsymbol{s}_k^{\mathrm{T}}(\boldsymbol{P}_{k+1}^{-})^{-1}\{[\boldsymbol{A}(\boldsymbol{I}-\boldsymbol{K}_k\boldsymbol{H})]\boldsymbol{e}_k + \boldsymbol{r}_k + \boldsymbol{s}_k\}\end{aligned} \tag{2-92}$$

忽略高阶微分项，式（2-92）可以简化为

$$\begin{aligned}\boldsymbol{V}_{k+1}(\boldsymbol{e}_{k+1}) &= \boldsymbol{e}_{k+1}^{\mathrm{T}}(\boldsymbol{P}_{k+1}^{-})^{-1}\boldsymbol{e}_{k+1}\\ &= \boldsymbol{e}_k^{\mathrm{T}}[(\boldsymbol{I}-\boldsymbol{K}_k\boldsymbol{H})^{\mathrm{T}}\boldsymbol{A}^{\mathrm{T}}](\boldsymbol{P}_{k+1}^{-})^{-1}[\boldsymbol{A}(\boldsymbol{I}-\boldsymbol{K}_k\boldsymbol{H})]\boldsymbol{e}_k +\\ &\quad \boldsymbol{e}_k^{\mathrm{T}}[(\boldsymbol{I}-\boldsymbol{K}_k\boldsymbol{H})^{\mathrm{T}}\boldsymbol{A}^{\mathrm{T}}](\boldsymbol{P}_{k+1}^{-})^{-1}\boldsymbol{r}_k + \boldsymbol{r}_k^{\mathrm{T}}(\boldsymbol{P}_{k+1}^{-})^{-1}\{[\boldsymbol{A}(\boldsymbol{I}-\boldsymbol{K}_k\boldsymbol{H})]\boldsymbol{e}_k + \boldsymbol{r}_k\} +\end{aligned}$$

$$\boldsymbol{s}_k^{\mathrm{T}}(\boldsymbol{P}_{k+1}^-)^{-1}\boldsymbol{s}_k \tag{2-93}$$

基于上述分析，下面开始进行容积卡尔曼滤波算法的随机稳定性的分析。假设以下条件成立：

$$\begin{cases}\|\boldsymbol{A}\|\leqslant a_{\max}\\ \|\boldsymbol{H}_k\|\leqslant h_{\max}\\ p_{\min}\boldsymbol{I}\leqslant\boldsymbol{P}_{k+1}^+\leqslant\boldsymbol{P}_{k+1}^-\leqslant p_{\max}\boldsymbol{I}\\ \|\boldsymbol{\phi}(\boldsymbol{x}_k,\hat{\boldsymbol{x}}_k^+,\boldsymbol{w}_k)\|\leqslant\kappa_\phi\|\boldsymbol{x}_k-\hat{\boldsymbol{x}}_k^+\|^2\\ \|\boldsymbol{\varphi}(\hat{\boldsymbol{x}}_k^+,\hat{\boldsymbol{x}}_k^-,\boldsymbol{v}_k)\|\leqslant\kappa_\varphi\|\boldsymbol{x}_k-\hat{\boldsymbol{x}}_k^-\|^2\end{cases} \tag{2-94}$$

式中：实数 $a_{\max},h_{\max},p_{\min},p_{\max},\kappa_\phi,\kappa_\varphi$ 均为正数。

式（2-93）中 $\boldsymbol{V}_{k+1}(\boldsymbol{e}_{k+1})$ 的第一项为

$$\boldsymbol{e}_k^{\mathrm{T}}[(\boldsymbol{I}-\boldsymbol{K}_k\boldsymbol{H})^{\mathrm{T}}\boldsymbol{A}^{\mathrm{T}}](\boldsymbol{P}_{k+1}^-)^{-1}[\boldsymbol{A}(\boldsymbol{I}-\boldsymbol{K}_k\boldsymbol{H})]\boldsymbol{e}_k \tag{2-95}$$

由于

$$\begin{aligned}\boldsymbol{P}_{k+1}^- &= [\boldsymbol{A}(\boldsymbol{I}-\boldsymbol{K}_k\boldsymbol{H})]\boldsymbol{P}_k^-[\boldsymbol{A}(\boldsymbol{I}-\boldsymbol{K}_k\boldsymbol{H})]^{\mathrm{T}}+\boldsymbol{r}_k[\boldsymbol{A}(\boldsymbol{I}-\boldsymbol{K}_k\boldsymbol{H})\boldsymbol{e}_k]^{\mathrm{T}}+\\ &\quad[\boldsymbol{A}(\boldsymbol{I}-\boldsymbol{K}_k\boldsymbol{H})\boldsymbol{e}_k]\boldsymbol{r}_k^{\mathrm{T}}+\boldsymbol{r}_k\boldsymbol{r}_k^{\mathrm{T}}+\boldsymbol{s}_k\boldsymbol{s}_k^{\mathrm{T}}+\Delta\boldsymbol{P}_{k+1}^-\\ &= [\boldsymbol{A}(\boldsymbol{I}-\boldsymbol{K}_k\boldsymbol{H})]\boldsymbol{P}_k^-[\boldsymbol{A}(\boldsymbol{I}-\boldsymbol{K}_k\boldsymbol{H})]^{\mathrm{T}}+\delta\boldsymbol{P}_{k+1}^-+\boldsymbol{s}_k\boldsymbol{s}_k^{\mathrm{T}}+\Delta\boldsymbol{P}_{k+1}^-\end{aligned} \tag{2-96}$$

令 $\boldsymbol{Q}_k^*=\delta\boldsymbol{P}_{k+1}^-+\boldsymbol{s}_k\boldsymbol{s}_k^{\mathrm{T}}+\Delta\boldsymbol{P}_{k+1}^-$，则式（2-96）可以写为

$$\begin{aligned}\boldsymbol{P}_{k+1}^- &= [\boldsymbol{A}(\boldsymbol{I}-\boldsymbol{K}_k\boldsymbol{H})]\boldsymbol{P}_k^-[\boldsymbol{A}(\boldsymbol{I}-\boldsymbol{K}_k\boldsymbol{H})]^{\mathrm{T}}+\boldsymbol{Q}_k^*\\ &= [\boldsymbol{A}(\boldsymbol{I}-\boldsymbol{K}_k\boldsymbol{H})]\{\boldsymbol{P}_k^{-1}+[\boldsymbol{A}(\boldsymbol{I}-\boldsymbol{K}_k\boldsymbol{H})]^{-1}\boldsymbol{Q}_k^*\\ &\quad[\boldsymbol{A}(\boldsymbol{I}-\boldsymbol{K}_k\boldsymbol{H})]^{-\mathrm{T}}\}[\boldsymbol{A}(\boldsymbol{I}-\boldsymbol{K}_k\boldsymbol{H})]^{\mathrm{T}}\end{aligned} \tag{2-97}$$

由矩阵范数性质可知：

$$\begin{aligned}&\|[\boldsymbol{A}(\boldsymbol{I}-\boldsymbol{K}_k\boldsymbol{H})](\boldsymbol{Q}_k^*)^{-1}[\boldsymbol{A}(\boldsymbol{I}-\boldsymbol{K}_k\boldsymbol{H})]^{\mathrm{T}}\|\leqslant\\ &\quad(a_{\max}+a_{\max}K^*h_{\max})^2\|(\boldsymbol{Q}_k^*)^{-1}\|\end{aligned} \tag{2-98}$$

$$[\boldsymbol{A}(\boldsymbol{I}-\boldsymbol{K}_k\boldsymbol{H})]^{-1}\boldsymbol{Q}_k^*[\boldsymbol{A}(\boldsymbol{I}-\boldsymbol{K}_k\boldsymbol{H})]^{-\mathrm{T}}\geqslant\frac{\boldsymbol{I}_n}{(a_{\max}+a_{\max}K^*h_{\max})^2} \tag{2-99}$$

基于式（2-99），并根据式（2-94），增益矩阵范数 $\|\boldsymbol{K}_k\|$ 满足：

$$\|\boldsymbol{K}_k\|\leqslant\frac{p_{\max}h_{\max}}{h_{\max}^2+p_{\min}} \tag{2-100}$$

因此，在式（2-98）和式（2-99）中，选择 K^* 的值为

$$K^*=\frac{p_{\max}h_{\max}}{h_{\max}^2+p_{\min}} \tag{2-101}$$

并且 $\boldsymbol{P}_{k+1}^-$ 满足以下不等式

$$\boldsymbol{P}_{k+1}^-\geqslant[\boldsymbol{A}(\boldsymbol{I}-\boldsymbol{K}_k\boldsymbol{H})]\boldsymbol{P}_k^-\left[\boldsymbol{I}+\frac{\boldsymbol{I}}{(a_{\max}+a_{\max}K^*h_{\max})^2}\right][\boldsymbol{A}(\boldsymbol{I}-\boldsymbol{K}_k\boldsymbol{H})]^{\mathrm{T}} \tag{2-102}$$

对式（2－102）两侧同时求逆运算，得到

$$(P_{k+1}^{-})^{-1}\leqslant[A(I-K_kH)]^{-T}\left[I+\frac{I}{(a_{\max}+a_{\max}K^{*}h_{\max})^{2}}\right]^{-1}(P_{k}^{-})^{-1}[A(I-K_kH)]^{-1} \tag{2-103}$$

从式（2－103）右侧消去$[A(I-K_kH)]$项，得到

$$[A(I-K_kH)]^{T}(P_{k+1}^{-})^{-1}[A(I-K_kH)]\leqslant\left[I+\frac{I}{(a_{\max}+a_{\max}K^{*}h_{\max})^{2}}\right]^{-1}(P_{k}^{-})^{-1} \tag{2-104}$$

定义 $1-\kappa_p=[I+I/(a_{\max}+a_{\max}K^{*}h_{\max})^{2}]^{-1}$，可以得到

$$\begin{aligned}e_k^{T}[(I-K_kH)^{T}A^{T}](P_{k+1}^{-})^{-1}[A(I-K_kH)]e_k&\leqslant(1-\kappa_p)e_k^{T}(P_{k+1}^{-})^{-1}e_k\\&\leqslant(1-\kappa_p)V_{k+1}(e_k)\end{aligned} \tag{2-105}$$

式（2－105）意味着式（2－93）的右侧第一项是有界的。式（2－93）的右侧第二项和第三项为

$$e_k^{T}[(I-K_kH)^{T}A^{T}](P_{k+1}^{-})^{-1}r_k+r_k^{T}(P_{k+1}^{-})^{-1}\{[A(I-K_kH)]e_k+r_k\} \tag{2-106}$$

由式（2－94）和式（2－100）可得

$$\|r_k\|\leqslant\|\phi(x_k,\hat{x}_k^{+},w_k)\|+\frac{a_{\max}p_{\max}h_{\max}}{h_{\max}^{2}+p_{\min}}\|\varphi(\hat{x}_k^{+},\hat{x}_k^{-},v_k)\| \tag{2-107}$$

定义 $\varepsilon_f'=\min(\kappa_\phi,\kappa_\varphi)$，可以得到

$$\|r_k\|\leqslant\kappa_\phi\|e_k\|^{2}+\frac{a_{\max}p_{\max}h_{\max}}{h_{\max}^{2}+p_{\min}}\kappa_\varphi\|e_k\|^{2} \tag{2-108}$$

进一步可以推导出：

$$\begin{aligned}&e_k^{T}[(I-K_kH)^{T}A^{T}](P_{k+1}^{-})^{-1}r_k+r_k^{T}(P_{k+1}^{-})^{-1}\{[A(I-K_kH)]e_k+r_k\}\\&\leqslant 2\kappa'\|e_k\|(a_{\max}-a_{\max}K^{*}h_{\max})\frac{1}{p_{\min}}\|e_k\|^{2}+\kappa'\|e_k\|^{2}\frac{1}{p_{\min}}(\kappa'\varepsilon_f'\|e_k\|)\\&\leqslant\frac{\kappa'}{p_{\min}}[2(a_{\max}-a_{\max}K^{*}h_{\max})+\kappa'\varepsilon'_f\|e_k\|^{3}]\leqslant\kappa_{\text{nonl}}\|e_k\|^{3}\end{aligned} \tag{2-109}$$

因此，只要满足条件 $\|e_k\|<\varepsilon'_f$，则式（2－93）的右侧第二项和第三项是有界的。

式（2－93）的右侧第四项为 $s_k^{T}(P_{k+1}^{-})^{-1}s_k$，将式（2－88）代入该式，可以得到

$$s_k^{T}(P_{k+1}^{-})^{-1}s_k=w_k^{T}(P_{k+1}^{-})^{-1}w_k+v_k^{T}(AK_k)^{T}(P_{k+1}^{-})^{-1}(AK_k)v_k \tag{2-110}$$

根据式（2－110），可以得到

$$s_k^{T}(P_{k+1}^{-})^{-1}s_k\leqslant\frac{1}{p_{\min}}(w_k^{T}w_k+a_{\max}^{2}(K^{*})^{2}v_k^{T}v_k) \tag{2-111}$$

对式（2－111）两侧同时求取范数得到

$$\begin{aligned} \boldsymbol{s}_k^{\mathrm{T}}(\boldsymbol{P}_{k+1}^{-})^{-1}\boldsymbol{s}_k &\leqslant \frac{1}{p_{\min}}\|\boldsymbol{w}_k^{\mathrm{T}}\boldsymbol{w}_k + a_{\max}^2(K^*)^2\boldsymbol{v}_k^{\mathrm{T}}\boldsymbol{v}_k\| \\ &\leqslant \frac{1}{p_{\min}}(\|\boldsymbol{w}_k^{\mathrm{T}}\boldsymbol{w}_k\| + a_{\max}^2(K^*)^2\|\boldsymbol{v}_k^{\mathrm{T}}\boldsymbol{v}_k\|) \end{aligned} \tag{2-112}$$

如果 $\|\boldsymbol{w}_k^{\mathrm{T}}\boldsymbol{w}_k\| \leqslant \delta$ 且 $\|\boldsymbol{v}_k^{\mathrm{T}}\boldsymbol{v}_k\| \leqslant \delta$，$\boldsymbol{s}_k^{\mathrm{T}}(\boldsymbol{P}_{k+1}^{-})^{-1}\boldsymbol{s}_k$ 是有界的，即

$$\boldsymbol{s}_k^{\mathrm{T}}(\boldsymbol{P}_{k+1}^{-})^{-1}\boldsymbol{s}_k \leqslant \frac{\delta}{p_{\min}}(a_{\max}^2(K^*)^2) \leqslant \kappa_{\mathrm{noise}}\delta \tag{2-113}$$

由式（2－105）、式（2－109）和式（2－113）可以得到

$$V_{k+1}(\boldsymbol{e}_{k+1}) \leqslant (1-\kappa_p)\boldsymbol{V}_{k+1}(\boldsymbol{e}_k) + \kappa_{\mathrm{nonl}}\|\boldsymbol{e}_k\|^3 + \kappa_{\mathrm{noise}}\delta \tag{2-114}$$

由于 $V_k(\boldsymbol{e}_k) = \boldsymbol{e}_k^{\mathrm{T}}(\boldsymbol{P}_k^{-})^{-1}\boldsymbol{e}_k$，可以得到

$$\frac{1}{p_{\max}}\|\boldsymbol{e}_k\|^2 \leqslant V_k(\boldsymbol{e}_k) \leqslant \frac{1}{p_{\min}}\|\boldsymbol{e}_k\|^2 \tag{2-115}$$

由式（2－114）可以得到

$$\mathrm{E}(V_{k+1}(\boldsymbol{e}_{k+1})) - V_k(\boldsymbol{e}_k) \leqslant -\kappa_p V_k(\boldsymbol{e}_k) + \kappa_{\mathrm{nonl}}\|\boldsymbol{e}_k\|^3 + \kappa_{\mathrm{noise}}\delta \tag{2-116}$$

定义 $\|\boldsymbol{e}_k\| \leqslant \min\left(\varepsilon'_f, \dfrac{\kappa_p}{2p_{\max}\kappa_{\mathrm{nonl}}}\right)$，可以得到

$$\kappa_{\mathrm{nonl}}\|\boldsymbol{e}_k\|^3 \leqslant \frac{\kappa_p}{2p_{\max}}\|\boldsymbol{e}_k\|^2 \leqslant \frac{\kappa_p}{2}V_k(\boldsymbol{e}_k) \tag{2-117}$$

将式（2－117）代入式（2－116），可以得到

$$\mathrm{E}[V_{k+1}(\boldsymbol{e}_{k+1})] - V_k(\boldsymbol{e}_k) \leqslant -\frac{\kappa_p}{2}V_k(\boldsymbol{e}_k) + \kappa_{\mathrm{noise}}\delta \tag{2-118}$$

引理 2－1 假设随机过程 $V_n(\boldsymbol{\xi}_n)$ 满足如下条件：

$$c_1\|\boldsymbol{\xi}_n\|^2 \leqslant V_n(\boldsymbol{\xi}_n) \leqslant c_2\|\boldsymbol{\xi}_n\|^2 \tag{2-119}$$

$$\mathrm{E}[V_{n+1}(\boldsymbol{\xi}_{n+1})] - V_n(\boldsymbol{\xi}_n) \leqslant c_3 - c_4 V_k(\boldsymbol{\xi}_n) \tag{2-120}$$

式中：c_1，c_2，c_3，c_4 为正实数且 $c_4 < 1$。

进而得到如下结论：随机过程 ξ_n 满足均方根指数收敛，并且

$$\mathrm{E}\{\|\boldsymbol{\xi}_n\|^2\} \leqslant \frac{c_2}{c_1}\mathrm{E}\{\|\boldsymbol{\xi}_0\|^2\}(1-c_4)^n + \frac{c_3}{c_1}\sum_{i=1}^{n-1}(1-c_4)^i \tag{2-121}$$

可以看出，容积卡尔曼滤波算法状态估计误差满足如下条件：

$$\mathrm{E}[V_{k+1}(\boldsymbol{e}_{k+1})] - V_k(\boldsymbol{e}_k) \leqslant -\frac{\kappa_p}{2}V_k(\boldsymbol{e}_k) + \kappa_{\mathrm{noise}}\delta \tag{2-122}$$

$$\frac{1}{p_{\max}}\|\boldsymbol{e}_k\|^2 \leqslant V_{k+1}(\boldsymbol{e}_{k+1}) \leqslant \frac{1}{p_{\min}}\|\boldsymbol{e}_k\|^2 \tag{2-123}$$

因此，$\boldsymbol{e}_k$ 满足均方根指数收敛，即

$$\mathrm{E}\{\|\boldsymbol{e}_k\|^2\} \leqslant \frac{c_2}{c_1}\mathrm{E}\{\|\boldsymbol{e}_{1/0}\|^2\}(1-c_4)^n + \frac{c_3}{c_1}\sum_{i=1}^{n-1}(1-c_4)^i \quad (2-124)$$

式中：$\delta = c_3/\kappa_{\text{noise}}$；$c_1 = 1/p_{\max}$；$c_2 = 1/p_{\min}$；$c_4 = \kappa_p/2$；$\|\boldsymbol{e}_{1/0}\| \leqslant \varepsilon_f$。

从而，当初始条件满足 $\mathrm{E}(\boldsymbol{w}_k\boldsymbol{w}_k^{\mathrm{T}}) \leqslant \delta\boldsymbol{I}_n$，$\mathrm{E}(\boldsymbol{v}_k\boldsymbol{v}_k^{\mathrm{T}}) \leqslant \delta\boldsymbol{I}_n$，$\|\boldsymbol{e}_{1/0}\| \leqslant \varepsilon_f$，容积卡尔曼滤波算法可以实现指数收敛。总而言之，对于容积卡尔曼滤波算法，只要状态初始误差及噪声协方差矩阵有界，算法收敛。

2.2.2　容积卡尔曼滤波算法数值计算稳定性分析

由于容积卡尔曼滤波中采用数值积分方法对非线性高斯加权积分进行近似，因此需要考虑其数值计算的稳定性问题。本节考虑的稳定性问题主要是舍入误差的影响。

假设计算 $\boldsymbol{f}(\boldsymbol{\chi}_i)$ 时产生的舍入误差为 $\boldsymbol{\varepsilon}_i$，则求积公式右侧 $\sum_{i=1}^{m}\omega_i\boldsymbol{f}(\boldsymbol{\chi}_i)$ 实际已变为 $\sum_{i=1}^{m}\omega_i(\boldsymbol{f}(\boldsymbol{\chi}_i)+\boldsymbol{\varepsilon}_i)$，二者之间的误差为

$$\begin{aligned} E &= \left|\sum_{i=1}^{m}\omega_i(\boldsymbol{f}(\boldsymbol{\chi}_i)+\boldsymbol{\varepsilon}_i) - \sum_{i=1}^{m}\omega_i\boldsymbol{f}(\boldsymbol{\chi}_i)\right| \\ &= \left|\sum_{i=1}^{m}\omega_i\boldsymbol{\varepsilon}_i\right| \leqslant \sum_{i=1}^{m}|\omega_i|\cdot|\boldsymbol{\varepsilon}_i| \end{aligned} \quad (2-125)$$

又因为任意一个积分公式都至少有零次精确度，所以一定满足：

$$\int_{\mathbf{R}^n} 1\mathrm{d}x = \sum_{i=1}^{m}\omega_i \cdot 1 \quad (2-126)$$

记积分区间为 d，则由式（2-126）有

$$\sum_{i=1}^{m}\omega_i = d \quad (2-127)$$

令 $\varepsilon = \max\limits_{1\leqslant i\leqslant n}|\varepsilon_i|$，由式（2-127）可知，只要积分点权值均为正数时，式（2-125）可以写为

$$E \leqslant \varepsilon\sum_{i=1}^{m}\omega_i = d\cdot\varepsilon \quad (2-128)$$

从式（2-128）可以看出，式（2-125）中的误差小于等于 ε 的常数倍，表明该计算过程是稳定的。

综上所述，当权值 ω_i 均为正数时稳定。当权值正负皆有且 $\sum\limits_{i=0}^{m}|\omega_i| \gg \sum\limits_{i=1}^{m}\omega_i = d$ 的数值积分公式则会导致一定的误差。为此，权值绝对值的和可以当作评估数值积分公式稳定性的一个指标。进而，给出了一种稳定性因子的定

义方法如下[36]：

$$I = \frac{\sum_i |\omega_i|}{\sum_i \omega_i} \tag{2-129}$$

式中：ω_i 为相应的权值。

该稳定性因子可以用来评价不同数值积分准则的稳定性，当 $I>1$ 时，会引入一定的数值截断误差。

对于 UKF 算法，稳定性因子计算如下：

$$I = \frac{\sum_i |\omega_i|}{\sum_i \omega_i} = \sum_i |\omega_i| = |\omega_0| + \sum_{i=1}^{2n} \omega_i = \frac{2n}{3} - 1 \tag{2-130}$$

可以看出，稳定性因子随着系统维数的增加而线性增加，表明随着系统维数的增加，UKF 算法的数值稳定性会逐渐降低。

对于 CKF 算法，稳定性因子计算如下：

$$I_{\text{CKF}} = \frac{\sum_i |\omega_i|}{\sum_i \omega_i} = \frac{\sum_i \omega_i}{\sum_i \omega_i} = 1 \tag{2-131}$$

可以看出，CKF 算法的稳定性因子为 1，表明 CKF 算法具有完全的数值计算稳定性。

2.2.3 容积卡尔曼滤波算法的平方根递推形式

受计算机字长限制，随着滤波递推累积的舍入误差可能造成协方差矩阵失去半正定性和对称性，进而导致滤波增益矩阵失真，使得容积卡尔曼滤波器出现发散的情况。计算发散属于滤波数值稳定性问题，当状态向量中各个元素单位不同时，即不同元素数量级相差较大，某些元素的估计精度高于其他元素时，或计算硬件平台精度有限，特别是嵌入式系统字长有限时，容易造成滤波递推过程出现计算发散的问题。本节主要针对解决容积卡尔曼滤波所面临的计算发散问题，给出了具有计算数值稳定性的平方根容积卡尔曼滤波算法的计算框架。

由矩阵论可知，对于任意非零矩阵 $\boldsymbol{S} \in \mathbf{R}^{n \times m}$，如果有 $\boldsymbol{P} = \boldsymbol{S}\boldsymbol{S}^{\mathrm{T}} \in \mathbf{R}^{n \times n}$，则称 $\boldsymbol{S}$ 为矩阵 $\boldsymbol{P}$ 的平方根。可以看出，无论矩阵 $\boldsymbol{S}$ 的值是多少，$\boldsymbol{S}\boldsymbol{S}^{\mathrm{T}}$ 将恒为半正定对称矩阵。卡尔曼滤波中的数值问题可能导致 $\boldsymbol{P}$ 非正定或非对称，但永远不会导致 $\boldsymbol{S}\boldsymbol{S}^{\mathrm{T}}$ 出现非正定和非对称。为此，如果采用 $\boldsymbol{S}$ 直接进行递推计算，则可以有效避免计算发散，本节采用 QR 分解计算矩阵平方根 $\boldsymbol{S}$。QR 分解是指

对于矩阵 $\boldsymbol{A}^{\mathrm{T}} \in \mathbf{R}^{m \times n}$，则 $\boldsymbol{A}^{\mathrm{T}}$ 可以唯一分解为 $\boldsymbol{A}^{\mathrm{T}} = \boldsymbol{QR}$，其中，$\boldsymbol{Q}$ 为 $m \times n$ 维正交矩阵，即 $\boldsymbol{Q}^{\mathrm{T}}\boldsymbol{Q} = \boldsymbol{I}_{n \times n}$，而 $\boldsymbol{R} \in \mathbf{R}^{n \times n}$ 为正上三角矩阵。对于半正定对称矩阵 $\boldsymbol{P}$，如果它可以写为 $\boldsymbol{P} = \boldsymbol{AA}^{\mathrm{T}}$，那么 $\boldsymbol{P}$ 就可以进行如下平方根分解：

$$\boldsymbol{P} = \boldsymbol{AA}^{\mathrm{T}} = (\boldsymbol{QR})^{\mathrm{T}}\boldsymbol{QR} = \boldsymbol{R}^{\mathrm{T}}\boldsymbol{Q}^{\mathrm{T}}\boldsymbol{QR} = \boldsymbol{R}^{\mathrm{T}}\boldsymbol{R} \tag{2-132}$$

令 $\boldsymbol{S} = \boldsymbol{R}^{\mathrm{T}}$，则有 $\boldsymbol{P} = \boldsymbol{SS}^{\mathrm{T}}$，即 $\boldsymbol{S} \in \mathbf{R}^{n \times n}$ 为矩阵 $\boldsymbol{P}$ 的平方根。在下面的算法中采用记号 qr(·)表示 $\boldsymbol{S}$ 是矩阵 $\boldsymbol{P}$ 的 QR 分解，即有 $\boldsymbol{S} = \mathrm{qr}(\boldsymbol{A})$。矩阵 QR 分解可以通过多种方法实现，如 Gram – Schmidt 正交化方法、Givens 旋转方法和 Householder 反射方法等。

如果将容积卡尔曼滤波中的协方差矩阵表示为 $\boldsymbol{P} = \boldsymbol{SS}^{\mathrm{T}}$ 的形式，并在容积卡尔曼滤波的递推计算过程中直接用 $\boldsymbol{S}$ 代替 $\boldsymbol{P}$ 进行递推计算，则可以保证在任何时刻协方差矩阵都是对称半正定的，从而克服由舍入误差导致的容积卡尔曼滤波的计算发散问题。为此，首先分析协方差矩阵的 QR 分解方法。

$$\begin{aligned}
\boldsymbol{P}_k^- &= \sum_{i=1}^{L} \omega_i (\boldsymbol{X}_k^{(i)} - \hat{\boldsymbol{x}}_k^-)(\boldsymbol{X}_k^{(i)} - \hat{\boldsymbol{x}}_k^-)^{\mathrm{T}} + \boldsymbol{Q}_{k-1} \\
&= \omega_1 (\boldsymbol{X}_k^{(1)} - \hat{\boldsymbol{x}}_k^-)(\boldsymbol{X}_k^{(1)} - \hat{\boldsymbol{x}}_k^-)^{\mathrm{T}} + \omega_2 (\boldsymbol{X}_k^{(2)} - \hat{\boldsymbol{x}}_k^-)(\boldsymbol{X}_k^{(2)} - \hat{\boldsymbol{x}}_k^-)^{\mathrm{T}} + \cdots + \\
&\quad\ \omega_L (\boldsymbol{X}_k^{(L)} - \hat{\boldsymbol{x}}_k^-)(\boldsymbol{X}_k^{(L)} - \hat{\boldsymbol{x}}_k^-)^{\mathrm{T}} + \boldsymbol{Q}_{k-1} \\
&= \left[\sqrt{\omega_1}(\boldsymbol{X}_k^{(1)} - \hat{\boldsymbol{x}}_k^-), \cdots, \sqrt{\omega_L}(\boldsymbol{X}_k^{(L)} - \hat{\boldsymbol{x}}_k^-), \boldsymbol{S}_{Q,k-1}\right]
\begin{bmatrix}
\sqrt{\omega_1}(\boldsymbol{X}_k^{(1)} - \hat{\boldsymbol{x}}_k^-)^{\mathrm{T}} \\
\vdots \\
\sqrt{\omega_L}(\boldsymbol{X}_k^{(L)} - \hat{\boldsymbol{x}}_k^-)^{\mathrm{T}} \\
\boldsymbol{S}_{Q,k-1}
\end{bmatrix}
\end{aligned} \tag{2-133}$$

因此，定义 $\boldsymbol{S}_k^- = \mathrm{qr}([\boldsymbol{X}_k, \boldsymbol{S}_{Q,k-1}])$，则 $\boldsymbol{P}_k^- = \boldsymbol{S}_k^-(\boldsymbol{S}_k^-)^{\mathrm{T}}$。

式中：$\boldsymbol{X}_k = [\sqrt{\omega_1}(\boldsymbol{X}_k^{(1)} - \hat{\boldsymbol{x}}_k^-), \cdots, \sqrt{\omega_L}(\boldsymbol{X}_k^{(L)} - \hat{\boldsymbol{x}}_k^-)]$。

同理，可得

$$\begin{aligned}
\boldsymbol{P}_{z,k} &= \sum_{i=1}^{L} \omega_i (\boldsymbol{Z}_k^{(i)} - \hat{\boldsymbol{z}}_k^-)(\boldsymbol{Z}_k^{(i)} - \hat{\boldsymbol{z}}_k^-)^{\mathrm{T}} + \boldsymbol{R}_k \\
&= \omega_1 (\boldsymbol{Z}_k^{(1)} - \hat{\boldsymbol{z}}_k^-)(\boldsymbol{Z}_k^{(1)} - \hat{\boldsymbol{z}}_k^-)^{\mathrm{T}} + \omega_2 (\boldsymbol{Z}_k^{(2)} - \hat{\boldsymbol{z}}_k^-)(\boldsymbol{Z}_k^{(2)} - \hat{\boldsymbol{z}}_k^-)^{\mathrm{T}} + \cdots + \\
&\quad\ \omega_L (\boldsymbol{Z}_k^{(L)} - \hat{\boldsymbol{z}}_k^-)(\boldsymbol{Z}_k^{(L)} - \hat{\boldsymbol{z}}_k^-)^{\mathrm{T}} + \boldsymbol{R}_k \\
&= \left[\sqrt{\omega_1}(\boldsymbol{Z}_k^{(1)} - \hat{\boldsymbol{z}}_k^-), \cdots, \sqrt{\omega_L}(\boldsymbol{Z}_k^{(L)} - \hat{\boldsymbol{z}}_k^-), \boldsymbol{S}_{R,k-1}\right]
\begin{bmatrix}
\sqrt{\omega_1}(\boldsymbol{Z}_k^{(1)} - \hat{\boldsymbol{z}}_k^-)^{\mathrm{T}} \\
\vdots \\
\sqrt{\omega_L}(\boldsymbol{Z}_k^{(L)} - \hat{\boldsymbol{z}}_k^-)^{\mathrm{T}} \\
\boldsymbol{S}_{R,k-1}
\end{bmatrix}
\end{aligned} \tag{2-134}$$

可知，$S_{z,k}=\mathrm{qr}([Z_k,S_{R,k-1}])$满足$P_{z,k}=S_{z,k}S_{z,k}^{\mathrm{T}}$。

式中：$Z_k=[\sqrt{\omega_1}(Z_k^{(1)}-\hat{z}_k),\cdots,\sqrt{\omega_L}(Z_k^{(L)}-\hat{z}_k)]$。

$$
\begin{aligned}
P_{xz,k} &= \sum_{i=1}^{L}\omega_i(\hat{x}_k^{(i)}-\hat{x}_k^-)(Z_k^{(i)}-\hat{z}_k^-)^{\mathrm{T}} \\
&= \omega_1(\hat{x}_k^{(1)}-\hat{x}_k^-)(Z_k^{(1)}-\hat{z}_k^-)^{\mathrm{T}}+\cdots+\omega_L(\hat{x}_k^{(L)}-\hat{x}_k^-)(Z_k^{(L)}-\hat{z}_k^-)^{\mathrm{T}} \\
&= [\sqrt{\omega_1}(\hat{x}_k^{(1)}-\hat{x}_k^-),\cdots,\sqrt{\omega_L}(\hat{x}_k^{(L)}-\hat{x}_k^-)]\begin{bmatrix}\sqrt{\omega_1}(Z_k^{(1)}-\hat{z}_k^-)^{\mathrm{T}} \\ \vdots \\ \sqrt{\omega_L}(Z_k^{(L)}-\hat{z}_k^-)^{\mathrm{T}}\end{bmatrix}
\end{aligned} \tag{2-135}
$$

定义$\tilde{X}_k=[\sqrt{\omega_1}(\hat{x}_k^{(1)}-\hat{x}_k^-),\cdots,\sqrt{\omega_L}(\hat{x}_k^{(L)}-\hat{x}_k^-)]$。

由容积卡尔曼滤波中增益矩阵的计算可得

$$P_{xz,k}=K_kP_{z,k} \tag{2-136}$$

由于新息协方差矩阵$P_{z,k}$满足对称性，即$P_{z,k}=P_{z,k}^{\mathrm{T}}$。对式（2-136）求转置运算，然后再左右两侧乘以矩阵K_k，可得

$$K_kP_{xz,k}^{\mathrm{T}}=K_kP_{z,k}K_k^{\mathrm{T}} \tag{2-137}$$

将容积卡尔曼滤波增益代入，得到

$$P_k^+=P_k^--P_{xz,k}K_k^{\mathrm{T}} \tag{2-138}$$

将式（2-137）与式（2-138）相加，整理得

$$P_k^+=P_k^--P_{xz,k}K_k^{\mathrm{T}}-K_kP_{xz,k}^{\mathrm{T}}+K_kP_{z,k}K_k^{\mathrm{T}} \tag{2-139}$$

由于$P_k^-=\tilde{X}_k\tilde{X}_k^{\mathrm{T}}$，代入得

$$
\begin{aligned}
P_k^+ &= \tilde{X}_k\tilde{X}_k^{\mathrm{T}}-\tilde{X}_kZ_k^{\mathrm{T}}K_k^{\mathrm{T}}-K_kZ_k\tilde{X}_k^{\mathrm{T}}+K_k(Z_kZ_k^{\mathrm{T}}+S_{R,k}S_{R,k}^{\mathrm{T}})K_k^{\mathrm{T}} \\
&= [\tilde{X}_k-K_kZ_k,K_kS_{R,k}][\tilde{X}_k-K_kZ_k,K_kS_{R,k}]^{\mathrm{T}}
\end{aligned} \tag{2-140}
$$

综上所述，平方根容积卡尔曼滤波的递推更新步骤如下。

步骤1：滤波初始化

给定滤波初始值$\hat{x}_0^+$和S_0^+。

循环$k=1，2，\cdots$，完成以下递推更新步骤。

步骤2：时间更新

计算容积点$\hat{x}_{k-1}^{(i)}$，并计算非线性传递点$X_k^{(i)}=f(\hat{x}_{k-1}^{(i)})$。

计算状态的先验估计$\hat{x}_k^-=\sum_{i=1}^{L}\omega_iX_k^{(i)}$。

计算状态先验误差协方差矩阵的平方根$S_k^-=\mathrm{qr}([X_k,S_{Q,k-1}])$。

式中：$S_{Q,k-1}$为Q_{k-1}的平方根，且满足$Q_{k-1}=S_{Q,k-1}S_{Q,k-1}^{\mathrm{T}}$，加权中心矩阵为

$$\boldsymbol{X}_k=[\sqrt{\omega_1}(\boldsymbol{X}_k^{(1)}-\hat{\boldsymbol{x}}_k^-),\sqrt{\omega_2}(\boldsymbol{X}_k^{(2)}-\hat{\boldsymbol{x}}_k^-),\cdots,\sqrt{\omega_L}(X_k^{(L)}-\hat{x}_k^-)] \tag{2-141}$$

式中：ω_i 为权值。

步骤3：量测更新

计算容积点 $\hat{\boldsymbol{x}}_k^{(i)}$，并计算非线性传递点 $\boldsymbol{Z}_k^{(i)}=\boldsymbol{h}(\hat{\boldsymbol{x}}_k^{(i)})$。

计算量测预测值 $\hat{z}_k=\sum\limits_{i=1}^{L}\omega_i\boldsymbol{Z}_k^{(i)}$。

计算量测误差协方差矩阵的平方根 $\boldsymbol{S}_{z,k}=\mathrm{qr}([\boldsymbol{Z}_k^-,\boldsymbol{S}_{R,k-1}])$。

式中：$\boldsymbol{S}_{R,k}$表示 $\boldsymbol{R}_k$ 的平方根，且满足 $\boldsymbol{R}_k=\boldsymbol{S}_{R,k}\boldsymbol{S}_{R,k}^{\mathrm{T}}$，加权中心矩阵为

$$\boldsymbol{Z}_k^-=[\sqrt{\omega_1}(\boldsymbol{Z}_k^{(1)}-\hat{z}_k),\sqrt{\omega_2}(\boldsymbol{Z}_k^{(2)}-\hat{z}_k),\cdots,\sqrt{\omega_L}(\boldsymbol{Z}_k^{(L)}-\hat{z}_k)] \tag{2-142}$$

计算交叉协方差矩阵 $\boldsymbol{P}_{xz,k}=\tilde{\boldsymbol{X}}_k\boldsymbol{Z}_k^{\mathrm{T}}$。

式中：加权中心矩阵为

$$\tilde{\boldsymbol{X}}_k=[\sqrt{\omega_1}(\hat{\boldsymbol{x}}_k^{(1)}-\hat{\boldsymbol{x}}_k^-),\sqrt{\omega_2}(\hat{\boldsymbol{x}}_k^{(2)}-\hat{\boldsymbol{x}}_k^-),\cdots,\sqrt{\omega_L}(\hat{\boldsymbol{x}}_k^{(L)}-\hat{\boldsymbol{x}}_k^-)] \tag{2-143}$$

式中：ω_i 为权值。

计算卡尔曼滤波增益矩阵 $\boldsymbol{K}_k=(\boldsymbol{P}_{xz,k}/\boldsymbol{S}_{z,k}^{\mathrm{T}})/\boldsymbol{S}_{z,k}$。

计算状态的后验估计 $\hat{\boldsymbol{x}}_k^+=\hat{\boldsymbol{x}}_k^-+\boldsymbol{K}_k(z_k-\hat{z}_k)$。

计算后验误差协方差矩阵的平方根 $\boldsymbol{S}_k^+=\mathrm{qr}([\tilde{\boldsymbol{X}}_k-\boldsymbol{K}_k\boldsymbol{Z}_k,\boldsymbol{K}_k\boldsymbol{S}_{R,k}])$。

可以看出，平方根容积卡尔曼滤波在整个递推计算过程中均是采用协方差矩阵的平方根进行计算，从而确保了数值计算的稳定性。

2.3 容积卡尔曼滤波算法精度分析

2.3.1 容积准则的非线性逼近精度分析

1. 容积准则均值逼近精度分析

本节首先分析标准容积准则的非局部采样效应。

假设 n 维随机向量 $\boldsymbol{x}=(x_1,x_2,\cdots,x_n)^{\mathrm{T}}$ 经非线性函数 $\boldsymbol{f}(\cdot)$ 传播后得到 m 维随机向量 $\boldsymbol{y}$，即 $\boldsymbol{y}=\boldsymbol{f}(\boldsymbol{x})$，已知 $\boldsymbol{x}\sim\mathrm{N}(\boldsymbol{x};\hat{\boldsymbol{x}},\boldsymbol{P}_x)$，利用式（2-50）所示的容积准则求取 $\boldsymbol{y}$ 的均值 $\hat{\boldsymbol{y}}$。利用多维泰勒级数理论将该函数在点$(\hat{x}_1,\hat{x}_2,\cdots,\hat{x}_n)$处展开，得到

$$\boldsymbol{y}=f(\hat{x}_1,\hat{x}_2,\cdots,\hat{x}_n)+\sum_{k=1}^{\infty}\frac{1}{k!}\left(\Delta x_1\frac{\partial}{\partial x_1}+\Delta x_2\frac{\partial}{\partial x_2}+\cdots+\Delta x_n\frac{\partial}{\partial x_n}\right)^k f(\hat{x}_1,\hat{x}_2,\cdots,\hat{x}_n) \tag{2-144}$$

式中：$x_k = \hat{x}_k + \Delta x_k$。

定义 $\hat{\boldsymbol{x}} = (\hat{x}_1, \hat{x}_2, \cdots, \hat{x}_n)^{\mathrm{T}}$，$\Delta \boldsymbol{x} = (\Delta x_1, \Delta x_2, \cdots, \Delta x_n)^{\mathrm{T}}$，算子向量 $\nabla = (\partial/\partial x_1, \partial/\partial x_2, \cdots, \partial/\partial x_n)^{\mathrm{T}}$，则式（2－144）可以写为

$$\boldsymbol{y} = \boldsymbol{f}(\hat{\boldsymbol{x}}) + \sum_{k=1}^{\infty} \frac{1}{k!} (\Delta x \cdot \nabla)^k \boldsymbol{f}(\hat{\boldsymbol{x}}) \tag{2-145}$$

式中：∇为偏微分算子向量，仅对函数$\boldsymbol{f}$起作用，而对$\Delta \boldsymbol{x}$不起作用；（·）为向量的 dot 乘积。

记算子 $\mathrm{D}_{\Delta x}^k \boldsymbol{f} = (\Delta \boldsymbol{x} \cdot \nabla)^k \boldsymbol{f}(\hat{\boldsymbol{x}})$，则式（2－145）可以写为

$$\boldsymbol{y} = \boldsymbol{f}(\hat{\boldsymbol{x}}) + \mathrm{D}_{\Delta x} \boldsymbol{f} + \frac{1}{2!} \mathrm{D}_{\Delta x}^2 \boldsymbol{f} + \frac{1}{3!} \mathrm{D}_{\Delta x}^3 \boldsymbol{f} + \frac{1}{4!} \mathrm{D}_{\Delta x}^4 \boldsymbol{f} + \cdots \tag{2-146}$$

式（2－146）右侧第二项和第三项如下：

$$\begin{aligned} \mathrm{D}_{\Delta x} \boldsymbol{f} &= (\Delta \boldsymbol{x} \cdot \nabla) \boldsymbol{f}(\hat{\boldsymbol{x}}) = \left(\Delta x_1 \frac{\partial \boldsymbol{f}}{\partial x_1} + \Delta x_1 \frac{\partial \boldsymbol{f}}{\partial x_1} + \cdots + \Delta x_1 \frac{\partial \boldsymbol{f}}{\partial x_1} \right)_{x=\hat{x}} \\ &= \left(\Delta x_1 \frac{\partial \boldsymbol{f}}{\partial x_1} + \Delta x_1 \frac{\partial \boldsymbol{f}}{\partial x_1} + \cdots + \Delta x_1 \frac{\partial \boldsymbol{f}}{\partial x_1} \right) \Bigg|_{x=\hat{x}} \cdot \Delta \boldsymbol{x} \end{aligned} \tag{2-147}$$

根据矩阵间的微分关系式 $\mathrm{D}_{\Delta x} \boldsymbol{f} = (\partial \boldsymbol{f} / \partial \boldsymbol{x}^{\mathrm{T}} |_{x=\hat{x}}) \cdot \Delta \boldsymbol{x}$，其中$\partial \boldsymbol{f} / \partial \boldsymbol{x}^{\mathrm{T}}$为雅可比矩阵，记为 $\boldsymbol{F}(\hat{\boldsymbol{x}}) = \partial \boldsymbol{f} / \partial \boldsymbol{x}^{\mathrm{T}} |_{x=\hat{x}}$，且

$$\begin{aligned} \frac{1}{2} \mathrm{D}_{\Delta x}^2 \boldsymbol{f} &= \frac{1}{2} ((\Delta \boldsymbol{x} \cdot \nabla)(\Delta \boldsymbol{x} \cdot \nabla)) \boldsymbol{f}(\hat{\boldsymbol{x}}) = \frac{1}{2} ((\Delta \boldsymbol{x}^{\mathrm{T}} \cdot \nabla)^2) \boldsymbol{f}(\hat{\boldsymbol{x}}) \\ &= \frac{1}{2} ((\Delta \boldsymbol{x}^{\mathrm{T}} \cdot \nabla)^{\mathrm{T}} (\Delta \boldsymbol{x}^{\mathrm{T}} \cdot \nabla)) \boldsymbol{f}(\hat{\boldsymbol{x}}) \\ &= \frac{1}{2} (\nabla^{\mathrm{T}} \Delta \boldsymbol{x} \Delta \boldsymbol{x}^{\mathrm{T}} \nabla) \boldsymbol{f}(\hat{\boldsymbol{x}}) \end{aligned} \tag{2-148}$$

所以，式（2－146）可以写为

$$\begin{aligned} \boldsymbol{y} = \; & \boldsymbol{f}(\hat{\boldsymbol{x}}) + \boldsymbol{F}(\hat{\boldsymbol{x}}) \Delta \boldsymbol{x} + \frac{1}{2} (\nabla^{\mathrm{T}} \Delta \boldsymbol{x} \Delta \boldsymbol{x}^{\mathrm{T}} \nabla) \boldsymbol{f}(\hat{\boldsymbol{x}}) + \\ & \frac{1}{3!} \mathrm{D}_{\Delta x}^3 \boldsymbol{f} + \frac{1}{4!} \mathrm{D}_{\Delta x}^4 \boldsymbol{f} + \cdots \end{aligned} \tag{2-149}$$

式中：$\nabla^{\mathrm{T}} = (\partial/\partial x_1, \partial/\partial x_2, \cdots, \partial/\partial x_n)$。

将偏微分算子∇视作向量参与计算，得到

$$\begin{aligned} \mathrm{D}_{\Delta x}^k \boldsymbol{f} &= (\Delta \boldsymbol{x} \cdot \nabla)^k \boldsymbol{f}(\hat{\boldsymbol{x}}) = ((\nabla^{\mathrm{T}} \Delta \boldsymbol{x})(\nabla^{\mathrm{T}} \Delta \boldsymbol{x}) \cdots (\nabla^{\mathrm{T}} \Delta \boldsymbol{x})) \boldsymbol{f}(\hat{\boldsymbol{x}}) \\ &= ((\Delta \boldsymbol{x}^{\mathrm{T}} \nabla)(\Delta \boldsymbol{x}^{\mathrm{T}} \nabla) \cdots (\Delta \boldsymbol{x}^{\mathrm{T}} \nabla)) \boldsymbol{f}(\hat{\boldsymbol{x}}) \end{aligned} \tag{2-150}$$

进而可得 $\mathrm{D}_{\Delta x}^2 \boldsymbol{f}$ 的均值为

$$\begin{aligned} \mathrm{E}(\mathrm{D}_{\Delta x}^2 \boldsymbol{f}) &= (\Delta \boldsymbol{x} \cdot \nabla)^k \boldsymbol{f}(\hat{\boldsymbol{x}}) = \mathrm{E}((\nabla^{\mathrm{T}} \Delta \boldsymbol{x})(\Delta \boldsymbol{x}^{\mathrm{T}} \nabla)) \boldsymbol{f}(\hat{\boldsymbol{x}}) \\ &= (\nabla^{\mathrm{T}} \mathrm{E}(\Delta \boldsymbol{x} \Delta \boldsymbol{x}^{\mathrm{T}}) \nabla) \boldsymbol{f}(\hat{\boldsymbol{x}}) = (\nabla^{\mathrm{T}} \boldsymbol{P}_x \nabla) \boldsymbol{f}(\hat{\boldsymbol{x}}) \end{aligned} \tag{2-151}$$

式中：$\boldsymbol{P}_x = \mathrm{E}(\Delta\boldsymbol{x}\Delta\boldsymbol{x}^{\mathrm{T}})$为协方差矩阵。

由于 $\boldsymbol{x}$ 为高斯随机变量，$\hat{\boldsymbol{x}}$ 为其均值，则 $\Delta\boldsymbol{x} = \boldsymbol{x} - \hat{\boldsymbol{x}}$ 为随机变量。由于 $\boldsymbol{x}$ 的概率密度相对 $\hat{\boldsymbol{x}}$ 对称，因此 $\Delta\boldsymbol{x}$ 的奇次阶矩为零，即 $\mathrm{E}(\mathrm{D}_{\delta x}^{2i-1}\boldsymbol{f}) = \boldsymbol{0}, i = 1, 2, \cdots$，因此得到 $\boldsymbol{y}$ 的真实均值 $\hat{\boldsymbol{y}}_{\mathrm{True}} = \mathrm{E}(\boldsymbol{y})$ 为

$$\hat{\boldsymbol{y}}_{\mathrm{True}} = \boldsymbol{f}(\hat{\boldsymbol{x}}) + \frac{1}{2}(\nabla^{\mathrm{T}}\boldsymbol{P}_x\nabla)\boldsymbol{f}(\hat{\boldsymbol{x}}) + \mathrm{E}\left(\frac{1}{4!}\mathrm{D}_{\Delta x}^4\boldsymbol{f} + \frac{1}{6!}\mathrm{D}_{\Delta x}^6\boldsymbol{f} + \cdots\right) \tag{2-152}$$

下面分析采用容积准则所得到的 $\hat{\boldsymbol{y}}_{\mathrm{CR}}$。

由式（2-55）可知，$\boldsymbol{y}_i = \boldsymbol{f}(\hat{\boldsymbol{x}}^{(i)})$，$i = 1, 2, \cdots, 2n$，则均值 $\hat{\boldsymbol{y}}_{\mathrm{CR}} = \sum_{i=1}^{2n}\omega_i\boldsymbol{y}_i$。记 $\boldsymbol{\sigma}_i = \hat{\boldsymbol{x}}^{(i)} - \hat{\boldsymbol{x}}$，对 $\boldsymbol{y}_i$ 在 $\hat{\boldsymbol{x}}$ 处展开，得到

$$\boldsymbol{y}_i = \boldsymbol{f}(\hat{\boldsymbol{x}}^{(i)}) = \boldsymbol{f}(\hat{\boldsymbol{x}}) + \mathrm{D}_{\boldsymbol{\sigma}_i}\boldsymbol{f} + \frac{1}{2!}\mathrm{D}_{\boldsymbol{\sigma}_i}^2\boldsymbol{f} + \frac{1}{3!}\mathrm{D}_{\boldsymbol{\sigma}_i}^3\boldsymbol{f} + \cdots \tag{2-153}$$

所以

$$\begin{aligned}\hat{\boldsymbol{y}}_{\mathrm{CR}} &= \frac{1}{2n}\sum_{i=1}^{2n}\boldsymbol{y}_i = \frac{1}{2n}\sum_{i=1}^{2n}\left(\boldsymbol{f}(\hat{\boldsymbol{x}}) + \mathrm{D}_{\boldsymbol{\sigma}_i}\boldsymbol{f} + \frac{1}{2}\mathrm{D}_{\boldsymbol{\sigma}_i}^2\boldsymbol{f} + \frac{1}{3!}\mathrm{D}_{\boldsymbol{\sigma}_i}^3\boldsymbol{f} + \cdots\right)\\ &= \boldsymbol{f}(\hat{\boldsymbol{x}}) + \frac{1}{2n}\sum_{i=1}^{2n}\left(\mathrm{D}_{\boldsymbol{\sigma}_i}\boldsymbol{f} + \frac{1}{2}\mathrm{D}_{\boldsymbol{\sigma}_i}^2\boldsymbol{f} + \frac{1}{3!}\mathrm{D}_{\boldsymbol{\sigma}_i}^3\boldsymbol{f} + \cdots\right)\end{aligned} \tag{2-154}$$

由于容积点 $\hat{\boldsymbol{x}}^{(i)}$是关于 $\hat{\boldsymbol{x}}$ 对称的，因此式（2-154）中算子的奇次项相互抵消，从而得到

$$\hat{\boldsymbol{y}}_{\mathrm{CR}} = \boldsymbol{f}(\hat{\boldsymbol{x}}) + \frac{1}{2n}\sum_{i=1}^{2n}\left(\frac{1}{2}\mathrm{D}_{\boldsymbol{\sigma}_i}^2\boldsymbol{f} + \frac{1}{4!}\mathrm{D}_{\boldsymbol{\sigma}_i}^4\boldsymbol{f} + \cdots\right) \tag{2-155}$$

由于

$$\begin{aligned}\frac{1}{2n}\sum_{i=1}^{2n}\frac{1}{2}\mathrm{D}_{\boldsymbol{\sigma}_i}^2\boldsymbol{f} &= \frac{1}{2n}\sum_{i=1}^{2n}\frac{1}{2}(\nabla^{\mathrm{T}}\boldsymbol{\sigma}_i\boldsymbol{\sigma}_i^{\mathrm{T}}\nabla)\boldsymbol{f}(\hat{\boldsymbol{x}})\\ &= \frac{1}{2n}\left(\frac{1}{2}\nabla^{\mathrm{T}}\sum_{i=1}^{2n}n\,(\sqrt{\boldsymbol{P}_x})_{(i)}\,(\sqrt{\boldsymbol{P}_x})_{(i)}^{\mathrm{T}}\,\nabla\right)\boldsymbol{f}(\hat{\boldsymbol{x}})\\ &= \frac{1}{2}\left(\frac{1}{2}\nabla^{\mathrm{T}}\cdot 2\sum_{i=1}^{n}(\sqrt{\boldsymbol{P}_x})_{(i)}\,(\sqrt{\boldsymbol{P}_x})_{(i)}^{\mathrm{T}}\,\nabla\right)\boldsymbol{f}(\hat{\boldsymbol{x}})\\ &= \frac{1}{2}(\nabla^{\mathrm{T}}\boldsymbol{P}_x\nabla)\boldsymbol{f}(\hat{\boldsymbol{x}})\end{aligned} \tag{2-156}$$

从而得到利用容积准则近似的均值为

$$\hat{\boldsymbol{y}}_{\mathrm{CR}} = \boldsymbol{f}(\hat{\boldsymbol{x}}) + \frac{1}{2}(\nabla^{\mathrm{T}}\boldsymbol{P}_x\nabla)\boldsymbol{f}(\hat{\boldsymbol{x}}) + \frac{1}{2n}\sum_{i=1}^{2n}\left(\frac{1}{4!}\mathrm{D}_{\boldsymbol{\sigma}_i}^4\boldsymbol{f} + \frac{1}{6!}\mathrm{D}_{\boldsymbol{\sigma}_i}^6\boldsymbol{f} + \cdots\right) \tag{2-157}$$

比较式（2-152）与式（2-157），可得

$$\begin{cases}\hat{\boldsymbol{y}}_{\text{True}}=\boldsymbol{f}(\hat{\boldsymbol{x}})+\dfrac{1}{2}(\nabla^{\text{T}}\boldsymbol{P}_x\nabla)\boldsymbol{f}(\hat{\boldsymbol{x}})+\text{E}\left(\dfrac{1}{4!}\text{D}_{\Delta x}^4\boldsymbol{f}+\dfrac{1}{6!}\text{D}_{\Delta x}^6\boldsymbol{f}+\cdots\right)\\ \hat{\boldsymbol{y}}_{\text{CR}}=\boldsymbol{f}(\hat{\boldsymbol{x}})+\dfrac{1}{2}(\nabla^{\text{T}}\boldsymbol{P}_x\nabla)\boldsymbol{f}(\hat{\boldsymbol{x}})+\dfrac{1}{2n}\sum\limits_{i=1}^{2n}\left(\dfrac{1}{4!}\text{D}_{\boldsymbol{\sigma}_i}^4\boldsymbol{f}+\dfrac{1}{6!}\text{D}_{\boldsymbol{\sigma}_i}^6\boldsymbol{f}+\cdots\right)\end{cases} \tag{2-158}$$

由上式可以看出，采用容积准则计算的均值可以精确到前三阶。另外，可以得到容积准则的高阶项误差信息为

$$\begin{aligned}\text{hom}_{\text{CR}}&=\frac{1}{2n}\sum_{i=1}^{2n}\left[\sum_{l=2}^{\infty}\frac{1}{(2l)!}(\sigma_{i,j})^{2l}\right]\\&=n^{l-1}\sum_{l=2}^{\infty}\left[\frac{1}{(2l)!}\sum_{i=1}^{2n}P_x^l(i,j)\right],\forall j\end{aligned} \tag{2-159}$$

式中：$\sigma_{i,j}$为$\boldsymbol{\sigma}_i$ 的第j个分量。

从式（2－159）可以看出，高阶项误差会随着系统状态n的增加而增大，高阶矩项表示泰勒级数展开的所有高阶矩项之和，同样存在非局部采样问题。

2. 容积准则协方差逼近精度分析

由泰勒级数展开得到真实的协方差矩阵为

$$\begin{aligned}\boldsymbol{P}_y&=\text{E}\left((\boldsymbol{y}-\hat{\boldsymbol{y}}_{\text{True}})(\boldsymbol{y}-\hat{\boldsymbol{y}}_{\text{True}})^{\text{T}}\right)\\&=\text{E}(\boldsymbol{y}\boldsymbol{y}^{\text{T}})-\text{E}(\boldsymbol{y}\hat{\boldsymbol{y}}_{\text{True}}^{\text{T}})-\text{E}(\hat{\boldsymbol{y}}_{\text{True}}\boldsymbol{y}^{\text{T}})+\hat{\boldsymbol{y}}_{\text{True}}\hat{\boldsymbol{y}}_{\text{True}}^{\text{T}}\\&=\text{E}(\boldsymbol{y}\boldsymbol{y}^{\text{T}})-\hat{\boldsymbol{y}}_{\text{True}}\hat{\boldsymbol{y}}_{\text{True}}^{\text{T}}\end{aligned} \tag{2-160}$$

由式（2－160）和式（2－152）可得

$$\begin{aligned}\boldsymbol{P}_y=&\text{E}\Big\{\left[\boldsymbol{f}(\hat{\boldsymbol{x}})+\text{D}_{\Delta x}\boldsymbol{f}+\frac{1}{2!}\text{D}_{\Delta x}^2\boldsymbol{f}+\frac{1}{3!}\text{D}_{\Delta x}^3\boldsymbol{f}+\frac{1}{4!}\text{D}_{\Delta x}^4\boldsymbol{f}+\cdots\right]\cdot\\&\left[\boldsymbol{f}^{\text{T}}(\hat{\boldsymbol{x}})+(\text{D}_{\Delta x}\boldsymbol{f})^{\text{T}}+\frac{1}{2!}(\text{D}_{\Delta x}^2\boldsymbol{f})^{\text{T}}+\frac{1}{3!}(\text{D}_{\Delta x}^3\boldsymbol{f})^{\text{T}}+\frac{1}{4!}(\text{D}_{\Delta x}^4\boldsymbol{f})^{\text{T}}+\cdots\right]\Big\}-\\&\Big\{\left[\boldsymbol{f}(\hat{\boldsymbol{x}})+\frac{1}{2}(\nabla^{\text{T}}\boldsymbol{P}_x\nabla)\boldsymbol{f}(\hat{\boldsymbol{x}})+\text{E}\left(\frac{1}{4!}\text{D}_{\Delta x}^4\boldsymbol{f}+\frac{1}{6!}\text{D}_{\Delta x}^6\boldsymbol{f}+\cdots\right)\right]\cdot\\&\left[\boldsymbol{f}^{\text{T}}(\hat{\boldsymbol{x}})+\frac{1}{2}\left[(\nabla^{\text{T}}\boldsymbol{P}_x\nabla)\boldsymbol{f}(\hat{\boldsymbol{x}})\right]^{\text{T}}+\text{E}\left(\frac{1}{4!}\text{D}_{\Delta x}^4\boldsymbol{f}+\frac{1}{6!}\text{D}_{\Delta x}^6\boldsymbol{f}+\cdots\right)^{\text{T}}\right]\Big\}\end{aligned} \tag{2-161}$$

考虑到$\boldsymbol{x}$的概率密度相对$\hat{\boldsymbol{x}}$对称，$\Delta\boldsymbol{x}$的奇次阶矩为零，因此得到

$$\begin{aligned}\boldsymbol{P}_y=&\boldsymbol{F}(\hat{\boldsymbol{x}})\boldsymbol{P}_x\boldsymbol{F}^{\text{T}}(\hat{\boldsymbol{x}})-\frac{1}{4}\left[(\nabla^{\text{T}}\boldsymbol{P}_x\nabla)\boldsymbol{f}(\hat{\boldsymbol{x}})\right]\left[(\nabla^{\text{T}}\boldsymbol{P}_x\nabla)\boldsymbol{f}(\hat{\boldsymbol{x}})\right]^{\text{T}}+\\&\text{E}\sum_{i=2}^{\infty}\sum_{j=2}^{\infty}(\text{D}_{\Delta x}^i\boldsymbol{f})(\text{D}_{\Delta x}^j\boldsymbol{f})^{\text{T}}-\text{E}\sum_{i=1}^{\infty}\sum_{j=1}^{\infty}\frac{1}{(2i)!(2j)!}(\text{D}_{\Delta x}^{2i}\boldsymbol{f})(\text{D}_{\Delta x}^{2j}\boldsymbol{f})^{\text{T}}\end{aligned} \tag{2-162}$$

由容积准则计算的协方差矩阵为

$$\boldsymbol{P}_{y,\mathrm{CR}} = \mathrm{E}((\boldsymbol{y}-\hat{\boldsymbol{y}}_{\mathrm{CR}})(\boldsymbol{y}-\hat{\boldsymbol{y}}_{\mathrm{CR}})^{\mathrm{T}}) \tag{2-163}$$

结合式（2－146）和式（2－157），可得

$$\begin{aligned}
\boldsymbol{y}-\hat{\boldsymbol{y}}_{\mathrm{CR}} &= \boldsymbol{f}(\hat{\boldsymbol{x}}) + \mathrm{D}_{\Delta x}\boldsymbol{f} + \frac{1}{2!}\mathrm{D}_{\Delta x}^{2}\boldsymbol{f} + \frac{1}{3!}\mathrm{D}_{\Delta x}^{3}\boldsymbol{f} + \frac{1}{4!}\mathrm{D}_{\Delta x}^{4}\boldsymbol{f} + \cdots - \\
&\quad \boldsymbol{f}(\hat{\boldsymbol{x}}) - \frac{1}{2}(\nabla^{\mathrm{T}}\boldsymbol{P}_{x}\nabla)\boldsymbol{f}(\hat{\boldsymbol{x}}) - \frac{1}{2n}\sum_{i=1}^{2n}\left(\frac{1}{4!}\mathrm{D}_{\sigma_i}^{4}\boldsymbol{f} + \frac{1}{6!}\mathrm{D}_{\sigma_i}^{6}\boldsymbol{f} + \cdots\right) \\
&= \boldsymbol{F}(\hat{\boldsymbol{x}})\Delta\boldsymbol{x} - \frac{1}{2}(\nabla^{\mathrm{T}}\boldsymbol{P}_{x}\nabla)\boldsymbol{f}(\hat{\boldsymbol{x}}) + \frac{1}{2!}\mathrm{D}_{\Delta x}^{2}\boldsymbol{f} + \frac{1}{3!}\mathrm{D}_{\Delta x}^{3}\boldsymbol{f} + \cdots - \\
&\quad \frac{1}{2n}\sum_{i=1}^{2n}\left(\frac{1}{4!}\mathrm{D}_{\sigma_i}^{4}\boldsymbol{f} + \frac{1}{6!}\mathrm{D}_{\sigma_i}^{6}\boldsymbol{f} + \cdots\right)
\end{aligned} \tag{2-164}$$

$$\begin{aligned}
\boldsymbol{P}_{y,\mathrm{CR}} &= \mathrm{E}\Big\{\Big[\boldsymbol{F}(\hat{\boldsymbol{x}})\Delta\boldsymbol{x} - \frac{1}{2}(\nabla^{\mathrm{T}}\boldsymbol{P}_{x}\nabla)\boldsymbol{f}(\hat{\boldsymbol{x}}) + \frac{1}{2!}\mathrm{D}_{\Delta x}^{2}\boldsymbol{f} + \cdots - \frac{1}{2n}\sum_{k=1}^{\infty}\sum_{i=1}^{2n}\frac{1}{(2k)!}\mathrm{D}_{\sigma_i}^{2k}\boldsymbol{f}\Big]\cdot \\
&\quad \Big[\Delta\boldsymbol{x}^{\mathrm{T}}\boldsymbol{F}^{\mathrm{T}}(\hat{\boldsymbol{x}}) - \frac{1}{2}((\nabla^{\mathrm{T}}\boldsymbol{P}_{x}\nabla)\boldsymbol{f}(\hat{\boldsymbol{x}}))^{\mathrm{T}} + \frac{1}{2!}(\mathrm{D}_{\Delta x}^{2}\boldsymbol{f})^{\mathrm{T}} + \cdots - \frac{1}{2n}\sum_{k=1}^{\infty}\sum_{i=1}^{2n}\frac{1}{(2k)!}(\mathrm{D}_{\sigma_i}^{2k}\boldsymbol{f})^{\mathrm{T}}\Big]\Big\} \\
&= \boldsymbol{F}(\hat{\boldsymbol{x}})\boldsymbol{P}_{x}\boldsymbol{F}^{\mathrm{T}}(\hat{\boldsymbol{x}}) + \frac{1}{4}(\nabla^{\mathrm{T}}\boldsymbol{P}_{x}\nabla)\boldsymbol{f}(\hat{\boldsymbol{x}})\,[(\nabla^{\mathrm{T}}\boldsymbol{P}_{x}\nabla)\boldsymbol{f}(\hat{\boldsymbol{x}})]^{\mathrm{T}} - \\
&\quad \frac{1}{4}(\nabla^{\mathrm{T}}\boldsymbol{P}_{x}\nabla)\boldsymbol{f}(\hat{\boldsymbol{x}})\mathrm{E}\,(\mathrm{D}_{\Delta x}^{2}\boldsymbol{f})^{\mathrm{T}} - \frac{1}{4}\mathrm{E}(\mathrm{D}_{\Delta x}^{2}\boldsymbol{f})\,[(\nabla^{\mathrm{T}}\boldsymbol{P}_{x}\nabla)\boldsymbol{f}(\hat{\boldsymbol{x}})]^{\mathrm{T}} + \\
&\quad \frac{1}{4}\mathrm{E}\Big[(\mathrm{D}_{\Delta x}^{2}\boldsymbol{f})\,(\mathrm{D}_{\Delta x}^{2}\boldsymbol{f})^{\mathrm{T}}\Big] + \frac{1}{2\times 3!}\mathrm{E}\Big[(\mathrm{D}_{\Delta x}^{2}\boldsymbol{f})\,(\mathrm{D}_{\Delta x}^{3}\boldsymbol{f})^{\mathrm{T}}\Big] + \cdots
\end{aligned} \tag{2-165}$$

记式（2－165）右侧第五项起的和式为 $\Delta_{\Sigma}(\Delta\boldsymbol{x},\boldsymbol{\sigma})$，该和式是泰勒级数展开式中关于 $\Delta\boldsymbol{x}$ 和 $\boldsymbol{\sigma}$ 高于四次的项，从而得到

$$\begin{aligned}
\boldsymbol{P}_{y,\mathrm{CR}} &= \boldsymbol{F}(\hat{\boldsymbol{x}})\boldsymbol{P}_{x}\boldsymbol{F}^{\mathrm{T}}(\hat{\boldsymbol{x}}) - \frac{1}{4}[(\nabla^{\mathrm{T}}\boldsymbol{P}_{x}\nabla)\boldsymbol{f}(\hat{\boldsymbol{x}})][(\nabla^{\mathrm{T}}\boldsymbol{P}_{x}\nabla)\boldsymbol{f}(\hat{\boldsymbol{x}})]^{\mathrm{T}} + \\
&\quad \Delta_{\Sigma}(\Delta\boldsymbol{x},\boldsymbol{\sigma})
\end{aligned} \tag{2-166}$$

比较式（2－162）和式（2－166）可以发现，由容积准则计算的协方差矩阵与真实协方差矩阵的前两项相同。

由上述分析可以看出，当系统非线性模型精确已知时，容积准则可以达到三阶逼近精度，该精度已经可以满足大部分应用场景，但对于精度要求更高的应用场合，三阶逼近精度仍需进一步提高。同时可以得到，在实际工业过程中，系统的非线性模型一般难以精确获得，而这必然会导致滤波估计精度的降低，而且随着面对的系统模型的不同，容积卡尔曼滤波算法需进行相应的改进才能具备更强的适用性。

2.3.2　五阶容积卡尔曼滤波算法

在前面的小节中，采用联立三阶球面积分准则和三阶径向积分准则，给出

了标准三阶球面－径向容积准则，利用该准则计算非线性函数的高斯加权积分，在高斯滤波框架下便可以推导出标准的三阶容积卡尔曼滤波。然而，在系统具有强非线性或不确定性时，三阶容积卡尔曼滤波精度仍有进一步提升的空间。为此，本节将阐述一种五阶容积卡尔曼滤波算法，并给出详细的推导过程，首先给出如下定理：

定理 2－1[57]　对于球面积分 $I_{U_n}(\boldsymbol{g}_s)=\int_{U_n}\boldsymbol{g}_s(\boldsymbol{s})\mathrm{d}\sigma(\boldsymbol{s})$，如下积分准则是一个（$2m+1$）阶准则。

$$I_{U_n,2m+1}(\boldsymbol{g}_s)=\sum_{|\boldsymbol{p}|=m}\omega_{\boldsymbol{p}}\boldsymbol{G}\{\boldsymbol{u}_{\boldsymbol{p}}\}\tag{2-167}$$

式中：I_{U_n} 为球面积分；$I_{U_n,2m+1}$ 为用来近似积分的（$2m+1$）阶球面准则。

一阶球面准则一般容易得到，所以这里假定 $m\geqslant1$。式（2－167）中 $\omega_{\boldsymbol{p}}$ 和 $\boldsymbol{G}\{\boldsymbol{u}_{\boldsymbol{p}}\}$ 定义为如下形式：

$$\omega_{\boldsymbol{p}}=I_{U_n}\left(\prod_{i=1}^{n}\prod_{j=0}^{p_i-1}\frac{s_i^2-u_j^2}{u_{p_i}^2-u_j^2}\right)\tag{2-168}$$

$$\boldsymbol{G}\{\boldsymbol{u}_{\boldsymbol{p}}\}=2^{-c(\boldsymbol{u}_{\boldsymbol{p}})}\sum_{v}\boldsymbol{g}_s(v_1u_{p_1},v_2u_{p_2},\cdots,v_nu_{p_n})\tag{2-169}$$

等式（2－168）的右侧是一个带积分变量 s_i 的球面积分。下标 p_i 是非负整数，满足 $\boldsymbol{p}=(p_1,p_2,\cdots,p_n)$ 和 $|\boldsymbol{p}|=p_1+p_2+\cdots+p_n$。式（2－169）的上标 $c(\boldsymbol{u}_p)$ 代表 $\boldsymbol{u}_p=(u_{p_1},u_{p_2},\cdots,u_{p_n})$ 中非零元素的个数。球面积分准则 $I_{U_n,2m+1}$ 的积分点为 $(v_1u_{p_1},v_2u_{p_2},\cdots,v_nu_{p_n})^{\mathrm{T}}$，其中，$v_i=\pm1$。为了使用最少的积分点，$u_{p_i}$ 被选取为 $u_{p_i}=\sqrt{p_i/m}$，$p_i=0,1,\cdots,m$。与点 $(v_1u_{p_1},v_2u_{p_2},\cdots,v_nu_{p_n})^{\mathrm{T}}$ 相对应的权值为 $2^{-c(\boldsymbol{u}_p)}\omega_{\boldsymbol{p}}$。

可以看出，上述（$2m+1$）阶球面准则是全对称的，因此可以精确到任意奇数阶 $\boldsymbol{g}_s$。如果 $\boldsymbol{q}$ 是 $\boldsymbol{p}$ 的一个排列，则 $\omega_{\boldsymbol{q}}=\omega_{\boldsymbol{p}}$，以下公式有助于计算 $\omega_{\boldsymbol{p}}$[57]：

$$\int_{U_n}s_1^{k_1}s_2^{k_2}\cdots s_n^{k_n}\mathrm{d}\sigma(\boldsymbol{s})=2\frac{\Gamma((k_1+1)/2)\Gamma((k_2+1)/2)\cdots\Gamma((k_n+1)/2)}{\Gamma((|\boldsymbol{k}|+n)/2)}\tag{2-170}$$

式中：$|\boldsymbol{k}|=k_1+k_2+\cdots+k_n$。

为了构造（$2m+1$）阶准则，首先应利用 $|\boldsymbol{p}|=m$ 求解合适的 $\boldsymbol{p}$。然后，分别利用 $u_{p_i}=\sqrt{p_i/m}$ 和式（2－168）为每一个 $\boldsymbol{p}$ 求解 $\boldsymbol{u}_p$ 和 $\omega_{\boldsymbol{p}}$。进而，可以确定点 $(v_1u_{p_1},v_2u_{p_2},\cdots,v_nu_{p_n})^{\mathrm{T}}$ 及相应的权值 $2^{-c(\boldsymbol{u}_p)}\omega_{\boldsymbol{p}}$。当 $m=1$ 时，可以得到与式（2－42）相一致的三阶球面准则。

当 $m=2$ 时，可以推导出五阶球面准则如下：

$$I_{U_n,5}=\omega_{s,1}\sum_{i=1}^{n(n-1)/2}(\boldsymbol{g}_s(\boldsymbol{s}_i^+)+\boldsymbol{g}_s(-\boldsymbol{s}_i^+)+\boldsymbol{g}_s(\boldsymbol{s}_i^-)+\boldsymbol{g}_s(-\boldsymbol{s}_i^-))+\omega_{s,2}\sum_{i=1}^{n}(\boldsymbol{g}_s(\boldsymbol{e}_i)+\boldsymbol{g}_s(-\boldsymbol{e}_i))\tag{2-171}$$

式中：$\omega_{s,1}$和$\omega_{s,2}$为权值，即

$$\omega_{s,1}=\frac{A_n}{n(n+2)},\omega_{s,2}=\frac{(4-n)A_n}{2n(n+2)}\tag{2-172}$$

点集 $\boldsymbol{s}_i^+$ 和 $\boldsymbol{s}_i^-$ 分别为

$$\boldsymbol{s}_i^+=\left\{\sqrt{\frac{1}{2}}(\boldsymbol{e}_k+\boldsymbol{e}_l):k<l,k,l=1,2,\cdots,n\right\}\tag{2-173}$$

$$\boldsymbol{s}_i^-=\left\{\sqrt{\frac{1}{2}}(\boldsymbol{e}_k-\boldsymbol{e}_l):k<l,k,l=1,2,\cdots,n\right\}\tag{2-174}$$

可以看出，五阶球面准则需要 $2n^2$ 个积分点。

可以选择矩匹配法计算径向积分的积分点和权值。矩匹配法的原理是找到满足矩等式的积分点 r_i 和权值 $\omega_{r,i}$为

$$\sum_{i=1}^{N_r}\omega_{r,i}g_r(r_i)=\int_0^{\infty}g_r(r)r^{n-1}\exp(-r^2)\mathrm{d}r\tag{2-175}$$

式中：$g_r(r)=r^l$ 为 r 的单项式，且 l 是一个偶数。

注意，对于 $g_r(r)=r^l$，式（2-175）的右侧简化为 $\Gamma((n+l)/2)/2$。由于球面准则和相应的球面-径向容积准则是完全对称的，因而只需对偶数阶矩进行精确匹配即可。为了获得（$2m+1$）阶径向准则，从而获得（$2m+1$）阶球面-径向容积准则，式（2-175）需要对 $l=0$，2，…，$2m$ 精确，这包含了（$m+1$）个等式。求解（$m+1$）个等式所采用的最少的点的个数为（$m+1$）/2（m 是奇数），或 $m/2+1$（m 是偶数）。在接下来的径向积分准则推导过程中，就采用这种最少积分点的方法。

对于五阶径向准则，得到积分点和权值应满足

$$\begin{cases}\omega_{r,1}r_1^0+\omega_{r,2}r_2^0=\dfrac{1}{2}\Gamma\left(\dfrac{1}{2}n\right)\\ \omega_{r,1}r_1^2+\omega_{r,2}r_2^2=\dfrac{1}{2}\Gamma\left(\dfrac{1}{2}n+1\right)=\dfrac{n}{4}\Gamma\left(\dfrac{1}{2}n\right)\\ \omega_{r,1}r_1^4+\omega_{r,2}r_2^4=\dfrac{1}{2}\Gamma\left(\dfrac{1}{2}n+2\right)=\dfrac{1}{2}\Gamma\left(\dfrac{1}{2}n+1\right)\left(\dfrac{1}{2}n\right)\Gamma\left(\dfrac{1}{2}n\right)\end{cases}\tag{2-176}$$

在式（2-176）中，有四个变量和三个等式，因此存在一个自由变量。可以选择 r_1 作为自由变量并将其设置为零，从而解得

$$\begin{cases} r_1 = 0 \\ r_2 = \sqrt{\dfrac{n}{2}+1} \end{cases}, \begin{cases} \omega_{r,1} = \dfrac{1}{n+2}\Gamma\left(\dfrac{n}{2}\right) \\ \omega_{r,2} = \dfrac{n}{2(n+2)}\Gamma\left(\dfrac{n}{2}\right) \end{cases} \tag{2-177}$$

当然，r_1 也可设置为零以外的其他值，然而，当 $r_1 = 0$ 时可以保证径向积分点个数最少。径向准则可以写为

$$I_{r,5} = \frac{1}{n+2}\Gamma\left(\frac{n}{2}\right)g_r(0) + \frac{n}{2(n+2)}\Gamma\left(\frac{n}{2}\right)g_r\left(\sqrt{\frac{n}{2}+1}\right) \tag{2-178}$$

将式（2-171）的球面准则与式（2-178）的径向准则相结合，便可得到

$$\begin{aligned} I_N = {} & \frac{2}{n+2}\boldsymbol{g}(\hat{\boldsymbol{x}}) + \frac{1}{(n+2)^2}\sum_{i=1}^{n(n-1)/2}(\boldsymbol{g}(\sqrt{(n+2)\boldsymbol{P}_x}\boldsymbol{s}_i^+ + \hat{\boldsymbol{x}}) + \\ & \boldsymbol{g}(-\sqrt{(n+2)\boldsymbol{P}_x}\boldsymbol{s}_i^+ + \hat{\boldsymbol{x}})) + \frac{1}{(n+2)^2}\sum_{i=1}^{n(n-1)/2}(\boldsymbol{g}(\sqrt{(n+2)\boldsymbol{P}_x}\boldsymbol{s}_i^- + \hat{\boldsymbol{x}}) + \\ & \boldsymbol{g}(-\sqrt{(n+2)\boldsymbol{P}_x}\boldsymbol{s}_i^- + \hat{\boldsymbol{x}})) + \frac{4-n}{2(n+2)^2}\sum_{i=1}^{n}(\boldsymbol{g}(\sqrt{(n+2)\boldsymbol{P}_x}\boldsymbol{e}_i + \hat{\boldsymbol{x}}) + \\ & \boldsymbol{g}(-\sqrt{(n+2)\boldsymbol{P}_x}\boldsymbol{e}_i + \hat{\boldsymbol{x}})) \end{aligned} \tag{2-179}$$

可以看出，式（2-179）的容积准则中包含 $2n^2+1$ 个容积点及相应的权值，从式（2-179）中抽取出容积点和权值的计算方法为

$$\hat{\boldsymbol{x}}^{(i)} = \begin{cases} \hat{\boldsymbol{x}}, i=1 \\ \sqrt{(n+2)\boldsymbol{P}_x}[\boldsymbol{s}_i^+, -\boldsymbol{s}_i^+]_{i-1} + \hat{\boldsymbol{x}}, i=2,\cdots,n^2-n+1 \\ \sqrt{(n+2)\boldsymbol{P}_x}[\boldsymbol{s}_i^-, -\boldsymbol{s}_i^-]_{i-n^2+n-1} + \hat{\boldsymbol{x}}, i=n^2-n+2,\cdots,2n^2-2n+1 \\ \sqrt{(n+2)\boldsymbol{P}_x}[\boldsymbol{e}_i, -\boldsymbol{e}_i]_{i-2n^2+2n-1} + \hat{\boldsymbol{x}}, i=2n^2-2n+2,\cdots,2n^2+1 \end{cases} \tag{2-180}$$

$$\omega_i = \begin{cases} \dfrac{2}{n+2}, i=1 \\ \dfrac{1}{(n+2)^2}, i=2,\cdots,2n^2-2n+1 \\ \dfrac{4-n}{2(n+2)^2}, i=2n^2-2n+2,\cdots,2n^2+1 \end{cases} \tag{2-181}$$

利用上述推导的五阶球面-径向容积准则，在高斯滤波计算框架下，可以给出如下五阶容积卡尔曼滤波算法的具体递推计算步骤如下。

步骤1：滤波初始化

给定滤波初始值 $\hat{\boldsymbol{x}}_0^+$ 和 $\boldsymbol{P}_0^+$。

循环 $k=1，2，\cdots$，完成以下递推更新步骤。

步骤 2：时间更新

计算容积点

$$\hat{\boldsymbol{x}}_{k-1}^{(i)}=\begin{cases}\hat{\boldsymbol{x}}_{k-1}^{+},i=1\\ \hat{\boldsymbol{x}}_{k-1}^{+}+\sqrt{(n+2)\boldsymbol{P}_{k-1}^{+}}[\boldsymbol{s}_i^{+},-\boldsymbol{s}_i^{+}]_{i-1},i=2,\cdots,n^2-n+1\\ \hat{\boldsymbol{x}}_{k-1}^{+}+\sqrt{(n+2)\boldsymbol{P}_{k-1}^{+}}[\boldsymbol{s}_i^{-},-\boldsymbol{s}_i^{-}]_{i-n^2+n-1},i=n^2-n+2,\cdots,2n^2-2n+1\\ \hat{\boldsymbol{x}}_{k-1}^{+}+\sqrt{(n+2)\boldsymbol{P}_{k-1}^{+}}[\boldsymbol{e}_i,-\boldsymbol{e}_i]_{i-2n^2+2n-1},i=2n^2-2n+2,\cdots,2n^2+1\end{cases}。$$

计算非线性传递点 $\boldsymbol{X}_k^{(i)}=\boldsymbol{f}(\hat{\boldsymbol{x}}_{k-1}^{(i)})$。

计算状态的先验估计 $\hat{\boldsymbol{x}}_k^{-}=\dfrac{2}{n+2}\boldsymbol{X}_k^{(1)}+\dfrac{1}{(n+2)^2}\sum\limits_{i=2}^{2n^2-2n+1}\boldsymbol{X}_k^{(i)}+\dfrac{4-n}{2(n+2)^2}\sum\limits_{i=2n^2-2n+2}^{2n^2+1}\boldsymbol{X}_k^{(i)}$。

计算状态先验误差协方差矩阵

$$\begin{aligned}\boldsymbol{P}_k^{-}=&\frac{2}{n+2}(\boldsymbol{X}_k^{(1)}-\hat{\boldsymbol{x}}_k^{-})(\boldsymbol{X}_k^{(1)}-\hat{\boldsymbol{x}}_k^{-})^{\mathrm{T}}+\\&\frac{1}{(n+2)^2}\sum_{i=2}^{2n^2-2n+1}(\boldsymbol{X}_k^{(i)}-\hat{\boldsymbol{x}}_k^{-})(\boldsymbol{X}_k^{(i)}-\hat{\boldsymbol{x}}_k^{-})^{\mathrm{T}}+\\&\frac{4-n}{2(n+2)^2}\sum_{i=2n^2-2n+2}^{2n^2+1}(\boldsymbol{X}_k^{(i)}-\hat{\boldsymbol{x}}_k^{-})(\boldsymbol{X}_k^{(i)}-\hat{\boldsymbol{x}}_k^{-})^{\mathrm{T}}\end{aligned}$$

步骤 3：量测更新

计算容积点

$$\hat{\boldsymbol{x}}_{k}^{(i)}=\begin{cases}\hat{\boldsymbol{x}}_{k}^{-},i=1\\ \hat{\boldsymbol{x}}_{k}^{-}+\sqrt{(n+2)\boldsymbol{P}_{k}^{-}}[\boldsymbol{s}_i^{+},-\boldsymbol{s}_i^{+}]_{i-1},i=2,\cdots,n^2-n+1\\ \hat{\boldsymbol{x}}_{k}^{-}+\sqrt{(n+2)\boldsymbol{P}_{k}^{-}}[\boldsymbol{s}_i^{-},-\boldsymbol{s}_i^{-}]_{i-n^2+n-1},i=n^2-n+2,\cdots,2n^2-2n+1\\ \hat{\boldsymbol{x}}_{k}^{-}+\sqrt{(n+2)\boldsymbol{P}_{k}^{-}}[\boldsymbol{e}_i,-\boldsymbol{e}_i]_{i-2n^2+2n-1},i=2n^2-2n+2,\cdots,2n^2+1\end{cases}。$$

计算非线性传递点 $\boldsymbol{Z}_k^{(i)}=\boldsymbol{h}(\hat{\boldsymbol{x}}_{k}^{(i)})$。

计算量测预测值 $\hat{z}_k=\dfrac{2}{n+2}\boldsymbol{Z}_k^{(1)}+\dfrac{1}{(n+2)^2}\sum\limits_{i=2}^{2n^2-2n+1}\boldsymbol{Z}_k^{(i)}+\dfrac{4-n}{2(n+2)^2}\sum\limits_{i=2n^2-2n+2}^{2n^2+1}\boldsymbol{Z}_k^{(i)}$。

计算量测误差协方差矩阵

$$\boldsymbol{P}_{z,k}=\frac{2}{n+2}(\boldsymbol{Z}_k^{(1)}-\hat{z}_k)(\boldsymbol{Z}_k^{(1)}-\hat{z}_k)^{\mathrm{T}}+$$

$$\frac{1}{(n+2)^2}\sum_{i=2}^{2n^2-2n+1}(\boldsymbol{Z}_k^{(i)}-\hat{\boldsymbol{z}}_k)(\boldsymbol{Z}_k^{(i)}-\hat{\boldsymbol{z}}_k)^{\mathrm{T}}+$$

$$\frac{4-n}{2(n+2)^2}\sum_{i=2n^2-2n+2}^{2n^2+1}(\boldsymbol{Z}_k^{(i)}-\hat{\boldsymbol{z}}_k)(\boldsymbol{Z}_k^{(i)}-\hat{\boldsymbol{z}}_k)^{\mathrm{T}}$$

计算交叉协方差矩阵

$$\boldsymbol{P}_{xz,k}=\frac{2}{n+2}(\hat{\boldsymbol{x}}_k^{(1)}-\hat{\boldsymbol{x}}_k^{-})(\boldsymbol{Z}_k^{(1)}-\hat{\boldsymbol{z}}_k)^{\mathrm{T}}+$$

$$\frac{1}{(n+2)^2}\sum_{i=2}^{2n^2-2n+1}(\hat{\boldsymbol{x}}_k^{(i)}-\hat{\boldsymbol{x}}_k^{-})(\boldsymbol{Z}_k^{(i)}-\hat{\boldsymbol{z}}_k)^{\mathrm{T}}+$$

$$\frac{4-n}{2(n+2)^2}\sum_{i=2n^2-2n+2}^{2n^2+1}(\hat{\boldsymbol{x}}_k^{(i)}-\hat{\boldsymbol{x}}_k^{-})(\boldsymbol{Z}_k^{(i)}-\hat{\boldsymbol{z}}_k)^{\mathrm{T}}$$

计算卡尔曼滤波增益矩阵 $\boldsymbol{K}_k=\boldsymbol{P}_{xz,k}\boldsymbol{P}_{z,k}^{-1}$。

计算状态的后验估计 $\hat{\boldsymbol{x}}_k^{+}=\hat{\boldsymbol{x}}_k^{-}+\boldsymbol{K}_k(z_k-\hat{z}_k)$。

计算后验误差协方差矩阵 $\boldsymbol{P}_k^{+}=\boldsymbol{P}_k^{-}-\boldsymbol{K}_k\boldsymbol{P}_{z,k}\boldsymbol{K}_k^{\mathrm{T}}$。

至此，便得到了五阶容积卡尔曼滤波的计算方法，在后面的仿真实验中可以验证，该五阶算法具有比标准三阶算法更高的滤波估计精度。五阶容积卡尔曼滤波算法在获得更高精度的同时也带来了计算量的增加，从式（2-180）和式（2-181）可以看出，容积点数量从 $2n$ 个增加为 $2n^2+1$ 个，这会在一定程度上降低算法应用的实时性。

第3章
精确高斯模型假设下
四种容积卡尔曼滤波算法

3.1 广义单形容积求积分卡尔曼滤波算法

本节首先分别采用球面单形准则计算球面积分，采用广义高斯－拉盖尔求积分公式计算径向积分，给出了单形容积求积分准则的一般广义形式，并给出了在二阶高斯－拉盖尔求积分公式下容积点和权值计算的解析形式。在该准则下基于高斯滤波框架给出了一种单形容积求积分卡尔曼滤波（simplex cubature quadrature Kalman filter，SCQKF－m）。

3.1.1 球面－径向积分的新型计算方法

1. 球面积分的单形计算准则

式（2－36）所示的球面积分可以考虑采用不同的积分准则进行计算，本节采用 n－单形（n－simplex）几何体的顶点作为积分点。所谓单形，是指 n 维以上的欧几里得空间中 $n+1$ 个仿射无关的点集合的凸包，在几何学上被定义为与三角形相似的 n 维几何体，即 n－单形包含 $n+1$ 个节点。举例而言，0－单形是点，1－单形是线段，2－单形是三角形，3－单形是四面体，而4－单形是一个五面体。

将 n－单形的 $n+1$ 个顶点表示为 $\boldsymbol{a}_j=(a_{j,1},a_{j,2},\cdots,a_{j,n})^{\mathrm{T}},j=1,2,\cdots,n+1$，其元素按下式定义[47-48]：

$$a_{j,i}=\begin{cases}-\sqrt{\dfrac{n+1}{n(n-i+2)(n-i+1)}}, & i<j\\ \sqrt{\dfrac{(n+1)(n-j+1)}{n(n-j+2)}}, & i=j\\ 0, & i>j\end{cases}\tag{3-1}$$

以 $\boldsymbol{a}_j$ 作为积分点代替式（2－42）中的 $\boldsymbol{e}_i$ 计算球面积分，可以得到由 $2n+2$ 个积分点所构成的三阶球面单形准则为

$$S(r) = \frac{A_n}{2(n+1)}\sum_{i=1}^{n+1}[\boldsymbol{g}(r\boldsymbol{a}_i) + \boldsymbol{g}(-r\boldsymbol{a}_i)] \tag{3-2}$$

式中：$A_n = 2\sqrt{\pi^n}/\Gamma(n/2)$ 为 n 维单位球面的表面积。

以 $n=3$ 为例，给出 $\boldsymbol{a}_j$，$j=1,2,3$ 的具体取值如下：

$$\boldsymbol{a}_1 = \begin{bmatrix}1\\0\\0\end{bmatrix}, \boldsymbol{a}_2 = \begin{bmatrix}-\frac{1}{3}\\ \frac{\sqrt{8}}{3}\\ 0\end{bmatrix}, \boldsymbol{a}_3 = \begin{bmatrix}-\frac{1}{3}\\ -\frac{\sqrt{2}}{3}\\ \frac{\sqrt{6}}{3}\end{bmatrix} \tag{3-3}$$

2. 径向积分的广义高斯－拉盖尔求积分计算准则

为了对径向积分 $R = \int_0^\infty S(r)r^{n-1}\exp(-r^2)\,\mathrm{d}r$ 进行数值逼近，以得到标准的积分格式，令 $r^2 = t$，解得 $r=\sqrt{t}$，将其代入径向积分得 $R = \frac{1}{2}\int_0^\infty S(\sqrt{t})t^{(n-2)/2}\exp(-t)\,\mathrm{d}t$，令 $g(t) = S(\sqrt{t})$，$\beta = (n-2)/2$，则可以将 R 转换为适用于广义高斯－拉盖尔求积分公式的标准格式为 $R = \frac{1}{2}\int_0^\infty g(t)t^\beta \exp(-t)\,\mathrm{d}t$，并采用以下积分准则对其进行近似处理。

$$\int_0^\infty g(t)t^\beta\exp(-t)\,\mathrm{d}t \approx \sum_{j=1}^m A_j g(t_j) \tag{3-4}$$

式中：t_j 为求积分点；A_j 为相应的权值。

可以看出该准则的近似精度取决于求积分点的个数。求积分点可以由以下 m 阶切比雪夫－拉盖尔多项式的解求得

$$L_m^\beta(t) = (-1)^m t^{-\beta}\mathrm{e}^t\frac{\mathrm{d}^m}{\mathrm{d}t^m}(t^{\beta+m}\mathrm{e}^{-t}) = 0 \tag{3-5}$$

同时，可以解得相应的权值为

$$A_j = \frac{m!\ \Gamma(\beta+m+1)}{t_j[\dot{L}_m^\beta(t_j)]^2} \tag{3-6}$$

求得 t_j 和 A_j 后，则径向积分可以表示为

$$R = \frac{1}{2}\int_0^\infty g(t)t^\beta\exp(-t)\,\mathrm{d}t$$

$$\approx \frac{1}{2}\sum_{j=1}^{m} A_j g(t_j) \tag{3-7}$$

3.1.2　单形容积求积分准则的广义形式

将式（3-2）所示的单形球面准则 $S(r)$ 代入式（3-7）所示的径向准则 R 中，并代入 $g(t)=S(\sqrt{t})$，从而可以得到 I_G 的计算式如下：

$$\begin{aligned} I_G &= \frac{1}{2}\int_0^{\infty} g(t)t^{\beta}\exp(-t)\mathrm{d}t = \frac{1}{2}\sum_{j=1}^{m} A_j S(\sqrt{t_j}) \\ &= \frac{A_n}{4(n+1)}\sum_{j=1}^{m} A_j \sum_{i=1}^{n+1}[\boldsymbol{g}(\sqrt{t_j}\boldsymbol{a}_i) + \boldsymbol{g}(-\sqrt{t_j}\boldsymbol{a}_i)] \\ &= \frac{\sqrt{\pi^n}}{2(n+1)\Gamma(n/2)}\sum_{j=1}^{m} A_j \sum_{i=1}^{n+1}[\boldsymbol{g}(\sqrt{t_j}\boldsymbol{a}_i) + \boldsymbol{g}(-\sqrt{t_j}\boldsymbol{a}_i)] \end{aligned} \tag{3-8}$$

由 I_N 和 I_G 之间的关系，可得非线性高斯加权积分的计算式如下：

$$\begin{aligned} I_N = \frac{1}{2(n+1)\Gamma(n/2)}\sum_{j=1}^{m} A_j \sum_{i=1}^{n+1}[&\boldsymbol{g}(\sqrt{2t_j\boldsymbol{P}_x}\boldsymbol{a}_i + \hat{\boldsymbol{x}}) + \\ &\boldsymbol{g}(-\sqrt{2t_j\boldsymbol{P}_x}\boldsymbol{a}_i + \hat{\boldsymbol{x}})] \end{aligned} \tag{3-9}$$

式（3-9）即为推导出的球面单形容积求积分准则，用 $\boldsymbol{a}=(\boldsymbol{a}_1,\boldsymbol{a}_2,\cdots,\boldsymbol{a}_{n+1})$ 表示由 $\boldsymbol{a}_j$ 组成的矩阵，用 $(\cdot)_i$ 表示矩阵的第 i 列，从式（3-9）的准则中抽取出容积点 $\hat{\boldsymbol{x}}^{(i)}$ 和权值 ω_i 的一般计算形式分别为

$$\hat{\boldsymbol{x}}^{(i)} = \begin{cases} \hat{\boldsymbol{x}} + \sqrt{2t_1\boldsymbol{P}_x}(\boldsymbol{a}, -\boldsymbol{a})_i, i=1,\cdots,2(n+1) \\ \hat{\boldsymbol{x}} + \sqrt{2t_2\boldsymbol{P}_x}(\boldsymbol{a}, -\boldsymbol{a})_{i-2n-2}, i=2n+3,\cdots,4(n+1) \\ \vdots \\ \hat{\boldsymbol{x}} + \sqrt{2t_m\boldsymbol{P}_x}(\boldsymbol{a}, -\boldsymbol{a})_{i-2(mn+m-n)+2}, i=2(mn+m-n)-1,\cdots,2(n+1)m \end{cases} \tag{3-10}$$

$$\omega_i = \begin{cases} \dfrac{A_1}{2(n+1)\Gamma(n/2)}, i=1,\cdots,2(n+1) \\ \dfrac{A_2}{2(n+1)\Gamma(n/2)}, i=2n+3,\cdots,4(n+1) \\ \vdots \\ \dfrac{A_m}{2(n+1)\Gamma(n/2)}, i=2(mn+m-n)-1,\cdots,2(n+1)m \end{cases} \tag{3-11}$$

可以看出，该准则需要计算 $2(n+1)m$ 个求积分点及其权值。下面讨论当 m 具体取值时的情况。

1. 当 $m=1$ 时的情况

当 $m=1$ 时，容易解得 $t_1=n/2$，$A_1=\Gamma(n/2)$，这与采用矩匹配法推导出的三阶球面单形－径向准则一致，由此可见，该准则为本小节所提广义单形容积求积分准则在 $m=1$ 时的退化形式。

2. 当 $m=2$ 时的情况

先求 t_1 和 t_2 的值，将 $m=2$ 代入式（3－5）得到

$$L_2^{\beta}(t)=t^{-\beta}\mathrm{e}^{t}\frac{\mathrm{d}^2}{\mathrm{d}t^2}(t^{\beta+2}\mathrm{e}^{-t}) \tag{3-12}$$

将$\frac{\mathrm{d}^2}{\mathrm{d}t^2}(t^{\beta+2}\mathrm{e}^{-t})$项展开，可以得到 $L_2^{\beta}(t)$ 及其导数 $\dot{L}_2^{\beta}(t)$ 分别为

$$L_2^{\beta}(t)=t^2-2(\beta+2)t+(\beta+1)(\beta+2) \tag{3-13}$$

$$\dot{L}_2^{\beta}(t)=2t-2(\beta+2) \tag{3-14}$$

令 $L_2^{\beta}(t)=0$ 解得，$t=\beta+2\pm\sqrt{\beta+2}$，将 $\beta=(n-2)/2$ 代入得

$$\begin{cases} t_1=\dfrac{n}{2}+1+\sqrt{\dfrac{n}{2}+1} \\ t_2=\dfrac{n}{2}+1-\sqrt{\dfrac{n}{2}+1} \end{cases} \tag{3-15}$$

结合式（3－6），可以解得 A_1 和 A_2 的值为

$$\begin{cases} A_1=\dfrac{n\Gamma(n/2)}{2n+4+2\sqrt{2n+4}} \\ A_2=\dfrac{n\Gamma(n/2)}{2n+4-2\sqrt{2n+4}} \end{cases} \tag{3-16}$$

将 t_1，t_2，A_1，A_2 代入式（3－9），可以得到 $m=2$ 时的球面单形径向容积求积分准则为

$$\begin{aligned} I_N=&\frac{n}{4(n+1)(n+2+\sqrt{2n+4})}\sum_{i=1}^{n+1}\Big[\boldsymbol{g}\Big(\hat{\boldsymbol{x}}+\sqrt{(n+2+\sqrt{2n+4})\boldsymbol{P}_x}\boldsymbol{a}_i\Big)+\\ &\boldsymbol{g}\Big(\hat{\boldsymbol{x}}-\sqrt{(n+2+\sqrt{2n+4})\boldsymbol{P}_x}\boldsymbol{a}_i\Big)\Big]+\frac{n}{4(n+1)(n+2-\sqrt{2n+4})}\times\\ &\sum_{i=1}^{n+1}\Big[\boldsymbol{g}\Big(\hat{\boldsymbol{x}}+\sqrt{(n+2-\sqrt{2n+4})\boldsymbol{P}_x}\boldsymbol{a}_i\Big)+\\ &\boldsymbol{g}\Big(\hat{\boldsymbol{x}}-\sqrt{(n+2-\sqrt{2n+4})\boldsymbol{P}_x}\boldsymbol{a}_i\Big)\Big] \end{aligned} \tag{3-17}$$

进而可以得到容积点 $\hat{\boldsymbol{x}}^{(i)}$ 及权值 ω_i 为

$$\hat{\boldsymbol{x}}^{(i)}=\begin{cases}\hat{\boldsymbol{x}}+\sqrt{(n+2+\sqrt{2n+4})\boldsymbol{P}_x}[\boldsymbol{a},-\boldsymbol{a}]_i, i=1,2,\cdots,2(n+1)\\ \hat{\boldsymbol{x}}+\sqrt{(n+2-\sqrt{2n+4})\boldsymbol{P}_x}[\boldsymbol{a},-\boldsymbol{a}]_{i-2n-2}, i=2n+3,\cdots,4(n+1)\end{cases} \tag{3-18}$$

$$\omega_i=\begin{cases}\dfrac{n}{4(n+1)(n+2+\sqrt{2n+4})}, i=1,2,\cdots,2(n+1)\\ \dfrac{n}{4(n+1)(n+2-\sqrt{2n+4})}, i=2n+3,\cdots,4(n+1)\end{cases} \tag{3-19}$$

可以看出，当 $m=2$ 时，容积点和权值是可以解析求解的，即可以推导出计算表达式。

3. 当 $m\geqslant 3$ 时的情况

当高斯－拉盖尔求积分的阶数 $m=3$ 时，可以得到

$$L_3^\beta(t)=t^3-\frac{3(n+4)}{2}t^2+\frac{3(n+4)(n+2)}{4}t-\frac{(n+4)(n+2)n}{8} \tag{3-20}$$

解得式（3－20）的根并分别代入如下两式，便可得到求积分点和权值为

$$\dot{L}_3^\beta(t)=3t^2-3(n+4)t+\frac{3(n+4)(n+2)}{4} \tag{3-21}$$

$$\omega_i=\frac{A_j}{2(n+1)\Gamma(n/2)}=\frac{3(n+4)(n+2)n}{8(n+1)t_j[\dot{L}_3^\beta(t_j)]^2} \tag{3-22}$$

同理，当高斯－拉盖尔求积分的阶数 $m=4$ 时，可以得到

$$L_4^\beta(t)=t^{-\beta}\mathrm{e}^t\frac{\mathrm{d}^4}{\mathrm{d}t^4}(t^{\beta+4}\mathrm{e}^{-t})=0 \tag{3-23}$$

其中，$L_4^\beta(t)$ 的表达式为

$$L_4^\beta(t)=t^4-2(n+6)t^3+\frac{3(n+6)(n+4)}{2}t^2-\frac{(n+6)(n+4)(n+2)}{2}t+\frac{(n+6)(n+4)(n+2)n}{16} \tag{3-24}$$

同样，t_j 可以根据 n 的具体取值解得。可以看出，当 $m\geqslant 3$ 时将难以取得滤波算法的解析形式。

随着高斯－拉盖尔求积分阶数的提高，单形容积求积分准则的近似精度也会提高，但算法的计算量同时增大。然而，从式（3－10）和式（3－11）可以看出，容积点和权值仅与 m 和 n 有关，即对于确定的 m 和 n，容积点及其权值可以预先计算并离线存储，只需在算法执行时从内存直接调用，从而有利于算法的实时应用。

3.1.3 广义单形容积求积分卡尔曼滤波算法

利用上节推导的广义单形容积求积分准则，在高斯滤波计算框架下，可以给出一种新的单形容积求积分卡尔曼滤波（SCQKF－m），其具体的递推计算步骤如下。

先确定单形容积求积分准则中广义高斯－拉盖尔求积分公式的阶数 m。

步骤1：滤波初始化

给定滤波初始值 $\hat{\boldsymbol{x}}_0^+$ 和 $\boldsymbol{P}_0^+$。

循环 $k=1,2,\cdots$，完成以下递推更新步骤。

步骤2：时间更新

在确定的 m 值下，分别用 $\hat{\boldsymbol{x}}_{k-1}^+$ 和 $\boldsymbol{P}_{k-1}^+$ 代替式（3－10）中的 $\hat{\boldsymbol{x}}$ 和 $\boldsymbol{P}_x$ 计算容积点 $\hat{\boldsymbol{x}}_{k-1}^{(i)}$，并计算非线性传递点 $\boldsymbol{X}_k^{(i)}=\boldsymbol{f}(\hat{\boldsymbol{x}}_{k-1}^{(i)})$。

计算状态的先验估计 $\hat{\boldsymbol{x}}_k^-=\sum\limits_{i=1}^{2(n+1)m}\omega_i\boldsymbol{X}_k^{(i)}$。

计算状态先验误差协方差矩阵 $\boldsymbol{P}_k^-=\sum\limits_{i=1}^{2(n+1)m}\omega_i(\boldsymbol{X}_k^{(i)}-\hat{\boldsymbol{x}}_k^-)(\boldsymbol{X}_k^{(i)}-\hat{\boldsymbol{x}}_k^-)^{\mathrm{T}}+\boldsymbol{Q}_{k-1}$。

式中：ω_i 为式（3－11）所示的权值。

步骤3：量测更新

在确定的 m 值下，分别用 $\hat{\boldsymbol{x}}_k^-$ 和 $\boldsymbol{P}_k^-$ 代替式（3－10）中的 $\hat{\boldsymbol{x}}$ 和 $\boldsymbol{P}_x$ 计算容积点 $\hat{\boldsymbol{x}}_k^{(i)}$，并计算非线性传递点 $\boldsymbol{Z}_k^{(i)}=\boldsymbol{h}(\hat{\boldsymbol{x}}_k^{(i)})$。

计算量测预测值 $\hat{z}_k=\sum\limits_{i=1}^{2(n+1)m}\omega_i\boldsymbol{Z}_k^{(i)}$。

计算量测误差协方差矩阵 $\boldsymbol{P}_{z,k}=\sum\limits_{i=1}^{2(n+1)m}\omega_i(\boldsymbol{Z}_k^{(i)}-\hat{z}_k)(\boldsymbol{Z}_k^{(i)}-\hat{z}_k)^{\mathrm{T}}+\boldsymbol{R}_k$。

计算交叉协方差矩阵 $\boldsymbol{P}_{xz,k}=\sum\limits_{i=1}^{2(n+1)m}\omega_i(\hat{\boldsymbol{x}}_k^{(i)}-\hat{\boldsymbol{x}}_k^-)(\boldsymbol{Z}_k^{(i)}-\hat{z}_k)^{\mathrm{T}}$。

式中：ω_i 为式（3－11）所示的权值。

计算卡尔曼滤波增益矩阵 $\boldsymbol{K}_k=\boldsymbol{P}_{xz,k}\boldsymbol{P}_{z,k}^{-1}$。

计算状态的后验估计 $\hat{\boldsymbol{x}}_k^+=\hat{\boldsymbol{x}}_k^-+\boldsymbol{K}_k(z_k-\hat{z}_k)$。

计算后验误差协方差矩阵 $\boldsymbol{P}_k^+=\boldsymbol{P}_k^--\boldsymbol{K}_k\boldsymbol{P}_{z,k}\boldsymbol{K}_k^{\mathrm{T}}$。

3.1.4 仿真验证与分析

仿真实验3－1 非线性余弦模型

采用如下非线性系统模型对本节提出的算法进行仿真验证，该模型是验证

非线性滤波算法性能的常用模型，系统状态模型和量测模型为

$$\begin{cases} \boldsymbol{x}_k = 20\cos(\boldsymbol{x}_{k-1}) + \boldsymbol{q}_{k-1} \\ z_k = \sqrt{1 + x_k^{\mathrm{T}} x_k} + v_k \end{cases}, k = 1, 2, \cdots, N \tag{3-25}$$

滤波初值 $\hat{\boldsymbol{x}}_0^+ = \boldsymbol{0}_{6\times1}$，$\boldsymbol{P}_0^+ = \boldsymbol{I}_6$，初始真值为 $\boldsymbol{x}_0 = 0.1 \times \boldsymbol{1}_{6\times1}$，系统噪声与量测噪声均为零均值单位协方差高斯白噪声，协方差矩阵为单位阵。仿真进行 100 步，执行 1000 次蒙特卡洛仿真，采用均方根误差（root mean square error, RMSE）来评价估计精度，第 k 时刻的 RMSE 定义如下：

$$\mathrm{RMSE} = \sqrt{\frac{1}{m}\sum_{i=1}^{m} (\boldsymbol{x}_k - \hat{\boldsymbol{x}}_k^+)^2} \tag{3-26}$$

式中：m 为蒙特卡洛仿真次数。

为了验证本书算法的性能，仿真实验中比较了 CKF、SCQKF－1、SCQKF－2 和 SCQKF－3 四种算法。

仿真结果如图 3－1 所示，从图中可以明显看出相比于标准 CKF 算法，本节提出的 SCQKF－m 算法的 RMSE 整体较小，而且广义高斯－拉盖尔求积分公式的阶数越高，其 RMSE 越小，表明 SCQKF－m 的估计精度高于标准 CKF，而且估计精度随着广义高斯－拉盖尔求积分公式的阶数升高而增高。

为了定量描述四种算法的精度，统计 RMSE 的平均值列于表 3－1。对比 SCQKF－1 和 CKF 算法可知，SCQKF－1 算法将三个状态的估计精度分别提高了 6.43%、2.02%、3.59%，说明在本节仿真中三阶单形球面准则表现出比三阶球面准则更高的精度。对比 SCQKF－2 和 SCQKF－1 算法可知，SCQKF－2 算法将三个状态的估计精度分别提高了 2.98%、7.13%、5.69%，表明当广义高斯－拉盖尔求积分公式中 $m=2$ 时具有比 $m=1$ 时更高的精度。对比 SCQKF－3和 SCQKF－2 算法可知，SCQKF－3 算法将三个状态的估计精度分别提高了 3.32%、2.56%、1.50%，表明当广义高斯－拉盖尔求积分公式中 $m=3$ 时具有比 $m=2$ 时更高的精度。

总结起来可以看出，在本节仿真中，球面单形准则表现出相比标准球面准则更好的性能，而随着广义高斯－拉盖尔求积分公式阶数的升高，SCQKF－m 算法的估计精度也随之增高，从而验证了 SCQKF－m 算法的有效性。

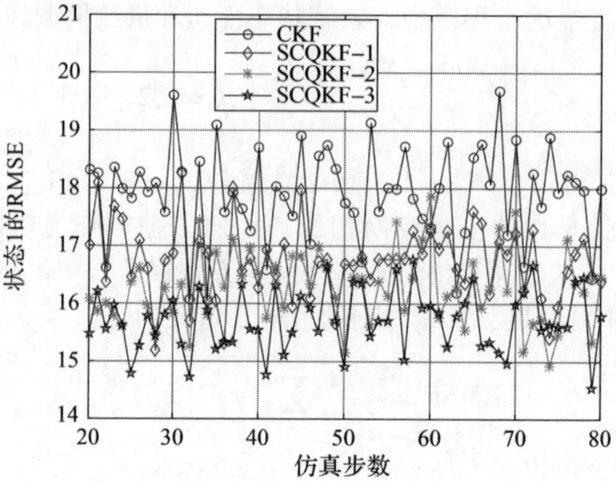

(a) 状态1的RMSE

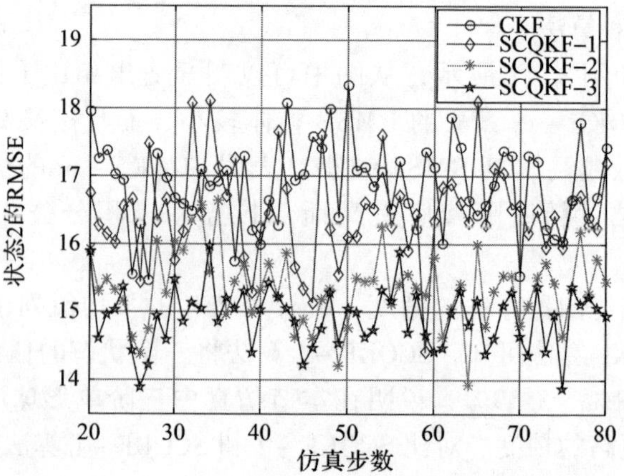

(b) 状态2的RMSE

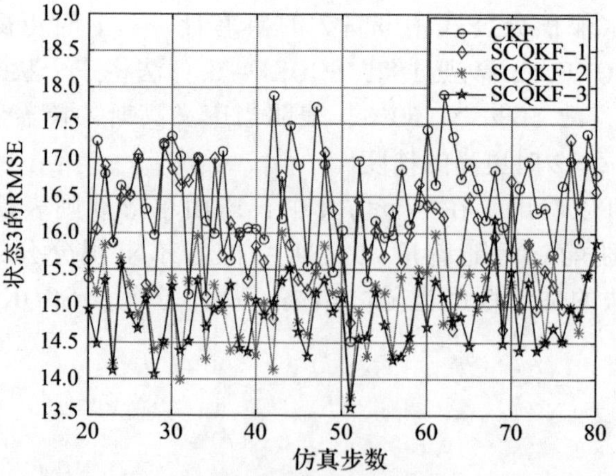

(c) 状态3的RMSE

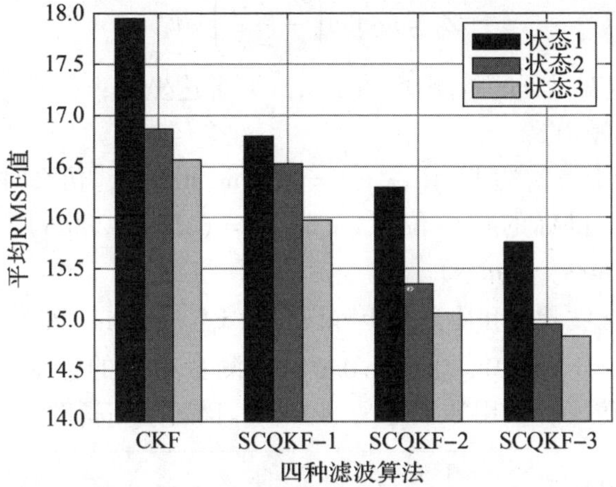

(d) 状态的平均RMSE

图 3－1　四种滤波算法状态估计 RMSE 对比

表 3－1　四种滤波算法状态估计的平均 RMSE 值

滤波算法	状态 1	状态 2	状态 3
CKF	17.9495	16.8677	16.5665
SCQKF－1	16.7953	16.5264	15.9711
SCQKF－2	16.2956	15.3485	15.0631
SCQKF－3	15.7542	14.9559	14.8374

仿真实验 3－2　目标跟踪模型

采用如下目标跟踪模型验证本书 SCQKF－m 算法。假设目标在二维平面内进行匀速直线（constant velocity，CV）运动，运动状态方程为

$$\boldsymbol{X}_k = \boldsymbol{F}_{\mathrm{CV}}\boldsymbol{X}_{k-1} + \boldsymbol{G}\boldsymbol{w}_{k-1} \tag{3－27}$$

式中：$\boldsymbol{X}_k$ 为目标在 k 时刻的位置和速度，$\boldsymbol{X}_k = (x_k, \dot{x}_k, y_k, \dot{y}_k)^{\mathrm{T}}$；$\boldsymbol{w}_{k-1}$ 为过程噪声；$\boldsymbol{F}_{\mathrm{CV}}$ 和 $\boldsymbol{G}$ 分别为如下定义的状态转移矩阵和噪声驱动矩阵：

$$\boldsymbol{F}_{\mathrm{CV}} = \begin{bmatrix} 1 & T & 0 & 0 \\ 0 & 1 & 0 & 0 \\ 0 & 0 & 1 & T \\ 0 & 0 & 0 & 1 \end{bmatrix}, \boldsymbol{G} = \begin{bmatrix} T^2/2 & 0 \\ T & 0 \\ 0 & T^2/2 \\ 0 & T \end{bmatrix} \tag{3－28}$$

式中：T 为采样时间间隔。

在目标跟踪系统中，仅测角的量测方程为

$$Z_k = \arctan\left(\frac{y_k - y_r}{x_k - x_r}\right) + v_k \tag{3-29}$$

式中：Z_k 为雷达 k 时刻的量测值；(x_r, y_r) 为雷达坐标；(x_k, y_k) 为目标真实的位置；v_k 为量测噪声。

在仿真实验中，雷达坐标 $(x_r, y_r) = (200\text{m}, 300\text{m})$，仿真时间为 40s，采样时间间隔 $T = 1$，目标的初始位置 $(x_0, y_0) = (100\text{m}, 200\text{m})$，速度初始值为 $(\dot{x}_0, \dot{y}_0) = (2\text{m/s}, 20\text{m/s})$。

分别将初始滤波状态和协方差矩阵设置为 $\hat{\boldsymbol{x}}_0^+ = (100\text{m}, 2\text{m/s}, 200\text{m}, 20\text{m/s})^{\mathrm{T}}$ 和 $\boldsymbol{P}_0^+ = \text{diag}(0.01, 0.01, 0.01, 0.01)$。测量噪声的标准差为 0.1°，执行 500 次蒙特卡洛仿真，采用如下定义的 RMSE 描述跟踪精度。

$$\text{RMSE} = \sqrt{\frac{1}{N}\sum_{i=1}^{N}\left((x_k - \hat{x}_{i,k}^+)^2 + (y_k - \hat{y}_{i,k}^+)^2\right)} \tag{3-30}$$

式中：N 为蒙特卡洛仿真执行次数；$(\hat{x}_{i,k}^+, \hat{y}_{i,k}^+)$ 为在第 i 次仿真中 k 时刻估计的位置。速度 RMSE 采用相似的定义。

同样，为了评价本节算法的性能，在仿真中比较了 CKF、SCQKF－1、SCQKF－2和 SCQKF－3 四种算法。仿真结果如图 3－2 所示，可以看出本书提出的 SCQKF－m 算法的整体跟踪精度明显高于 CKF 算法，从局部放大的细节图中可以看出随着广义高斯－拉盖尔求积分公式阶数的升高，SCQKF－m 算法的跟踪精度也在不断增高。

为了定量描述四种算法的精度，统计 RMSE 的平均值列于表 3－2。对比 SCQKF－1 和 CKF 算法可知，SCQKF－1 将 X 方向定位精度提高了 4.76%，X 方向定速精度提高了 3.31%，Y 方向定位精度提高了 33.68%，Y 方向定速精度提高了 30.18%，总体定位精度提高了 29.07%，总体定速精度提高了 25.87%，表明在本仿真中三阶单形球面准则表现出比三阶球面准则更高的精度。对比 SCQKF－2 和 SCQKF－1 算法可知，SCQKF－2 将 X 方向定位精度提高了 0.29%，X 方向定速精度提高了 0.23%，Y 方向定位精度提高了 4.98%，Y 方向定速精度提高了 4.02%，总体定位精度提高了 3.81%，总体定速精度提高了 3.18%，表明当广义高斯－拉盖尔求积分公式中 $m=2$ 时具有比 $m=1$ 时更高的精度。对比 SCQKF－3 和 SCQKF－2 算法可知，SCQKF－3 将 X 方向定位精度提高了 0.011%，X 方向定速精度无提高，Y 方向定位精度提高了 0.81%，Y 方向定速精度提高了 0.65%，总体定位精度提高了 0.61%，总体定速精度提高了 0.45%，表明当广义高斯－拉盖尔求积分公式中 $m=3$ 时具有比 $m=2$ 时更高的精度。

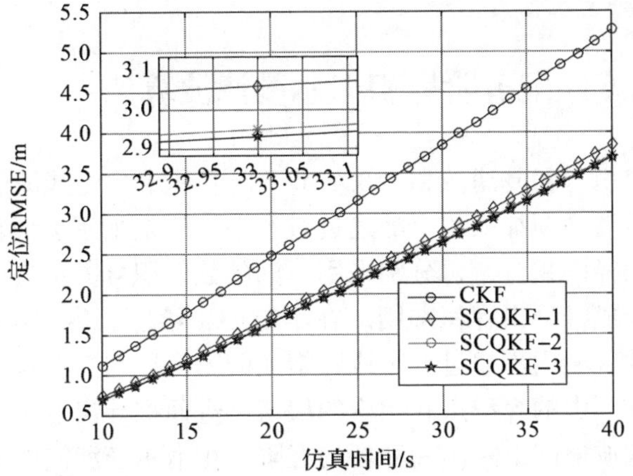

(a) 总位置RMSE

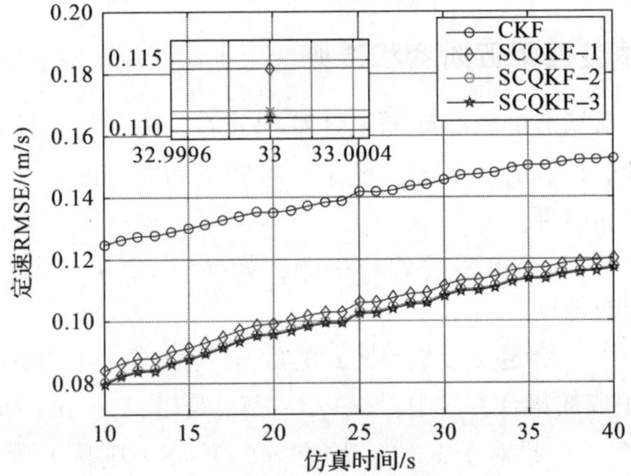

(b) 总速度RMSE

图 3 - 2　四种滤波算法目标跟踪 RMSE 对比

总而言之，在本节仿真中，球面单形准则表现出相比标准球面准则更好的性能，而随着广义高斯 - 拉盖尔求积分公式阶数的升高，SCQKF - m 的估计精度也随之增高，从而验证了 SCQKF - m 算法的有效性。

表 3 - 2　四种滤波算法目标跟踪精度对比

滤波算法	*X* 方向位置误差/m	*X* 方向速度误差/（m/s）	*Y* 方向位置误差/m	*Y* 方向速度误差/（m/s）	位置总误差/m	速度总误差/（m/s）
CKF	0. 9277	0. 0453	2. 3602	0. 1140	2. 5387	0. 1229
SCQKF - 1	0. 8835	0. 0438	1. 5652	0. 0796	1. 8006	0. 0911
SCQKF - 2	0. 8809	0. 0437	1. 4873	0. 0764	1. 7320	0. 0882
SCQKF - 3	0. 8808	0. 0437	1. 4753	0. 0759	1. 7215	0. 0878

3.2 直接精度匹配五阶容积卡尔曼滤波算法

从2.1节容积卡尔曼滤波和2.3.2节五阶容积卡尔曼滤波的推导过程可以看出，在对非线性高斯加权积分的逼近过程中，均是采用坐标转换方法将其分解为球面积分和径向积分，再分别采用不同的数值积分方法进行近似，然后再将这两种积分合成推导出容积准则。在本节中，给出了容积准则的广义形式，并利用完全对称区域内不超过五阶代数精度的幂函数与其精确值进行匹配，求解出广义容积准则中的容积点和相应的权值，进而推导出五阶积分准则。基于该准则在高斯滤波框架下给出一种新的五阶容积卡尔曼滤波的递推公式，该滤波算法可以看作五阶容积卡尔曼滤波理论的一种补充完善。

3.2.1 直接精度匹配五阶容积准则

非线性贝叶斯滤波的核心问题是计算积分 I_N，为了简化计算，在2.1节中指出应该首先考虑计算 I_G。为此，给定 n 维实空间向量 $\boldsymbol{x}=(x_1,x_2,\cdots,x_n)$ 并分别引入如下定义和引理：

定义3-1[80] 对于单项式 $x_1^{i_1}x_2^{i_2}\cdots x_n^{i_n}$，如果 $i_1+i_2+\cdots+i_n=d$，则称该单项式具有 d 阶代数精度。

定义3-2[80] 给定 $\boldsymbol{x}\in S$，则 $\boldsymbol{x}$ 的完全对称集 $\sigma(\boldsymbol{x})$ 是所有点 $(\pm x_{j_1},\pm x_{j_2},\cdots,\pm x_{j_n})$ 组成的集合，其中，$(j_1,j_2,\cdots,j_n)$ 是 $(1,2,\cdots,n)$ 的全排列。

定义3-3[80] 如果对于 $\boldsymbol{x}\in S$，均有 $\sigma(\boldsymbol{x})\in S$，则称 S 为完全对称区域。如果 $\boldsymbol{x}$ 为积分准则 R 的积分点，且 $\sigma(\boldsymbol{x})$ 中任何一个元素同样为 R 的积分点，则称该积分准则 R 为完全对称的。

下述引理给出了完全对称积分准则在应用时的优势。

引理3-1[82] 对于完全对称 n 维区域 S 中的完全对称积分准则 R，如果 R 要达到 d 阶代数精度，仅需对所有阶数 $\leqslant d$ 的单项式精确成立，即

$$x_1^{2i_1}x_2^{2i_2}\cdots x_n^{2i_n},i_1\geqslant i_2\geqslant\cdots\geqslant i_n \tag{3-31}$$

考虑如下具有一般非乘形式的广义容积准则：

$$R(\boldsymbol{g})=\omega_1\boldsymbol{g}(0,\cdots,0)+\omega_2\sum_{\text{fullsym}}\boldsymbol{g}(\pm\lambda,0,\cdots,0)+\omega_3\sum_{\text{full sym}}\boldsymbol{g}(\pm\lambda,\pm\lambda,0,\cdots,0) \tag{3-32}$$

由引理3-1可知，由于该准则是完全对称的，因此为使其达到五阶代数精度，仅需其对1，x_1^2，x_1^4 和 $x_1^2x_2^2$ 精确成立。因此得到

$$\begin{cases}I(1)=\omega_1+2n\omega_2+2n(n-1)\omega_3\\I(x_1^2)=2\lambda^2\omega_2+4(n-1)\lambda^2\omega_3\\I(x_1^4)=2\lambda^4\omega_2+4(n-1)\lambda^4\omega_3\\I(x_1^2x_2^2)=4\lambda^4\omega_3\end{cases}\tag{3-33}$$

对于权重函数为 $\omega(x)=\exp(-x^{\mathrm{T}}x)$ 的情况，得到 $I(x_1^{2i_1}\cdots x_n^{2i_n})=\Gamma(i_1+1/2)\cdots\Gamma(i_n+1/2)$，由 Gamma 函数的性质 $\Gamma(1/2)=\sqrt{\pi}$ 和 $\Gamma(z+1)=z\Gamma(z)$ 可得

$$\begin{cases}I(1)=\underbrace{\Gamma\left(\frac{1}{2}\right)\cdots\Gamma\left(\frac{1}{2}\right)}_{n}=\pi^{\frac{n}{2}}\\I(x_1^2)=\Gamma(1+\frac{1}{2})\underbrace{\Gamma\left(\frac{1}{2}\right)\cdots\Gamma\left(\frac{1}{2}\right)}_{n-1}=\frac{1}{2}\pi^{\frac{n}{2}}\\I(x_1^4)=\Gamma(2+\frac{1}{2})\underbrace{\Gamma\left(\frac{1}{2}\right)\cdots\Gamma\left(\frac{1}{2}\right)}_{n-1}=\frac{3}{4}\pi^{\frac{n}{2}}\\I(x_1^2x_2^2)=\Gamma(1+\frac{1}{2})\Gamma(1+\frac{1}{2})\underbrace{\Gamma\left(\frac{1}{2}\right)\cdots\Gamma\left(\frac{1}{2}\right)}_{n-2}=\frac{1}{4}\pi^{\frac{n}{2}}\end{cases}\tag{3-34}$$

联立方程（3-33）和方程（3-34），解得

$$\begin{cases}\lambda^2=\frac{3}{2}\\\omega_1=\frac{n^2-7n+18}{18}\pi^{\frac{n}{2}}\\\omega_2=\frac{4-n}{18}\pi^{\frac{n}{2}}\\\omega_3=\frac{1}{36}\pi^{\frac{n}{2}}\end{cases}\tag{3-35}$$

将式（3-35）代入式（3-32）中可得

$$I_G=\frac{n^2-7n+18}{18}\pi^{\frac{n}{2}}\boldsymbol{g}(\boldsymbol{0})+\frac{4-n}{18}\pi^{\frac{n}{2}}\sum_{\text{full sym}}\boldsymbol{g}(\pm\sqrt{\frac{3}{2}},0,\cdots,0)+\frac{1}{36}\pi^{\frac{n}{2}}\sum_{\text{full sym}}\boldsymbol{g}(\pm\sqrt{\frac{3}{2}},\pm\sqrt{\frac{3}{2}},0,\cdots,0)\tag{3-36}$$

定义以下向量

$$\boldsymbol{e}_i=\sqrt{\frac{3}{2}}\times\begin{bmatrix}1&0&\cdots&0\\0&1&\cdots&0\\\vdots&\vdots&\ddots&\vdots\\0&0&\cdots&1\end{bmatrix}_i \tag{3-37}$$

$$\begin{cases}\boldsymbol{p}_i^+=\boldsymbol{e}_i+\boldsymbol{e}_j,i<j\\\boldsymbol{p}_i^-=\boldsymbol{e}_i-\boldsymbol{e}_j,i<j\end{cases},i,j=1,2,\cdots,n \tag{3-38}$$

结合式（2－34），可得高斯加权积分的五阶积分准则为

$$\begin{aligned}I_N=&\frac{n^2-7n+18}{18}\boldsymbol{g}(\hat{\boldsymbol{x}})+\frac{4-n}{18}\sum_{i=1}^{n}(\boldsymbol{g}(\sqrt{2\boldsymbol{P}_x}\boldsymbol{e}_i+\hat{\boldsymbol{x}})+g(-\sqrt{2\boldsymbol{P}_x}\boldsymbol{e}_i+\hat{\boldsymbol{x}}))+\\&\frac{1}{36}\sum_{i=1}^{\frac{n(n-1)}{2}}(\boldsymbol{g}(\sqrt{2\boldsymbol{P}_x}\boldsymbol{p}_i^++\hat{\boldsymbol{x}})+\boldsymbol{g}(-\sqrt{2\boldsymbol{P}_x}\boldsymbol{p}_i^++\hat{\boldsymbol{x}})+\\&\boldsymbol{g}(\sqrt{2\boldsymbol{P}_x}\boldsymbol{p}_i^-+\hat{\boldsymbol{x}})+\boldsymbol{g}(-\sqrt{2\boldsymbol{P}_x}\boldsymbol{p}_i^-+\hat{\boldsymbol{x}}))\end{aligned} \tag{3-39}$$

可以看出，式（3－39）的容积准则总共所需的采样点个数为 $1+2\mathrm{C}_n^1+4\mathrm{C}_n^2=2n^2+1$，个数与2.3.2节中的五阶容积准则相同，但容积点和权值的选择完全不同。而本节容积准则在推导过程无须将非线性高斯加权积分分解，推导过程更为简单，也更便于向更高阶的容积准则拓展。

3.2.2 直接精度匹配五阶容积卡尔曼滤波算法

从式（3－39）中可以得到积分点和积分权重为

$$\hat{\boldsymbol{x}}^{(i)}=\begin{cases}\hat{\boldsymbol{x}},i=1\\\hat{\boldsymbol{x}}+\sqrt{2\boldsymbol{P}_x}(\boldsymbol{e}_i,-\boldsymbol{e}_i)_{i-1},i=2,\cdots,2n+1\\\hat{\boldsymbol{x}}+\sqrt{2\boldsymbol{P}_x}(\boldsymbol{p}_i^+,-\boldsymbol{p}_i^+)_{i-2n-1},i=2n+2,\cdots,n^2+n+1\\\hat{\boldsymbol{x}}+\sqrt{2\boldsymbol{P}_x}(\boldsymbol{p}_i^-,-\boldsymbol{p}_i^-)_{i-n^2-n-1},i=n^2+n+2,\cdots,2n^2+1\end{cases} \tag{3-40}$$

$$\omega_i=\begin{cases}\dfrac{n^2-7n+18}{18},i=1\\\dfrac{4-n}{18},i=2,3,\cdots,2n+1\\\dfrac{1}{36},i=2n+2,\cdots,2n^2+1\end{cases} \tag{3-41}$$

利用上节推导的五阶广义容积准则，结合高斯滤波框架，可以推导出五阶广义容积卡尔曼滤波（5th－degree generalized cubature Kalman filter，5－GCKF）算法的递推计算过程。

步骤1：滤波初始化

给定滤波初始值 $\hat{\boldsymbol{x}}_0^+$ 和 $\boldsymbol{P}_0^+$。

循环 $k=1,2,\cdots$，完成以下递推更新步骤。

步骤 2：时间更新

计算容积点

$$\hat{\boldsymbol{x}}_{k-1}^{(i)}=\begin{cases}\hat{\boldsymbol{x}}_{k-1}^+, i=1\\ \hat{\boldsymbol{x}}_{k-1}^+ + \sqrt{2\boldsymbol{P}_{k-1}^+}(\boldsymbol{e}_i, -\boldsymbol{e}_i)_{i-1}, i=2,\cdots,2n+1\\ \hat{\boldsymbol{x}}_{k-1}^+ + \sqrt{2\boldsymbol{P}_{k-1}^+}(\boldsymbol{p}_i^+, -\boldsymbol{p}_i^+)_{i-2n-1}, i=2n+2,\cdots,n^2+n+1\\ \hat{\boldsymbol{x}}_{k-1}^+ + \sqrt{2\boldsymbol{P}_{k-1}^+}(\boldsymbol{p}_i^-, -\boldsymbol{p}_i^-)_{i-n^2-n-1}, i=n^2+n+2,\cdots,2n^2+1\end{cases}。$$

计算非线性传递点 $\boldsymbol{X}_k^{(i)}=\boldsymbol{f}(\hat{\boldsymbol{x}}_{k-1}^{(i)})$。

计算状态的先验估计 $\hat{\boldsymbol{x}}_k^- = \frac{n^2-7n+18}{18}\boldsymbol{X}_k^{(1)} + \frac{4-n}{18}\sum_{i=2}^{2n+1}\boldsymbol{X}_k^{(i)} + \frac{1}{36}\sum_{i=2n+2}^{2n^2+1}\boldsymbol{X}_k^{(i)}$。

计算状态先验误差协方差矩阵

$$\begin{aligned}\boldsymbol{P}_k^- = &\frac{n^2-7n+18}{18}(\boldsymbol{X}_k^{(1)}-\hat{\boldsymbol{x}}_k^-)(\boldsymbol{X}_k^{(1)}-\hat{\boldsymbol{x}}_k^-)^{\mathrm{T}} + \\ &\frac{4-n}{18}\sum_{i=2}^{2n+1}(\boldsymbol{X}_k^{(i)}-\hat{\boldsymbol{x}}_k^-)(\boldsymbol{X}_k^{(i)}-\hat{\boldsymbol{x}}_k^-)^{\mathrm{T}} + \\ &\frac{1}{36}\sum_{i=2n+2}^{2n^2+1}(\boldsymbol{X}_k^{(i)}-\hat{\boldsymbol{x}}_k^-)(\boldsymbol{X}_k^{(i)}-\hat{\boldsymbol{x}}_k^-)^{\mathrm{T}}。\end{aligned}$$

步骤 3：量测更新

计算容积点

$$\hat{\boldsymbol{x}}_k^{(i)}=\begin{cases}\hat{\boldsymbol{x}}_k^-, i=1\\ \hat{\boldsymbol{x}}_k^- + \sqrt{2\boldsymbol{P}_k^-}(\boldsymbol{e}_i, -\boldsymbol{e}_i)_{i-1}, i=2,\cdots,2n+1\\ \hat{\boldsymbol{x}}_k^- + \sqrt{2\boldsymbol{P}_k^-}(\boldsymbol{p}_i^+, -\boldsymbol{p}_i^+)_{i-2n-1}, i=2n+2,\cdots,n^2+n+1\\ \hat{\boldsymbol{x}}_k^- + \sqrt{2\boldsymbol{P}_k^-}(\boldsymbol{p}_i^-, -\boldsymbol{p}_i^-)_{i-n^2-n-1}, i=n^2+n+2,\cdots,2n^2+1\end{cases}。$$

计算非线性传递点 $\boldsymbol{Z}_k^{(i)}=\boldsymbol{h}(\hat{\boldsymbol{x}}_k^{(i)})$。

计算量测预测值 $\hat{\boldsymbol{z}}_k = \frac{n^2-7n+18}{18}\boldsymbol{Z}_k^{(1)} + \frac{4-n}{18}\sum_{i=2}^{2n+1}\boldsymbol{Z}_k^{(i)} + \frac{1}{36}\sum_{i=2n+2}^{2n^2+1}\boldsymbol{Z}_k^{(i)}$。

计算量测误差协方差矩阵

$$\begin{aligned}\boldsymbol{P}_{z,k} = &\frac{n^2-7n+18}{18}(\boldsymbol{Z}_k^{(1)}-\hat{\boldsymbol{z}}_k)(\boldsymbol{Z}_k^{(1)}-\hat{\boldsymbol{z}}_k)^{\mathrm{T}} + \\ &\frac{4-n}{18}\sum_{i=2}^{2n+1}(\boldsymbol{Z}_k^{(i)}-\hat{\boldsymbol{z}}_k)(\boldsymbol{Z}_k^{(i)}-\hat{\boldsymbol{z}}_k)^{\mathrm{T}} +\end{aligned}$$

$$\frac{1}{36}\sum_{i=2n+2}^{2n^2+1}(\boldsymbol{Z}_k^{(i)}-\hat{z}_k)(\boldsymbol{Z}_k^{(i)}-\hat{z}_k)^{\mathrm{T}}$$

计算交叉协方差矩阵

$$\begin{aligned}\boldsymbol{P}_{xz,k}=&\frac{n^2-7n+18}{18}(\hat{\boldsymbol{x}}_k^{(1)}-\hat{\boldsymbol{x}}_k^-)(\boldsymbol{Z}_k^{(1)}-\hat{z}_k)^{\mathrm{T}}+\\&\frac{4-n}{18}\sum_{i=2}^{2n+1}(\hat{\boldsymbol{x}}_k^{(i)}-\hat{\boldsymbol{x}}_k^-)(\boldsymbol{Z}_k^{(i)}-\hat{z}_k)^{\mathrm{T}}+\\&\frac{1}{36}\sum_{i=2n+2}^{2n^2+1}(\hat{\boldsymbol{x}}_k^{(i)}-\hat{\boldsymbol{x}}_k^-)(\boldsymbol{Z}_k^{(i)}-\hat{z}_k)^{\mathrm{T}}\end{aligned}$$

计算卡尔曼滤波增益矩阵 $\boldsymbol{K}_k=\boldsymbol{P}_{xz,k}\boldsymbol{P}_{z,k}^{-1}$。

计算状态的后验估计 $\hat{\boldsymbol{x}}_k^+=\hat{\boldsymbol{x}}_k^-+\boldsymbol{K}_k(z_k-\hat{z}_k)$。

计算后验误差协方差矩阵 $\boldsymbol{P}_k^+=\boldsymbol{P}_k^--\boldsymbol{K}_k\boldsymbol{P}_{z,k}\boldsymbol{K}_k^{\mathrm{T}}$。

至此，便得到了五阶容积卡尔曼滤波的计算方法，在后面的仿真实验中可以验证，该五阶算法具有比标准三阶算法更高的滤波估计精度。

3.2.3 仿真验证与分析

仿真实验 3－3 三维非线性系统实验（1）

以如下包含三角函数运算，乘方运算以及指数运算的三维强非线性系统为例，验证本节算法的有效性。

$$\begin{bmatrix}x_{1,k+1}\\x_{2,k+1}\\x_{3,k+1}\end{bmatrix}=\begin{bmatrix}3\sin^2(x_{2,k})\\x_{1,k}+\mathrm{e}^{-0.05x_{3,k}}\\0.2x_{1,k}(x_{2,k}+x_{3,k})\end{bmatrix}+\begin{bmatrix}1\\1\\1\end{bmatrix}w_k$$

$$z_k=\cos(x_{1,k})+x_{2,k}x_{3,k}+v_k$$

上两式中 w_k、v_k 的协方差分别为 Q、R，$Q=0.1$，$R=1$，非线性系统的理论初值为 $\boldsymbol{x}_0=(-0.7,1,1)^{\mathrm{T}}$，滤波初值为 $\hat{\boldsymbol{x}}_0^+=(0,0,0)^{\mathrm{T}}$，初始协方差矩阵为 $\boldsymbol{P}_0^+=\boldsymbol{I}_{3\times3}$。

将本节提出的 5－GCKF 算法与 CKF 和 5－CKF 算法相对比，仿真步长为 1，仿真步数为 100，同样采用 RMSE 来描述估计精度，运行 500 次蒙特卡洛仿真。仿真结果如图 3－3 所示，为了将曲线细节展示得更清晰，将 40～60 步的数据进行局部放大，从该图中可以看出本节算法的估计 RMSE 与标准 5－CKF 算法相当，均高于标准 CKF 算法。

为了对三种算法进行定量对比，统计三种算法在 100 步内状态估计 RMSE 的均值，并列于表 3－3。从表中可以得到，本节提出的 5－GCKF 算法的估计

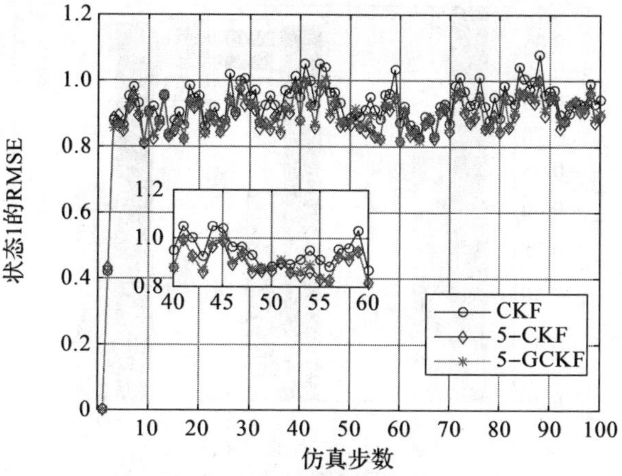

(a) 状态1的RMSE

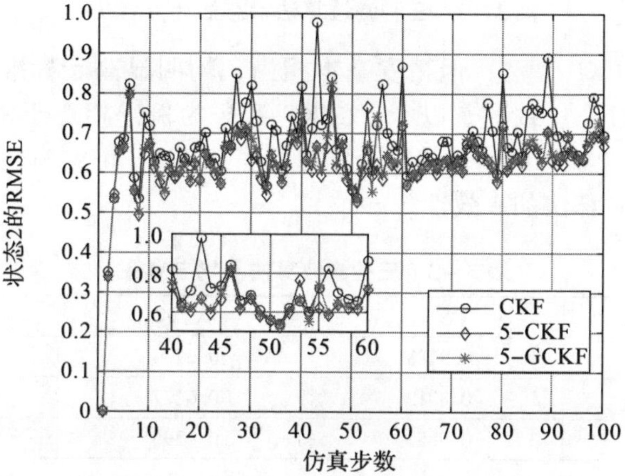

(b) 状态2的RMSE

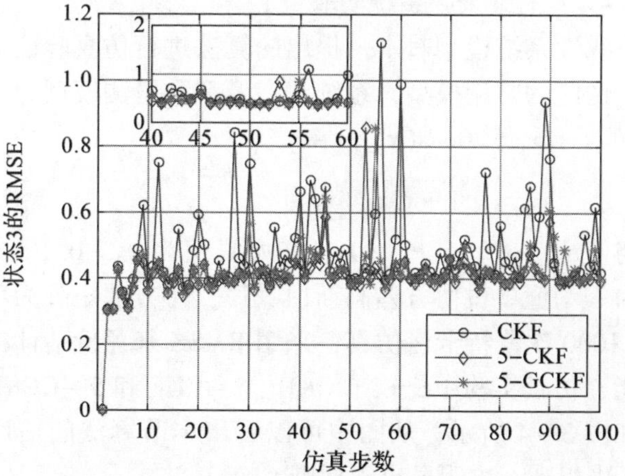

(c) 状态3的RMSE

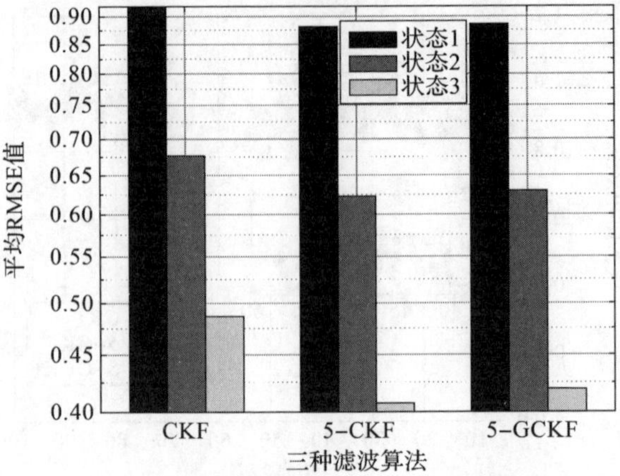

(d) 三种滤波算法平均RMSE对比

图 3-3　三种滤波算法状态估计 RMSE

精度略低于 5-CKF 算法，但精度基本相当，均明显高于标准 CKF 算法，这与图中所反映的是一致的。以 5-GCKF 算法为例，相比于 CKF 算法，5-GCKF 算法将三个状态的估计精度分别提高了 3.6%、6.95%、13.87%，从而验证了 5-GCKF 算法的有效性。

表 3-3　三种滤波算法平均 RMSE

滤波算法	状态 1	状态 2	状态 3
CKF	0.9188	0.6766	0.4867
5-CKF	0.8812	0.6227	0.4071
5-GCKF	0.8857	0.6296	0.4192

仿真实验 3-4　七维余弦系统实验（1）

采用以下非线性系统模型对本书提出的算法进行仿真验证，该模型是验证非线性滤波算法性能的常用模型，系统状态模型和量测模型为

$$\begin{cases} \boldsymbol{x}_k = 20\cos(\boldsymbol{x}_{k-1}) + \boldsymbol{q}_{k-1} \\ z_k = \sqrt{1+\boldsymbol{x}_k^{\mathrm{T}} x_k} + v_k \end{cases}, k = 1, 2, \cdots, N \tag{3-42}$$

设定滤波初值 $\hat{\boldsymbol{x}}_0^+ = \boldsymbol{0}_{6\times 1}$，$\boldsymbol{P}_0^+ = \boldsymbol{I}_6$，初始真值为 $\boldsymbol{x}_0 = 0.1 \times \boldsymbol{1}_{6\times 1}$，系统噪声与量测噪声均为零均值单位协方差高斯白噪声，协方差矩阵为单位阵。仿真进行 60 步，执行 1000 次蒙特卡洛仿真，采用 RMSE 来评价估计精度，为了验证本书算法的性能，仿真实验中比较了 CKF、5-CKF 和 5-GCKF 三种算法。

仿真结果如图 3-4 所示，从图中可以看出本节算法的估计 RMSE 曲线与标准 5-CKF 算法相当，均明显小于标准 CKF 算法。

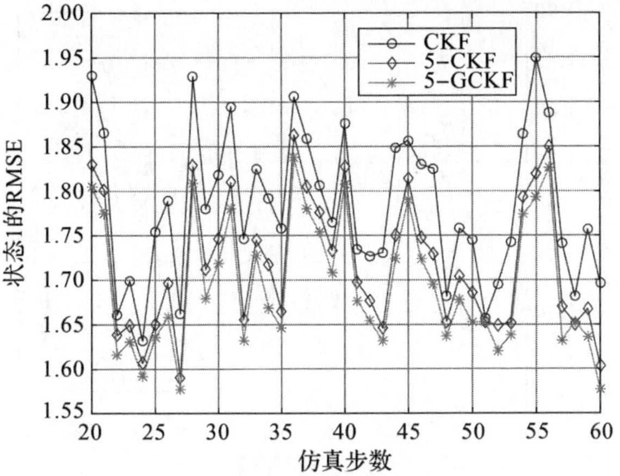

(a) 状态1的RMSE

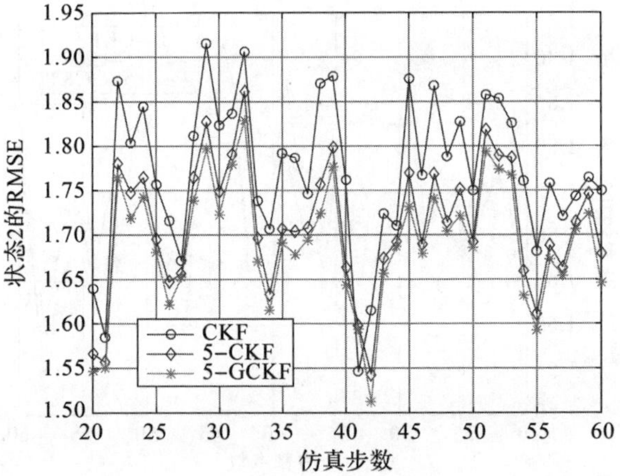

(b) 状态2的RMSE

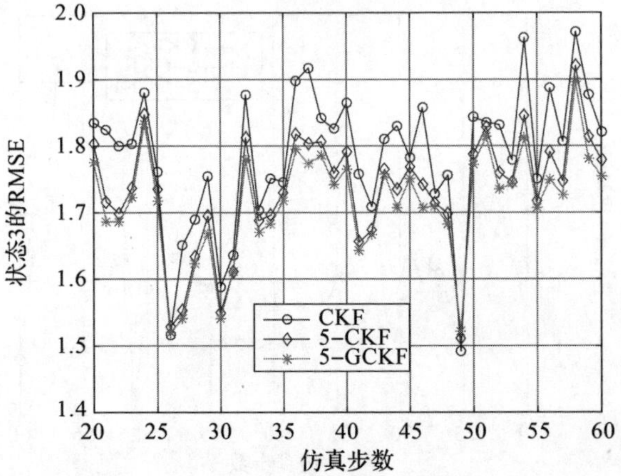

(c) 状态3的RMSE

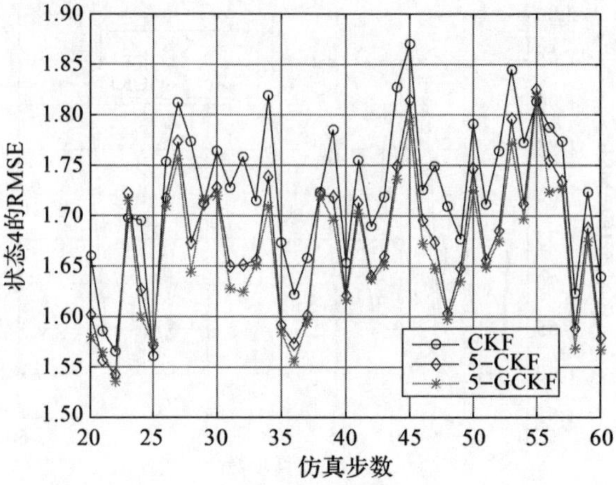

(d) 状态4的RMSE

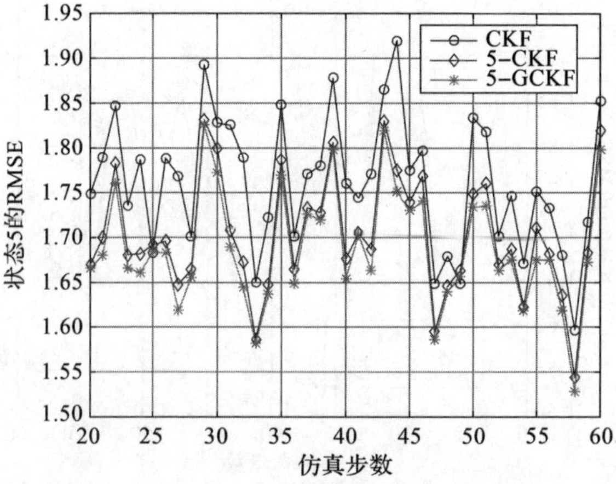

(e) 状态5的RMSE

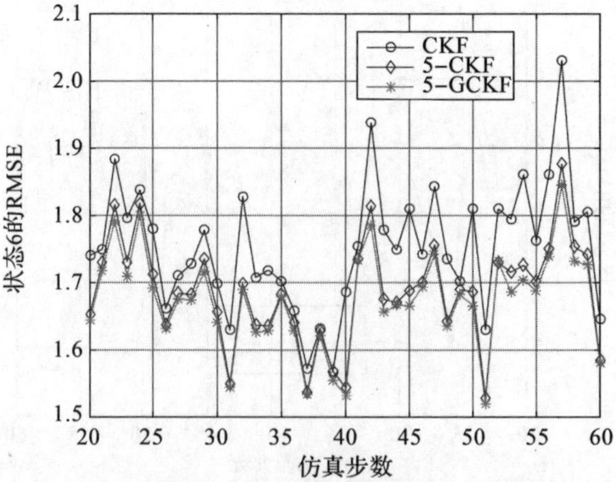

(f) 状态6的RMSE

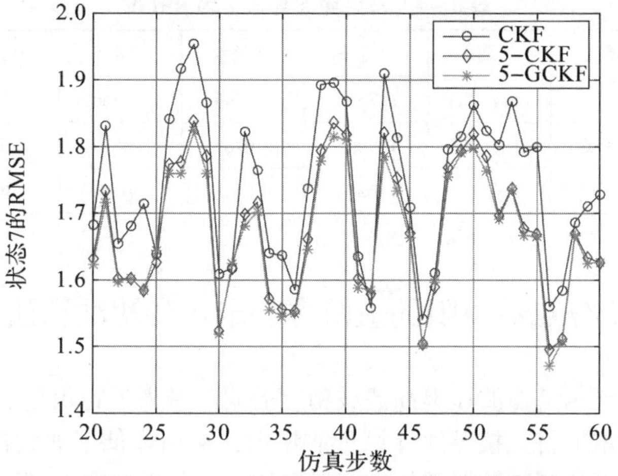

(g) 状态7的RMSE

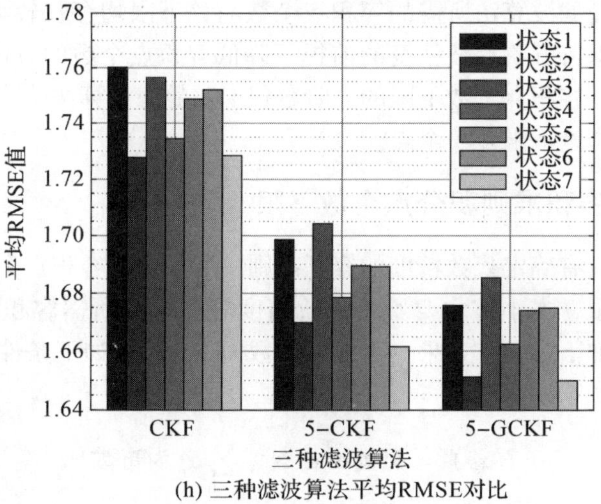

(h) 三种滤波算法平均RMSE对比

图 3－4　三种滤波算法状态估计 RMSE

为了对三种算法进行定量对比，统计三种算法状态估计 RMSE 的均值，并列于表 3－4。从表中可以得到，本节提出的 5－GCKF 算法的估计精度略高于 5－CKF 算法，但精度基本相当，均明显高于标准 CKF 算法，这与图 3－4 中所反映的是一致的。以 5－GCKF 算法为例，相比于 CKF 算法，5－GCKF 算法将 7 个状态的估计精度分别提高了 4.79%、4.43%、4.05%、4.15%、4.27%、4.40%、4.54%，从而验证了该算法的有效性。

表 3-4　三种滤波算法平均 RMSE

滤波算法	状态 1	状态 2	状态 3	状态 4	状态 5	状态 6	状态 7
CKF	1.7602	1.7277	1.7565	1.7344	1.7486	1.7520	1.7284
5-CKF	1.6986	1.6699	1.7042	1.6785	1.6895	1.6892	1.6616
5-GCKF	1.6758	1.6512	1.6854	1.6624	1.6740	1.6749	1.6499

3.3　逼近积分点数下限的五阶容积卡尔曼滤波算法

高阶容积卡尔曼滤波在提高滤波精度的同时带来了容积点个数的增加，而容积点个数的增加将直接导致计算量的增大，从而降低了滤波计算的实时性。研究表明，为了达到五阶滤波精度，所需容积点的个数存在理论下限，当前的五阶容积卡尔曼滤波算法所需的容积点个数与该下限均存在较大差距，为此，有必要研究在保持五阶滤波精度的前提下降低容积点个数的方法。在本节中，提出了一种逼近容积点个数下限的五阶容积卡尔曼滤波算法，该算法所需的容积点个数仅比理论下限多一个点。

3.3.1　五阶容积准则积分点个数下限

对于一个具有确定代数精度的容积准则，所采用的容积点个数一定要多于一个确定的下限，本小节主要给出五阶精度容积准则所需容积点个数的下限值。首先给出如下定义，如果一个线性函数 $I(\cdot)$ 满足如下条件，便称其为中心对称的。

$$I(x^{\alpha}) = 0, \forall \alpha \in \mathbf{N}^{n}, \sum_{j=1}^{n} \alpha_j \text{ 为奇数} \tag{3-43}$$

对于中心对称函数，有如下定理：

定理 3-1[81]　令 $I(\cdot)$ 为中心对称函数，达到 $d=2s-1$ 阶代数精度的容积准则所需积分点的个数 N 满足下列条件：

$$N \geqslant N_{\min} = \begin{cases} \dbinom{n+s-1}{n} + \sum_{k=1}^{n-1} 2^{k-n} \dbinom{k+s-1}{k} \\ \dbinom{n+s-1}{n} + \sum_{k=1}^{n-1} (1-2^{k-n}) \dbinom{k+s-2}{k} \end{cases} \tag{3-44}$$

显然，积分 I_G 对函数 $g(\cdot)$ 是中心对称的，因此为了获得五阶代数精度，应用定理可得五阶代数精度容积准则的积分点个数下限为

$$N_{\min} = n^2 + n + 1 \tag{3-45}$$

而现有五阶容积卡尔曼滤波中五阶球面－径向容积准则所采用的容积点个数为 $2n^2+1$ 个，随着系统维度的不同，其与理论下限的差值如图 3－5 所示。可以看出，随着系统维数的增加，容积点个数与理论下限的差值越来越大，从而会导致滤波计算量逐渐增加。

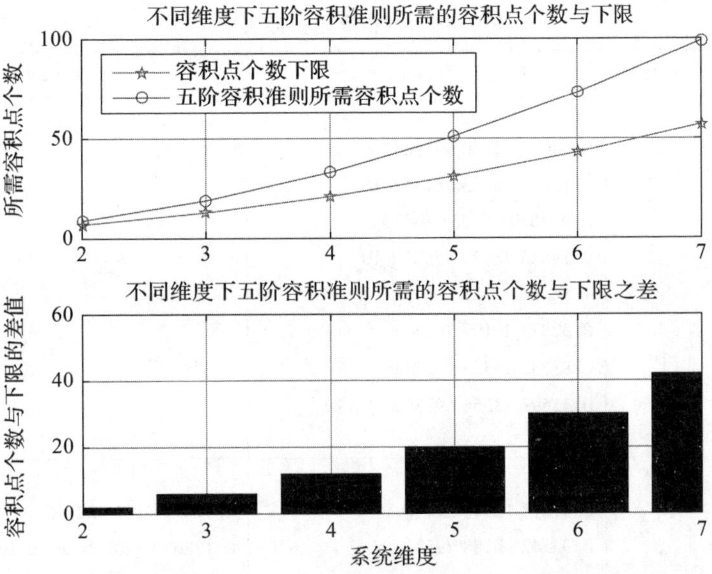

图 3－5　不同维度下五阶容积准则所需的容积点个数与下限的关系

3.3.2　逼近积分点数下限的五阶容积卡尔曼滤波算法

为了进一步逼近积分点个数的下限，降低数值运算量，提高算法的实时性，Stroud[82] 提出了以下容积准则：

$$\begin{aligned} Q(\boldsymbol{g}) = {} & A(\boldsymbol{g}(\eta,\eta,\cdots,\eta) + \boldsymbol{g}(-\eta,-\eta,\cdots,-\eta)) + \\ & B\sum_{\text{per}}(\boldsymbol{g}(\lambda,\xi,\xi,\cdots,\xi) + \boldsymbol{g}(-\lambda,-\xi,-\xi,\cdots,-\xi)) + \\ & C\sum_{\text{per}}(\boldsymbol{g}(\mu,\mu,\gamma,\cdots,\gamma) + \boldsymbol{g}(-\mu,-\mu,-\gamma,\cdots,-\gamma)) \end{aligned} \tag{3-46}$$

式中：μ，γ 和 η 满足如下等式[83]：

$$\frac{\mu}{\gamma} = -3 \pm \sqrt{16-2n} \tag{3-47}$$

$$\gamma^2 = \frac{3 \pm \sqrt{7-n}}{2(16 - n \mp 4\sqrt{16-2n})} \tag{3-48}$$

$$\eta^2=\frac{n(n-7)\mp(n^2-3n-16)\sqrt{7-n}}{2(n^3-7n^2-16n+128)} \tag{3-49}$$

该准则所需的积分点个数为 n^2+n+2，仅比式（3－45）中的理论下限多一个积分点，但该准则仅对 $2\leqslant n\leqslant 7$ 成立。该积分准则包含 8 个参数，分别是 μ，γ，η，λ，ξ，A，B 和 C，这些参数的具体值如表 3－5 所示。

表 3－5　容积准则参数表[84]

维数	参数	数值 1	数值 2
2	η	0. 44610 31830 94540	
	λ	0. 13660 25403 78444 $\times 10^1$	
	ξ	−0. 36602 54037 84439	
	μ	0. 19816 78829 45871 $\times 10^1$	
	γ		
	A	0. 32877 40197 78636$\pi^{n/2}$	
	B	0. 83333 33333 33333$\pi^{n/2}\times 10^{-1}$	
	C	0. 45593 13554 69736$\pi^{n/2}\times 10^{-2}$	
3	η	0. 47673 12946 22796	0. 47673 12946 22796
	λ	0. 93542 90188 79534	0. 12867 93203 34269 $\times 10^1$
	ξ	−0. 73123 76477 87132	−0. 37987 34633 23979
	μ	0. 43315 53094 77649	−0. 19238 67294 47751 $\times 10^1$
	γ	0. 26692 23286 97744 $\times 10^1$	0. 31330 06830 22281
	A	0. 24200 00000 00000$\pi^{n/2}$	0. 24200 00000 00000$\pi^{n/2}$
	B	0. 81000 00000 00000$\pi^{n/2}\times 10^{-1}$	0. 81000 00000 00000$\pi^{n/2}\times 10^{-1}$
	C	0. 50000 00000 00000$\pi^{n/2}\times 10^{-2}$	0. 50000 00000 00000$\pi^{n/2}\times 10^{-2}$
4	η	0. 52394 56582 87507	
	λ	0. 11943 37825 52719 $\times 10^1$	
	ξ	−0. 39811 26085 09063	
	μ	−0. 31856 93729 20112	
	γ	0. 18567 58374 24096 $\times 10^1$	
	A	0. 15550 21169 82037$\pi^{n/2}$	
	B	0. 77751 05849 10183$\pi^{n/2}\times 10^{-1}$	
	C	0. 55822 74842 31506$\pi^{n/2}\times 10^{-2}$	

续表

维数	参数	数值 1	数值 2
5	η	$0.21497\ 25643\ 78798\times10^{1}$	$0.61536\ 95283\ 65158$
	λ	$0.46425\ 29860\ 16289\times10^{1}$	$0.13289\ 46983\ 87445\times10^{1}$
	ξ	$-0.62320\ 10540\ 93728$	$-0.17839\ 43638\ 77324$
	μ	$-0.44710\ 87006\ 73434$	$-0.74596\ 32665\ 07289$
	γ	$0.81217\ 14260\ 76331$	$0.13550\ 39723\ 10817\times10^{1}$
	A	$0.48774\ 92591\ 89752\pi^{n/2}\times10^{-3}$	$0.72641\ 50244\ 14905\pi^{n/2}\times10^{-1}$
	B	$0.48774\ 92591\ 89752\pi^{n/2}\times10^{-3}$	$0.72641\ 50244\ 14905\pi^{n/2}\times10^{-1}$
	C	$0.49707\ 35044\ 44862\pi^{n/2}\times10^{-1}$	$0.64150\ 98535\ 10569\pi^{n/2}\times10^{-2}$
6	η	$0.10000\ 00000\ 00000\times10^{1}$	$0.10000\ 00000\ 00000\times10^{1}$
	λ	$0.14142\ 13562\ 37309\times10^{1}$	$0.94280\ 90415\ 82063$
	ξ	$0.00000\ 00000\ 00000$	$-0.47140\ 45207\ 91032$
	μ	$-0.10000\ 00000\ 00000\times10^{1}$	$-0.16666\ 66666\ 66667\times10^{1}$
	γ	$0.10000\ 00000\ 00000\times10^{1}$	$0.33333\ 33333\ 33333$
	A	$0.78125\ 00000\ 00000\pi^{n/2}\times10^{-2}$	$0.78125\ 00000\ 00000\pi^{n/2}\times10^{-2}$
	B	$0.62500\ 00000\ 00000\pi^{n/2}\times10^{-1}$	$0.62500\ 00000\ 00000\pi^{n/2}\times10^{-1}$
	C	$0.78125\ 00000\ 00000\pi^{n/2}\times10^{-1}$	$0.78125\ 00000\ 00000\pi^{n/2}\times10^{-2}$
7	η	$0.00000\ 00000\ 00000$	
	λ	$0.95972\ 43187\ 48357$	
	ξ	$-0.77232\ 64888\ 20521$	
	μ	$-0.14121\ 42701\ 31942\times10^{1}$	
	γ	$0.31990\ 81062\ 49452$	
	A	$0.11111\ 11111\ 11111\pi^{n/2}$	
	B	$0.13888\ 88888\ 88889\pi^{n/2}\times10^{-1}$	
	C	$0.13888\ 88888\ 88889\pi^{n/2}\times10^{-1}$	

为了将式（3-46）化简为便于应用的形式，定义 $\boldsymbol{e}$ 为 n 阶单位矩阵，用矩阵下标 i 表示矩阵的第 i 列，利用单位矩阵 $\boldsymbol{e}$ 可以将式（3-46）写为

$$
\begin{aligned}
Q(\boldsymbol{g}) = & A\left[\boldsymbol{g}\left(\sum_{i=1}^{n}\eta\boldsymbol{e}_i\right)+\boldsymbol{g}\left(-\sum_{i=1}^{n}\eta\boldsymbol{e}_i\right)\right]+ \\
& B\sum_{i=1}^{n}\left[\boldsymbol{g}\left(\lambda\boldsymbol{e}_i+\sum_{j=1,j\neq i}^{n}\xi\boldsymbol{e}_j\right)+\boldsymbol{g}\left(-\lambda\boldsymbol{e}_i-\sum_{j=1,j\neq i}^{n}\xi\boldsymbol{e}_j\right)\right]+ \\
& C\sum_{i=1}^{C_n^2}\left[\boldsymbol{g}\left(\mu\boldsymbol{e}_j+\mu\boldsymbol{e}_k+\sum_{l=1,l\neq j,l\neq k}^{n}\gamma\boldsymbol{e}_l\right)+\boldsymbol{g}\left(-\mu\boldsymbol{e}_j-\mu\boldsymbol{e}_k-\sum_{l=1,l\neq j,l\neq k}^{n}\gamma\boldsymbol{e}_l\right)\right],
\end{aligned}
$$

$$j < k, j, k = 1, 2, \cdots, n \tag{3-50}$$

若定义变量 $\boldsymbol{p} = \sum_{i=1}^{n} \eta \boldsymbol{e}_i, \boldsymbol{q}_i = \lambda \boldsymbol{e}_i + \sum_{j=1, j\neq i}^{n} \xi \boldsymbol{e}_j, \boldsymbol{s}_i = \mu \boldsymbol{e}_j + \mu \boldsymbol{e}_k + \sum_{l=1, l\neq j, l\neq k}^{n} \gamma \boldsymbol{e}_l$，$j<k, j, k=1, 2, \cdots, n$，则式（3－50）可以简化为

$$Q(\boldsymbol{g}) = A[\boldsymbol{g}(\boldsymbol{p}) + \boldsymbol{g}(-\boldsymbol{p})] + B\sum_{i=1}^{n}[\boldsymbol{g}(\boldsymbol{q}_i) + \boldsymbol{g}(-\boldsymbol{q}_i)] + C\sum_{i=1}^{\mathrm{C}_n^2}[\boldsymbol{g}(\boldsymbol{s}_i) + \boldsymbol{g}(-\boldsymbol{s}_i)] \tag{3-51}$$

相比较式（3－46）的形式，通过线性变换的式（3－51）的形式更便于应用于非线性滤波算法。进而，由式（2－50）可得容积准则为

$$\begin{aligned} I_N = &\frac{A}{\sqrt{\pi^n}}(\boldsymbol{g}(\sqrt{2\boldsymbol{P}_x}\boldsymbol{p} + \hat{\boldsymbol{x}}) + \boldsymbol{g}(-\sqrt{2\boldsymbol{P}_x}\boldsymbol{p} + \hat{\boldsymbol{x}})) + \\ &\frac{B}{\sqrt{\pi^n}}\sum_{i=1}^{n}(\boldsymbol{g}(\sqrt{2\boldsymbol{P}_x}\boldsymbol{q}_i + \hat{\boldsymbol{x}}) + \boldsymbol{g}(-\sqrt{2\boldsymbol{P}_x}\boldsymbol{q}_i + \hat{\boldsymbol{x}})) + \\ &\frac{C}{\sqrt{\pi^n}}\sum_{i=1}^{\mathrm{C}_n^2}(\boldsymbol{g}(\sqrt{2\boldsymbol{P}_x}\boldsymbol{s}_i + \hat{\boldsymbol{x}}) + \boldsymbol{g}(-\sqrt{2\boldsymbol{P}_x}\boldsymbol{s}_i + \hat{\boldsymbol{x}})) \end{aligned} \tag{3-52}$$

从式（3－52）可以看出，与积分点相对应的权重分别为 $A/\sqrt{\pi^n}$、$B/\sqrt{\pi^n}$ 和 $C/\sqrt{\pi^n}$，因此，权重的正负完全取决于 A、B 和 C 的值。而 A、B 和 C 均为正值，从而确保了基于该容积准则的滤波算法的数值计算稳定性。从式（3－52）的容积准则中提取出容积点及相应权值的计算方法为

$$\hat{\boldsymbol{x}}^{(i)} = \begin{cases} \hat{\boldsymbol{x}} + \sqrt{2\boldsymbol{P}_x}(\boldsymbol{p}, -\boldsymbol{p})_i, i=1,2 \\ \hat{\boldsymbol{x}} + \sqrt{2\boldsymbol{P}_x}(\boldsymbol{q}, -\boldsymbol{q})_{i-2}, i=3,\cdots,2n+2 \\ \hat{\boldsymbol{x}} + \sqrt{2\boldsymbol{P}_x}(\boldsymbol{s}, -\boldsymbol{s})_{i-2n-2}, i=2n+3,\cdots,2\mathrm{C}_n^2+2n+2 \end{cases} \tag{3-53}$$

式中：$\boldsymbol{q}$ 为由 $\boldsymbol{q}_i$ 组成的矩阵，$\boldsymbol{q} = (\boldsymbol{q}_1, \boldsymbol{q}_2, \cdots, \boldsymbol{q}_n)$；$\boldsymbol{s}$ 为由 $\boldsymbol{s}_i$ 组成的矩阵，$\boldsymbol{s} = (\boldsymbol{s}_1, \boldsymbol{s}_2, \cdots, \boldsymbol{s}_{\mathrm{C}_n^2})$。

$$\omega_i = \begin{cases} \dfrac{A}{\sqrt{\pi^n}}, i=1,2 \\ \dfrac{B}{\sqrt{\pi^n}}, i=3,\cdots,2n+2 \\ \dfrac{C}{\sqrt{\pi^n}}, i=2n+3,\cdots,2\mathrm{C}_n^2+2n+2 \end{cases} \tag{3-54}$$

在贝叶斯滤波算法框架下，利用式（3－53）和式（3－54）可以推导出

逼近积分点个数下限的五阶容积卡尔曼滤波算法（5th - degree approaching lower bound cubature Kalman filter，5 - ALBCKF），其具体的计算步骤如下。

步骤1：滤波初始化

给定滤波初始值 $\hat{\boldsymbol{x}}_0^+$ 和 $\boldsymbol{P}_0^+$。

循环 $k=1$，2，…，完成以下递推更新步骤。

步骤2：时间更新

计算容积点

$$\hat{\boldsymbol{x}}_{k-1}^{(i)}=\begin{cases}\hat{\boldsymbol{x}}_{k-1}^+ + \sqrt{2\boldsymbol{P}_{k-1}^+}(\boldsymbol{p},-\boldsymbol{p})_i, i=1,2\\ \hat{\boldsymbol{x}}_{k-1}^+ + \sqrt{2\boldsymbol{P}_{k-1}^+}(\boldsymbol{q},-\boldsymbol{q})_{i-2}, i=3,\cdots,2n+2\\ \hat{\boldsymbol{x}}_{k-1}^+ + \sqrt{2\boldsymbol{P}_{k-1}^+}(\boldsymbol{s},-\boldsymbol{s})_{i-2n-2}, i=2n+3,\cdots,2\mathrm{C}_n^2+2n+2\end{cases}。$$

计算非线性传递点 $\boldsymbol{X}_k^{(i)}=\boldsymbol{f}(\hat{\boldsymbol{x}}_{k-1}^{(i)})$。

计算状态的先验估计 $\hat{\boldsymbol{x}}_k^- = \frac{A}{\sqrt{\pi^n}}\sum_{i=1}^{2}\boldsymbol{X}_k^{(i)} + \frac{B}{\sqrt{\pi^n}}\sum_{i=3}^{2n+2}\boldsymbol{X}_k^{(i)} + \frac{C}{\sqrt{\pi^n}}\sum_{i=2n+3}^{2\mathrm{C}_n^2+2n+2}\boldsymbol{X}_k^{(i)}$。

计算状态先验误差协方差矩阵

$$\begin{aligned}\boldsymbol{P}_k^- = &\frac{A}{\sqrt{\pi^n}}\sum_{i=1}^{2}(\boldsymbol{X}_k^{(i)}-\hat{\boldsymbol{x}}_k^-)(\boldsymbol{X}_k^{(i)}-\hat{\boldsymbol{x}}_k^-)^{\mathrm{T}} +\\ &\frac{B}{\sqrt{\pi^n}}\sum_{i=3}^{2n+2}(\boldsymbol{X}_k^{(i)}-\hat{\boldsymbol{x}}_k^-)(\boldsymbol{X}_k^{(i)}-\hat{\boldsymbol{x}}_k^-)^{\mathrm{T}} +\\ &\frac{C}{\sqrt{\pi^n}}\sum_{i=2n+3}^{2\mathrm{C}_n^2+2n+2}(\boldsymbol{X}_k^{(i)}-\hat{\boldsymbol{x}}_k^-)(\boldsymbol{X}_k^{(i)}-\hat{\boldsymbol{x}}_k^-)^{\mathrm{T}}\end{aligned}$$

步骤3：量测更新

计算容积点 $\hat{\boldsymbol{x}}_k^{(i)}=\begin{cases}\hat{\boldsymbol{x}}_k^- + \sqrt{2\boldsymbol{P}_k^-}(\boldsymbol{p},-\boldsymbol{p})_i, i=1,2\\ \hat{\boldsymbol{x}}_k^- + \sqrt{2\boldsymbol{P}_k^-}(\boldsymbol{q},-\boldsymbol{q})_{i-2}, i=3,\cdots,2n+2\\ \hat{\boldsymbol{x}}_k^- + \sqrt{2\boldsymbol{P}_k^-}(\boldsymbol{s},-\boldsymbol{s})_{i-2n-2}, i=2n+3,\cdots,2\mathrm{C}_n^2+2n+2\end{cases}$。

计算非线性传递点 $\boldsymbol{Z}_k^{(i)}=\boldsymbol{h}(\hat{\boldsymbol{x}}_k^{(i)})$。

计算量测预测值 $\hat{z}_k = \frac{A}{\sqrt{\pi^n}}\sum_{i=1}^{2}\boldsymbol{Z}_k^{(i)} + \frac{B}{\sqrt{\pi^n}}\sum_{i=3}^{2n+2}\boldsymbol{Z}_k^{(i)} + \frac{C}{\sqrt{\pi^n}}\sum_{i=2n+3}^{2\mathrm{C}_n^2+2n+2}\boldsymbol{Z}_k^{(i)}$。

计算量测误差协方差矩阵

$$\boldsymbol{P}_{z,k} = \frac{A}{\sqrt{\pi^n}}\sum_{i=1}^{2}(\boldsymbol{Z}_k^{(i)}-\hat{z}_k)(\boldsymbol{Z}_k^{(i)}-\hat{z}_k)^{\mathrm{T}} +$$

$$\frac{B}{\sqrt{\pi^n}}\sum_{i=3}^{2n+2}(\boldsymbol{Z}_k^{(i)}-\hat{z}_k)(\boldsymbol{Z}_k^{(i)}-\hat{z}_k)^{\mathrm{T}}+$$
$$\frac{C}{\sqrt{\pi^n}}\sum_{i=2n+3}^{2\mathrm{C}_n^2+2n+2}(\boldsymbol{Z}_k^{(i)}-\hat{z}_k)(\boldsymbol{Z}_k^{(i)}-\hat{z}_k)^{\mathrm{T}}$$

计算交叉协方差矩阵

$$\begin{aligned}\boldsymbol{P}_{xz,k}=&\frac{A}{\sqrt{\pi^n}}\sum_{i=1}^{2}(\hat{\boldsymbol{x}}_k^{(i)}-\hat{\boldsymbol{x}}_k^{-})(\boldsymbol{Z}_k^{(i)}-\hat{z}_k)^{\mathrm{T}}+\\&\frac{B}{\sqrt{\pi^n}}\sum_{i=3}^{2n+2}(\hat{\boldsymbol{x}}_k^{(i)}-\hat{\boldsymbol{x}}_k^{-})(\boldsymbol{Z}_k^{(i)}-\hat{z}_k)^{\mathrm{T}}+\\&\frac{C}{\sqrt{\pi^n}}\sum_{i=2n+3}^{2\mathrm{C}_n^2+2n+2}(\hat{\boldsymbol{x}}_k^{(i)}-\hat{\boldsymbol{x}}_k^{-})(\boldsymbol{Z}_k^{(i)}-\hat{z}_k)^{\mathrm{T}}\end{aligned}$$

计算卡尔曼滤波增益矩阵 $\boldsymbol{K}_k=\boldsymbol{P}_{xz,k}\boldsymbol{P}_{z,k}^{-1}$。

计算状态的后验估计 $\hat{\boldsymbol{x}}_k^{+}=\hat{\boldsymbol{x}}_k^{-}+\boldsymbol{K}_k(z_k-\hat{z}_k)$。

计算后验误差协方差矩阵 $\boldsymbol{P}_k^{+}=\boldsymbol{P}_k^{-}-\boldsymbol{K}_k\boldsymbol{P}_{z,k}\boldsymbol{K}_k^{\mathrm{T}}$。

至此，便得到了五阶容积卡尔曼滤波的计算方法，在后面的仿真实验中可以验证，该五阶算法具有比标准三阶算法更高的滤波估计精度，并且具有比五阶容积卡尔曼滤波更少的计算量。

3.3.3 仿真验证与分析

仿真实验 3-5 三维非线性系统实验（2）

同仿真实验 3-3，将本节提出的 5-ALBCKF 算法与 CKF 和 5-CKF 算法相对比，仿真步长为 1，仿真步数为 100，同样采用 RMSE 来描述估计精度，运行 500 次蒙特卡洛仿真。仿真结果如图 3-6 所示，为了将曲线细节展示得更清晰，将 40~60 步的数据进行局部放大，从该图中可以看出本节算法的估计 RMSE 与标准 5-CKF 相当，均高于标准 CKF 算法。而本节 ALBCKF 算法所需的积分点个数与运行时间均小于 5-CKF 算法，表明 5-ALBCKF 算法的计算量更小，实时性更高。

为了对三种算法进行定量对比，统计三种算法在 100 步内状态估计 RMSE 的均值，并列于表 3-6。从该表中可以得到，本节提出的 5-ALBCKF 算法的估计精度与 5-CKF 算法基本相当，均明显高于标准 CKF 算法，这与图 3-6 中所反映的是一致的。以 5-ALBCKF 算法为例，相比于 CKF 算法，5-ALBCKF 算法将三个状态的估计精度分别提高了 3.62%、8.62%、14.91%。相比 5-CKF 算法，5-ALBCKF 算法将运行时间降低了 22.23%，从而验证了算法的有效性。

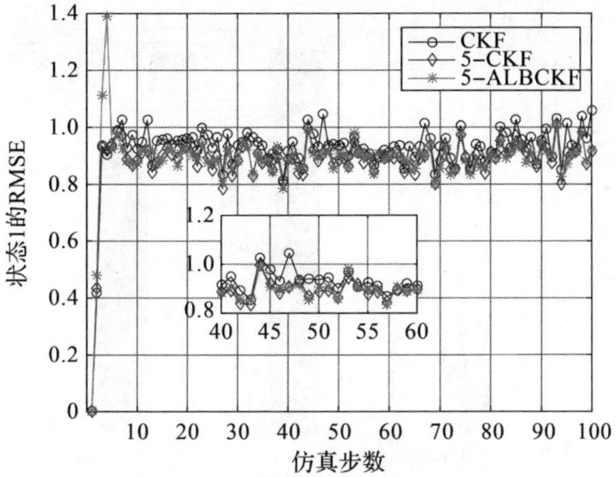

(a) 状态1的RMSE

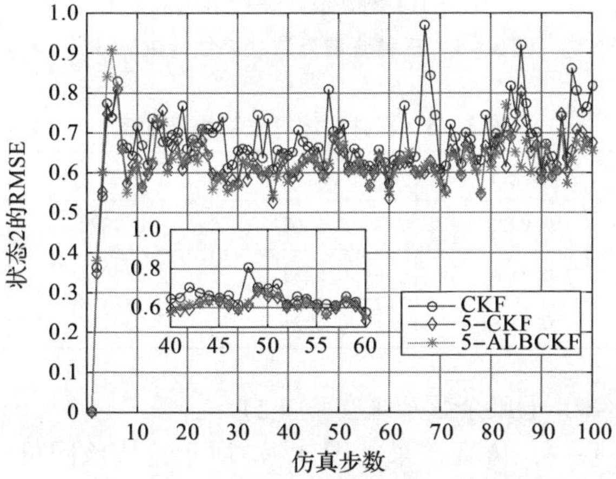

(b) 状态2的RMSE

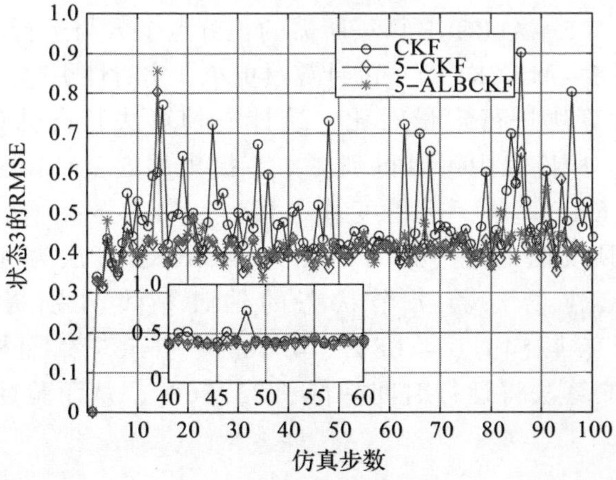

(c) 状态3的RMSE

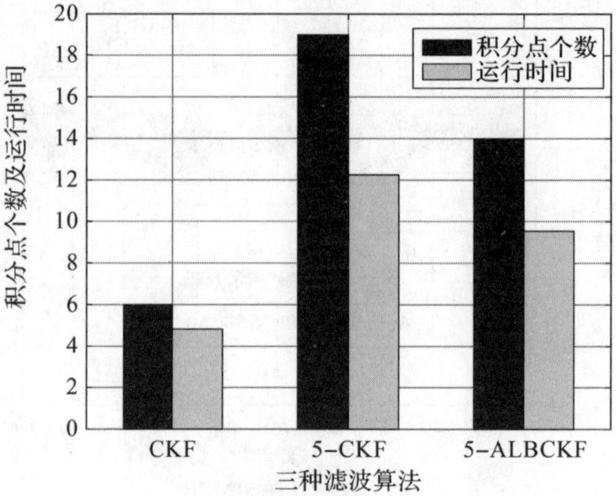

(d) 三种滤波算法平均RMSE对比

图 3-6 三种滤波算法状态估计 RMSE

表 3-6 三种滤波算法平均 RMSE

滤波算法	状态 1	状态 2	状态 3	运行时间/s
CKF	0.9238	0.6808	0.4822	4.821
5-CKF	0.8834	0.6233	0.4094	12.263
5-ALBCKF	0.8904	0.6221	0.4103	9.537

仿真实验 3-6 七维余弦系统实验（2）

同仿真实验 3-4，仿真结果如图 3-7 所示，从该图可以看出本节 5-ALBCKF 算法的估计 RMSE 曲线与标准 5-CKF 算法相当，均明显小于标准 CKF 算法。而本节 5-ALBCKF 算法所需的积分点个数与运行时间均小于 5-CKF 算法，表明 5-ALBCKF 算法的计算量更小，实时性更高。

为了对三种算法进行定量对比，统计三种算法状态估计 RMSE 均值，并列于表 3-7。从该表中可以得到，本节提出的 5-ALBCKF 算法的估计精度略高于 5-CKF 算法，但精度基本相当，均明显高于标准 CKF 算法，这与图 3-7 中所反映的是一致的。以 5-ALBCKF 算法为例，相比于 CKF 算法，5-ALBCKF 算法将 7 个状态的估计精度分别提高了 4.99%、4.64%、4.73%、4.54%、4.68%、4.76%、4.56%。而相比 5-CKF 算法，5-ALBCKF 算法将运行时间降低了 33.86%，从而验证了该算法的有效性。

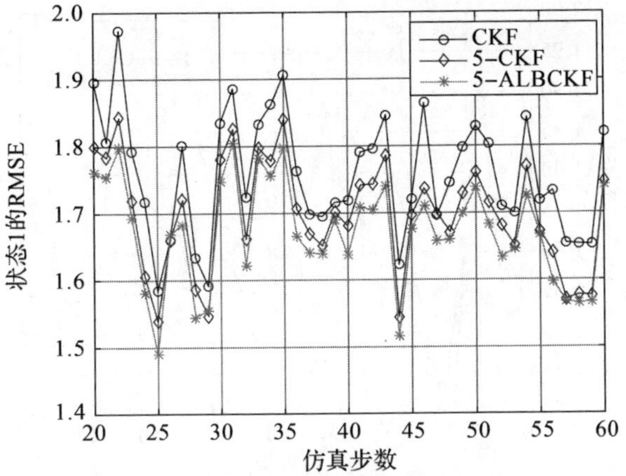

(a) 状态1的RMSE

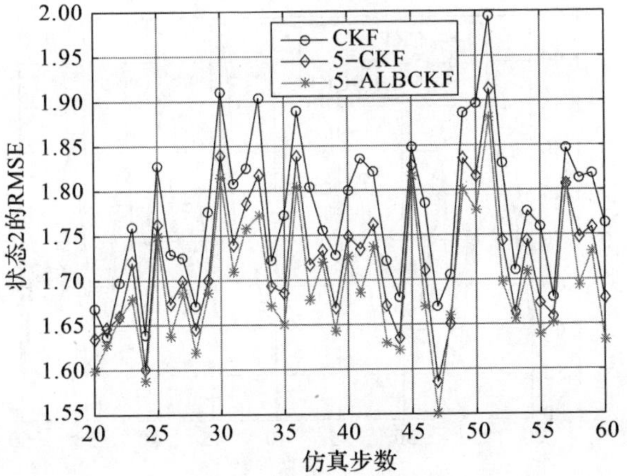

(b) 状态2的RMSE

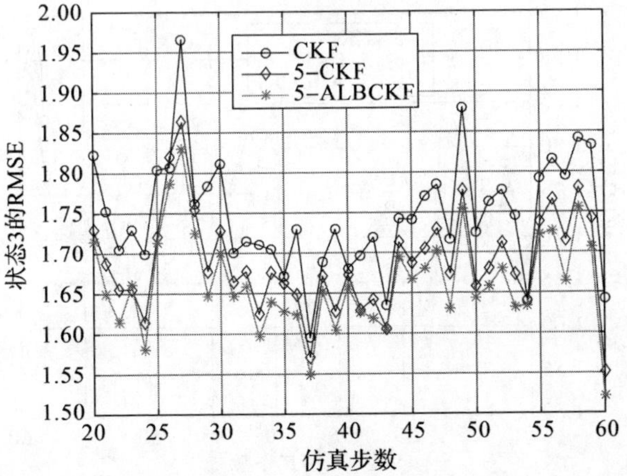

(c) 状态3的RMSE

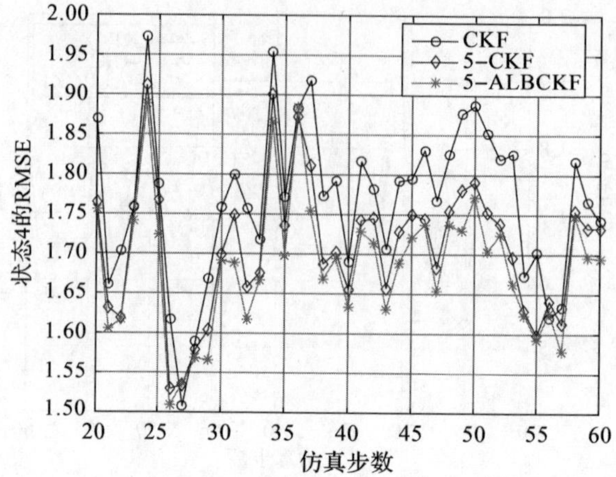

(d) 状态4的RMSE

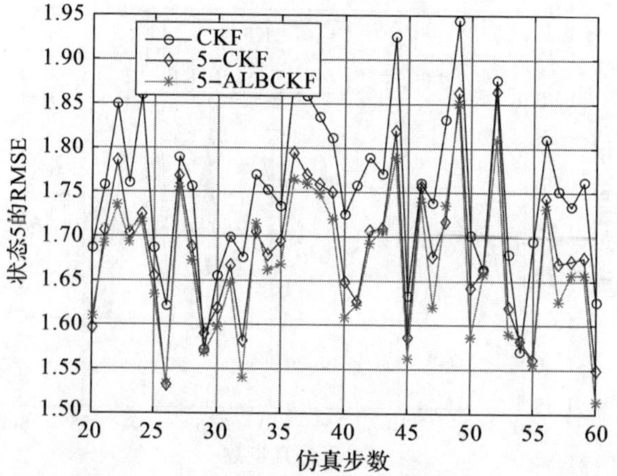

(e) 状态5的RMSE

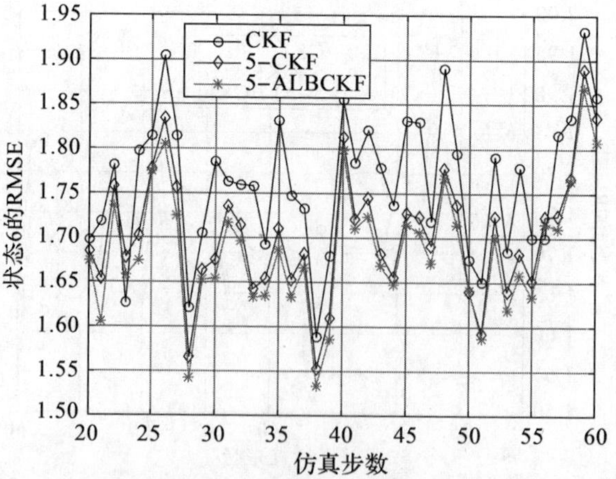

(f) 状态6的RMSE

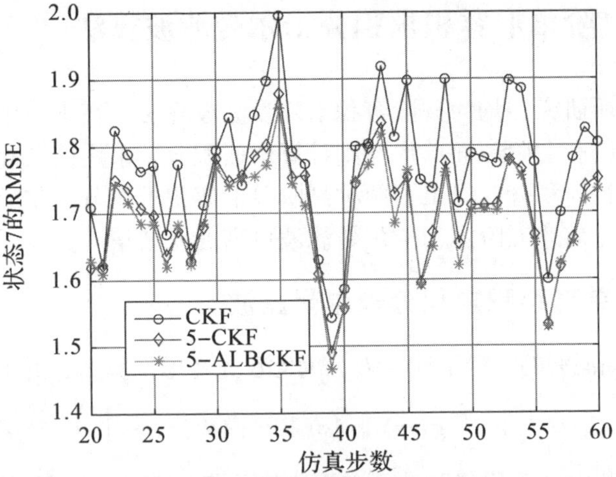

(g) 状态7的RMSE

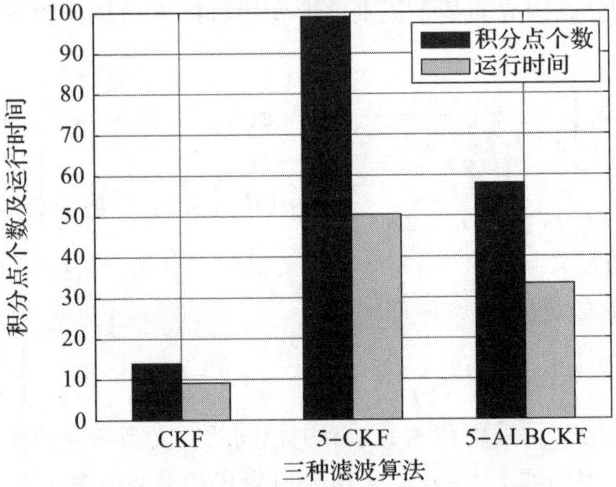

(h) 三种滤波算法平均RMSE对比

图 3－7　三种滤波算法状态估计 RMSE

表 3－7　三种滤波算法平均 RMSE

滤波算法	状态 1	状态 2	状态 3	状态 4	状态 5	状态 6	状态 7	运行时间/s
CKF	1.7608	1.7494	1.7459	1.7330	1.7389	1.7514	1.7603	9.130
5－CKF	1.7023	1.6961	1.6902	1.6763	1.6786	1.6872	1.6959	50.380
5－ALBCKF	1.6730	1.6682	1.6634	1.6544	1.6575	1.6681	1.6800	33.322

3.4 广义高阶单形容积求积分卡尔曼滤波算法

本章前面所研究的均为五阶容积卡尔曼滤波算法，在本节中，分别采用五阶球面单形准则和七阶球面单形准则计算球面积分，采用广义高斯–拉盖尔求积分公式计算径向积分，提出了两种高阶单形容积求积分卡尔曼滤波，这两种滤波算法具有比前述五阶容积卡尔曼滤波更高的滤波精度。

3.4.1 五阶单形容积求积分卡尔曼滤波

非线性高斯滤波的关键是计算 I_N，为此首先考虑计算 I_G，并通过坐标转换将其分解为球面积分 $I_{U_n}(r)=\int_{U_n}\boldsymbol{g}(r\boldsymbol{s})\mathrm{d}\sigma(\boldsymbol{s})$ 和径向积分 $I_r=\int_0^{\infty}I_{U_n}(r)r^{n-1}\exp(-r^2)\mathrm{d}r$。

在 3.1.1 节中，采用三阶球面单形准则计算球面积分，而在本节中采用由 n^2+3n+2 个积分点构成的基于正则单形变换群的五阶球面单形准则对球面积分进行近似[47]：

$$I_{SU_n,5}=S_n\left\{\frac{(7-n)n}{2(n+1)^2(n+2)}\sum_{i=1}^{n+1}(\boldsymbol{g}(r\boldsymbol{a}_i)+\boldsymbol{g}(-r\boldsymbol{a}_i))+\frac{2(n-1)^2}{n(n+1)^2(n+2)}\sum_{i=1}^{n(n+1)/2}(\boldsymbol{g}(r\boldsymbol{b}_i)+\boldsymbol{g}(-r\boldsymbol{b}_i))\right\} \tag{3-55}$$

式中：S_n，$\boldsymbol{a}_i$ 的定义与式（3–2）中定义相同；点集 $\{\boldsymbol{b}_i\}$ 为顶点 $\boldsymbol{a}_i$ 之间的中点投影到球体 U_n 的表面所得如下：

$$\boldsymbol{b}_i=\left\{\sqrt{\frac{n}{2(n-1)}}(\boldsymbol{a}_j+\boldsymbol{a}_l):j<l,l=1,2,\cdots,n+1\right\} \tag{3-56}$$

对于径向积分 I_r，采用和 3.1.1 节中相同的广义高斯–拉盖尔求积分公式计算，进而可以得到如下由 $m(n^2+3n+2)$ 个求积分点及其权值所构成的高阶球面单形–径向容积求积分准则：

$$\begin{aligned}I_N=&\frac{(7-n)n}{\Gamma(n/2)2(n+1)^2(n+2)}\sum_{j=1}^{m}A_j\sum_{i=1}^{n+1}(\boldsymbol{g}(\sqrt{2t_j\boldsymbol{P}_x}\boldsymbol{a}_i+\hat{\boldsymbol{x}})+\\&\boldsymbol{g}(-\sqrt{2t_j\boldsymbol{P}_x}\boldsymbol{a}_i+\hat{\boldsymbol{x}}))+\frac{2(n-1)^2}{\Gamma(n/2)n(n+1)^2(n+2)}\\&\sum_{j=1}^{m}A_j\sum_{i=1}^{n(n+1)/2}(\boldsymbol{g}(\sqrt{2t_j\boldsymbol{P}_x}\boldsymbol{b}_i+\hat{\boldsymbol{x}})+\boldsymbol{g}(-\sqrt{2t_j\boldsymbol{P}_x}\boldsymbol{b}_i+\hat{\boldsymbol{x}}))\end{aligned} \tag{3-57}$$

从式（3–57）的准则中提取出容积点及相应权值的计算方法如下：

$$
\hat{\boldsymbol{x}}^{(i)} = \begin{cases} \begin{cases} \hat{\boldsymbol{x}} + \sqrt{2t_1\boldsymbol{P}_x}(\boldsymbol{a}, -\boldsymbol{a})_i, i=1,\cdots,2(n+1) \\ \hat{\boldsymbol{x}} + \sqrt{2t_2\boldsymbol{P}_x}(\boldsymbol{a}, -\boldsymbol{a})_{i-2n-2}, i=2n+3,\cdots,4(n+1) \\ \vdots \\ \hat{\boldsymbol{x}} + \sqrt{2t_m\boldsymbol{P}_x}(\boldsymbol{a}, -\boldsymbol{a})_{i-2(m-1)(n+1)}, i=2(m-1)(n+1)+1,\cdots, \\ 2m(n+1) \end{cases} \\ \begin{cases} \hat{\boldsymbol{x}} + \sqrt{2t_1\boldsymbol{P}_x}(\boldsymbol{b}, -\boldsymbol{b})_{i-2m(n+1)}, i=2m(n+1)+1,\cdots,n^2+n+ \\ 2m(n+1) \\ \hat{\boldsymbol{x}} + \sqrt{2t_2\boldsymbol{P}_x}(\boldsymbol{b}, -\boldsymbol{b})_{i-n^2-n-2m(n+1)}, i=n^2+n+2m(n+1)+1, \\ \cdots,2n^2+2n+2m(n+1) \\ \vdots \\ \hat{\boldsymbol{x}} + \sqrt{2t_m\boldsymbol{P}_x}(\boldsymbol{b}, -\boldsymbol{b})_{i-(m-1)(n^2+n)-2m(n+1)}, i=(m-1)(n^2+n)+ \\ 2m(n+1)+1,\cdots,m(n^2+3n+2) \end{cases} \end{cases} \tag{3-58}
$$

式中：$\boldsymbol{a} = (\boldsymbol{a}_1, \boldsymbol{a}_2, \cdots, \boldsymbol{a}_{n+1})$；$\boldsymbol{b} = (\boldsymbol{b}_1, \boldsymbol{b}_2, \cdots, \boldsymbol{b}_{n(n+1)/2})$；矩阵下标 i 表示矩阵的第 i 列。

$$
\omega_i = \begin{cases} \begin{cases} \dfrac{(7-n)nA_1}{\Gamma(n/2)2(n+1)^2(n+2)}, i=1,\cdots,2(n+1) \\ \dfrac{(7-n)nA_2}{\Gamma(n/2)2(n+1)^2(n+2)}, i=2n+3,\cdots,4(n+1) \\ \vdots \\ \dfrac{(7-n)nA_m}{\Gamma(n/2)2(n+1)^2(n+2)}, i=2(m-1)(n+1)+1,\cdots, \\ 2m(n+1) \end{cases} \\ \begin{cases} \dfrac{(7-n)nA_1}{\Gamma(n/2)2(n+1)^2(n+2)}, i=2m(n+1)+1,\cdots,n^2+n+ \\ 2m(n+1) \\ \dfrac{(7-n)nA_2}{\Gamma(n/2)2(n+1)^2(n+2)}, i=n^2+n+2m(n+1)+1,\cdots,2n^2+ \\ 2n+2m(n+1) \\ \vdots \\ \dfrac{(7-n)nA_m}{\Gamma(n/2)2(n+1)^2(n+2)}, i=(m-1)(n^2+n)+2m(n+1)+1, \\ \cdots,m(n^2+3n+2) \end{cases} \end{cases} \tag{3-59}
$$

利用上节推导的广义单形容积求积分准则，在高斯滤波计算框架下，可以给出一种新的五阶单形容积求积分卡尔曼滤波（5 - SCQKF - m），其具体的递推计算步骤如下：

首先确定单形容积求积分准则中广义高斯 - 拉盖尔求积分公式的阶数 m。

步骤 1：滤波初始化

给定滤波初始值 $\hat{\boldsymbol{x}}_0^+$ 和 $\boldsymbol{P}_0^+$。

循环 $k=1, 2, \cdots$，完成以下递推更新步骤。

步骤 2：时间更新

在确定的 m 值下，分别用 $\hat{\boldsymbol{x}}_{k-1}^+$ 和 $\boldsymbol{P}_{k-1}^+$ 代替式（3 - 58）中的 $\hat{\boldsymbol{x}}$ 和 $\boldsymbol{P}_x$ 计算容积点 $\hat{\boldsymbol{x}}_{k-1}^{(i)}$，并计算非线性传递点 $\boldsymbol{X}_k^{(i)}=\boldsymbol{f}(\hat{\boldsymbol{x}}_{k-1}^{(i)})$。

计算状态的先验估计 $\hat{\boldsymbol{x}}_k^- = \sum_{i=1}^{m(n^2+3n+2)} \omega_i \boldsymbol{X}_k^{(i)}$。

计算状态先验误差协方差矩阵

$$\boldsymbol{P}_k^- = \sum_{i=1}^{m(n^2+3n+2)} \omega_i (\boldsymbol{X}_k^{(i)} - \hat{\boldsymbol{x}}_k^-)(\boldsymbol{X}_k^{(i)} - \hat{\boldsymbol{x}}_k^-)^{\mathrm{T}} + \boldsymbol{Q}_{k-1}$$

式中：ω_i 为式（3 - 59）所示的权值。

步骤 3：量测更新

在确定的 m 值下，分别用 $\hat{\boldsymbol{x}}_k^-$ 和 $\boldsymbol{P}_k^-$ 代替式（3 - 58）中的 $\hat{\boldsymbol{x}}$ 和 $\boldsymbol{P}_x$ 计算容积点 $\hat{\boldsymbol{x}}_k^{(i)}$，并计算非线性传递点 $\boldsymbol{Z}_k^{(i)}=\boldsymbol{h}(\hat{\boldsymbol{x}}_k^{(i)})$。

计算量测预测值 $\hat{z}_k = \sum_{i=1}^{m(n^2+3n+2)} \omega_i \boldsymbol{Z}_k^{(i)}$。

计算量测误差协方差矩阵

$$\boldsymbol{P}_{z,k} = \sum_{i=1}^{m(n^2+3n+2)} \omega_i (\boldsymbol{Z}_k^{(i)} - \hat{z}_k)(\boldsymbol{Z}_k^{(i)} - \hat{z}_k)^{\mathrm{T}} + \boldsymbol{R}_k$$

计算交叉协方差矩阵

$$\boldsymbol{P}_{xz,k} = \sum_{i=1}^{m(n^2+3n+2)} \omega_i (\hat{\boldsymbol{x}}_k^{(i)} - \hat{\boldsymbol{x}}_k^-)(\boldsymbol{Z}_k^{(i)} - \hat{z}_k)^{\mathrm{T}}$$

式中：ω_i 为式（3 - 59）中的权值。

计算卡尔曼滤波增益矩阵 $\boldsymbol{K}_k=\boldsymbol{P}_{xz,k}\boldsymbol{P}_{z,k}^{-1}$。

计算状态的后验估计 $\hat{\boldsymbol{x}}_k^+ = \hat{\boldsymbol{x}}_k^- + \boldsymbol{K}_k(z_k - \hat{z}_k)$。

计算后验误差协方差矩阵 $\boldsymbol{P}_k^+ = \boldsymbol{P}_k^- - \boldsymbol{K}_k\boldsymbol{P}_{z,k}\boldsymbol{K}_k^{\mathrm{T}}$。

随着高斯 - 拉盖尔求积分阶数的提高，5 - SCQKF - m 算法的估计精度也会提高，但其计算量同时增大。然而，容积点和权值仅与 m 和 n 有关，即对于确定的 m 和 n，容积点及其权值可以预先计算并离线存储，只需在算法执行时从内存直接调用，从而有利于算法的实时应用。

以上给出了 5 - SCQKF - m 的一般广义算法，然而针对具体的系统方程，根据对滤波精度以及计算复杂度等的要求，有必要研究不同阶高斯 - 拉盖尔求积分的解与系统维数的关系。可以看出，当 $m \geqslant 3$ 时将难以取得滤波算法的解析形式，为了方便算法的应用，本节针对 $m=2$ 的情况，给出滤波算法的具体解析形式。代入式（3 - 57）中，可以得到 $m=2$ 时的五阶球面单形 - 径向容积求积分准则如下：

$$
\begin{aligned}
I_N = & \frac{(7-n)n^2}{4(n+1)^2(n+2)(n+2+\sqrt{2n+4})}\sum_{i=1}^{n+1}\left[\boldsymbol{g}\left(\sqrt{(n+2+\sqrt{2n+4})\boldsymbol{P}_x}\boldsymbol{a}_i+\hat{\boldsymbol{x}}\right)+\right.\\
& \left.\boldsymbol{g}\left(-\sqrt{(n+2+\sqrt{2n+4})\boldsymbol{P}_x}\boldsymbol{a}_i+\hat{\boldsymbol{x}}\right)\right]+\\
& \frac{(7-n)n^2}{4(n+1)^2(n+2)(n+2-\sqrt{2n+4})}\times\\
& \sum_{i=1}^{n+1}\left[\boldsymbol{g}\left(\sqrt{(n+2-\sqrt{2n+4})\boldsymbol{P}_x}\boldsymbol{a}_i+\hat{\boldsymbol{x}}\right)+\right.\\
& \left.\boldsymbol{g}\left(-\sqrt{(n+2-\sqrt{2n+4})\boldsymbol{P}_x}\boldsymbol{a}_i+\hat{\boldsymbol{x}}\right)\right]+\\
& \frac{n(n-1)^2}{n(n+1)^2(n+2)(n+2+\sqrt{2n+4})}\sum_{i=1}^{n(n+1)/2}\left[\boldsymbol{g}\left(\sqrt{(n+2+\sqrt{2n+4})\boldsymbol{P}_x}\boldsymbol{b}_i+\right.\right.\\
& \left.\left.\hat{\boldsymbol{x}}\right)+\boldsymbol{g}\left(-\sqrt{(n+2+\sqrt{2n+4})\boldsymbol{P}_x}\boldsymbol{b}_i+\hat{\boldsymbol{x}}\right)\right]+\\
& \frac{n(n-1)^2}{n(n+1)^2(n+2)(n+2-\sqrt{2n+4})}\times\\
& \sum_{i=1}^{n(n+1)/2}\left[\boldsymbol{g}\left(\sqrt{(n+2-\sqrt{2n+4})\boldsymbol{P}_x}\boldsymbol{b}_i+\hat{\boldsymbol{x}}\right)+\right.\\
& \left.\boldsymbol{g}\left(-\sqrt{(n+2-\sqrt{2n+4})\boldsymbol{P}_x}\boldsymbol{b}_i+\hat{\boldsymbol{x}}\right)\right]
\end{aligned}
\tag{3-60}
$$

从容积准则式（3 - 60）中提取出 $m=2$ 时容积点及其相应的权值的计算方法如下：

$$
\hat{\boldsymbol{x}}^{(i)}=\begin{cases}
\hat{\boldsymbol{x}}+\sqrt{(n+2+\sqrt{2n+4})\boldsymbol{P}_x}(\boldsymbol{a},-\boldsymbol{a})_i, i=1,\cdots,2n+2\\
\hat{\boldsymbol{x}}+\sqrt{(n+2-\sqrt{2n+4})\boldsymbol{P}_x}(\boldsymbol{a},-\boldsymbol{a})_{i-2n-2}, i=2n+3,\cdots,4n+4\\
\hat{\boldsymbol{x}}+\sqrt{(n+2+\sqrt{2n+4})\boldsymbol{P}_x}(\boldsymbol{b},-\boldsymbol{b})_{i-4n-4}, i=4n+5,\cdots,n^2+5n+4\\
\hat{\boldsymbol{x}}+\sqrt{(n+2-\sqrt{2n+4})\boldsymbol{P}_x}(\boldsymbol{b},-\boldsymbol{b})_{i-n^2-5n-4}, i=n^2+5n+5,\cdots,2n^2+6n+4
\end{cases}
\tag{3-61}
$$

$$\omega_i = \begin{cases} \dfrac{(7-n)n^2}{4(n+1)^2(n+2)(n+2+\sqrt{2n+4})}, i=1,\cdots,2n+2 \\ \dfrac{(7-n)n^2}{4(n+1)^2(n+2)(n+2-\sqrt{2n+4})}, i=2n+3,\cdots,4n+4 \\ \dfrac{n(n-1)^2}{n(n+1)^2(n+2)(n+2+\sqrt{2n+4})}, i=4n+5,\cdots,n^2+5n+4 \\ \dfrac{n(n-1)^2}{n(n+1)^2(n+2)(n+2-\sqrt{2n+4})}, i=n^2+5n+5,\cdots,2n^2+6n+4 \end{cases} \tag{3-62}$$

利用式（3－61）和式（3－62）中容积点和相应权值的计算方法代替5－SCQKF－m算法中容积点和权值的计算，便可得到$m=2$时5－SCQKF－2算法的解析递推形式。

3.4.2 七阶单形容积求积分卡尔曼滤波

在3.4.1节中，采用五阶球面单形准则计算球面积分，为了进一步提高球面积分的近似精度，本节采用基于正则单形变换群的七阶球面单形准则对球面积分进行近似[66]如下：

$$\begin{aligned} I_{SU_n,7}(r) = S_n\Bigg\{ & \frac{n^3(9n^2-793n+1800)}{36n(n+1)^3(n+2)(n+4)}\sum_{i=1}^{n+1}(\boldsymbol{g}(-r\boldsymbol{a}_i)+\boldsymbol{g}(r\boldsymbol{a}_i)) + \\ & \frac{144(n-1)^3(4-n)}{36n(n+1)^3(n+2)(n+4)}\sum_{k=1}^{n(n+1)/2}(\boldsymbol{g}(-r\boldsymbol{b}_l)+\boldsymbol{g}(r\boldsymbol{b}_l)) + \\ & \frac{486(n-2)^3}{36n(n+1)^3(n+2)(n+4)}\sum_{k=1}^{(n-1)n(n+1)/6}(\boldsymbol{g}(-r\boldsymbol{c}_l)+\boldsymbol{g}(r\boldsymbol{c}_l)) + \\ & \frac{(10n-6)^3}{36n(n+1)^3(n+2)(n+4)}\sum_{k=1}^{n(n+1)}(\boldsymbol{g}(-r\boldsymbol{d}_l)+\boldsymbol{g}(r\boldsymbol{d}_l))\Bigg\} \end{aligned} \tag{3-63}$$

式（3－63）中的点集$\{\boldsymbol{b}_l)\}$，$\{\boldsymbol{c}_l\}$，$\{\boldsymbol{d}_l\}$为$\{\boldsymbol{a}_i\}$按照下式构成：

$$\begin{cases} \boldsymbol{b}_l = \sqrt{\dfrac{n}{2(n-1)}}(\boldsymbol{a}_i+\boldsymbol{a}_j), i<j \\ \boldsymbol{c}_l = \sqrt{\dfrac{n}{3(n-2)}}(\boldsymbol{a}_i+\boldsymbol{a}_j+\boldsymbol{a}_l), i<j<l \\ \boldsymbol{d}_l = \sqrt{\dfrac{n}{10n-6}}(\boldsymbol{a}_i+3\boldsymbol{a}_j), i\neq j \end{cases} \tag{3-64}$$

对于径向积分I_r，采用和3.1.1节中相同的广义高斯－拉盖尔求积分公式计算，进而可以推导出如下七阶球面单形－径向容积求积分准则：

$$
\begin{aligned}
I_N = & \frac{n^3(9n^2-793n+1800)S_n}{72n(n+1)^3(n+2)(n+4)\sqrt{\pi^n}}\sum_{j=1}^{m}A_j\sum_{i=1}^{n+1}[\boldsymbol{g}(-\sqrt{2\boldsymbol{P}_x t_j}\boldsymbol{a}_i+\hat{\boldsymbol{x}})+\\
& \boldsymbol{g}(\sqrt{2\boldsymbol{P}_x t_j}\boldsymbol{a}_i+\hat{\boldsymbol{x}})]+\frac{2(n-1)^3(4-n)S_n}{n(n+1)^3(n+2)(n+4)\sqrt{\pi^n}}\\
& \sum_{j=1}^{m}A_j\sum_{k=1}^{n(n+1)/2}[\boldsymbol{g}(-\sqrt{2\boldsymbol{P}_x t_j}\boldsymbol{b}_k+\hat{\boldsymbol{x}})+\\
& \boldsymbol{g}(\sqrt{2\boldsymbol{P}_x t_j}\boldsymbol{b}_k+\hat{\boldsymbol{x}})]+\frac{27(n-2)^3S_n}{4n(n+1)^3(n+2)(n+4)\sqrt{\pi^n}}\\
& \sum_{j=1}^{m}A_j\sum_{k=1}^{(n-1)n(n+1)/6}[\boldsymbol{g}(-\sqrt{2\boldsymbol{P}_x t_j}\boldsymbol{c}_k+\hat{\boldsymbol{x}})+\\
& \boldsymbol{g}(\sqrt{2\boldsymbol{P}_x t_j}\boldsymbol{c}_k+\hat{\boldsymbol{x}})]+\frac{(10n-6)^3S_n}{72n(n+1)^3(n+2)(n+4)\sqrt{\pi^n}}\\
& \sum_{j=1}^{m}A_j\sum_{k=1}^{n(n+1)}[\boldsymbol{g}(-\sqrt{2\boldsymbol{P}_x t_j}\boldsymbol{d}_k+\hat{\boldsymbol{x}})+\\
& \boldsymbol{g}(\sqrt{2\boldsymbol{P}_x t_j}\boldsymbol{d}_k+\hat{\boldsymbol{x}})]
\end{aligned}
\tag{3-65}
$$

可以看出，该准则包含 $m(n+1)(n^2+8n+6)/3$ 个容积点，提取容积点及相应权值的计算方法列于表 3－8。

表 3－8　采样点及其权值的计算方法

确定系统维数 n 和切比雪夫－拉盖尔多项式阶数 m 的值 **for** $j=1,2,\cdots,m$
$\hat{\boldsymbol{x}}^{(i)}=\begin{cases}\hat{\boldsymbol{x}}+\sqrt{2\boldsymbol{P}_x t_j}(\boldsymbol{a},-\boldsymbol{a})_{i-2(n+1)(j-1)}, i=2(j-1)(n+1)+1,\cdots,2(n+1)j\\ \hat{\boldsymbol{x}}+\sqrt{2\boldsymbol{P}_x t_j}(\boldsymbol{b},-\boldsymbol{b})_{i-(n+1)(jn-n+2m)}, i=(n+1)(jn-n+2m)+1,\cdots,(n+1)(jn+2m)\\ \hat{\boldsymbol{x}}+\sqrt{2\boldsymbol{P}_x t_j}(\boldsymbol{c},-\boldsymbol{c})_{i-\frac{(n+1)(3mn+6m+jn^2-jn-n^2+n)}{3}}, i=\frac{(n+1)(3mn+6m+jn^2-jn-n^2+n)}{3}+1,\cdots,\frac{(n+1)(3mn+6m+jn^2-jn)}{3}\\ \hat{\boldsymbol{x}}+\sqrt{2\boldsymbol{P}_x t_j}(\boldsymbol{d},-\boldsymbol{d})_{i-\frac{(n+1)(3mn+6m+mn^2-mn+6jn-6n)}{3}}, i=\frac{(n+1)(3mn+6m+mn^2-mn+6jn-6n)}{3}+1,\cdots,\frac{(n+1)(3mn+6m+mn^2-mn+6jn)}{3}\end{cases}$

续表

$$\omega_i=\begin{cases}\dfrac{n^3(9n^2-793n+1800)S_nA_j}{72n(n+1)^3(n+2)(n+4)\sqrt{\pi^n}}, i=2(j-1)(n+1)+1,\cdots,2(n+1)j\\ \dfrac{2(n-1)^3(4-n)S_nA_j}{n(n+1)^3(n+2)(n+4)\sqrt{\pi^n}}, i=(n+1)(jn-n+2m)+1,\cdots,(n+1)(jn+2m)\\ \dfrac{27(n-2)^3S_nA_j}{4n(n+1)^3(n+2)(n+4)\sqrt{\pi^n}}, i=\dfrac{(n+1)(3mn+6m+jn^2-jn-n^2+n)}{3}+1,\cdots,\\ \qquad\dfrac{(n+1)(3mn+6m+jn^2-jn)}{3}\\ \dfrac{(10n-6)^3S_nA_j}{72n(n+1)^3(n+2)(n+4)\sqrt{\pi^n}}, i=\dfrac{(n+1)(3mn+6m+mn^2-mn+6jn-6n)}{3}+1,\cdots,\\ \qquad\dfrac{(n+1)(3mn+6m+mn^2-mn+6jn)}{3}\end{cases}$$

end

积分点个数 $L=\dfrac{m(n+1)(n^2+8n+6)}{3}$

表中，$\boldsymbol{a}_i$，$\boldsymbol{b}_l$，$\boldsymbol{c}_l$，$\boldsymbol{d}_l$ 改写为矩阵形式如下：

$$\begin{cases}\boldsymbol{a}=(\boldsymbol{a}_1,\boldsymbol{a}_2,\cdots,\boldsymbol{u}_{n+1})\\ \boldsymbol{b}=(\boldsymbol{b}_1,\boldsymbol{b}_2,\cdots,\boldsymbol{b}_{n(n+1)/2})\\ \boldsymbol{c}=(\boldsymbol{c}_1,\boldsymbol{c}_2,\cdots,\boldsymbol{c}_{(n-1)n(n+1)/6})\\ \boldsymbol{d}=(\boldsymbol{d}_1,\boldsymbol{d}_2,\cdots,\boldsymbol{d}_{n(n+1)})\end{cases}\tag{3-66}$$

扩展矩阵$(\boldsymbol{a},-\boldsymbol{a})=(\boldsymbol{a}_1,\boldsymbol{a}_2,\cdots,\boldsymbol{a}_{n+1},-\boldsymbol{a}_1,-\boldsymbol{a}_2,\cdots,-\boldsymbol{a}_{n+1})$，其他矩阵具有类似的形式。用下标 i 表示矩阵的第 i 列，利用表 3 - 8 中的容积点和相应权值的计算方法可以得到非线性卡尔曼滤波理论框架下 7 - SCQKF - m 的计算步骤如下。

先确定单形容积求积分准则中广义高斯 - 拉盖尔求积分公式的阶数 m。

步骤 1：滤波初始化

给定滤波初始值 $\hat{\boldsymbol{x}}_0^+$ 和 $\boldsymbol{P}_0^+$。

循环 $k=1$，2，…，完成以下递推更新步骤。

步骤 2：时间更新

在确定的 m 值下，分别用 $\hat{\boldsymbol{x}}_{k-1}^+$ 和 $\boldsymbol{P}_{k-1}^+$ 代替表 3 - 8 中的 $\hat{\boldsymbol{x}}$ 和 $\boldsymbol{P}_x$ 计算容积点 $\hat{\boldsymbol{x}}_{k-1}^{(i)}$，并计算非线性传递点 $\boldsymbol{X}_k^{(i)}=\boldsymbol{f}(\hat{\boldsymbol{x}}_{k-1}^{(i)})$。

计算状态的先验估计 $\hat{\boldsymbol{x}}_k^-=\sum\limits_{i=1}^{\frac{m(n+1)(n^2+8n+6)}{3}}\omega_i\boldsymbol{X}_k^{(i)}$。

计算状态先验误差协方差矩阵

$$P_k^- = \sum_{i=1}^{\frac{m(n+1)(n^2+8n+6)}{3}} \omega_i (X_k^{(i)} - \hat{x}_k^-)(X_k^{(i)} - \hat{x}_k^-)^{\mathrm{T}} + Q_{k-1}$$

式中：ω_i 为表 3－8 所示的权值。

步骤 3：量测更新

在确定的 m 值下，分别用 $\hat{x}_k^-$ 和 P_k^- 代替表 3－8 中的 $\hat{x}$ 和 P_x 计算容积点 $\hat{x}_k^{(i)}$，并计算非线性传递点 $Z_k^{(i)} = h(\hat{x}_k^{(i)})$。

计算量测预测值 $\hat{z}_k = \sum_{i=1}^{\frac{m(n+1)(n^2+8n+6)}{3}} \omega_i Z_k^{(i)}$。

计算量测误差协方差矩阵

$$P_{z,k} = \sum_{i=1}^{\frac{m(n+1)(n^2+8n+6)}{3}} \omega_i (Z_k^{(i)} - \hat{z}_k)(Z_k^{(i)} - \hat{z}_k)^{\mathrm{T}} + R_k$$

计算交叉协方差矩阵

$$P_{xz,k} = \sum_{i=1}^{\frac{m(n+1)(n^2+8n+6)}{3}} \omega_i (\hat{x}_k^{(i)} - \hat{x}_k^-)(Z_k^{(i)} - \hat{z}_k)^{\mathrm{T}}$$

式中：ω_i 为表 3－8 所示的权值。

计算卡尔曼滤波增益矩阵 $K_k = P_{xz,k} P_{z,k}^{-1}$。

计算状态的后验估计 $\hat{x}_k^+ = \hat{x}_k^- + K_k(z_k - \hat{z}_k)$。

计算后验误差协方差矩阵 $P_k^+ = P_k^- - K_k P_{z,k} K_k^{\mathrm{T}}$。

随着高斯－拉盖尔求积分准则阶数的提高，7－SCQKF－m 算法的估计精度也会提高，但其计算量同时增大。然而，从表 3－8 可以看出，容积点中的 t_j 和扩展矩阵以及权值 ω_t 仅与 m 和 n 有关，即对于确定的 m 和 n，这些值可以预先计算并离线存储，只需在算法执行时从内存直接调用，从而有利于算法的实时应用。

3.4.3　仿真验证与分析

仿真实验 3－7　三维非线性系统实验（3）

将本节提出的 5－SCQKF－m 和 7－SCQKF－m 算法与 CKF 和 5－CKF 算法相对比，仿真步长为 1，仿真步数为 60，同样采用 RMSE 来描述估计精度，运行 500 次蒙特卡洛仿真。仿真结果如图 3－8 所示，从该图中可以看出本节算法的估计 RMSE 曲线均小于标准 CKF 和 5－CKF 算法。

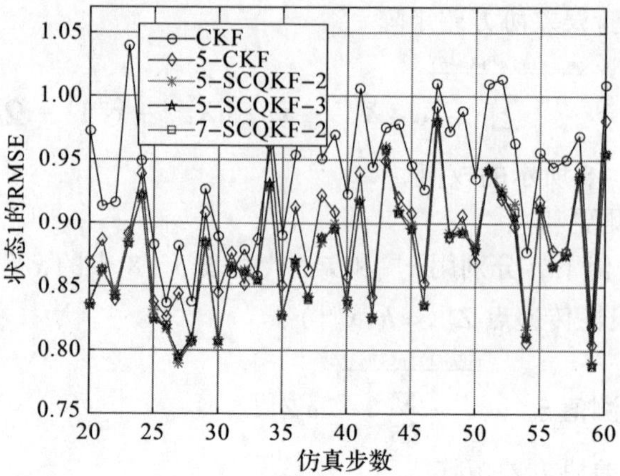

(a) 状态1的RMSE

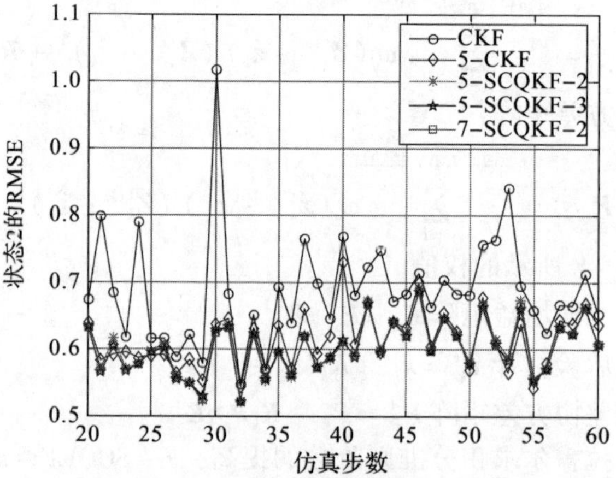

(b) 状态2的RMSE

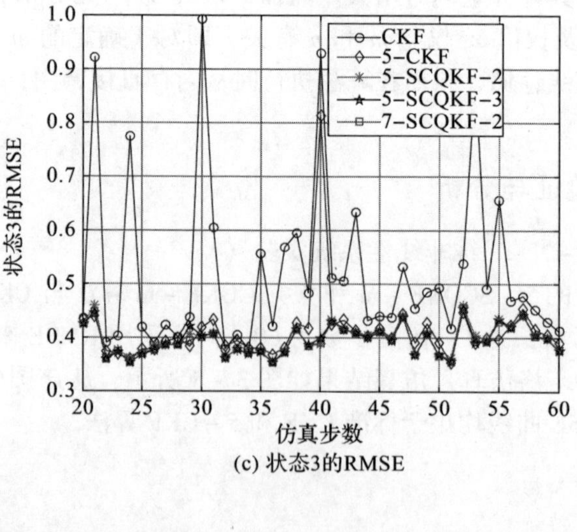

(c) 状态3的RMSE

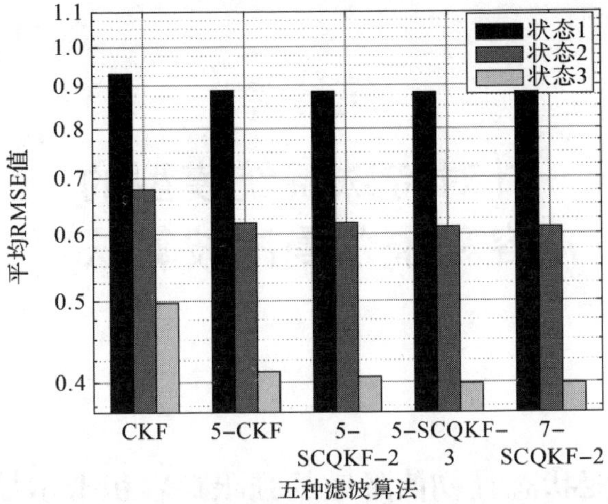

(d) 五种滤波算法平均RMSE对比

图 3-8　三种滤波算法状态估计 RMSE

为了对五种算法进行定量对比，统计五种算法状态估计 RMSE 均值，并列于表3-9。从该表中可以得到，相比 CKF 算法，5-CKF 算法将三个状态估计精度分别提高了 4.58%、8.92%、17.23%。相比 5-CKF 算法，7-SCQKF-2 算法将三个状态估计精度分别提高了 0.65%、1.12%、3.23%。对比 5-SCQKF-2和 5-SCQKF-3 算法的估计结果，可以看出随着高斯-拉盖尔求积分公式阶数的增高，估计精度会随之提高。对比 5-SCQKF-2 和 7-SCQKF-2 算法的估计结果，可以看出七阶单形准则具有比五阶单形准则更高的估计精度，从而验证了算法的有效性。

表 3-9　三种滤波器平均 RMSE

滤波算法	状态 1	状态 2	状态 3
CKF	0.9301	0.6784	0.4975
5-CKF	0.8875	0.6179	0.4118
5-SCQKF-2	0.8847	0.6178	0.4058
5-SCQKF-3	0.8820	0.6112	0.3987
7-SCQKF-2	0.8817	0.6110	0.3985

第4章

针对特殊系统模型的容积卡尔曼滤波算法

4.1 跟踪突变状态且初值降敏的强跟踪容积卡尔曼滤波

对系统状态进行滤波估计的首要任务是建立系统的状态模型和量测模型，这些模型描述了系统内部状态的演变规律以及系统状态与外部量测值的函数关系。然而，在系统建模过程中，经常仅采用少数变量来描述系统的主要行为，而忽略一些可能被激发的未建模因素，且系统内部电子元器件可能出现老化失效等情况，同时系统可能受到外部控制输入的作用，从而导致系统状态发生突变。例如，在进行二维目标跟踪过程中，目标突然施加常值加速度以进行机动，则目标的加速度状态存在某一时刻由零向该常值的突变。以上系统状态突变的问题会导致传统容积卡尔曼滤波算法失效。为此，必须研究改进容积卡尔曼滤波的性能以有效跟踪系统突变状态。

4.1.1 强跟踪滤波基本原理

为了研究改进容积卡尔曼滤波的性能，应先研究改进扩展卡尔曼滤波性能。无论是 EKF 还是 CKF，都可以通过高斯滤波推导得出，因而，二者也存在一些相似的理论缺陷。以 EKF 为例，当系统模型存在的不确定性较大时，残差序列的变化会使滤波增益矩阵失去调节功能，从而降低滤波精度，甚至导致滤波发散。换言之，EKF 对于系统模型不确定性的鲁棒性较差。而当滤波过程达到平稳状态时，滤波增益矩阵将趋向于极小值，假设此时系统状态发生突变，滤波残差会随之突然增大，但是滤波增益矩阵由于离线计算仍然会保持极小值，从而导致 EKF 无法跟踪系统突变状态。

研究表明，当系统模型与实际物理系统完全吻合时，标准卡尔曼滤波器所输出的残差序列是相互正交的高斯白噪声序列。从物理意义上讲，这表明残差中有用的信息已经被增益矩阵全部提取出来了。因而，在研究中可以将残差序列的不相关性作为评估滤波器性能优良与否的一个指标。但是，非线性高斯滤波器只是一种次优滤波器，残差序列无法完全不相关，因此，对于非线性高斯滤波器，只要残差序列是弱自相关的，就可以认为其具有较好的滤波性能。由此可以联想到，如果在滤波过程中采用某种方法迫使滤波器输出的残差序列保持相互正交或弱自相关，则该滤波器就具备了跟踪系统突变状态的能力。

基于该思想，周东华[14-15]通过在 EKF 的状态先验误差协方差矩阵中引入次优渐消因子，以此来实时调整增益矩阵，提出了强跟踪滤波（STF），并将 STF 的特性总结为以下三点：①对于系统模型参数失配的强鲁棒性；②对于系统噪声及初始状态统计特性的低敏感性；③在滤波过程中对突变状态极强的跟踪能力。

STF 的核心步骤是在线实时调整增益矩阵 $\boldsymbol{K}_k$，为了获得增益矩阵的调整方法，首先给出如下正交性原理的数学描述[16]：

$$\begin{cases}\mathrm{E}((\boldsymbol{x}_k-\hat{\boldsymbol{x}}_k^+)(\boldsymbol{x}_k-\hat{\boldsymbol{x}}_k^+)^{\mathrm{T}})=\min\\ \mathrm{E}(\boldsymbol{e}_{k+j}\boldsymbol{e}_k^{\mathrm{T}})=0, j=1,2,\cdots\end{cases}\tag{4-1}$$

可以看出，式（4-1）中的第一个式子描述的是 EKF 的性能指标，即最小均方差估计。式（4-1）中第二个式子表示不同时刻的残差保持相互正交。

STF 的基本原理是在先验状态误差协方差矩阵中引入时变渐消因子，这样，当 EKF 的估计值偏离系统真实值时，首先会体现在残差序列中，此时通过渐消因子实时调整增益矩阵 $\boldsymbol{K}_k$，迫使式（4-1）中第二个式子成立，使得残差序列仍然可以保持正交。而当系统模型精确时，式（4-1）中第一个式子自然成立，从而 STF 就会退化为 EKF。需要指出的是，对于非线性系统而言，若要精确满足正交性原理需要大量复杂的计算，因而在实际应用中，为了降低计算量，提高算法应用的实时性，对非线性高斯滤波仅需近似满足正交性原理即可。

STF 为在 EKF 中引入渐消因子而获得，其算法计算步骤如下：

计算先验状态估计 $\hat{\boldsymbol{x}}_k^-=\boldsymbol{f}_{k-1}(\hat{\boldsymbol{x}}_{k-1}^+)$；

计算先验状态误差协方差矩阵 $\boldsymbol{P}_k^-=\lambda_k\boldsymbol{F}_{k-1}\boldsymbol{P}_{k-1}^+\boldsymbol{F}_{k-1}^{\mathrm{T}}+\boldsymbol{Q}_{k-1}$；

计算滤波增益矩阵 $\boldsymbol{K}_k=\boldsymbol{P}_k^-\boldsymbol{H}_k^{\mathrm{T}}(\boldsymbol{H}_k\boldsymbol{P}_k^-\boldsymbol{H}_k^{\mathrm{T}}+\boldsymbol{R}_k)^{-1}$；

计算后验状态估计 $\hat{\boldsymbol{x}}_k^+=\hat{\boldsymbol{x}}_k^-+\boldsymbol{K}_k(z_k-\boldsymbol{h}_k(\hat{\boldsymbol{x}}_k^-))$；

计算后验状态误差协方差矩阵 $\boldsymbol{P}_k^+=(\boldsymbol{I}-\boldsymbol{K}_k\boldsymbol{H}_k)\boldsymbol{P}_k^-$。

式中：$\boldsymbol{F}_{k-1}$，$\boldsymbol{H}_k$ 为雅可比矩阵，$\boldsymbol{F}_{k-1}=\partial\boldsymbol{f}_{k-1}/\partial\boldsymbol{x}\big|_{\boldsymbol{x}=\hat{\boldsymbol{x}}_{k-1}^+}$，$\boldsymbol{H}_k=\partial\boldsymbol{h}_k/\partial\boldsymbol{x}\big|_{\boldsymbol{x}=\hat{\boldsymbol{x}}_k^-}$；$\lambda_k$ 为时变渐消因子，$\lambda_k\geqslant1$。

下面主要给出渐消因子 λ_k 的计算方法。

令 $\boldsymbol{V}_k = \mathrm{E}(\boldsymbol{e}_k\boldsymbol{e}_k^{\mathrm{T}})$ 表示残差协方差矩阵，则有

$$\mathrm{E}(\boldsymbol{e}_{k+j}\boldsymbol{e}_k^{\mathrm{T}}) = \boldsymbol{H}_{k+j}\boldsymbol{F}_{k+j}\left[\prod_{i=k+1}^{k+j-1}(\boldsymbol{I}-\boldsymbol{K}_i\boldsymbol{H}_i)\boldsymbol{F}_i\right](\boldsymbol{P}_k^{-}\boldsymbol{H}_k^{\mathrm{T}} - \boldsymbol{K}_k\boldsymbol{V}_k) \quad (4-2)$$

可以看出，为了使 $\mathrm{E}(\boldsymbol{e}_{k+j}\boldsymbol{e}_k^{\mathrm{T}}) = 0$，只需

$$\boldsymbol{P}_k^{-}\boldsymbol{H}_k^{\mathrm{T}} - \boldsymbol{K}_k\boldsymbol{V}_k = 0 \quad (4-3)$$

为此，可以令 $\boldsymbol{W}_k \triangleq \boldsymbol{P}_k^{-}\boldsymbol{H}_k^{\mathrm{T}} - \boldsymbol{K}_k\boldsymbol{V}_k$，同时定义如下性能指标函数：

$$g(\lambda_k) = \sum_{i=1}^{n}\sum_{j=1}^{m} W_{i,j,k} \quad (4-4)$$

其中，$\boldsymbol{W}_k = (W_{i,j,k})_{n\times m}$。

利用最优化方法通过下式来求解渐消因子：

$$\lambda_k = \arg\min_{\lambda_k} g(\lambda_k) \quad (4-5)$$

可以采用一元无约束非线性梯度规划方法精确求解最优渐消因子 λ_k，然而，该算法计算量较大，一般难以实时应用。为此，下面给出一种次优渐消因子的计算算法。

将滤波增益矩阵 $\boldsymbol{K}_k$ 代入式（4-3）得

$$\boldsymbol{P}_k^{-}\boldsymbol{H}_k^{\mathrm{T}}(I - (\boldsymbol{H}_k\boldsymbol{P}_k^{-}\boldsymbol{H}_k^{\mathrm{T}} + \boldsymbol{R}_k)^{-1}\boldsymbol{V}_k) = \boldsymbol{0} \quad (4-6)$$

可以得到，式（4-6）成立的一个充分条件为

$$\boldsymbol{I} - (\boldsymbol{H}_k\boldsymbol{P}_k^{-}\boldsymbol{H}_k^{\mathrm{T}} + \boldsymbol{R}_k)^{-1}\boldsymbol{V}_k = \boldsymbol{0} \quad (4-7)$$

将状态误差协方差矩阵 $\boldsymbol{P}_k^{-}$ 代入式（4-7）并进行简化，可以得到

$$\lambda_k\boldsymbol{H}_k\boldsymbol{F}\boldsymbol{P}_{k-1}^{+}F^{\mathrm{T}}\boldsymbol{H}_k^{\mathrm{T}} = \boldsymbol{V}_k - \boldsymbol{H}_k\boldsymbol{Q}_k\boldsymbol{H}_k^{\mathrm{T}} - \boldsymbol{R}_k \quad (4-8)$$

理论分析可知，只有在式（4-8）右侧大于零的前提下，渐消因子 λ_k 才会起作用。因而在实际应用中，为了避免由渐消因子引起的过调节作用，进而使得状态估计结果更为平滑，可以考虑在式（4-8）中右侧引入弱化因子 β，从而得到

$$\lambda_k\boldsymbol{H}_k\boldsymbol{F}\boldsymbol{P}_{k-1}^{+}F^{\mathrm{T}}\boldsymbol{H}_k^{\mathrm{T}} = \boldsymbol{V}_k - \boldsymbol{H}_k\boldsymbol{Q}_k\boldsymbol{H}_k^{\mathrm{T}} - \beta\boldsymbol{R}_k \quad (4-9)$$

式中：β 为弱化因子，$\beta \geqslant 1$，其数值可以通过计算机仿真实验按照某准则来确定。

式（4-9）中的残差协方差矩阵 $\boldsymbol{V}_k$ 可以按照下式进行估算：

$$\boldsymbol{V}_k = \begin{cases} \boldsymbol{e}_1\boldsymbol{e}_1^{\mathrm{T}}, k=1 \\ \dfrac{\rho\boldsymbol{V}_{k-1} + \boldsymbol{e}_k\boldsymbol{e}_k^{\mathrm{T}}}{1+\rho}, k\geqslant 2 \end{cases} \quad (4-10)$$

式中：ρ 为遗忘因子，$0<\rho\leqslant 1$，用以加强当前数据的影响以消除数据饱和现

象，工程中通常取 $\rho=0.95$。

为了简化表达，定义两个矩阵如下：

$$\boldsymbol{M}_k=\boldsymbol{H}_k\boldsymbol{F}_{k-1}\boldsymbol{P}_{k-1}^{+}\boldsymbol{F}_{k-1}^{\mathrm{T}}\boldsymbol{H}_k^{\mathrm{T}} \tag{4-11}$$

$$\boldsymbol{N}_k=\boldsymbol{V}_k-\boldsymbol{H}_k\boldsymbol{Q}_{k-1}\boldsymbol{H}_k^{\mathrm{T}}-\beta\boldsymbol{R}_k \tag{4-12}$$

则式（4－9）可以简化为

$$\boldsymbol{M}_k\boldsymbol{\lambda}_k=\boldsymbol{N}_k \tag{4-13}$$

对式（4－13）两端求矩阵的迹，可以得到渐消因子 $\boldsymbol{\lambda}_k$ 的次优解为

$$\boldsymbol{\lambda}_k=\max\left\{\frac{\mathrm{tr}(\boldsymbol{N}_k)}{\mathrm{tr}(\boldsymbol{M}_k)},1\right\} \tag{4-14}$$

式中：$\mathrm{tr}(\cdot)$ 表示矩阵的求迹运算。

至此，便得到了次优渐消因子 $\boldsymbol{\lambda}_k$ 的计算方法，从而获得了 STF 的完整递推步骤。

4.1.2　基于线性误差传播的强跟踪容积卡尔曼滤波

虽然 STF 通过引入次优渐消因子改进了算法的相关性能，但 STF 从本质上讲是从 EKF 衍生出的算法，因此也不可避免地继承了 EKF 一些固有的内在缺陷。主要有：STF 对非线性状态后验近似精度只能达到一阶，要求非线性系统函数连续光滑可微，而对于高维强非线性系统，雅可比矩阵的计算十分复杂，甚至难以完成。而容积卡尔曼滤波在这些方面具有突出优势，为此，考虑将强跟踪滤波理论向容积卡尔曼滤波推广。

首先，给出次优渐消因子的等价计算形式。利用统计线性回归方法可以得到量测协方差矩阵 $\boldsymbol{P}_{z,k}$ 和交叉协方差矩阵 $\boldsymbol{P}_{xz,k}$ 的等价形式如下[85]：

$$\begin{aligned}\boldsymbol{P}_{z,k}&=\mathrm{E}[(z_k-\hat{\boldsymbol{z}}_k)(z_k-\hat{\boldsymbol{z}}_k)^{\mathrm{T}}]\\&=\mathrm{E}[(\boldsymbol{H}_k(\boldsymbol{x}_k-\hat{\boldsymbol{x}}_k^{-})+\boldsymbol{v}_k)((\boldsymbol{x}_k-\hat{\boldsymbol{x}}_k^{-})^{\mathrm{T}}\boldsymbol{H}_k^{\mathrm{T}}+\boldsymbol{v}_k^{\mathrm{T}})]\\&=\boldsymbol{H}_k\mathrm{E}((\boldsymbol{x}_k-\hat{\boldsymbol{x}}_k^{-})(\boldsymbol{x}_k-\hat{\boldsymbol{x}}_k^{-})^{\mathrm{T}})\boldsymbol{H}_k^{\mathrm{T}}+\mathrm{E}(\boldsymbol{v}_k\boldsymbol{v}_k^{\mathrm{T}})\\&=\boldsymbol{H}_k\boldsymbol{P}_k^{-}\boldsymbol{H}_k^{\mathrm{T}}+\boldsymbol{R}_k\end{aligned} \tag{4-15}$$

$$\begin{aligned}\boldsymbol{P}_{xz,k}&=\mathrm{E}((\boldsymbol{x}_k-\hat{\boldsymbol{x}}_k^{-})(z_k-\hat{\boldsymbol{z}}_k)^{\mathrm{T}})\\&=\mathrm{E}[(\boldsymbol{x}_k-\hat{\boldsymbol{x}}_k^{-})(\boldsymbol{H}_k(\boldsymbol{x}_k-\hat{\boldsymbol{x}}_k^{-})+\boldsymbol{v}_k)^{\mathrm{T}}]\\&=\mathrm{E}((\boldsymbol{x}_k-\hat{\boldsymbol{x}}_k^{-})(\boldsymbol{x}_k-\hat{\boldsymbol{x}}_k^{-})^{\mathrm{T}})\boldsymbol{H}_k^{\mathrm{T}}\\&=\boldsymbol{P}_k^{-}\boldsymbol{H}_k^{\mathrm{T}}\end{aligned} \tag{4-16}$$

由于 $\boldsymbol{P}_k^{-}=\boldsymbol{F}\boldsymbol{P}_{k-1}^{+}\boldsymbol{F}^{\mathrm{T}}+\boldsymbol{Q}_{k-1}$，且 $\boldsymbol{Q}_{k-1}$ 为正定矩阵，因此 $\boldsymbol{P}_k^{-}$ 存在逆矩阵，由式（4－16）可得

$$\boldsymbol{H}_k=\boldsymbol{P}_{xz,k}^{\mathrm{T}}(\boldsymbol{P}_k^{-})^{-1} \tag{4-17}$$

将式（4－11）中的 $\boldsymbol{M}_k$ 进行变形，并将其与 $\boldsymbol{N}_k$ 重写为

$$\begin{aligned}\boldsymbol{M}_k &= \boldsymbol{H}_k\boldsymbol{F}_{k-1}\boldsymbol{P}_{k-1}^{+}\boldsymbol{F}_{k-1}^{\mathrm{T}}\boldsymbol{H}_k^{\mathrm{T}}\\ &= \boldsymbol{H}_k(\boldsymbol{P}_k^{-} - \boldsymbol{Q}_k)\boldsymbol{H}_k^{\mathrm{T}} = \boldsymbol{H}_k\boldsymbol{P}_k^{-}\boldsymbol{H}_k^{\mathrm{T}} - \boldsymbol{H}_k\boldsymbol{Q}_k\boldsymbol{H}_k^{\mathrm{T}}\\ &= \boldsymbol{H}_k\boldsymbol{P}_k^{-}\boldsymbol{H}_k^{\mathrm{T}} - \boldsymbol{V}_k + \boldsymbol{N}_k + \beta\boldsymbol{R}_k\end{aligned} \tag{4-18}$$

$$\boldsymbol{N}_k = \boldsymbol{V}_k - \boldsymbol{H}_k\boldsymbol{Q}_{k-1}\boldsymbol{H}_k^{\mathrm{T}} - \beta\boldsymbol{R}_k \tag{4-19}$$

将式（4－15）和式（4－16）分别代入式（4－18）和式（4－19）中，可以得到 $\boldsymbol{M}_k$ 和 $\boldsymbol{N}_k$ 的等价表示形式为

$$\boldsymbol{M}_k = \boldsymbol{P}_{z,k} - \boldsymbol{V}_k + \boldsymbol{N}_k + (\beta-1)\boldsymbol{R}_k \tag{4-20}$$

$$\boldsymbol{N}_k = \boldsymbol{V}_k - \boldsymbol{P}_{xz,k}^{\mathrm{T}}(\boldsymbol{P}_k^{-})^{-1}\boldsymbol{Q}_k(\boldsymbol{P}_k^{-})^{-1}\boldsymbol{P}_{xz,k} - \beta\boldsymbol{R}_k \tag{4-21}$$

将式（4－20）和式（4－21）中的 $\boldsymbol{M}_k$ 和 $\boldsymbol{N}_k$ 代入式（4－14）中，便可以得到次优渐消因子 $\boldsymbol{\lambda}_k$ 的等价计算形式。

将次优渐消因子的计算方法与容积卡尔曼滤波相结合，便可以得到兼具二者优势的强跟踪容积卡尔曼滤波算法。从式（4－20）和式（4－21）可以看出，由于 $\boldsymbol{\lambda}_k$ 作用于 $\boldsymbol{P}_k^{-}$，而 $\boldsymbol{\lambda}_k$ 的计算依赖于 $\boldsymbol{P}_k^{-}$，$\boldsymbol{P}_{z,k}$ 和 $\boldsymbol{P}_{xz,k}$，因此，在强跟踪容积卡尔曼滤波步骤中存在一个局部的反馈环节。在算法中用下标 l 表示尚未引入渐消因子时相应的变量。

强跟踪容积卡尔曼滤波的递推计算步骤为：

确定采用一种容积准则，如第 2 章中的单形容积准则、第 3 章中的高阶容积准则等。

步骤 1：滤波初始化

给定滤波初始化值 $\hat{\boldsymbol{x}}_0^{+}$，$\boldsymbol{P}_0^{+}$

循环 $k=1, 2, \cdots$，完成以下步骤。

步骤 2：时间更新

分别用 $\hat{\boldsymbol{x}}_{k-1}^{+}$ 和 $\boldsymbol{P}_{k-1}^{+}$ 按照选定的容积准则计算容积点 $\hat{\boldsymbol{x}}_{k-1}^{(i)}$。

用 $\boldsymbol{f}(\cdot)$ 计算 $\hat{\boldsymbol{x}}_{k-1}^{(i)}$ 的非线性传递点 $\boldsymbol{X}_k^{(i)} = \boldsymbol{f}(\hat{\boldsymbol{x}}_{k-1}^{(i)})$。

对 $\boldsymbol{X}_k^{(i)}$ 进行加权求和计算先验状态估计 $\hat{\boldsymbol{x}}_k^{-} = \sum_{i=1}^{L}\omega_i\boldsymbol{X}_k^{(i)}$，$\omega_i$ 为相应的权值。

计算无渐消因子时的先验协方差矩阵 $\boldsymbol{P}_{l,k}^{-} = \sum_{i=1}^{L}\omega_i(\boldsymbol{X}_k^{(i)} - \hat{\boldsymbol{x}}_k^{-})(\boldsymbol{X}_k^{(i)} - \hat{\boldsymbol{x}}_k^{-})^{\mathrm{T}} + \boldsymbol{Q}_{k-1}$。

步骤 3：引入渐消因子前的量测更新

分别用 $\hat{\boldsymbol{x}}_k^{-}$ 和 $\boldsymbol{P}_{l,k}^{-}$ 按照选定的容积准则计算容积点 $\hat{\boldsymbol{x}}_{l,k}^{(i)}$。

用 $\boldsymbol{h}(\cdot)$ 计算 $\hat{\boldsymbol{x}}_{l,k}^{(i)}$ 的非线性传递点 $\boldsymbol{Z}_{l,k}^{(i)} = \boldsymbol{h}(\hat{\boldsymbol{x}}_{l,k}^{(i)})$。

对 $\boldsymbol{Z}_{l,k}^{(i)}$ 进行加权求和计算量测估计 $\hat{z}_{l,k}=\omega_i\boldsymbol{Z}_{l,k}^{(i)}$。

计算量测协方差矩阵 $\boldsymbol{P}_{l,z}=\sum_{i=1}^{L}\omega_i(\boldsymbol{Z}_{l,k}^{(i)}-\hat{z}_{l,k})(\boldsymbol{Z}_{l,k}^{(i)}-\hat{z}_{l,k})^{\mathrm{T}}+\boldsymbol{R}_k$。

计算交叉协方差矩阵 $\boldsymbol{P}_{l,xz}=\sum_{i=1}^{L}\omega_i(\hat{\boldsymbol{x}}_{l,k}^{(i)}-\hat{\boldsymbol{x}}_k^-)(\boldsymbol{Z}_{l,k}^{(i)}-\hat{z}_{l,k})^{\mathrm{T}}$。

步骤4：计算次优渐消因子 $\boldsymbol{\lambda}_k$

利用 $\boldsymbol{P}_{l,k}^-$、$\boldsymbol{P}_{l,z}$ 和 $\boldsymbol{P}_{l,xz}$ 的值，按照式（4-20）和式（4-21）计算 $\boldsymbol{M}_k$ 和 $\boldsymbol{N}_k$。

按照式（4-14）计算 $\boldsymbol{\lambda}_k$。

计算引入次优渐消因子后的协方差矩阵 $\boldsymbol{P}_k^-=\boldsymbol{\lambda}_k\left\{\sum_{i=1}^{L}\omega_i(\boldsymbol{X}_k^{(i)}-\hat{\boldsymbol{x}}_k^-)(\boldsymbol{X}_k^{(i)}-\hat{\boldsymbol{x}}_k^-)^{\mathrm{T}}\right\}+\boldsymbol{Q}_{k-1}$。

步骤5：引入渐消因子后的量测更新

分别用 $\hat{\boldsymbol{x}}_k^-$ 和 $\boldsymbol{P}_k^-$ 按照选定的容积准则计算容积点 $\hat{\boldsymbol{x}}_k^{(i)}$。

计算非线性传递点 $\boldsymbol{Z}_k^{(i)}=\boldsymbol{h}(\hat{\boldsymbol{x}}_k^{(i)})$。

计算量测预测值 $\hat{z}_k=\sum_{i=1}^{L}\omega_i\boldsymbol{Z}_k^{(i)}$。

计算量测协方差矩阵 $\boldsymbol{P}_{z,k}=\sum_{i=1}^{L}\omega_i(\boldsymbol{Z}_k^{(i)}-\hat{z}_k)(\boldsymbol{Z}_k^{(i)}-\hat{z}_k)^{\mathrm{T}}+\boldsymbol{R}_k$。

计算交叉协方差矩阵 $\boldsymbol{P}_{xz,k}=\sum_{i=1}^{L}\omega_i(\hat{\boldsymbol{x}}_k^{(i)}-\hat{\boldsymbol{x}}_k^-)(\boldsymbol{Z}_k^{(i)}-\hat{z}_k)^{\mathrm{T}}$。

计算卡尔曼滤波增益 $\boldsymbol{K}_k=\boldsymbol{P}_{xz,k}\boldsymbol{P}_{z,k}^{-1}$。

计算后验状态估计 $\hat{\boldsymbol{x}}_k^+=\hat{x}_k^-+\boldsymbol{K}_k(z_k-\hat{z}_k)$。

计算后验误差协方差矩阵 $\boldsymbol{P}_k^+=\boldsymbol{P}_k^--\boldsymbol{K}_k\boldsymbol{P}_{z,k}\boldsymbol{K}_k^{\mathrm{T}}$。

4.1.3 次优渐消因子作用位置的改进滤波

从4.1.2节推导的强跟踪容积卡尔曼滤波算法流程可以看出，由于次优渐消因子 $\boldsymbol{\lambda}_k$ 的计算依赖于协方差矩阵，因此导致了整个算法流程中需要进行三次容积变换，这不仅会造成算法计算量的增加，也会损失一定的精度。为此，有必要研究改进次优渐消因子的作用位置，从而争取减少容积变换的次数。

将 $\boldsymbol{P}_{xz,k}=\boldsymbol{P}_k^-\boldsymbol{H}_k^{\mathrm{T}}$ 代入式（4-3）中可得

$$\boldsymbol{P}_{xz,k}-\boldsymbol{K}_k\boldsymbol{V}_k=0 \tag{4-22}$$

进而，由滤波增益矩阵 $\boldsymbol{K}_k=\boldsymbol{P}_{xz,k}\boldsymbol{P}_{z,k}^{-1}$ 可得 $\boldsymbol{P}_{xz,k}=\boldsymbol{K}_k\boldsymbol{P}_{z,k}$，代入式（4-22）

中可得

$$\boldsymbol{P}_{xz,k}-\boldsymbol{K}_k\boldsymbol{V}_k=\boldsymbol{K}_k\boldsymbol{P}_{z,k}-\boldsymbol{K}_k\boldsymbol{V}_k=\boldsymbol{K}_k(\boldsymbol{P}_{z,k}-\boldsymbol{V}_k)=0 \tag{4-23}$$

由于$\boldsymbol{K}_k$为非零矩阵，式（4-23）成立的条件转化为

$$\boldsymbol{P}_{z,k}-\boldsymbol{V}_k=0 \tag{4-24}$$

为了在线实时调整增益矩阵$\boldsymbol{K}_k$，将次优渐消因子λ_k作用于先验状态误差协方差矩阵的整体，即

$$\boldsymbol{P}_k^- = \lambda_k\left[\sum_{i=1}^{L}\omega_i(\boldsymbol{X}_k^{(i)}-\hat{\boldsymbol{x}}_k^-)(\boldsymbol{X}_k^{(i)}-\hat{\boldsymbol{x}}_k^-)^{\mathrm{T}}+\boldsymbol{Q}_{k-1}\right] \tag{4-25}$$

相应地，由式（4-15）和式（4-16）可知，矩阵$\boldsymbol{P}_{z,k}$和$\boldsymbol{P}_{xz,k}$改写为

$$\boldsymbol{P}_{z,k} = \lambda_k\sum_{i=1}^{L}\omega_i(\boldsymbol{Z}_k^{(i)}-\hat{\boldsymbol{z}}_k)(\boldsymbol{Z}_k^{(i)}-\hat{\boldsymbol{z}}_k)^{\mathrm{T}}+\boldsymbol{R}_k \tag{4-26}$$

$$\boldsymbol{P}_{xz,k} = \lambda_k\sum_{i=1}^{L}\omega_i(\hat{\boldsymbol{x}}_k^{(i)}-\hat{\boldsymbol{x}}_k^-)(\boldsymbol{Z}_k^{(i)}-\hat{\boldsymbol{z}}_k)^{\mathrm{T}} \tag{4-27}$$

通过将式（4-26）代入式（4-24），可以得到

$$\lambda_k\sum_{i=1}^{L}\omega_i(\boldsymbol{Z}_k^{(i)}-\hat{\boldsymbol{z}}_k)(\boldsymbol{Z}_k^{(i)}-\hat{\boldsymbol{z}}_k)^{\mathrm{T}}+\boldsymbol{R}_k-\boldsymbol{V}_k=0 \tag{4-28}$$

定义矩阵$\boldsymbol{M}_k$和$\boldsymbol{N}_k$如下：

$$\boldsymbol{M}_k = \sum_{i=1}^{L}\omega_i(\boldsymbol{Z}_k^{(i)}-\hat{\boldsymbol{z}}_k)(\boldsymbol{Z}_k^{(i)}-\hat{\boldsymbol{z}}_k)^{\mathrm{T}} \tag{4-29}$$

$$\boldsymbol{N}_k=\boldsymbol{V}_k-\boldsymbol{R}_k \tag{4-30}$$

则式（4-28）转化为简洁的形式如下：

$$\lambda_k\boldsymbol{M}_k=\boldsymbol{N}_k \tag{4-31}$$

通过对式（4-31）两端求矩阵的迹运算，可以得到渐消因子λ_k的次优解为

$$\lambda_k=\max\left\{\frac{\mathrm{tr}(\boldsymbol{N}_k)}{\mathrm{tr}(\boldsymbol{M}_k)},1\right\} \tag{4-32}$$

在实际应用中，经常将$\boldsymbol{N}_k$修改为$\boldsymbol{N}_k=\boldsymbol{V}_k-\beta\boldsymbol{R}_k$，$\beta\geqslant1$为弱化因子，其意义同样是为了避免由渐消因子引起的过调节作用，进而使得状态估计结果更为平滑。

对比本小节和4.1.2小节中$\boldsymbol{M}_k$和$\boldsymbol{N}_k$的定义可以看出，两种矩阵的定义完全不同。本小节中$\boldsymbol{M}_k$和$\boldsymbol{N}_k$的定义方式不依赖于协方差矩阵，因此在计算次优渐消因子的过程中不存在局部反馈环节，从而将容积变换的次数从三次减少为两次，有效地降低了算法的计算量，同时还能在一定程度上提高强跟踪容积卡尔曼滤波的估计精度。

下面给出本小节提出的强跟踪容积卡尔曼滤波的递推计算步骤：

确定采用一种容积准则，如第 2 章中的单形容积准则、第 3 章中的高阶容积准则等。

步骤 1：滤波初始化

给定滤波初始化值 $\hat{\boldsymbol{x}}_0^+$，$\boldsymbol{P}_0^+$

循环 $k=1$，2，…，完成以下步骤。

步骤 2：时间更新

分别用 $\hat{\boldsymbol{x}}_{k-1}^+$ 和 $\boldsymbol{P}_{k-1}^+$ 按照选定的容积准则计算容积点 $\hat{\boldsymbol{x}}_{k-1}^{(i)}$。

用 $\boldsymbol{f}(\cdot)$ 计算 $\hat{\boldsymbol{x}}_{k-1}^{(i)}$ 的非线性传递点 $\boldsymbol{X}_k^{(i)}=\boldsymbol{f}(\hat{\boldsymbol{x}}_{k-1}^{(i)})$。

对 $\boldsymbol{X}_k^{(i)}$ 进行加权求和计算先验状态估计 $\hat{\boldsymbol{x}}_k^- = \sum_{i=1}^{L}\omega_i\boldsymbol{X}_k^{(i)}$，$\omega_i$ 为相应的权值。

计算先验协方差矩阵 $\boldsymbol{P}_k^- = \sum_{i=1}^{L}\omega_i(\boldsymbol{X}_k^{(i)}-\hat{\boldsymbol{x}}_k^-)(\boldsymbol{X}_k^{(i)}-\hat{\boldsymbol{x}}_k^-)^{\mathrm{T}}+\boldsymbol{Q}_{k-1}$。

步骤 3：量测更新第一阶段

分别用 $\hat{\boldsymbol{x}}_k^-$ 和 $\boldsymbol{P}_k^-$ 按照选定的容积准则计算容积点 $\hat{\boldsymbol{x}}_k^{(i)}$。

用 $\boldsymbol{h}(\cdot)$ 计算 $\hat{\boldsymbol{x}}_k^{(i)}$ 的非线性传递点 $\boldsymbol{Z}_k^{(i)}=\boldsymbol{h}(\hat{\boldsymbol{x}}_k^{(i)})$。

对 $\boldsymbol{Z}_k^{(i)}$ 进行加权求和计算量测估计 $\hat{z}_k=\omega_i\boldsymbol{Z}_k^{(i)}$。

步骤 4：计算次优渐消因子 λ_k

计算残差 $\boldsymbol{e}_k$ 和残差协方差矩阵 $\boldsymbol{V}_k$。

按照式（4-29）和式（4-30）计算 $\boldsymbol{M}_k$ 和 $\boldsymbol{N}_k$。

按照式（4-32）计算 $\boldsymbol{\lambda}_k$。

步骤 5：量测更新第二阶段

计算量测协方差矩阵 $\boldsymbol{P}_{z,k} = \lambda_k\sum_{i=1}^{L}\omega_i(\boldsymbol{Z}_k^{(i)}-\hat{z}_k)(\boldsymbol{Z}_k^{(i)}-\hat{z}_k)^{\mathrm{T}}+\boldsymbol{R}_k$。

计算交叉协方差矩阵 $\boldsymbol{P}_{xz,k} = \lambda_k\sum_{i=1}^{L}\omega_i(\hat{\boldsymbol{x}}_k^{(i)}-\hat{\boldsymbol{x}}_k^-)(\boldsymbol{Z}_k^{(i)}-\hat{z}_k)^{\mathrm{T}}$。

计算卡尔曼滤波增益 $\boldsymbol{K}_k=\boldsymbol{P}_{xz,k}\boldsymbol{P}_{z,k}^{-1}$。

计算后验状态估计 $\hat{\boldsymbol{x}}_k^+=\hat{\boldsymbol{x}}_k^-+\boldsymbol{K}_k(z_k-\hat{z}_k)$。

计算后验误差协方差矩阵 $\boldsymbol{P}_k^+=\lambda_k\boldsymbol{P}_k^--\boldsymbol{K}_k\boldsymbol{P}_{z,k}\boldsymbol{K}_k^{\mathrm{T}}$。

4.1.4　仿真验证与分析

采用机动目标跟踪数值实验来验证本节方法的性能。

二维机动目标的动力学模型如下：

$$\boldsymbol{x}_k=\boldsymbol{F}\boldsymbol{x}_{k-1}+\boldsymbol{\Gamma}\boldsymbol{u}_{k-1}+\boldsymbol{G}\boldsymbol{w}_{k-1} \tag{4-33}$$

式中：$\boldsymbol{x}_k$ 为目标状态，$\boldsymbol{x}_k=(x_k,\dot{x}_k,y_k,\dot{y}_k)^{\mathrm{T}}$；$\boldsymbol{u}_k$ 为控制输入，$\boldsymbol{u}_k=(\ddot{x}_k,\ddot{y}_k)^{\mathrm{T}}$；$\boldsymbol{w}_{k-1}$为零均值高斯白噪声；$\boldsymbol{F}$，$\boldsymbol{\Gamma}$ 和 $\boldsymbol{G}$ 分别为状态转移矩阵、控制输入矩阵和噪声驱动矩阵，即

$$\boldsymbol{F}=\begin{bmatrix}1 & T & 0 & 0\\0 & 1 & 0 & 0\\0 & 0 & 1 & T\\0 & 0 & 0 & 1\end{bmatrix},\boldsymbol{\Gamma}=\boldsymbol{G}=\begin{bmatrix}T^2/2 & 0\\T & 0\\0 & T^2/2\\0 & T\end{bmatrix} \tag{4-34}$$

式中：T 为采样时间间隔。

对于跟踪系统，目标状态和控制输入是未知的，在这种情况下，目标状态可以和控制输入组合成扩维状态向量 $\boldsymbol{x}_k^a=(\boldsymbol{x}_k^{\mathrm{T}},\boldsymbol{u}_k^{\mathrm{T}})^{\mathrm{T}}$，进而式（4-33）可改写为

$$\boldsymbol{x}_k^a=\boldsymbol{F}^a\boldsymbol{x}_{k-1}^a+\boldsymbol{G}^a\boldsymbol{w}_{k-1} \tag{4-35}$$

式中：$\boldsymbol{F}^a$ 和 $\boldsymbol{G}^a$ 分别为扩维状态转移矩阵和噪声驱动矩阵，即

$$\boldsymbol{F}^a=\begin{bmatrix}\boldsymbol{F} & \boldsymbol{\Gamma}\\\boldsymbol{0}_{2\times4} & \boldsymbol{I}_2\end{bmatrix},\boldsymbol{G}^a=\begin{bmatrix}\boldsymbol{G}\\\boldsymbol{0}_{2\times2}\end{bmatrix} \tag{4-36}$$

量测方程为

$$\boldsymbol{z}_k=\begin{bmatrix}\sqrt{x_k^2+y_k^2}\\\arctan2(y_k,x_k)\end{bmatrix}+\boldsymbol{v}_k \tag{4-37}$$

式中：arctan2 为四象限反正切函数；$\boldsymbol{v}_k$ 为零均值高斯白噪声。

在仿真中，目标的初始位置为$(x_0,y_0)=(100,400)$，目标的初始速度为$(\dot{x}_0,\dot{y}_0)=(15,20)$，雷达坐标为（400，0）。仿真时长为400s，目标从40s开始进行高机动，机动加速度为

$$\boldsymbol{u}_k=\begin{cases}(0,0)^{\mathrm{T}},0<k\leqslant40\\(6,-8)^{\mathrm{T}},40<k\leqslant120\\(-3,7)^{\mathrm{T}},120<k\leqslant200\\(5,2)^{\mathrm{T}},200<k\leqslant400\end{cases} \tag{4-38}$$

滤波初始状态为 $\hat{\boldsymbol{x}}_0^+=(100,15,400,20,0,0)^{\mathrm{T}}$，初始协方差矩阵为 $\boldsymbol{P}_0^+=\mathrm{diag}$（2500，400，2500，100，10，10）。过程噪声协方差矩阵为 $\boldsymbol{Q}_k=0.1\times\mathrm{diag}$（1，1），测距和测角的标准差分别为25m 和0.02°。遗忘因子取为 $\rho=0.98$，弱化因子设置为 $\beta=6$。

将4.1.2 节提出的强跟踪容积卡尔曼滤波简记为STCKF，将4.1.3 节提出的改进强跟踪容积卡尔曼滤波简记为ISTCKF，选择2.2 节中的标准三阶容积准则和3.3 节中的逼近积分点数下限的五阶容积准则进行对比，采用定位

RMSE 和平均 RMSE 来比较不同算法的跟踪精度。

执行 200 次蒙特卡洛仿真，仿真结果如图 4 – 1 ~ 图 4 – 3 所示。从图 4 – 3（a）和图 4 – 3（b）可以看出，由于目标在 40s 时进行高机动，因此滤波器的位置 RMSE 和速度 RMSE 均出现跳动。然而，三个强跟踪滤波器的 RMSE 在很短的时间内再次收敛，而 CKF 和 5 – CKF 均无法在短时间内实现收敛，这表明三个强跟踪滤波器有能力跟踪机动突变状态，而 CKF 和 5 – CKF 不具备这样的能力。原因是强跟踪滤波器中的次优渐消因子可以实时调整增益矩阵，如图 4 – 2 所示，从而迫使残差序列相互正交，因此强制滤波器实现对突变状态的跟踪，而常规 CKF 中不存在渐消因子，故而不具备该能力。从图 4 – 3（c）和图 4 – 3（d）可以看出，强跟踪滤波器可以有效地估计未知的加速度状态，而 CKF 和 5 – CKF 则无法获得加速度状态的估计值。

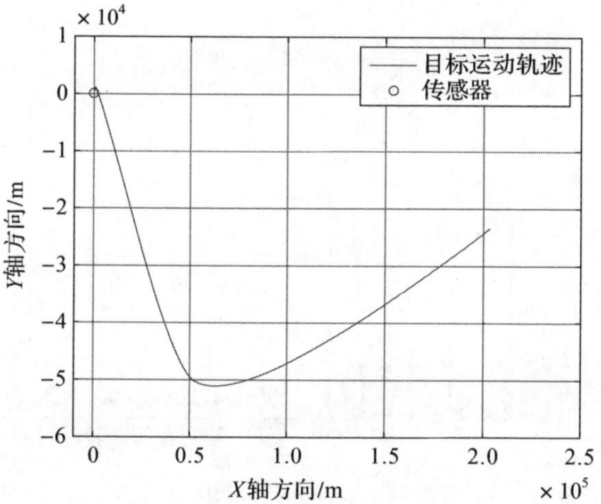

图 4 – 1　目标运动轨迹与传感器位置

定位 RMSE 和定速 RMSE 列于表 4 – 1。如图 4 – 3 所示，CKF 和 5 – CKF 的 RMSE 算法明显大于其他滤波器，这一点在表 4 – 1 中同样得到了验证。从表 4 – 1可以看到，与 STCKF 相比，ISTCKF 算法将定位 RMSE 和定速 RMSE 分别提高了 0. 55% 和 0. 71% ，这是因为 ISTCKF 算法通过对次优渐消因子作用位置的改进，将容积变换的次数降低为两次，从而减少了高阶项损失，因此具有比传统强跟踪容积卡尔曼滤波更优的算法结构。而与 ISTCKF 算法相比，5 – ISTCKF 算法将定位 RMSE 和定速 RMSE 分别进一步提高了 1. 14% 和 2. 02% ，表明相比三阶容积准则，五阶容积准则对非线性高斯加权积分具有更高的逼近精度。

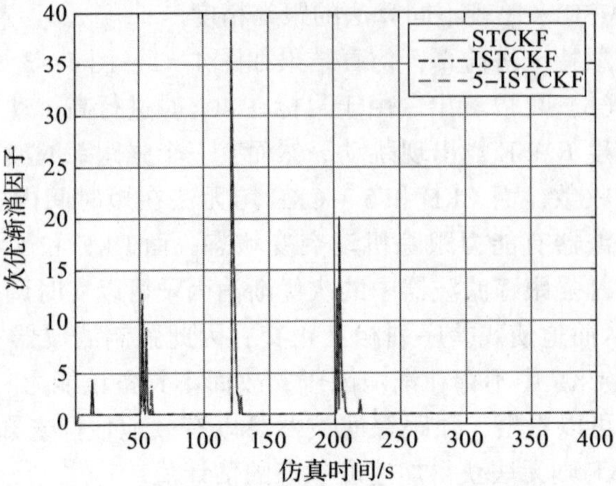

图 4－2　三种强跟踪算法的次优渐消因子

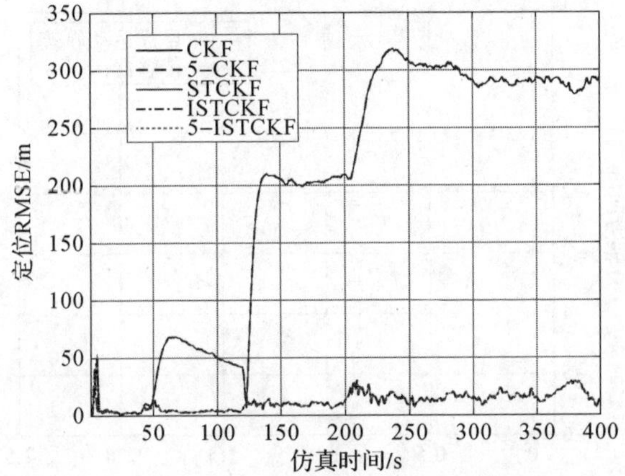

(a) 定位RMSE

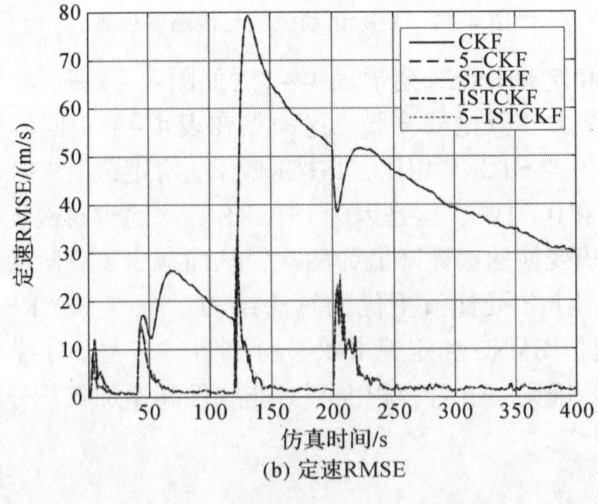

(b) 定速RMSE

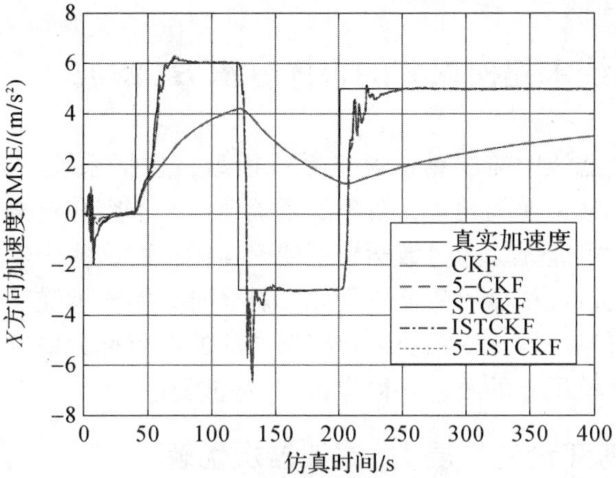

(c) X方向加速度RMSE

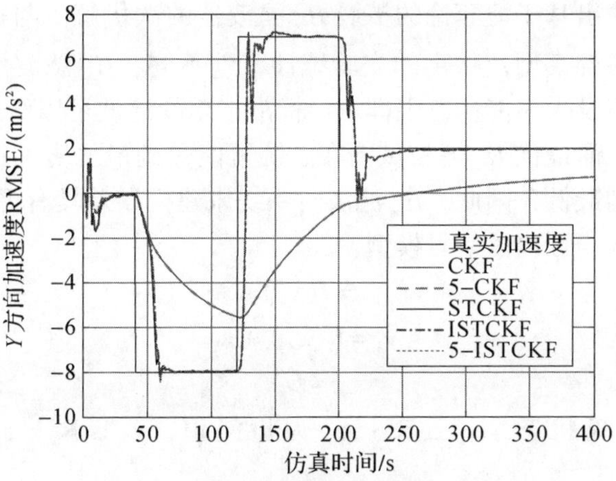

(d) Y方向加速度RMSE

图 4－3　五种滤波算法目标跟踪 RMSE

表 4－1　五种滤波算法目标跟踪平均 RMSE

滤波算法	定位 RMSE	定速 RMSE	运行时间/s
CKF	193.0742	36.3750	3.474
5－CKF	193.0547	36.3143	10.532
STCKF	12.0295	3.1367	5.930
ISTCKF	11.9639	3.1145	3.978
5－ISTCKF	11.8295	3.0516	11.419

4.2 抵抗系统未建模误差的鲁棒容积 H_∞ 滤波

容积卡尔曼滤波中需要精确已知系统模型，包括系统状态模型和量测模型。然而，在实际工业问题中，精确的系统模型并不容易获得，系统的一些高阶误差项及扰动可能无法通过数学模型精确描述，而这些未建模误差项会导致容积卡尔曼滤波估计精度的降低。为此，需要研究能够承受系统未建模误差影响的滤波器。将滤波器承受系统未建模误差项的性质称为鲁棒性，本节主要研究面向系统未建模误差的改进鲁棒容积 H_∞ 滤波器。

4.2.1 基于博弈论的扩展 H_∞ 滤波器次优解

本节简要给出基于博弈论的扩展 H_∞ 滤波器的次优解。与标准卡尔曼滤波需要精确已知系统模型及噪声的先验统计特性不同，H_∞ 滤波无需任何先验信息，而仅需要假设噪声能量有限即可。标准卡尔曼滤波可以给出状态的最小均方误差估计值，而最优 H_∞ 滤波试图在系统可能受到最恶劣的摄动时将对状态估计的影响降到最低，因此，H_∞ 滤波对系统未建模误差具有更强的鲁棒性。

考虑如下非线性离散信号模型：

$$\boldsymbol{x}_{k+1}=\boldsymbol{f}(\boldsymbol{x}_k)+\boldsymbol{w}_k \tag{4-39}$$

$$\boldsymbol{y}_k=\boldsymbol{h}(\boldsymbol{x}_k)+\boldsymbol{v}_k \tag{4-40}$$

$$\boldsymbol{z}_k=\boldsymbol{L}_k\boldsymbol{x}_k \tag{4-41}$$

式中：$\boldsymbol{x}_k$ 为系统状态，$\boldsymbol{x}_k\in\mathbf{R}^n$；$\boldsymbol{y}_k$ 为量测值，$\boldsymbol{y}_k\in\mathbf{R}^p$；$\boldsymbol{z}_k$ 为被估信号，$\boldsymbol{z}_k\in\mathbf{R}^q$。

一般情况下 $\boldsymbol{L}_k$ 为已知矩阵，如果仅需要估计系统状态，则可以将 $\boldsymbol{L}_k$ 设置为相应维度的单位矩阵。假设过程噪声 $\boldsymbol{w}_k$ 和量测噪声 $\boldsymbol{v}_k$ 为统计特性未知的能量有界 l_2 信号，即满足 $\sum\limits_{k=0}^{\infty}\boldsymbol{w}_k^{\mathrm{T}}\boldsymbol{w}_k<\infty$，$\sum\limits_{k=0}^{\infty}\boldsymbol{v}_k^{\mathrm{T}}\boldsymbol{v}_k<\infty$。令 $\hat{\boldsymbol{z}}_k^+=\boldsymbol{F}(\boldsymbol{Y}^k)$ 表示基于量测值 $\boldsymbol{Y}^k=\{\boldsymbol{y}_i\}_{i=0}^{k}$ 的 $\boldsymbol{z}_k$ 的估计，可以定义估计误差 $\boldsymbol{e}_k=\hat{\boldsymbol{z}}_k^+-\boldsymbol{z}_k=\hat{\boldsymbol{z}}_k^+-\boldsymbol{L}_k\boldsymbol{x}_k$，令 $T_k(\boldsymbol{F})$ 表示将未知摄动 $\boldsymbol{x}_0-\hat{\boldsymbol{x}}_0^+$，$\{\boldsymbol{w}_i\}_{i=0}^{k}$，$\{\boldsymbol{v}_i\}_{i=0}^{k}$ 映射到估计误差 $\sum\limits_{k=0}^{\infty}\boldsymbol{w}_k^{\mathrm{T}}\boldsymbol{w}_k<\infty$ 的转移运算。进而，H_∞ 滤波的目的是选择估计策略 $\boldsymbol{F}$ 以至于将运算 $T_k(\boldsymbol{F})$ 的 H_∞ 范数最小化。其中，转移运算 T 的 H_∞ 范数定义为

$$\|T\|_\infty=\sup_{u\in l_2,u\neq 0}\frac{\|Tu\|_2}{\|u\|_2} \tag{4-42}$$

式中：sup 为上界；u 为有界信号，$u \in l_2$［0，+∞），即 $\sum_{k=0}^{\infty} u_k^{\mathrm{T}} u_k < \infty$。

然而，研究表明，仅在一些特殊情况下可以获得最优 H_∞ 滤波的闭式解，因此，次优 H_∞ 滤波算法设计的目的是在各种可能条件下，使估计误差的能量经输入噪声能量和初始误差能量归一化后达到最小，因此，基于博弈论的次优 H_∞ 滤波的目的是找到估计策略 $\hat{z}_k^+ = \boldsymbol{F}(\boldsymbol{Y}^k)$ 以至于 $T_k(\boldsymbol{F})$ 的 H_∞ 范数满足[86]：

$$\| T_k(\boldsymbol{F}) \|_\infty = \sup_{x_0, w, v \in l_2} \frac{\sum_{k=0}^{N-1} \| \boldsymbol{z}_k - \hat{\boldsymbol{z}}_k \|_{\boldsymbol{M}_k}^2}{\| \boldsymbol{x}_0 - \hat{\boldsymbol{x}}_0 \|_{\boldsymbol{P}_0^{-1}}^2 + \sum_{k=0}^{N-1} \| \boldsymbol{w}_k \|_{Q_k^{-1}}^2 + \sum_{k=0}^{N-1} \| \boldsymbol{v}_k \|_{\boldsymbol{R}_k^{-1}}^2} < \gamma^2 \tag{4-43}$$

式中：γ 为设定阈值，称为约束水平；$\boldsymbol{w}_k$ 和 $\boldsymbol{v}_k$ 为互不相关的系统噪声和量测噪声；$\boldsymbol{x}_0$ 为系统初始状态；$\hat{\boldsymbol{x}}_0$ 为其估计值；$\boldsymbol{P}_0$ 为 $\boldsymbol{x}_0$ 对 $\hat{\boldsymbol{x}}_0^+$ 的逼近精度；$\boldsymbol{Q}_k$ 和 $\boldsymbol{R}_k$ 为加权矩阵，设计者可以根据性能要求进行调节。

在实际应用中，$\boldsymbol{Q}_k$ 和 $\boldsymbol{R}_k$ 可以被认为是相应噪声协方差矩阵的估计，范数 $\| \boldsymbol{e} \|_{\boldsymbol{S}_k}^2 = \boldsymbol{e}^{\mathrm{T}} \boldsymbol{S}_k \boldsymbol{e}$。

基于 Krein 空间卡尔曼滤波算法，文献［87］推导了次优 H_∞ 滤波的解析解，相比标准卡尔曼滤波，其主要区别在于后验协方差矩阵的计算不同，在次优 H_∞ 滤波中，后验协方差矩阵的计算方法为

$$\boldsymbol{P}_k^+ = ((\boldsymbol{P}_k^-)^{-1} + \boldsymbol{H}_k^{\mathrm{T}} \boldsymbol{R}_k^{-1} \boldsymbol{H}_k - \gamma^{-2} \boldsymbol{I}_n)^{-1} \tag{4-44}$$

可以看出，与标准卡尔曼滤波的协方差矩阵相比，式（4-44）中多出了一个调节项 $\gamma^{-2} \boldsymbol{I}_n$。研究中同样给出了次优 H_∞ 滤波的解析解的另一种形式如下：

$$\boldsymbol{P}_k^+ = \boldsymbol{P}_k^- - \boldsymbol{P}_k^- [\boldsymbol{H}_k^{\mathrm{T}}, \boldsymbol{I}^{\mathrm{T}}] \widehat{\boldsymbol{R}}_k^{-1} \begin{bmatrix} \boldsymbol{H}_k \\ \boldsymbol{I}_k \end{bmatrix} \boldsymbol{P}_k^- \tag{4-45}$$

$$\widehat{\boldsymbol{R}}_k = \begin{bmatrix} \boldsymbol{R} & \boldsymbol{0} \\ \boldsymbol{0} & -\gamma^2 \boldsymbol{I} \end{bmatrix} + \begin{bmatrix} \boldsymbol{H}_k \\ \boldsymbol{I} \end{bmatrix} \boldsymbol{P}_k^- [\boldsymbol{H}_k^{\mathrm{T}}, \boldsymbol{I}^{\mathrm{T}}] \tag{4-46}$$

由以下矩阵求逆引理

$$(\boldsymbol{A} + \boldsymbol{UCV})^{-1} = \boldsymbol{A}^{-1} - \boldsymbol{A}^{-1} \boldsymbol{U} (\boldsymbol{C}^{-1} + \boldsymbol{VA}^{-1} \boldsymbol{U})^{-1} \boldsymbol{VA}^{-1} \tag{4-47}$$

可得

$$\begin{aligned} \boldsymbol{P}_k^+ &= ((\boldsymbol{P}_k^-)^{-1} + \boldsymbol{H}_k^{\mathrm{T}} \boldsymbol{R}_k^{-1} \boldsymbol{H}_k - \gamma^{-2} \boldsymbol{I}_n)^{-1} \\ &= \left\{ (\boldsymbol{P}_k^-)^{-1} + [\boldsymbol{H}_k^{\mathrm{T}}, \boldsymbol{I}] \begin{bmatrix} \boldsymbol{R} & \boldsymbol{0} \\ \boldsymbol{0} & -\gamma^2 \boldsymbol{I} \end{bmatrix}^{-1} \begin{bmatrix} \boldsymbol{H}_k \\ \boldsymbol{I} \end{bmatrix} \right\}^{-1} \end{aligned} \tag{4-48}$$

令 $\boldsymbol{A}=(\boldsymbol{P}_k^-)^{-1},\boldsymbol{U}=[\boldsymbol{H}_k^{\mathrm{T}},\boldsymbol{I}],\boldsymbol{C}=\begin{bmatrix}\boldsymbol{R} & \boldsymbol{0}\\ \boldsymbol{0} & -\gamma^2\boldsymbol{I}_n\end{bmatrix}^{-1},\boldsymbol{V}=\begin{bmatrix}\boldsymbol{H}_k\\ \boldsymbol{I}\end{bmatrix}$可得

$$
\begin{aligned}
\boldsymbol{P}_k^+ &=\left\{(\boldsymbol{P}_k^-)^{-1}+[\boldsymbol{H}_k^{\mathrm{T}},\boldsymbol{I}]\begin{bmatrix}\boldsymbol{R} & \boldsymbol{0}\\ \boldsymbol{0} & -\gamma^2\boldsymbol{I}_n\end{bmatrix}^{-1}\begin{bmatrix}\boldsymbol{H}_k\\ \boldsymbol{I}\end{bmatrix}\right\}^{-1}\\
&=\boldsymbol{P}_k^- -\boldsymbol{P}_k^-[\boldsymbol{H}_k^{\mathrm{T}},\boldsymbol{I}]\left\{\begin{bmatrix}\boldsymbol{R} & \boldsymbol{0}\\ \boldsymbol{0} & -\gamma^2\boldsymbol{I}_n\end{bmatrix}+\begin{bmatrix}\boldsymbol{H}_k\\ \boldsymbol{I}\end{bmatrix}\boldsymbol{P}_k^-[\boldsymbol{H}_k^{\mathrm{T}},\boldsymbol{I}]\right\}^{-1}\begin{bmatrix}\boldsymbol{H}_k\\ \boldsymbol{I}\end{bmatrix}\boldsymbol{P}_k^- \qquad (4-49)
\end{aligned}
$$

由此可以看出，文献［90］中给出的解的形式虽与本书形式不同，但是数学上是等价的。本节采用 EH$_\infty$ F 算法[87]，因为该算法具有与卡尔曼滤波相似的结构，其迭代计算步骤如下：

计算状态先验估计 $\hat{\boldsymbol{x}}_k^-=\boldsymbol{f}(\hat{\boldsymbol{x}}_{k-1}^+)$；

计算先验误差协方差矩阵 $\boldsymbol{P}_k^-=\boldsymbol{F}_k\boldsymbol{P}_{k-1}^+\boldsymbol{F}_k^{\mathrm{T}}+\boldsymbol{Q}_k$；

计算后验误差协方差矩阵的逆矩阵$(\boldsymbol{P}_k^+)^{-1}=(\boldsymbol{P}_k^-)^{-1}+\boldsymbol{H}_k^{\mathrm{T}}\boldsymbol{R}_k^{-1}\boldsymbol{H}_k-\gamma^{-2}\boldsymbol{I}_n$；

计算状态后验估计 $\hat{\boldsymbol{x}}_k^+=\hat{\boldsymbol{x}}_k^-+\boldsymbol{K}_k(z_k-\boldsymbol{h}(\hat{\boldsymbol{x}}_k^-))$；

计算卡尔曼滤波增益矩阵

$$\boldsymbol{K}_k=\boldsymbol{P}_k^-\boldsymbol{H}_k^{\mathrm{T}}(\boldsymbol{H}_k\boldsymbol{P}_k^-\boldsymbol{H}_k^{\mathrm{T}}+\boldsymbol{R}_k)^{-1}。$$

式中：$\boldsymbol{F}_k$ 和 $\boldsymbol{H}_k$ 分别为在 $\hat{\boldsymbol{x}}_{k-1}^+$ 和 $\hat{\boldsymbol{x}}_k^-$ 处求取的雅可比矩阵。

可以看出，EH$_\infty$ F 具有与 EKF 相似的计算结构，特别地，当 $\gamma\to\infty$ 时，EH$_\infty$ F 便简化为 EKF，因此，可以将 EH$_\infty$ F 看作一种更为广义的算法，而 γ 则是一个控制算法鲁棒性与精度相平衡的调节参数。

4.2.2 约束水平改进自适应在线调整方法

从 4.2.1 节可以看出，EH$_\infty$ F 需要计算系统的雅可比矩阵，对强非线性系统而言，这不仅会带来复杂的运算，同时也会降低滤波估计的精度。而前述讨论的 CKF 算法需要噪声统计特性服从高斯分布，对于非高斯噪声，则会明显降低滤波估计精度。本节将 EH$_\infty$ F 框架和容积准则相结合，推导出容积 H$_\infty$ 滤波，该算法兼具二者优点，既不需要计算雅可比矩阵，又可以在一定程度上抵抗非高斯噪声的影响。

为了将 EH$_\infty$ F 嵌入 CKF 计算框架，应该采用如下线性误差传播原理对量测误差协方差矩阵和交叉误差协方差矩阵进行近似计算：

$$\boldsymbol{P}_{xz,k}\approx\boldsymbol{P}_k^-\boldsymbol{H}_k^{\mathrm{T}} \qquad (4-50)$$

采用式（4-50）来计算容积 H$_\infty$ 滤波的量测更新步骤，得到

$$\boldsymbol{H}_k^{\mathrm{T}}\boldsymbol{R}_k^{-1}\boldsymbol{H}_k=(\boldsymbol{P}_k^-)^{-1}\boldsymbol{P}_{xz,k}\boldsymbol{R}_k^{-1}\boldsymbol{P}_{xz,k}^{\mathrm{T}}(\boldsymbol{P}_k^-)^{-1} \qquad (4-51)$$

将式（4-51）代入 EH$_\infty$ F 后验误差协方差矩阵的逆矩阵中得到

$$(\boldsymbol{P}_k^+)^{-1} = (\boldsymbol{P}_k^-)^{-1} + (\boldsymbol{P}_k^-)^{-1}\boldsymbol{P}_{xz,k}\boldsymbol{R}_k^{-1}\boldsymbol{P}_{xz,k}^{\mathrm{T}}(\boldsymbol{P}_k^-)^{-1} - \gamma^{-2}\boldsymbol{I}_n \tag{4-52}$$

约束水平 γ 的取值直接影响鲁棒滤波器的性能，当 γ 取值较小时，系统具有较高的鲁棒性但滤波精度较低。γ 取值较大时，系统的稳定性较差，甚至导致系统发散。约束水平 γ 的选取需要满足如下 Riccati 不等式：

$$(\boldsymbol{P}_k^-)^{-1} + (\boldsymbol{P}_k^-)^{-1}\boldsymbol{P}_{xz,k}\boldsymbol{R}_k^{-1}\boldsymbol{P}_{xz,k}^{\mathrm{T}}(\boldsymbol{P}_k^-)^{-1} - \gamma^{-2}\boldsymbol{I}_n > 0 \tag{4-53}$$

约束水平 γ 对滤波精度和鲁棒性有重要影响，通常 γ 根据工程实践经验取为固定值，从而使滤波器性能具有一定的保守性，为了兼顾滤波精度和鲁棒性，应该对 γ 的取值进行自适应优化。为了实现约束水平 γ 的自适应选取，首先引入以下引理：

引理 4－1[88]：设 $\boldsymbol{A}$ 和 $\boldsymbol{B}$ 为 2 个 n 阶厄米特矩阵，$\boldsymbol{A}>0$，$\boldsymbol{B}\geqslant 0$，则 $\boldsymbol{A}>\boldsymbol{B}\Leftrightarrow\lambda_{\max}(\boldsymbol{B}\boldsymbol{A}^{-1})<1$。其中，$\lambda_{\max}(\boldsymbol{A})$ 表示 $\boldsymbol{A}$ 的最大特征值。

可以使用滤波新息 $\boldsymbol{e}_k$ 的平方和 $\boldsymbol{e}_k^{\mathrm{T}}\boldsymbol{e}_k$ 来表示滤波器的实际估计误差。当 $\boldsymbol{e}_k^{\mathrm{T}}\boldsymbol{e}_k$ 较大时，说明此时系统稳定性较差，因此要适当减小 γ 值，提高滤波器的鲁棒性。当 $\boldsymbol{e}_k^{\mathrm{T}}\boldsymbol{e}_k$ 较小时，说明估计精度较高，此时可增大 γ 值，适当降低对滤波器鲁棒性的要求。因此，约束水平 γ 与 $\boldsymbol{e}_k^{\mathrm{T}}\boldsymbol{e}_k$ 之间存在反比关系。

将式（4－53）写成如下等价形式：

$$\gamma^2\boldsymbol{I} > [(\boldsymbol{P}_k^-)^{-1} + (\boldsymbol{P}_k^-)^{-1}\boldsymbol{P}_{xz,k}\boldsymbol{R}^{-1}\boldsymbol{P}_{xz,k}^{\mathrm{T}}(\boldsymbol{P}_k^-)^{-1}]^{-1} \tag{4-54}$$

定义矩阵 $\boldsymbol{A} = [(\boldsymbol{P}_k^-)^{-1} + (\boldsymbol{P}_k^-)^{-1}\boldsymbol{P}_{xz,k}\boldsymbol{R}^{-1}\boldsymbol{P}_{xz,k}^{\mathrm{T}}(\boldsymbol{P}_k^-)^{-1}]^{-1}$，则有 $\gamma^2\boldsymbol{I}>\boldsymbol{A}$，进而由引理 4－1 可得 $\lambda_{\max}(\boldsymbol{A}(\gamma^2\boldsymbol{I})^{-1})<1\Rightarrow\lambda_{\max}(\boldsymbol{A})<\gamma^2$，进而可令

$$\gamma = \alpha\sqrt{\lambda_{\max}(\boldsymbol{A})} \tag{4-55}$$

式中：$\alpha>1$。

由于 γ 与 $\boldsymbol{e}_k^{\mathrm{T}}\boldsymbol{e}_k$ 之间存在反比关系，令

$$\alpha = 1 + \frac{\beta'}{\sqrt{\boldsymbol{e}_k^{\mathrm{T}}\boldsymbol{e}_k}} \tag{4-56}$$

式中：β' 为相关系数，$\beta'>0$，一般通过实验确定。

在确定 β' 后，系数 α 仅与滤波新息有关，即定量描述了 γ 和 $\boldsymbol{e}_k^{\mathrm{T}}\boldsymbol{e}_k$ 之间的关系。

4.2.3　改进约束水平自适应调整的容积 H_∞ 滤波算法

本小节提出的约束水平自适应调整的鲁棒容积 H_∞ 滤波的递推计算步骤如下：

确定采用一种容积准则，如第 2 章中的单形容积准则、第 3 章中的高阶容积准则等。

步骤1：滤波初始化

给定滤波初始值 $\hat{\boldsymbol{x}}_0^+$，$\boldsymbol{P}_0^+$，γ。

循环 $k=1$，2，…，完成以下递推更新步骤。

步骤2：时间更新

分别用 $\hat{\boldsymbol{x}}_{k-1}^+$ 和 $\boldsymbol{P}_{k-1}^+$ 按照选定的容积准则计算容积点 $\hat{\boldsymbol{x}}_{k-1}^{(i)}$。

计算非线性传递点 $\boldsymbol{X}_k^{(i)}=\boldsymbol{f}(\hat{\boldsymbol{x}}_{k-1}^{(i)})$。

计算状态的先验估计 $\hat{\boldsymbol{x}}_k^- = \sum_{i=1}^{L}\omega_i\boldsymbol{X}_k^{(i)}$。

计算状态先验误差协方差矩阵 $\boldsymbol{P}_k^- = \sum_{i=1}^{L}\omega_i(\boldsymbol{X}_k^{(i)} - \hat{\boldsymbol{x}}_k^-)(\boldsymbol{X}_k^{(i)} - \hat{\boldsymbol{x}}_k^-)^{\mathrm{T}} + \boldsymbol{Q}_{k-1}$。

步骤3：量测更新

分别用 $\hat{\boldsymbol{x}}_k^-$ 和 $\boldsymbol{P}_k^-$ 按照选定的容积准则计算容积点 $\hat{\boldsymbol{x}}_k^{(i)}$。

计算非线性传递点 $\boldsymbol{Z}_k^{(i)}=\boldsymbol{h}(\hat{\boldsymbol{x}}_k^{(i)})$。

计算量测预测值 $\hat{z}_k = \sum_{i=1}^{L}\omega_i\boldsymbol{Z}_k^{(i)}$。

计算量测误差协方差矩阵 $\boldsymbol{P}_{z,k} = \sum_{i=1}^{L}\omega_i(\boldsymbol{Z}_k^{(i)} - \hat{z}_k)(\boldsymbol{Z}_k^{(i)} - \hat{z}_k)^{\mathrm{T}} + \boldsymbol{R}_k$。

计算交叉协方差矩阵 $\boldsymbol{P}_{xz,k} = \sum_{i=1}^{L}\omega_i(\hat{\boldsymbol{x}}_k^{(i)} - \hat{\boldsymbol{x}}_k^-)(\boldsymbol{Z}_k^{(i)} - \hat{z}_k)^{\mathrm{T}}$。

计算卡尔曼滤波增益矩阵 $\boldsymbol{K}_k=\boldsymbol{P}_{xz,k}\boldsymbol{P}_{z,k}^{-1}$。

计算状态的后验估计 $\hat{\boldsymbol{x}}_k^+=\hat{\boldsymbol{x}}_k^-+\boldsymbol{K}_k(z_k-\hat{z}_k)$。

计算后验误差协方差矩阵 $\boldsymbol{P}_k^+=((\boldsymbol{P}_k^-)^{-1}+(\boldsymbol{P}_k^-)^{-1}\boldsymbol{P}_{xz,k}\boldsymbol{R}_k^{-1}\boldsymbol{P}_{xz,k}^{\mathrm{T}}(\boldsymbol{P}_k^-)^{-1}-\gamma^{-2}\boldsymbol{I}_n)^{-1}$。

步骤4：约束水平 γ 值的自适应计算

按式（4－55）和式（4－56）进行 γ 值的迭代递推计算。

该方法兼顾了 CKF 算法的高精度和 H_∞ 滤波的鲁棒性，改善了数值计算的稳定性，并且可以根据滤波新息迭代计算 γ 值，避免了 γ 取值不合理的问题。

4.2.4 仿真验证与分析

采用如下频率调制信号模型来验证本节 $\mathrm{ACH}_\infty\mathrm{F}$ 算法的性能，信号模型如下：

$$\begin{cases}\omega_{k+1}=\mu\omega_k+\theta_{1,k}+w_{1,k}\\ \varphi_{k+1}=\arctan(\lambda\varphi_k+\omega_k+\theta_{2,k})+w_{2,k}\\ z_{1,k}=\cos\varphi_k+v_{1,k}\\ z_{2,k}=\sin\varphi_k+v_{2,k}\end{cases}\tag{4-57}$$

式中：$\boldsymbol{x}_k$ 为状态向量，$\boldsymbol{x}_k=(\omega_k,\varphi_k)^{\mathrm{T}}$；$\boldsymbol{z}_k$ 为量测向量，$\boldsymbol{z}_k=(z_{1,k},z_{2,k})^{\mathrm{T}}$；$\boldsymbol{w}_k$ 为过程噪声，$\boldsymbol{w}_k=(w_{1,k},w_{2,k})^{\mathrm{T}}$，$\boldsymbol{v}_k$ 为量测噪声，$\boldsymbol{v}_k=(v_{1,k},v_{2,k})^{\mathrm{T}}$，两者为高斯白噪声，其协方差矩阵分别为 $\boldsymbol{Q}=\mathrm{diag}(0.1,1)$ 和 $\boldsymbol{R}=\mathrm{diag}(1,1)$；$\theta_{1,k}$ 和 $\theta_{2,k}$ 为系统未建模部分，假设其服从［0，0.5］上的均匀分布。

状态估计的目标是从量测向量 z_k 中估计出频率信息 $\boldsymbol{\omega}_k$。仿真中，取参数 $\mu=0.9$，$\lambda=0.99$，固定约束水平 $\gamma=3$，相关系数 $\beta=2$，运行 200 次蒙特卡洛仿真，采用 RMSE 描述滤波精度。仿真结果如图 4－4 ~ 图 4－6 所示。从图 4－4 可以看出，当系统模型存在未建模误差时，三种算法的状态估计均存在偏差，但 ACH$_\infty$F 算法的状态估计值最接近真实值，这表明鲁棒算法无法消除系统未建模误差，但可以在一定程度上降低未建模误差对系统的影响。通过仿真实验确定出固定约束水平 $\gamma=3$ 是比较合适的，而本节提出对约束水平进行自适应调节，从图 4－5 可以看出，根据每一时刻系统状态不同，其结果也正是在 3 附近进行调整。从图 4－6 可以看出，ACH$_\infty$F 算法对状态 1 和状态 2 的估计 RMSE 最小，进一步表明在这三种算法中，ACH$_\infty$F 算法的滤波精度最高。

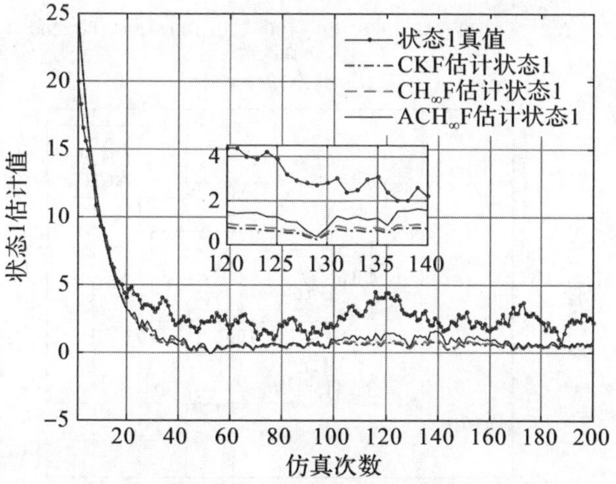

图 4－4　状态 1 的估计值

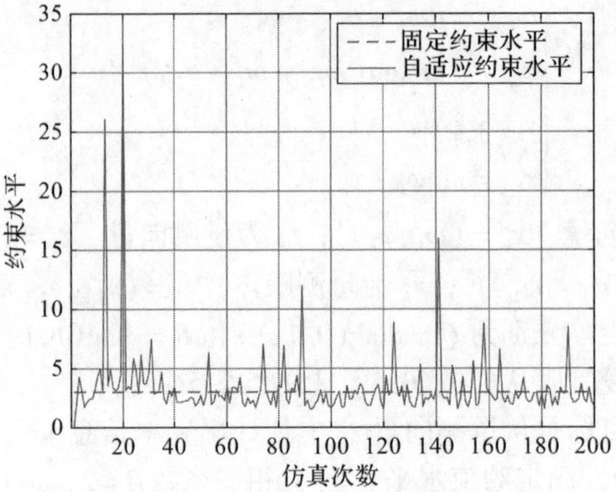

图 4－5　固定约束水平与自适应约束水平

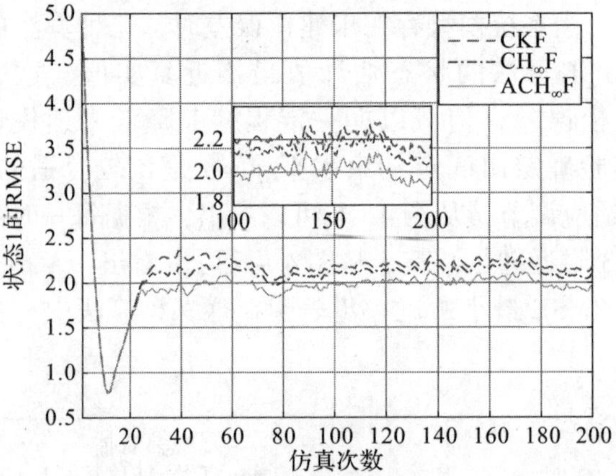

(a) 状态1的RMSE

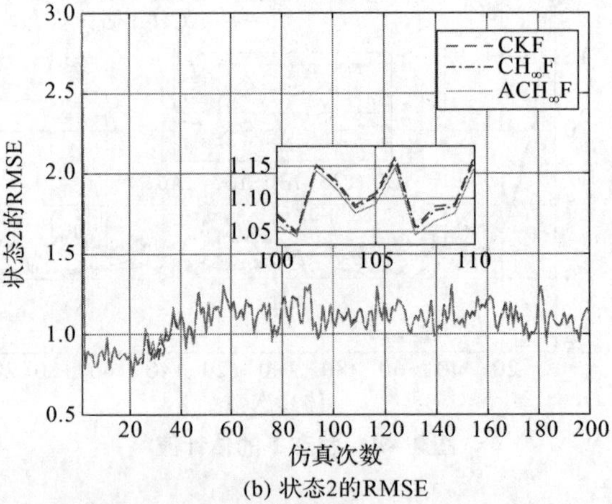

(b) 状态2的RMSE

图 4－6　三种滤波算法状态估计 RMSE

为了定量描述三种算法的滤波估计精度，统计平均 RMSE 列于表 4－2，相比标准 CKF 算法，$CH_\infty F$ 算法将频率状态估计精度最多提高了 3.28%，表明在系统模型存在未建模误差时，$CH_\infty F$ 算法具有比 CKF 算法更强的鲁棒性。而相比 $CH_\infty F$ 算法，$ACH_\infty F$ 算法将频率状态估计精度进一步提高了最多约 5.91%，表明约束水平的自适应调整更好地起到了平衡精度与鲁棒性的作用。

表 4－2　三种滤波算法状态估计平均 RMSE

滤波算法	状态 1	状态 2
CKF	2.1587	1.0827
$CH_\infty F$	2.0880	1.0814
$ACH_\infty F$	1.9647	1.0779

4.3　面向伪线性系统模型的降维容积卡尔曼滤波算法

对于一类非线性系统，其非线性仅是由部分状态引起的，而另一部分状态则在系统中体现为线性传递，这种系统可以统一转换成一种伪线性系统模型。对于伪线性系统模型，如果采用容积卡尔曼滤波进行状态估计，则可能会造成容积点浪费的现象。容积卡尔曼滤波属于确定性采样滤波的一种，相比于粒子滤波，其优势便是采样点个数较少，便于算法的实时运行，从而具有工程应用价值。前述已经研究过，为了获得更高的滤波精度，需要非线性高斯加权积分具有更高的逼近精度，进而，在容积准则中需要更多的容积点，而且容积点个数会随着系统维数的升高而增多。容积点个数的增多带来的就是算法复杂性的增大和实时性的降低。对于高性能的处理器，容积点个数的增多并不会带来太大的处理困难。然而，当算法部署在性能较差的处理器上，或对算法的实时性要求很高时，容积点个数的影响便不可忽略。为此，针对这类伪线性系统，有必要研究在保持容积卡尔曼滤波精度基本不变的前提下尽量减少容积点个数的方法。

4.3.1　伪线性模型高斯加权积分的局部非线性变量表示

重新审视第 2 章中给出的容积准则，可以按照以下方式理解容积准则：

给定一个随机变量 $\boldsymbol{x}\in\mathbf{R}^n$ 和一个非线性转换或映射关系 g：$\mathbf{R}^n\to\mathbf{R}^m$，令 $\boldsymbol{s}=\boldsymbol{g}(\boldsymbol{x})$ 为 $\boldsymbol{x}$ 的非线性函数，已知 $\boldsymbol{x}$ 服从高斯分布，即 $\boldsymbol{x}\sim\mathrm{N}(\hat{\boldsymbol{x}},\boldsymbol{P}_x)$，我们期望获得 $\boldsymbol{s}$ 的均值 $\hat{\boldsymbol{s}}=\mathrm{E}(\boldsymbol{s})$、协方差 $\boldsymbol{P}_s=\mathrm{cov}(\boldsymbol{s},\boldsymbol{s})$ 和交叉协方差 $\boldsymbol{P}_{xs}=\mathrm{cov}(\boldsymbol{x},$

$\boldsymbol{s}$）。对于非线性函数 $\boldsymbol{g}(\cdot)$ 而言，这些统计量均无法通过 $\boldsymbol{g}(\cdot)$ 本身直接传播，而需要找到一种数值方法近似，容积准则便是这样一种近似方法。

在工程实际问题中，有相当一部分非线性系统模型的非线性是由局部状态引起的，可以将这类模型称为伪线性系统模型。

假设随机变量 $\boldsymbol{x}$ 可以分解为 $(\boldsymbol{x}_a^{\mathrm{T}},\ \boldsymbol{x}_b^{\mathrm{T}})^{\mathrm{T}}$ 两部分，将非线性函数 $\boldsymbol{g}(\cdot)$ 作用于 $\boldsymbol{x}$，如果可以写为

$$\boldsymbol{s}=\boldsymbol{g}(\boldsymbol{x})=\boldsymbol{c}(\boldsymbol{x}_a)+\boldsymbol{q}(\boldsymbol{x}_a)\boldsymbol{x}_b \tag{4-58}$$

对于式（4-58）所示的函数，$\boldsymbol{x}_a$ 是其非线性子集，$\boldsymbol{x}_b$ 是其线性子集，则称函数 $\boldsymbol{g}(\cdot)$ 对 $\boldsymbol{x}_b$ 是成伪线性的。其中，$\boldsymbol{x}_a\in\mathbf{R}^{n_a}$ 和 $\boldsymbol{x}_b\in\mathbf{R}^{n_b}$ 分别为变量 $\boldsymbol{x}$ 的两个子集，且 $n_a+n_b=n$，$c(\cdot)$ 是非线性函数，$\boldsymbol{q}(\cdot)$ 是线性函数或非线性函数。

对 $\boldsymbol{x}$ 求取期望值为

$$\hat{\boldsymbol{x}}=\begin{bmatrix}\mathrm{E}(\boldsymbol{x}_a)\\ \mathrm{E}(\boldsymbol{x}_b)\end{bmatrix}=\begin{bmatrix}\hat{\boldsymbol{x}}_a\\ \hat{\boldsymbol{x}}_b\end{bmatrix} \tag{4-59}$$

$$\boldsymbol{P}_x=\begin{bmatrix}\mathrm{cov}(\boldsymbol{x}_a,\boldsymbol{x}_a) & \mathrm{cov}(\boldsymbol{x}_a,\boldsymbol{x}_b)\\ \mathrm{cov}(\boldsymbol{x}_b,\boldsymbol{x}_a) & \mathrm{cov}(\boldsymbol{x}_b,\boldsymbol{x}_b)\end{bmatrix}=\begin{bmatrix}\boldsymbol{P}_a & \boldsymbol{P}_{ab}\\ \boldsymbol{P}_{ab}^{\mathrm{T}} & \boldsymbol{P}_b\end{bmatrix} \tag{4-60}$$

由矩阵的逆定理，可得

$$\boldsymbol{u}_b(\boldsymbol{x}_a)=\mathrm{E}(\boldsymbol{x}_b\,|\,\boldsymbol{x}_a)=\hat{\boldsymbol{x}}_b+\boldsymbol{P}_{ab}^{\mathrm{T}}\boldsymbol{P}_a^{-1}(\boldsymbol{x}_a-\hat{\boldsymbol{x}}_a) \tag{4-61}$$

$$\boldsymbol{M}=\mathrm{cov}(\boldsymbol{x}_b\,|\,\boldsymbol{x}_a)=\boldsymbol{P}_b-\boldsymbol{P}_{ab}^{\mathrm{T}}\boldsymbol{P}_a^{-1}\boldsymbol{P}_{ab} \tag{4-62}$$

对 $\boldsymbol{s}$ 求取期望值为

$$\hat{\boldsymbol{s}}=\int\mathrm{E}(\boldsymbol{s}\,|\,\boldsymbol{x}_a,\boldsymbol{x}_b)p(\boldsymbol{x}_b\,|\,\boldsymbol{x}_a)p(\boldsymbol{x}_a)\mathrm{d}\boldsymbol{x}_b\mathrm{d}\boldsymbol{x}_a \tag{4-63}$$

将式（4-58）代入式（4-63）中可得

$$\hat{\boldsymbol{s}}=\int\boldsymbol{u}_s(\boldsymbol{x}_a)p(\boldsymbol{x}_a)\mathrm{d}\boldsymbol{x}_a \tag{4-64}$$

式中：$\boldsymbol{u}_s(\boldsymbol{x}_a)=\mathrm{E}(\boldsymbol{s}\,|\,\boldsymbol{x}_a)=\boldsymbol{c}(\boldsymbol{x}_a)+\boldsymbol{q}(\boldsymbol{x}_a)\boldsymbol{u}_b(\boldsymbol{x}_a)$。

$\boldsymbol{s}$ 的协方差矩阵 $\boldsymbol{P}_s$ 可以扩展为

$$\begin{aligned}\boldsymbol{P}_s&=\int(\boldsymbol{s}-\hat{\boldsymbol{s}})(\boldsymbol{s}-\hat{\boldsymbol{s}})^{\mathrm{T}}p(\boldsymbol{s})\mathrm{d}\boldsymbol{s}\\&=\iint(\boldsymbol{s}-\hat{\boldsymbol{s}})(\boldsymbol{s}-\hat{\boldsymbol{s}})^{\mathrm{T}}p(\boldsymbol{s}\,|\,\boldsymbol{x})p(\boldsymbol{x})\mathrm{d}\boldsymbol{s}\mathrm{d}\boldsymbol{x}\\&=\iint(\boldsymbol{c}(\boldsymbol{x}_a)+\boldsymbol{q}(\boldsymbol{x}_a)\boldsymbol{x}_b-\hat{\boldsymbol{s}})(\boldsymbol{c}(\boldsymbol{x}_a)+\boldsymbol{q}(\boldsymbol{x}_a)\boldsymbol{x}_b-\hat{\boldsymbol{s}})^{\mathrm{T}}p(\boldsymbol{x}_b\,|\,\boldsymbol{x}_a)\mathrm{d}\boldsymbol{x}_b\mathrm{d}\boldsymbol{x}_a\\&=\iint((\boldsymbol{u}_s(\boldsymbol{x}_a)-\hat{\boldsymbol{s}})(\boldsymbol{u}_s(\boldsymbol{x}_a)-\hat{\boldsymbol{s}})^{\mathrm{T}}+\boldsymbol{q}(\boldsymbol{x}_a)\boldsymbol{M}\boldsymbol{q}(\boldsymbol{x}_a)^{\mathrm{T}})p(\boldsymbol{x}_a)\mathrm{d}\boldsymbol{x}_a\end{aligned} \tag{4-65}$$

交叉协方差矩阵 $\boldsymbol{P}_{xs}$ 可以扩展为

$$\begin{aligned}\boldsymbol{P}_{xs} &= \iint (\boldsymbol{x}-\hat{\boldsymbol{x}})(\boldsymbol{s}-\hat{\boldsymbol{s}})^{\mathrm{T}} p(\boldsymbol{x},\boldsymbol{s})\mathrm{d}\boldsymbol{s}\mathrm{d}\boldsymbol{x} \\ &= \iint \left(\begin{bmatrix}\boldsymbol{x}_a \\ \boldsymbol{x}_b\end{bmatrix}-\hat{\boldsymbol{x}}\right)(\boldsymbol{c}(\boldsymbol{x}_a)+\boldsymbol{q}(\boldsymbol{x}_a)\boldsymbol{x}_b-\hat{\boldsymbol{s}})^{\mathrm{T}} p(\boldsymbol{x}_b,\boldsymbol{x}_a)\mathrm{d}\boldsymbol{x}_b\mathrm{d}\boldsymbol{x}_a \\ &= \int \left\{\left(\begin{bmatrix}\boldsymbol{x}_a \\ \boldsymbol{u}_b(\boldsymbol{x}_a)\end{bmatrix}-\hat{\boldsymbol{x}}\right)(\boldsymbol{u}_s(\boldsymbol{x}_a)-\hat{\boldsymbol{s}})^{\mathrm{T}}+\begin{bmatrix}\boldsymbol{0} \\ \boldsymbol{Mq}(\boldsymbol{x}_a)^{\mathrm{T}}\end{bmatrix}\right\} p(\boldsymbol{x}_a)\mathrm{d}\boldsymbol{x}_a\end{aligned} \tag{4-66}$$

由于 $\boldsymbol{x}$ 服从高斯分布，因此其部分子集 $\boldsymbol{x}_a$ 同样服从高斯分布，即 $\boldsymbol{x}_a \sim \mathrm{N}(\hat{\boldsymbol{x}}_a,\boldsymbol{P}_a)$，因此，式（4－64）～式（4－66）中的积分项在形式上便转化为第 2 章所述的“非线性函数 × 高斯概率密度”的形式，从而可以采用容积准则进行近似求解。

4.3.2　面向伪线性系统的降维容积卡尔曼滤波算法

将第 2 章给出的随机动态系统模型重写为

$$\begin{cases}\boldsymbol{x}_k=\boldsymbol{f}(\boldsymbol{x}_{k-1})+\boldsymbol{w}_{k-1} \\ \boldsymbol{z}_k=\boldsymbol{h}(\boldsymbol{x}_k)+\boldsymbol{v}_k\end{cases} \tag{4-67}$$

式中各个变量的定义与第 2 章相同。在本节中，假设状态方程和量测方程都是伪线性模型，对于状态方程，假设非线性子集中有 m 个元素，即

$$\boldsymbol{x}_{k-1}=\Big(\underbrace{\boldsymbol{x}_{1,k-1},\boldsymbol{x}_{2,k-1},\cdots,\boldsymbol{x}_{m,k-1}}_{\text{非线性部分}m\text{个,表示为}\boldsymbol{x}_{a,k-1}},\underbrace{\boldsymbol{x}_{m+1,k-1},\boldsymbol{x}_{m+2,k-1},\cdots,\boldsymbol{x}_{n,k-1}}_{\text{线性部分}(n-m)\text{个,表示为}\boldsymbol{x}_{b,k-1}}\Big)^{\mathrm{T}} \tag{4-68}$$

对于量测方程，假设非线性子集中有 p 个元素，即

$$\boldsymbol{x}_k=\Big(\underbrace{\boldsymbol{x}_{1,k},\boldsymbol{x}_{2,k},\cdots,\boldsymbol{x}_{p-1,k},\boldsymbol{x}_{p,k}}_{\text{非线性部分}p\text{个,表示为}\boldsymbol{x}_{p,k}},\underbrace{\boldsymbol{x}_{p+1,k},\cdots,\boldsymbol{x}_{n,k}}_{\text{线性部分}(n-p)\text{个,表示为}\boldsymbol{x}_{q,k}}\Big)^{\mathrm{T}} \tag{4-69}$$

参考式（4－58）的定义，可以将式（4－67）改写为

$$\begin{cases}\boldsymbol{x}_k=\boldsymbol{f}_1(\boldsymbol{x}_{a,k-1})+\boldsymbol{f}_2(\boldsymbol{x}_{a,k-1})\boldsymbol{x}_{b,k-1}+\boldsymbol{w}_{k-1} \\ \boldsymbol{z}_k=\boldsymbol{h}_1(\boldsymbol{x}_{p,k})+\boldsymbol{h}_2(\boldsymbol{x}_{p,k})\boldsymbol{x}_{q,k}+\boldsymbol{v}_k\end{cases} \tag{4-70}$$

当然，对于 $m=p$ 的情况，则状态方程和量测方程中的状态元素可以进行统一的划分，从而使得系统整体统一降维。

既然系统模型可以写成式（4－70）所示的伪线性系统模型，结合式（4－64）～式（4－66）给出的局部非线性状态积分方程，利用容积准则对其进行逼近，可以得到降维容积卡尔曼滤波算法（reduced dimensional cubature Kalman filter，RDCKF）。下面给出该滤波算法的递推计算步骤。

首先选定一种容积准则，如第 2 章中的单形容积准则、第 3 章中的高阶容

积准则等。

步骤1：滤波初始化

给定滤波器初始值 $\hat{\boldsymbol{x}}_0^+$，$\boldsymbol{P}_0^+$。

循环 $k=1$，2，…，完成以下步骤。

步骤2：时间更新

将 $\hat{\boldsymbol{x}}_{k-1}^+$ 拆分为非线性部分 $\hat{\boldsymbol{x}}_{a,k-1}^+$ 和线性部分 $\hat{\boldsymbol{x}}_{b,k-1}^+$，即 $\hat{\boldsymbol{x}}_{k-1}^+=\begin{bmatrix}(\hat{\boldsymbol{x}}_{a,k-1}^+)_{m\times1}\\ \hat{\boldsymbol{x}}_{b,k-1}^+\end{bmatrix}_{n\times1}$。

将 $\boldsymbol{P}_{k-1}^+$ 拆分为相应的四个矩阵，即 $\boldsymbol{P}_{k-1}^+=\begin{bmatrix}(\boldsymbol{P}_{a,k-1}^+)_{m\times m} & \boldsymbol{P}_{ab,k-1}^+\\ (\boldsymbol{P}_{ab,k-1}^+)^{\mathrm{T}} & \boldsymbol{P}_{b,k-1}^+\end{bmatrix}_{n\times n}$。

分别用 $\hat{\boldsymbol{x}}_{a,k-1}^+$ 和 $\boldsymbol{P}_{a,k-1}^+$ 按照选定的容积准则计算容积点 $\hat{\boldsymbol{x}}_{a,k-1}^{(i)}\in\mathbf{R}^{m\times1}$。

计算 $\boldsymbol{u}_b(\hat{\boldsymbol{x}}_{a,k-1}^{(i)})=\hat{\boldsymbol{x}}_{b,k-1}^+ +(\boldsymbol{P}_{ab,k-1}^+)^{\mathrm{T}}(\boldsymbol{P}_{a,k-1}^+)^{-1}(\hat{\boldsymbol{x}}_{a,k-1}^{(i)}-\hat{\boldsymbol{x}}_{a,k-1}^+)$。

计算 $\boldsymbol{u}_s(\hat{\boldsymbol{x}}_{a,k-1}^{(i)})=\boldsymbol{f}_1(\hat{\boldsymbol{x}}_{a,k-1}^{(i)})+\boldsymbol{f}_2(\hat{\boldsymbol{x}}_{a,k-1}^{(i)})\boldsymbol{u}_b(\hat{\boldsymbol{x}}_{a,k-1}^{(i)})$。

令非线性传递点 $\boldsymbol{X}_k^{(i)}=\boldsymbol{u}_s(\hat{\boldsymbol{x}}_{k-1}^{(i)})$。

对 $\boldsymbol{X}_k^{(i)}$ 进行加权求和计算先验状态估计 $\hat{\boldsymbol{x}}_k^-=\sum_{i=1}^{L}\omega_i\boldsymbol{X}_k^{(i)}$，$\omega_i$ 为相应的权值。

计算矩阵 $\boldsymbol{M}_k=\boldsymbol{P}_{b,k-1}^+ -(\boldsymbol{P}_{ab,k-1}^+)^{\mathrm{T}}(\boldsymbol{P}_{a,k-1}^+)^{-1}\boldsymbol{P}_{ab,k-1}^+$。

计算先验协方差阵 $\boldsymbol{P}_k^-=\sum_{i=1}^{L}\omega_i((\boldsymbol{X}_k^{(i)}-\hat{\boldsymbol{x}}_k^-)(\boldsymbol{X}_k^{(i)}-\hat{\boldsymbol{x}}_k^-)^{\mathrm{T}}+\boldsymbol{f}_2(\hat{\boldsymbol{x}}_{a,k-1}^{(i)})\boldsymbol{M}_k\boldsymbol{f}_2(\hat{\boldsymbol{x}}_{a,k-1}^{(i)})^{\mathrm{T}})+\boldsymbol{Q}_{k-1}$。

步骤3：量测更新

将 $\hat{\boldsymbol{x}}_k^-$ 拆分为非线性部分 $\hat{\boldsymbol{x}}_{p,k}^-$ 和线性部分 $\hat{\boldsymbol{x}}_{q,k}^-$，即 $\hat{\boldsymbol{x}}_k^-=\begin{bmatrix}(\hat{\boldsymbol{x}}_{p,k}^-)_{p\times1}\\ \hat{\boldsymbol{x}}_{q,k}^-\end{bmatrix}_{n\times1}$。

将 $\boldsymbol{P}_k^-$ 拆分为相应的四个矩阵，即 $\boldsymbol{P}_k^-=\begin{bmatrix}(\boldsymbol{P}_{p,k}^-)_{p\times p} & \boldsymbol{P}_{pq,k}^-\\ (\boldsymbol{P}_{pq,k}^-)^{\mathrm{T}} & \boldsymbol{P}_{q,k}^-\end{bmatrix}_{n\times n}$。

分别用 $\hat{\boldsymbol{x}}_{p,k}^-$ 和 $\boldsymbol{P}_{p,k}^-$ 按照选定的容积准则计算容积点 $\hat{\boldsymbol{x}}_{p,k}^{(i)}\in\mathbf{R}^{p\times1}$。

计算 $\boldsymbol{u}_b(\hat{x}_{p,k}^{(i)})=\hat{\boldsymbol{x}}_{q,k}^- +(\boldsymbol{P}_{pq,k}^-)^{\mathrm{T}}(\boldsymbol{P}_{p,k}^-)^{-1}(\hat{\boldsymbol{x}}_{p,k}^{(i)}-\hat{\boldsymbol{x}}_{p,k}^-)$。

计算 $\boldsymbol{u}_s(\hat{\boldsymbol{x}}_{p,k}^{(i)})=\boldsymbol{h}_1(\hat{\boldsymbol{x}}_{p,k}^{(i)})+\boldsymbol{h}_2(\hat{\boldsymbol{x}}_{p,k}^{(i)})\boldsymbol{u}_b(\hat{\boldsymbol{x}}_{p,k}^{(i)})$。

令非线性传递点 $\boldsymbol{Z}_k^{(i)}=\boldsymbol{u}_s(\hat{\boldsymbol{x}}_{p,k}^{(i)})$。

对 $\boldsymbol{Z}_k^{(i)}$ 进行加权求和计算量测估计 $\hat{z}_k^-=\sum_{i=1}^{L}\omega_i\boldsymbol{Z}_k^{(i)}$，$\omega_i$ 为相应的权值。

计算矩阵 $\boldsymbol{N}_k=\boldsymbol{P}_{q,k-1}^- -(\boldsymbol{P}_{pq,k-1}^-)^{\mathrm{T}}(\boldsymbol{P}_{p,k-1}^-)^{-1}\boldsymbol{P}_{pq,k-1}^-$。

计算量测协方差矩阵 $\boldsymbol{P}_z=\sum_{i=1}^{L}\omega_i((\boldsymbol{Z}_k^{(i)}-\hat{z}_k)(\boldsymbol{Z}_k^{(i)}-\hat{z}_k)^{\mathrm{T}}+\boldsymbol{h}_2(\hat{\boldsymbol{x}}_{p,k}^{(i)})\boldsymbol{N}_k\boldsymbol{h}_2(\hat{\boldsymbol{x}}_{p,k}^{(i)})^{\mathrm{T}})+\boldsymbol{R}_k$，$\omega_i$ 为相应的权值。

构造向量 $\hat{\boldsymbol{x}}_k^{(i)}=((\hat{\boldsymbol{x}}_{p,k}^{(i)})^{\mathrm{T}},\boldsymbol{u}_b(\hat{\boldsymbol{x}}_{p,k}^{(i)})^{\mathrm{T}})^{\mathrm{T}}$。

计算交叉协方差阵 $\boldsymbol{P}_{xz,k}=\sum_{i=1}^{L}\omega_i[(\hat{\boldsymbol{x}}_k^{(i)}-\hat{\boldsymbol{x}}_k^{-})(\boldsymbol{Z}_k^{(i)}-\hat{z}_k)^{\mathrm{T}}+\begin{bmatrix}\boldsymbol{0}\\ \boldsymbol{N}_k\boldsymbol{h}_2(\hat{\boldsymbol{x}}_{p,k}^{(i)})^{\mathrm{T}}\end{bmatrix}$，$\omega_i$ 为相应的权值。

计算卡尔曼滤波增益矩阵 $\boldsymbol{K}_k=\boldsymbol{P}_{xz,k}\boldsymbol{P}_{z,k}^{-1}$。

计算状态的后验估计 $\hat{\boldsymbol{x}}_k^{+}=\hat{\boldsymbol{x}}_k^{-}+\boldsymbol{K}_k(z_k-\hat{z}_k)$。

计算后验误差协方差矩阵 $\boldsymbol{P}_k^{+}=\boldsymbol{P}_k^{-}-\boldsymbol{K}_k\boldsymbol{P}_{z,k}\boldsymbol{K}_k^{\mathrm{T}}$。

至此，便得到了面向伪线性系统模型的降维容积卡尔曼滤波算法的计算过程。

可以看出，在构造容积点时，均是按照状态的非线性子集中的元素个数进行构造，从这个角度分析，这等价于降低了系统的维数，因此减少了容积点个数，降低了算法计算量，从而提高了算法应用的实时性。

4.3.3　仿真验证与分析

采用如下目标匀速转弯跟踪模型验证本节降维容积卡尔曼滤波算法的性能，目标运动方程为

$$\boldsymbol{x}_k=\boldsymbol{F}_{\mathrm{CT}}\boldsymbol{x}_{k-1}+\boldsymbol{G}_{\mathrm{CT}}\boldsymbol{w}_{k-1}\tag{4-71}$$

式中：$\boldsymbol{x}_k$ 为目标运动状态向量，$\boldsymbol{x}_k=[x_k,\ \dot{x}_k,\ y_k,\ \dot{y}_k]^{\mathrm{T}}$；$\boldsymbol{w}_{k-1}$ 为过程噪声，其协方差矩阵为 $\boldsymbol{Q}_{k-1}$；$\boldsymbol{F}_{\mathrm{CT}}$ 为状态转移矩阵；$\boldsymbol{G}_{\mathrm{CT}}$ 为噪声驱动矩阵，分别如下：

$$\boldsymbol{F}_{\mathrm{CT}}=\begin{bmatrix}1 & 0 & \dfrac{\sin(\Omega T)}{\Omega} & \dfrac{\cos(\Omega T)-1}{\Omega}\\ 0 & 1 & \dfrac{1-\cos(\Omega T)}{\Omega} & \dfrac{\sin(\Omega T)}{\Omega}\\ 0 & 0 & \cos(\Omega T) & -\sin(\Omega T)\\ 0 & 0 & \sin(\Omega T) & \cos(\Omega T)\end{bmatrix},\boldsymbol{G}_{\mathrm{CT}}=\begin{bmatrix}\dfrac{T^2}{2} & 0\\ 0 & \dfrac{T^2}{2}\\ T & 0\\ 0 & T\end{bmatrix}\tag{4-72}$$

式中：Ω 为目标转弯角速度；T 为采样间隔。

传感器的量测方程为

$$z_k=\begin{bmatrix}R\\ A\end{bmatrix}=\begin{bmatrix}\sqrt{(x_k-\widehat{x}_k)^2+(y_k-\widehat{y}_k)^2}\\ \arctan2((x_k-\widehat{x}_k),(y_k-\widehat{y}_k))\end{bmatrix}+\boldsymbol{v}_k\tag{4-73}$$

式中：arctan2 为四象限反正切函数；$(\hat{x}_k,\hat{y}_k)$为传感器的坐标；$\boldsymbol{v}_k$ 为量测噪声。

在仿真中，假设目标初始位置$(x_0,y_0)=(50\text{m},2\text{m})$，初始速度$(\dot{x}_0,\dot{y}_0)=(5\text{m/s},2\text{m/s})$，角速度$\Omega=5°/\text{s}$，测距精度为2m，测角精度为0.02°，传感器坐标为$(\hat{x}_k,\hat{y}_k)=(-200,300)$，仿真时间100s，运行200次蒙特卡洛仿真，对比标准CKF算法和本节提出的降维CKF算法，采用RMSE描述目标滤波跟踪精度。仿真结果如图4-7~图4-9所示，从图4-7中可以看出，CKF与RDCKF算法可以获得几乎一致的定位RMSE与定速RMSE，表明两种算法的目标跟踪精度几乎达到一致。从图4-9可以看出，RDCKF算法所需的容积点为4个，明显少于CKF算法所需的8个积分点的个数，进而导致RDCKF算法的滤波计算时间小于CKF算法。

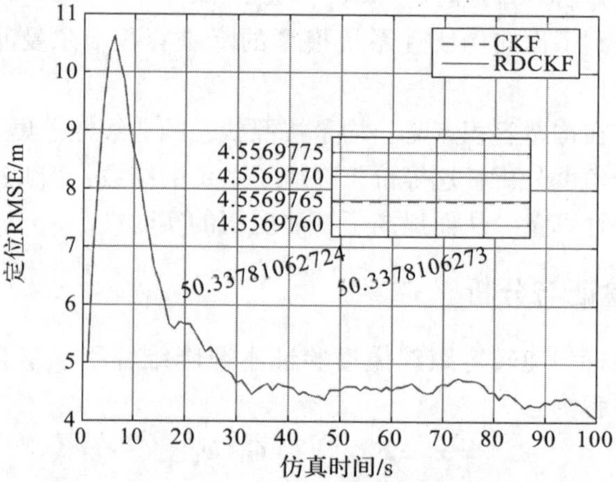

(a) 状态1的RMSE

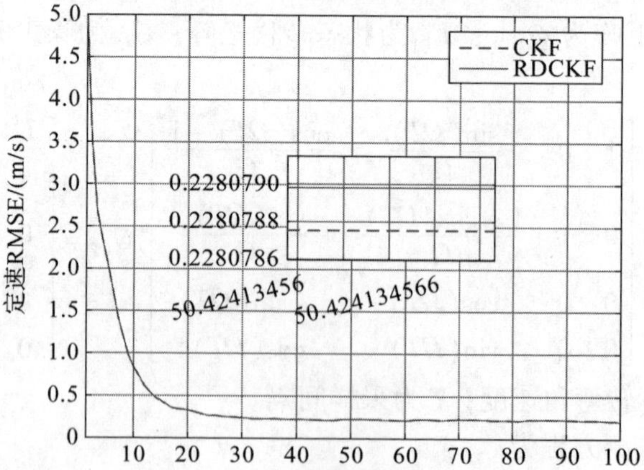

(b) 状态2的RMSE

图4-7 两种滤波算法状态估计RMSE

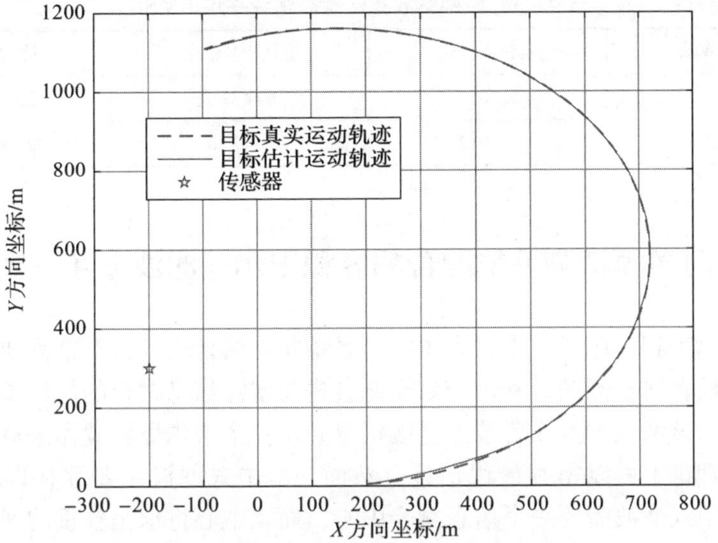

图 4－8　两种滤波算法状态估计 RMSE

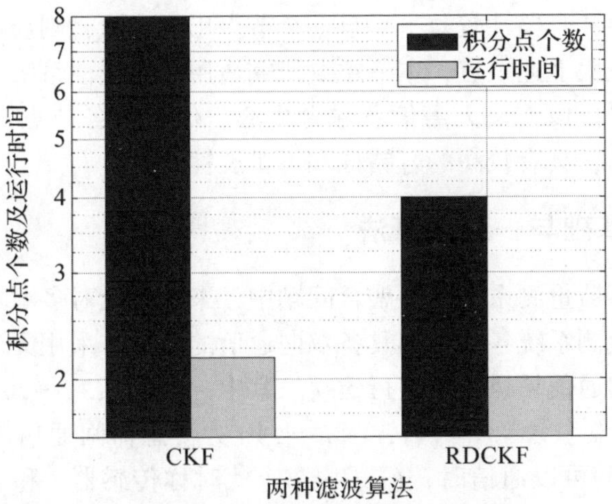

图 4－9　两种滤波算法状态估计 RMSE

为了定量描述两种算法的滤波估计精度，统计平均 RMSE 列于表 4－3，从该表中可以看出，在精度范围内两种滤波算法的平均定位 RMSE 与平均定速 RMSE 完全一致，而相比 CKF 算法，RDCKF 算法将运行时间降低了 7.56%，从而表明本节提出的 RDCKF 算法在降低滤波计算时间、提高算法实时性的同时，有效维持了 CKF 算法的滤波精度。

表 4-3　两种滤波算法状态估计平均 RMSE

滤波算法	定位 RMSE	定速 RMSE	运行时间/s
CKF	5.2012	0.4473	2.170
RDCKF	5.2012	0.4473	2.006

4.4　面向多源量测系统融合的容积卡尔曼滤波分布式实现

在实际工程应用过程中，为了提高系统状态估计精度，经常需要面对多源量测系统信息融合问题。利用卡尔曼滤波进行多源信息融合的最简单方法是集中式滤波，该滤波器接收各节点量测信息并用一个卡尔曼滤波器来进行集中式处理，在理论上可以得到最优估计。然而，集中式滤波主要存在以下几个问题：①集中式滤波需要一个信息融合中心，而该中心将承担较重的通信与计算压力，一旦出现故障则系统崩溃；②由于需要对各节点量测信息进行扩维处理，因此集中式滤波的系统维度较高，不利于系统的实时运行；③集中式滤波的系统可扩展性和容错性较差，一旦某个节点出现故障，则会污染整个系统滤波结果。为了克服上述缺点，本节主要研究适用于非线性系统状态估计的分布式容积滤波方法。该方法无需信息融合中心，信息在各节点间分布式流动融合，计算效率高，具有较高的容错性和可扩展性。

4.4.1　图论基础与一致性算法

在多源传感器量测系统信息融合问题中，采用图论对多源量测系统进行描述。假设多源量测系统各节点间具备双向通信的能力，采用无向图 $G=(V,E)$ 对多传感器间的通信拓扑关系进行建模。其中，$V=(1,2,\cdots,n)$ 为传感器节点集合，n 为传感器个数，$E=\{(i,j)\mid i,j\in V\}$ 为传感器间通信链路的集合。当传感器 i 和 j 之间可以通信时，$(i,j)\in E$，此时称传感器 i 和 j 互为邻居传感器。传感器 i 的邻居集合用 $N_i=\{j\in V\mid (i,j)\in E\}\subset V$ 表示，该集合中元素的个数称为传感器 i 的度，记为 $d_i=|N_i|$。如果在任意两个传感器节点间都存在一条路径，则称此无向图是连通的。也可以用邻接矩阵和拉普拉斯矩阵来分别描述图中的节点间关系和点边关系[89]。

一致性算法是一种根据系统局部状态设计的能够迫使系统状态趋于一致的控制协议，该算法定义了邻居节点间相互作用的规则，在该规则下每个节点的状态逐渐趋近于所有节点状态的平均值。

假设无向图 G 是连通的，节点 i 的初始状态为 $x_{i,0}$，节点 i 在 k 时刻的状态为 $x_{i,k}$，则节点状态一致性算法的离散迭代更新为

$$x_{i,k+1} = x_{i,k} + \xi \sum_{j \in N_i} a_{ij}(x_{j,k} - x_{i,k}) \tag{4-74}$$

式中：ξ 为离散迭代步长，$\xi \in (0,\ 1)$。

可以证明，利用式（4-74）的一致性算法，当 $k \to \infty$ 时，所有节点状态将收敛于初始值的算术平均值，即 $\lim\limits_{k \to \infty} x_{i,k} = \sum\limits_{j=1}^{n} x_{j,0}/n$。当采用 Metropolis 加权系数时，式（4-74）可以写为 $x_{i,k+1} = x_{i,k} + \sum\limits_{j=1}^{n} \tau_{ij,k}(x_{j,k} - x_{i,k})$，其中，$\tau_{ij,k}$ 为 Metropolis 加权系数[89]。

$$\tau_{ij,k} = \begin{cases} 1 - \sum\limits_{l \in N_i} \tau_{il,k} & ,i = j \\ \dfrac{1}{1 + \max(d_i, d_j)} & ,(i,j) \in E \\ 0 & ,\text{其他} \end{cases} \tag{4-75}$$

可以看出，Metropolis 加权系数使得每个传感器节点只需用该节点的度来决定其权值，而无需任何全局信息，因此尤其适用于分布式滤波的实现。

一致性算法收敛得快慢可以用图的代数连通度来表示，假设图的拉普拉斯矩阵 $\boldsymbol{L}$ 的特征值从小到大排列为 $\lambda_1 \leqslant \lambda_2 \leqslant \cdots \leqslant \lambda_N = \rho$，$\rho$ 为谱半径，则代数连通度定义为第二小特征值 λ_2。图4-10给出一致性算法的仿真实验结果。

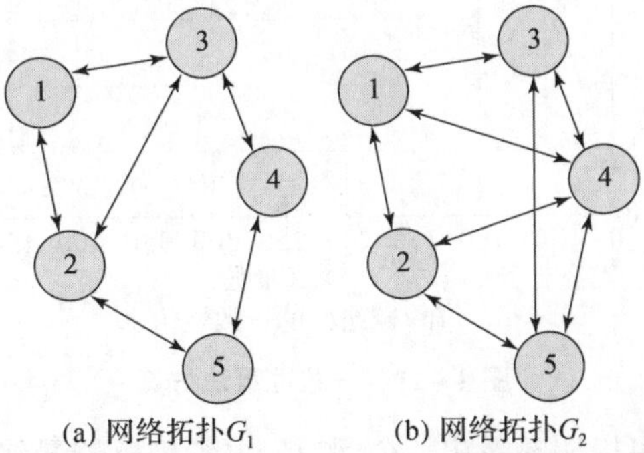

(a) 网络拓扑G_1　　(b) 网络拓扑G_2

图4-10　网络拓扑结构示意图

假设 G_1 和 G_2 分别为由5个节点组成的固定网络拓扑结构，其邻接矩阵中的元素 $a_{ij} = 1$，由前述可知，G_1 和 G_2 均是连通的。选取节点状态向量 $\boldsymbol{x}(G_1) = \boldsymbol{x}(G_2) = (x_1, \cdots, x_5)^{\mathrm{T}}$，且状态值 $x_i = i$，可以计算出 G_1 和 G_2 的代数连

通度分别为 $\lambda_2(G_1)=1.38$ 和 $\lambda_2(G_2)=3$。令步长 $\xi=0.01$，仿真步数为 500 步，根据式（4－74）所示的离散一致性算法，得到仿真结果如图 4－11 所示。

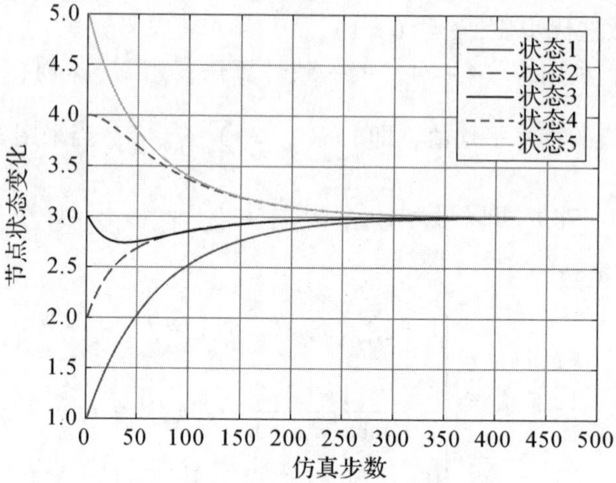

(a) 网络 G_1 的一致性仿真

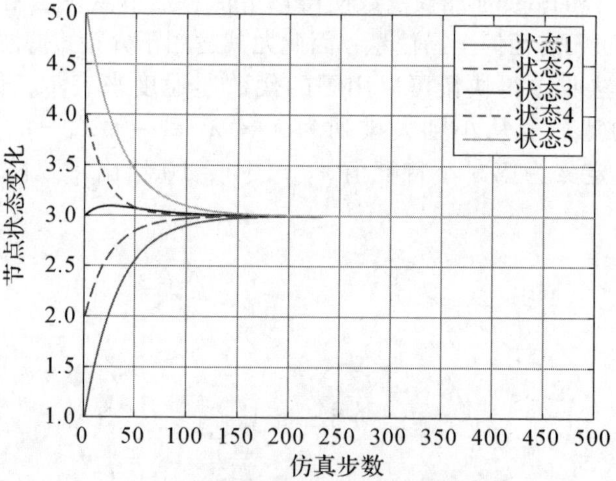

(b) 网络 G_2 的一致性仿真

图 4－11　一致性算法仿真

从图 4－11 中可以明显看出，G_1 和 G_2 中各传感器最终的状态值均收敛于 3，表明一致性算法的有效性。可以直观看出，G_2 的连通性比 G_1 好，通过计算二者的代数连通度可以证实这点，从图 4－11 中也可以明显看出 G_2 的收敛速度快于 G_1。因此，在实际应用中，可以通过改善网络通信拓扑结构的代数连通度来控制各节点状态的收敛速度。

4.4.2　容积卡尔曼滤波的信息表示形式

信息滤波是卡尔曼滤波的信息表示形式，由于其量测更新过程简单而在多源数据融合问题中得到广泛应用。对于非线性系统，扩展信息滤波（extended information filter，EIF）是 EKF 的信息表示形式，在 EIF 中并不采用系统状态和协方差矩阵进行迭代计算，而是采用信息矩阵和信息状态进行迭代计算。其中，信息矩阵定义为协方差矩阵的逆矩阵，即 $\boldsymbol{Y}=(\boldsymbol{P})^{-1}$，信息状态向量为信息矩阵与系统状态的乘积，即 $\hat{\boldsymbol{y}}=\boldsymbol{Y}\hat{\boldsymbol{x}}$。EIF 的迭代计算过程同样可以分为时间更新和量测更新，其具体的计算步骤如下。

计算先验信息状态 $\hat{\boldsymbol{y}}_k^-$ 和先验信息矩阵 $\boldsymbol{Y}_k^-$ 为

$$\hat{\boldsymbol{y}}_k^- = \boldsymbol{Y}_k^- \hat{\boldsymbol{x}}_k^- \tag{4-76}$$

$$\boldsymbol{Y}_k^- = (\boldsymbol{P}_k^-)^{-1} = (\boldsymbol{F}_{k-1}(\boldsymbol{Y}_{k-1}^+)^{-1}\boldsymbol{F}_{k-1}^{\mathrm{T}} + \boldsymbol{Q}_{k-1})^{-1} \tag{4-77}$$

式中：$\boldsymbol{F}_{k-1}=\partial \boldsymbol{f}/\partial \boldsymbol{x}\,|_{\hat{\boldsymbol{x}}_{k-1}}$；$\boldsymbol{P}_k^-$ 为先验协方差矩阵；$\hat{\boldsymbol{x}}_k^- = \boldsymbol{f}\ (\hat{\boldsymbol{x}}_{k-1}^+)$。

更新信息状态 $\hat{\boldsymbol{y}}_k^+$ 和更新的信息矩阵 $\boldsymbol{Y}_k^+$ 计算式为

$$\hat{\boldsymbol{y}}_k^+ = \hat{\boldsymbol{y}}_k^- + \boldsymbol{i}_k \tag{4-78}$$

$$\boldsymbol{Y}_k^+ = \boldsymbol{Y}_k^- + \boldsymbol{I}_k \tag{4-79}$$

式中：$\boldsymbol{i}_k$ 为信息状态贡献，$\boldsymbol{i}_k = \boldsymbol{H}_k^{\mathrm{T}}\boldsymbol{R}_k^{-1}(\boldsymbol{e}_k + \boldsymbol{H}_k\hat{\boldsymbol{x}}_k^-)$，$\boldsymbol{e}_k$ 为滤波新息，$\boldsymbol{e}_k = \boldsymbol{z}_k - \boldsymbol{h}\ (\hat{\boldsymbol{x}}_k^-)$；$\boldsymbol{I}_k$ 为信息矩阵贡献，$\boldsymbol{I}_k = \boldsymbol{H}_k^{\mathrm{T}}\boldsymbol{R}_k^{-1}\boldsymbol{H}_k$。

最后，利用 $\hat{\boldsymbol{x}}_k^+ = (\boldsymbol{Y}_k^+)^{-1}\hat{\boldsymbol{y}}_k^+$ 和 $\boldsymbol{P}_k^+ = (\boldsymbol{Y}_k^+)^{-1}$ 将系统状态和协方差矩阵进行还原计算。

可以看出，EIF 的初始化较 EKF 更为简单，并且 EIF 量测更新的计算效率更高。但是 EIF 同样继承了 EKF 所固有的一些缺点。为此，可以考虑在 EIF 的计算框架下结合容积准则的优点，从而得到一种兼具二者优点的容积信息滤波。可以看出，EIF 状态贡献 $\boldsymbol{i}_k$ 和相关的信息矩阵贡献 $\boldsymbol{I}_k$ 均是 $\boldsymbol{H}_k$ 的显函数，然而，在容积卡尔曼滤波中，并不需要计算雅可比矩阵，因而需要利用线性误差传播性质获得雅可比矩阵的近似表达，从而将容积准则应用到信息滤波的更新过程中。

由统计线性误差传播可得 $\boldsymbol{P}_{xz,k} \approx \boldsymbol{P}_k^- \boldsymbol{H}_k^{\mathrm{T}}$，进而定义伪观测矩阵 $\tilde{\boldsymbol{H}}_k = \boldsymbol{P}_{xz,k}^{\mathrm{T}}\boldsymbol{Y}_k^-$，利用该伪观测矩阵将容积准则嵌入 EIF，便可以得到容积信息滤波，其具体的计算步骤为

$$\boldsymbol{i}_k \approx \tilde{\boldsymbol{H}}_k^{\mathrm{T}}\boldsymbol{R}_k^{-1}(\boldsymbol{e}_k + \tilde{\boldsymbol{H}}_k\hat{\boldsymbol{x}}_k^-) = \boldsymbol{Y}_k^-\boldsymbol{P}_{xz,k}\boldsymbol{R}_k^{-1}(\boldsymbol{e}_k + \boldsymbol{P}_{xz,k}^{\mathrm{T}}\boldsymbol{Y}_k^-\hat{\boldsymbol{x}}_k^-) \tag{4-80}$$

$$\boldsymbol{I}_k \approx \tilde{\boldsymbol{H}}_k^{\mathrm{T}}\boldsymbol{R}_k^{-1}\tilde{\boldsymbol{H}}_k = \boldsymbol{Y}_k^-\boldsymbol{P}_{xz,k}\boldsymbol{R}_k^{-1}\boldsymbol{P}_{xz,k}^{\mathrm{T}}\boldsymbol{Y}_k^- \tag{4-81}$$

得到了信息状态贡献 $\boldsymbol{i}_k$ 和相关的信息矩阵贡献 $\boldsymbol{I}_k$ 的等价表达式后，便可

以给出容积信息滤波的计算方法如下。

步骤1：时间更新

计算信息矩阵 $\boldsymbol{Y}_k^- = (\boldsymbol{P}_k^-)^{-1}$。

计算信息状态 $\hat{\boldsymbol{y}}_k^- = \boldsymbol{Y}_k^- \hat{\boldsymbol{x}}_k^-$。

式中：$\hat{\boldsymbol{x}}_k^- = \sum_{i=1}^{L} \omega_i \boldsymbol{X}_k^{(i)}$；$\boldsymbol{P}_k^- = \sum_{i=1}^{L} \omega_i (\boldsymbol{X}_k^{(i)} - \hat{\boldsymbol{x}}_k^-)(\boldsymbol{X}_k^{(i)} - \hat{\boldsymbol{x}}_k^-)^{\mathrm{T}} + \boldsymbol{Q}_{k-1}$。

步骤2：量测更新

计算信息状态贡献 $\boldsymbol{i}_k = \boldsymbol{Y}_k^- \boldsymbol{P}_{xz,k} \boldsymbol{R}_k^{-1} (\boldsymbol{e}_k + \boldsymbol{P}_{xz,k}^{\mathrm{T}} \boldsymbol{Y}_k^- \hat{\boldsymbol{x}}_k^-)$。

计算相应的信息矩阵贡献 $\boldsymbol{I}_k = \boldsymbol{Y}_k^- \boldsymbol{P}_{xz,k} \boldsymbol{R}_k^{-1} \boldsymbol{P}_{xz,k}^{\mathrm{T}} \boldsymbol{Y}_k^-$。

式中：$\boldsymbol{P}_{xz,k} = \sum_{i=1}^{L} \omega_i (\hat{\boldsymbol{x}}_k^{(i)} - \hat{\boldsymbol{x}}_k^-)(\boldsymbol{Z}_k^{(i)} - \hat{z}_k)^{\mathrm{T}}$。

计算信息矩阵 $\boldsymbol{Y}_k^+ = \boldsymbol{Y}_k^- + \boldsymbol{I}_k$。

计算信息状态 $\hat{\boldsymbol{y}}_k^+ = \hat{\boldsymbol{y}}_k^- + \boldsymbol{i}_k$。

对状态 $\hat{\boldsymbol{x}}_k^+$ 和协方差矩阵 $\boldsymbol{P}_k^+$ 进行还原计算。

该容积信息滤波将被应用在后面的分布式容积信息滤波推导过程中。

4.4.3 分布式信息加权平均一致性容积信息滤波

传统多传感器信息融合滤波主要包括集中式滤波和分散式滤波两种，在集中式滤波中，各传感器将量测值发送到信息融合中心，由该融合中心进行统一的扩维集中式滤波计算，即便采用信息滤波的形式，随着传感器个数的增加，融合中心的计算负担和通信压力也会逐渐增大，系统可扩展性较差，且整个系统会随着融合中心的故障而崩溃。在分散式滤波中，采用多个分散的计算线程分解了集中式滤波的计算压力，但仍需一个中心对所有数据进行融合。而分布式滤波可以从根本上改变现有多源量测滤波的结构，在分布式滤波中，每个节点只需要与邻居节点进行通信，与邻居节点交换局部信息进行融合处理，而无需信息融合中心，最终获得与集中式相近的滤波估计精度。

对于多传感器量测系统，量测信息需要从不同的传感器获得，因此系统模型需要修改为

$$\begin{cases} \boldsymbol{x}_k = \boldsymbol{f}(\boldsymbol{x}_{k-1}) + \boldsymbol{w}_{k-1} \\ z_{i,k} = \boldsymbol{h}_i(\boldsymbol{x}_{i,k}) + \boldsymbol{v}_{i,k} \end{cases}, i = 1, 2, \cdots, p \tag{4-82}$$

式中：$z_{i,k}$为传感器 i 的量测向量，$z_{i,k} \in \mathbf{R}^{n_z}$；$\boldsymbol{v}_{i,k}$为传感器 i 的量测噪声；p 为传感器个数。

首先，按照集中式滤波定义如下全局变量和矩阵：

$$\boldsymbol{z}_{c,k}=\begin{bmatrix}\boldsymbol{z}_{1,k}\\\boldsymbol{z}_{2,k}\\\vdots\\\boldsymbol{z}_{p,k}\end{bmatrix},\tilde{\boldsymbol{H}}_{c,k}=\begin{bmatrix}\tilde{\boldsymbol{H}}_{1,k}\\\tilde{\boldsymbol{H}}_{2,k}\\\vdots\\\tilde{\boldsymbol{H}}_{p,k}\end{bmatrix},\boldsymbol{e}_{c,k}=\begin{bmatrix}\boldsymbol{e}_{1,k}\\\boldsymbol{e}_{2,k}\\\vdots\\\boldsymbol{e}_{p,k}\end{bmatrix},\boldsymbol{R}_{c,k}=\begin{bmatrix}\boldsymbol{R}_{1,k}&&&\\&\boldsymbol{R}_{2,k}&&\\&&\ddots&\\&&&\boldsymbol{R}_{p,k}\end{bmatrix}\tag{4-83}$$

式中：$\boldsymbol{z}_{c,k}$为全局量测向量；$\tilde{\boldsymbol{H}}_{c,k}$为全局伪量测矩阵；$\boldsymbol{e}_{c,k}$为全局新息；$\boldsymbol{R}_{c,k}$为全局量测协方差矩阵。

在式（4－83）的定义下，集中式信息滤波中的全局信息矩阵贡献$\boldsymbol{I}_{c,k}$和全局信息状态贡献$\boldsymbol{i}_{c,k}$可以分别写为

$$\begin{aligned}\boldsymbol{I}_{c,k}&=(\tilde{\boldsymbol{H}}_{c,k})^{\mathrm{T}}(\boldsymbol{R}_{c,k})^{-1}\tilde{\boldsymbol{H}}_{c,k}\\&=[\tilde{\boldsymbol{H}}_{1,k}^{\mathrm{T}},\tilde{\boldsymbol{H}}_{2,k}^{\mathrm{T}},\cdots,\tilde{\boldsymbol{H}}_{p,k}^{\mathrm{T}}]\begin{bmatrix}\boldsymbol{R}_{1,k}^{-1}&&&\\&\boldsymbol{R}_{2,k}^{-1}&&\\&&\ddots&\\&&&\boldsymbol{R}_{p,k}^{-1}\end{bmatrix}\begin{bmatrix}\tilde{\boldsymbol{H}}_{1,k}\\\tilde{\boldsymbol{H}}_{2,k}\\\vdots\\\tilde{\boldsymbol{H}}_{p,k}\end{bmatrix}\\&=\tilde{\boldsymbol{H}}_{1,k}^{\mathrm{T}}\boldsymbol{R}_{1,k}^{-1}\tilde{\boldsymbol{H}}_{1,k}+\tilde{\boldsymbol{H}}_{2,k}^{\mathrm{T}}\boldsymbol{R}_{2,k}^{-1}\tilde{\boldsymbol{H}}_{2,k}+\cdots+\tilde{\boldsymbol{H}}_{p,k}^{\mathrm{T}}\boldsymbol{R}_{p,k}^{-1}\tilde{\boldsymbol{H}}_{p,k}\\&=\boldsymbol{I}_{1,k}+\boldsymbol{I}_{2,k}+\cdots+\boldsymbol{I}_{p,k}=\sum_{i=1}^{p}\boldsymbol{I}_{i,k}\end{aligned}\tag{4-84}$$

$$\begin{aligned}\boldsymbol{i}_{c,k}&=(\tilde{\boldsymbol{H}}_{c,k})^{\mathrm{T}}(\boldsymbol{R}_{c,k})^{-1}(\boldsymbol{e}_{c,k}+\tilde{\boldsymbol{H}}_{c,k}\hat{\boldsymbol{x}}_k^-)\\&=[\tilde{\boldsymbol{H}}_{1,k}^{\mathrm{T}},\tilde{\boldsymbol{H}}_{2,k}^{\mathrm{T}},\cdots,\tilde{\boldsymbol{H}}_{p,k}^{\mathrm{T}}]\begin{bmatrix}\boldsymbol{R}_{1,k}^{-1}&&&\\&\boldsymbol{R}_{2,k}^{-1}&&\\&&\ddots&\\&&&\boldsymbol{R}_{p,k}^{-1}\end{bmatrix}\left(\begin{bmatrix}\boldsymbol{e}_1\\\boldsymbol{e}_2\\\vdots\\\boldsymbol{e}_p\end{bmatrix}+\begin{bmatrix}\tilde{\boldsymbol{H}}_{1,k}\\\tilde{\boldsymbol{H}}_{2,k}\\\vdots\\\tilde{\boldsymbol{H}}_{p,k}\end{bmatrix}\hat{\boldsymbol{x}}_k^-\right)\\&=\tilde{\boldsymbol{H}}_{1,k}^{\mathrm{T}}\boldsymbol{R}_{1,k}^{-1}(\boldsymbol{e}_1+\tilde{\boldsymbol{H}}_{1,k}\hat{\boldsymbol{x}}_k^-)+\tilde{\boldsymbol{H}}_{2,k}^{\mathrm{T}}\boldsymbol{R}_{2,k}^{-1}(\boldsymbol{e}_2+\tilde{\boldsymbol{H}}_{2,k}\hat{\boldsymbol{x}}_k^-)+\cdots+\\&\quad\tilde{\boldsymbol{H}}_{p,k}^{\mathrm{T}}\boldsymbol{R}_{p,k}^{-1}(\boldsymbol{e}_p+\tilde{\boldsymbol{H}}_{p,k}\hat{\boldsymbol{x}}_k^-)\\&=\boldsymbol{i}_{1,k}+\boldsymbol{i}_{2,k}+\cdots+\boldsymbol{i}_{p,k}=\sum_{i=1}^{p}\boldsymbol{i}_{i,k}\end{aligned}\tag{4-85}$$

可以看出，集中式信息滤波中的全局信息矩阵贡献 $\boldsymbol{I}_{c,k}$ 和全局信息状态贡献 $\boldsymbol{i}_{c,k}$ 等于局部信息贡献矩阵 $\boldsymbol{I}_{i,k}$ 和局部信息状态贡献 $\boldsymbol{i}_{i,k}$ 之和，进而，融合中心集中式信息滤波的量测更新过程可以写为如下求和形式：

$$\boldsymbol{Y}_k^+ = \boldsymbol{Y}_k^- + \sum_{i=1}^{p} \boldsymbol{I}_{i,k} = \boldsymbol{Y}_k^- + \sum_{i=1}^{p} \boldsymbol{Y}_k^- \boldsymbol{P}_{i,xz} \boldsymbol{R}_{i,k}^{-1} \boldsymbol{P}_{i,xz}^{\mathrm{T}} \boldsymbol{Y}_k^- \tag{4-86}$$

$$\hat{\boldsymbol{y}}_k^+ = \hat{\boldsymbol{y}}_k^- + \sum_{i=1}^{p} \boldsymbol{i}_{i,k} = \hat{\boldsymbol{y}}_k^- + \sum_{i=1}^{p} \boldsymbol{Y}_k^- \boldsymbol{P}_{i,xz} \boldsymbol{R}_{i,k}^{-1} (\boldsymbol{e}_{i,k} + \boldsymbol{P}_{i,xz}^{\mathrm{T}} \boldsymbol{Y}_k^- \hat{\boldsymbol{x}}_k^-) \tag{4-87}$$

根据式（4－86）和式（4－87）的形式，定义平均逆协方差矩阵和平均量测向量为

$$\boldsymbol{M}_k = \frac{1}{p} \sum_{i=1}^{p} \boldsymbol{Y}_k^- \boldsymbol{P}_{i,xz} \boldsymbol{R}_{i,k}^{-1} \boldsymbol{P}_{i,xz}^{\mathrm{T}} \boldsymbol{Y}_k^- = \frac{1}{p} \sum_{i=1}^{p} \boldsymbol{M}_k^i \tag{4-88}$$

$$\boldsymbol{m}_k = \frac{1}{n} \sum_{i=1}^{p} \boldsymbol{Y}_k^- \boldsymbol{P}_{i,xz} \boldsymbol{R}_{i,k}^{-1} \boldsymbol{e}_{i,k} = \frac{1}{n} \sum_{i=1}^{p} \boldsymbol{m}_{i,k} \tag{4-89}$$

则更新方程式（4－86）和式（4－87）可以改写为

$$\boldsymbol{Y}_k^+ = \boldsymbol{Y}_k^- + n\boldsymbol{M}_k \tag{4-90}$$

$$\hat{\boldsymbol{y}}_k^+ = \hat{\boldsymbol{y}}_k^- + n(\boldsymbol{m}_k + \boldsymbol{M}_k \hat{\boldsymbol{x}}_k^-) \tag{4-91}$$

从式（4－90）和式（4－91）可以看出，只要系统中每个节点可以同时获得 $\boldsymbol{M}_k$ 和 $\boldsymbol{m}_k$ 的值，便可以进行局部信息滤波。而 $\boldsymbol{M}_k$ 和 $\boldsymbol{m}_k$ 分别为 $\boldsymbol{M}_{i,k}$ 和 $\boldsymbol{m}_{i,k}$ 的平均值，且 $\boldsymbol{M}_{i,k} = \boldsymbol{Y}_k^- \boldsymbol{P}_{i,xz} \boldsymbol{R}_{i,k}^{-1} \boldsymbol{P}_{i,xz}^{\mathrm{T}} \boldsymbol{Y}_k^-$，$\boldsymbol{m}_{i,k} = \boldsymbol{Y}_k^- \boldsymbol{P}_{i,xz} \boldsymbol{R}_{i,k}^{-1} \boldsymbol{e}_{i,k}$ 均只与局部信息有关，若令 $\hat{\boldsymbol{M}}_{i,0} = \boldsymbol{Y}_k^- \boldsymbol{P}_{i,xz} \boldsymbol{R}_{i,k}^{-1} \boldsymbol{P}_{i,xz}^{\mathrm{T}} \boldsymbol{Y}_k^-$ 和 $\hat{\boldsymbol{m}}_{i,0} = \boldsymbol{Y}_k^- \boldsymbol{P}_{i,xz} \boldsymbol{R}_{i,k}^{-1} \boldsymbol{e}_{i,k}$，则由加权平均一致性算法可知，系统中各节点可以通过交互 $\boldsymbol{M}_{i,k}$ 和 $\boldsymbol{m}_{i,k}$ 的信息实现 $\hat{\boldsymbol{M}}_{i,t} \to \boldsymbol{M}_k$，$\hat{\boldsymbol{m}}_{i,t} \to \boldsymbol{m}_k$，进而实现分布式信息滤波算法。将该分布式信息滤波算法架构与容积准则相结合，便可得到分布式信息加权平均一致性容积信息滤波，其算法流程如图 4－12 所示。

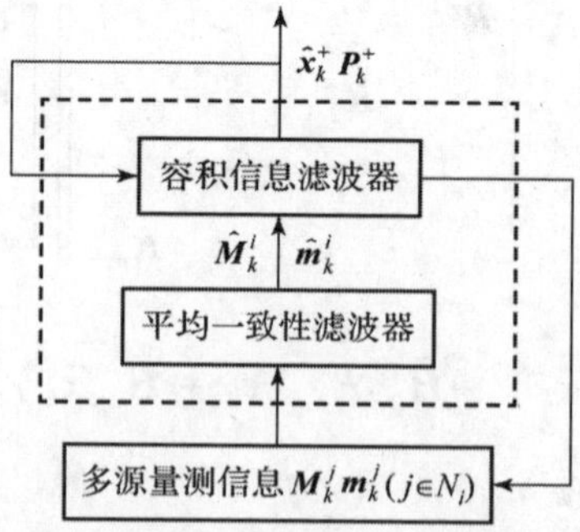

图 4－12　分布式信息加权平均一致性容积信息滤波算法流程

采用一种确定的容积准则，确定容积点 $\hat{\boldsymbol{x}}^{(i)}$ 和相应权值 ω_i 的计算方法。

步骤1：滤波初始化

给定滤波初始值 $\hat{\boldsymbol{x}}_0^+$，$\boldsymbol{P}_0^+$。

循环 $k=1,2,\cdots$，完成以下递推更新步骤。

步骤2：时间更新

分别用 $\hat{\boldsymbol{x}}_{k-1}^+$ 和 $\boldsymbol{P}_{k-1}^+$ 计算容积点 $\hat{\boldsymbol{x}}_{k-1}^{(i)}$，并计算非线性传递点 $\boldsymbol{X}_k^{(i)}=\boldsymbol{f}(\hat{\boldsymbol{x}}_{k-1}^{(i)})$。

计算状态的先验估计 $\hat{\boldsymbol{x}}_k^- = \sum\limits_{i=1}^{L}\omega_i\boldsymbol{X}_k^{(i)}$。

计算状态先验误差协方差矩阵 $\boldsymbol{P}_k^- = \sum\limits_{i=1}^{L}\omega_i(\boldsymbol{X}_k^{(i)}-\hat{\boldsymbol{x}}_k^-)(\boldsymbol{X}_k^{(i)}-\hat{\boldsymbol{x}}_k^-)^{\mathrm{T}}+\boldsymbol{Q}_{k-1}$。

计算信息矩阵 $\boldsymbol{Y}_k^-=(\boldsymbol{P}_k^-)^{-1}$。

计算信息状态向量 $\boldsymbol{y}_k^-=\boldsymbol{Y}_k^-\hat{\boldsymbol{x}}_k^-$。

步骤3：量测更新

分别用 $\hat{\boldsymbol{x}}_k^-$ 和 $\boldsymbol{P}_k^-$ 计算容积点 $\hat{\boldsymbol{x}}_k^{(i)}$，并计算非线性传递点 $\boldsymbol{Z}_k^{(i)}=\boldsymbol{h}(\hat{\boldsymbol{x}}_k^{(i)})$。

计算量测预测值 $\hat{z}_k = \sum\limits_{i=1}^{L}\omega_i\boldsymbol{Z}_k^{(i)}$。

计算交叉协方差矩阵 $\boldsymbol{P}_{xz,k} = \sum\limits_{i=1}^{L}\omega_i(\hat{\boldsymbol{x}}_k^{(i)}-\hat{\boldsymbol{x}}_k^-)(\boldsymbol{Z}_k^{(i)}-\hat{z}_k)^{\mathrm{T}}$。

计算滤波新息 $\boldsymbol{e}_{i,k}=\boldsymbol{z}_{i,k}-\hat{\boldsymbol{z}}_{i,k}$。

步骤4：一致性融合计算

设定初始值 $\boldsymbol{M}_{i,0}=\boldsymbol{Y}_k^-\boldsymbol{P}_{i,xz}\boldsymbol{R}_{i,k}^{-1}\boldsymbol{P}_{i,xz}^{\mathrm{T}}\boldsymbol{Y}_k^-$ 和 $\boldsymbol{m}_{i,0}=\boldsymbol{Y}_k^-\boldsymbol{P}_{i,xz}\boldsymbol{R}_{i,k}^{-1}\boldsymbol{e}_{i,k}$。

循环 $t=0,1,2,\cdots,t_c$，t_c 为达到一致的迭代步数。

计算一致性迭代 $\boldsymbol{M}_{i,t+1} = \boldsymbol{M}_{i,t} + \sum\limits_{j=1}^{p}\tau_{ij,t}(\boldsymbol{M}_{j,t}-\boldsymbol{M}_{i,t})$。

计算一致性迭代 $\boldsymbol{m}_{i,t+1} = \boldsymbol{m}_{i,t} + \sum\limits_{j=1}^{p}\tau_{ij,t}(\boldsymbol{m}_{j,t}-\boldsymbol{m}_{i,t})$。

输出 $\hat{\boldsymbol{M}}_{i,k}=\boldsymbol{M}_{i,t_c+1}$ 和 $\hat{\boldsymbol{m}}_{i,k}=\boldsymbol{m}_{i,t_c+1}$。

步骤5：状态更新

计算后验信息矩阵 $\boldsymbol{Y}_k^+=\boldsymbol{Y}_k^-+n\hat{\boldsymbol{M}}_{i,k}$。

计算后验信息向量 $\hat{\boldsymbol{y}}_k^+=\hat{\boldsymbol{y}}_k^-+n(\hat{\boldsymbol{m}}_{i,k}+\hat{\boldsymbol{M}}_{i,k}\hat{\boldsymbol{x}}_k^-)$。

还原后验协方差矩阵 $\boldsymbol{P}_k^+=(\boldsymbol{Y}_k^+)^{-1}$。

还原后验状态向量 $\hat{\boldsymbol{x}}_k^+=(\boldsymbol{Y}_k^+)^{-1}\hat{\boldsymbol{y}}_k^+$。

本节提出的分布式信息加权平均一致性容积信息滤波在理论上可以获得与集中式滤波相同的精度，但该算法在一个滤波周期内存在一个一致性计算周期，即每进行一步滤波计算，需要在各个节点间进行数据的一致性同步。如前所述，可以通过提高通信拓扑结构图的连通性来加速数据的一致性同步，也可以采用二阶一致性算法、反馈一致性算法等改进一致性算法来提高数据一致性同步的速度。

4.4.4 分布式容积卡尔曼一致性滤波

4.4.3 节提出的分布式信息加权平均一致性容积信息滤波，虽然在理论上可以获得与集中式滤波相同的精度，但是在每个滤波周期内均需要进行各节点间数据的一致性同步，增大了计算量。为此，本节在 Olfati 提出的针对线性系统的卡尔曼一致性滤波基础之上，提出一种新的滤波周期与一致性同步周期相同的分布式容积卡尔曼一致性滤波算法。

为了更好地描述本节算法，将系统状态模型改写为

$$\begin{cases} \boldsymbol{x}_{c,k} = \boldsymbol{f}(\boldsymbol{x}_{c,k-1}) + \boldsymbol{w}_{c,k} \\ \boldsymbol{z}_{c,k} = \boldsymbol{h}_c(\boldsymbol{x}_{c,k}) + \boldsymbol{v}_{c,k} \end{cases} \tag{4-92}$$

式中：c 表示算法运行在节点 c 上；$\boldsymbol{x}_{c,k}$ 和 $\boldsymbol{z}_{c,k}$ 分别为状态向量和量测向量，$\boldsymbol{x}_{c,k} \in \mathbf{R}^n$ 和 $\boldsymbol{z}_{c,k} \in \mathbf{R}^q$；$\boldsymbol{w}_{c,k}$ 和 $\boldsymbol{v}_{c,k}$ 分别为高斯白噪声，其协方差矩阵分别为 $\boldsymbol{Q}_{c,k}$ 和 $\boldsymbol{R}_{c,k}$。

在文献［77］中描述了一种分布式卡尔曼一致性滤波算法，该算法将分布式卡尔曼滤波按照加权量测值 $z = \sum_{i=1}^{n} \boldsymbol{H}_i^{\mathrm{T}} \boldsymbol{R}_i^{-1} z_i / n$ 和逆协方差矩阵 $\boldsymbol{S} = \sum_{i=1}^{n} \boldsymbol{H}_i^{\mathrm{T}} \boldsymbol{R}_i^{-1} \boldsymbol{H}_i / n$ 分解为两个独立的动态一致性问题，并分别采用分布式低通一致性滤波器和带通一致性滤波器解决。一致性滤波器是一种可以计算时变信号平均一致性的分布式算法滤波器。

由于伪量测矩阵 $\tilde{\boldsymbol{H}}_k = \boldsymbol{P}_{xz,k}^{\mathrm{T}} \boldsymbol{Y}_k^-$ 可以作为由雅可比矩阵过渡到容积准则的桥梁，因此对于非线性系统，首先将线性分布式卡尔曼一致性滤波拓展为扩展卡尔曼一致性滤波。在卡尔曼一致性滤波中，定义逆协方差矩阵 $U_i = \boldsymbol{H}_i^{\mathrm{T}} \boldsymbol{R}_i^{-1} \boldsymbol{H}_i$ 和加权量测值 $\boldsymbol{u}_i = \boldsymbol{H}_i^{\mathrm{T}} \boldsymbol{R}_i^{-1} z_i$，对于非线性系统，相应地定义 $U_s = \tilde{\boldsymbol{H}}_s^{\mathrm{T}} \boldsymbol{R}_s^{-1} \tilde{\boldsymbol{H}}_s$，$\boldsymbol{u}_s = \boldsymbol{H}_s^{\mathrm{T}} \boldsymbol{R}_s^{-1} (z_s - \boldsymbol{h}_s(\hat{\boldsymbol{x}}_{c,k}^-))$，在该定义中，在发送节点的加权量测值中引入了接收节点的状态预测值，因此卡尔曼一致性滤波无法直接拓展到非线性的情况。为此，重新定义 $\boldsymbol{u}_s = \boldsymbol{H}_s^{\mathrm{T}} \boldsymbol{R}_s^{-1} (z_s - \boldsymbol{h}_s(\hat{\boldsymbol{x}}_{s,k}^-))$，并利用泰勒级数展开得到 $\boldsymbol{h}_s(\hat{\boldsymbol{x}}_{c,k}^-)$ 的表达式为

$$\boldsymbol{h}_s(\hat{\boldsymbol{x}}_{c,k}^-) = \boldsymbol{h}_s(\hat{\boldsymbol{x}}_{s,k}^-) + \tilde{\boldsymbol{H}}_s(\hat{\boldsymbol{x}}_{c,k}^- - \hat{\boldsymbol{x}}_{s,k}^-) \tag{4-93}$$

利用式（4-93），可以得到与卡尔曼一致性滤波中等价的传递信息量为

$$\begin{aligned}\boldsymbol{d}_s &= \tilde{\boldsymbol{H}}_s^{\mathrm{T}}\boldsymbol{R}_s^{-1}(\boldsymbol{z}_s-\boldsymbol{h}_s(\hat{\boldsymbol{x}}_{c,k}^{-}))\\ &= \tilde{\boldsymbol{H}}_s^{\mathrm{T}}\boldsymbol{R}_s^{-1}(\boldsymbol{z}_s-\boldsymbol{h}_s(\hat{\boldsymbol{x}}_{s,k}^{-})-\tilde{\boldsymbol{H}}_s(\hat{\boldsymbol{x}}_{c,k}^{-}-\hat{\boldsymbol{x}}_{s,k}^{-}))\\ &= \underbrace{\tilde{\boldsymbol{H}}_s^{\mathrm{T}}\boldsymbol{R}_s^{-1}(\boldsymbol{z}_s-\boldsymbol{h}_s(\hat{\boldsymbol{x}}_{s,k}^{-}))}_{\boldsymbol{u}_s}-\underbrace{\tilde{\boldsymbol{H}}_s^{\mathrm{T}}\boldsymbol{R}_s^{-1}\tilde{\boldsymbol{H}}_s}_{U_s}(\hat{\boldsymbol{x}}_{c,k}^{-}-\hat{\boldsymbol{x}}_{s,k}^{-})\end{aligned} \tag{4-94}$$

则接收节点的信息融合过程为

$$\boldsymbol{g}_c = \sum_{s\in J_c}\boldsymbol{d}_s = \sum_{s\in J_c}(\boldsymbol{u}_s - U_s(\hat{\boldsymbol{x}}_{c,k}^{-}-\hat{\boldsymbol{x}}_{s,k}^{-})) \tag{4-95}$$

同样，对于非线性系统，采用伪量测矩阵 $\tilde{\boldsymbol{H}}_k=\boldsymbol{P}_{xz,k}^{\mathrm{T}}\boldsymbol{Y}_k^{-}$ 即可将容积准则与该算法结构相结合。该伪量测矩阵也可以通过统计线性回归方法得到，下面简要给出利用统计线性回归方法的计算过程。对于非线性方程 $\boldsymbol{z}=\boldsymbol{h}(\boldsymbol{x})+\boldsymbol{v}$，统计线性回归的目的是找到 $\boldsymbol{z}$ 的估计器 $\hat{\boldsymbol{z}}$，使其具有 $\hat{\boldsymbol{z}}=\boldsymbol{Hx}+\boldsymbol{b}+\boldsymbol{v}$ 的形式[90]。其中，矩阵 $\boldsymbol{H}$ 和向量 $\boldsymbol{v}$ 由最小化准则函数 $\{\boldsymbol{H},\boldsymbol{b}\}=\mathrm{argminE}\{\|\boldsymbol{h}(\boldsymbol{x})-\boldsymbol{Hx}-\boldsymbol{b}\|_2^2\}$ 确定，通过对 $\boldsymbol{b}$ 取偏微分并令其为零，便可以得到 $\boldsymbol{H}=\boldsymbol{P}_{xz}^{\mathrm{T}}\boldsymbol{P}^{-1}$。则有

$$\boldsymbol{u}_{c,k}=\boldsymbol{H}_{c,k}^{\mathrm{T}}\boldsymbol{R}_{c,k}^{-1}\boldsymbol{e}_{c,k}=(\boldsymbol{P}_{c,k}^{-})^{-1}\boldsymbol{P}_{c,xz,k}\boldsymbol{R}_{c,k}^{-1}\boldsymbol{e}_{c,k} \tag{4-96}$$

$$\boldsymbol{U}_{c,k}=\boldsymbol{H}_{c,k}^{\mathrm{T}}\boldsymbol{R}_{c,k}^{-1}\boldsymbol{H}_{c,k}=(\boldsymbol{P}_{c,k}^{-})^{-1}\boldsymbol{P}_{c,xz,k}\boldsymbol{R}_{c,k}^{-1}\boldsymbol{P}_{c,xz,k}^{\mathrm{T}}(\boldsymbol{P}_{c,k}^{-})^{-1} \tag{4-97}$$

通过将容积准则与伪量测矩阵 $\boldsymbol{H}_{c,k}=\boldsymbol{P}_{c,xz,k}^{\mathrm{T}}(\boldsymbol{P}_{c,k}^{-})^{-1}$ 相结合，在扩展卡尔曼一致性滤波算法框架下可以推导出本节提出的分布式容积卡尔曼一致性滤波算法，其计算步骤如下。

采用一种确定的容积准则，确定容积点 $\hat{\boldsymbol{x}}^{(i)}$ 和相应权值 ω_i 的计算方法。

步骤 1：滤波初始化

给定滤波初始值 $\hat{\boldsymbol{x}}_0^{+}$，$\boldsymbol{P}_0^{+}$。

循环 $k=1,2,\cdots$，完成以下递推更新步骤。

步骤 2：时间更新

分别用 $\hat{\boldsymbol{x}}_{k-1}^{+}$ 和 $\boldsymbol{P}_{k-1}^{+}$ 计算容积点 $\hat{\boldsymbol{x}}_{k-1}^{(i)}$，并计算非线性传递点 $\boldsymbol{X}_k^{(i)}=\boldsymbol{f}(\hat{\boldsymbol{x}}_{k-1}^{(i)})$。

计算状态的先验估计 $\hat{\boldsymbol{x}}_k^{-}=\sum\limits_{i=1}^{L}\omega_i\boldsymbol{X}_k^{(i)}$。

计算状态先验误差协方差矩阵 $\boldsymbol{P}_k^{-}=\sum\limits_{i=1}^{L}\omega_i(\boldsymbol{X}_k^{(i)}-\hat{\boldsymbol{x}}_k^{-})(\boldsymbol{X}_k^{(i)}-\hat{\boldsymbol{x}}_k^{-})^{\mathrm{T}}+\boldsymbol{Q}_{k-1}$。

步骤 3：量测更新

分别用 $\hat{\boldsymbol{x}}_k^{-}$ 和 $\boldsymbol{P}_k^{-}$ 计算容积点 $\hat{\boldsymbol{x}}_k^{(i)}$，并计算非线性传递点 $\boldsymbol{Z}_k^{(i)}=\boldsymbol{h}(\hat{\boldsymbol{x}}_k^{(i)})$。

计算量测预测值 $\hat{z}_k=\sum\limits_{i=1}^{L}\omega_i\boldsymbol{Z}_k^{(i)}$。

计算交叉协方差矩阵 $\boldsymbol{P}_{xz,k}^{-} = \sum_{i=1}^{L} \omega_i (\hat{\boldsymbol{x}}_k^{(i)} - \hat{\boldsymbol{x}}_k^{-})(\boldsymbol{Z}_k^{(i)} - \hat{\boldsymbol{z}}_k)^{\mathrm{T}}$。

计算滤波新息 $\boldsymbol{e}_{c,k} = \boldsymbol{z}_{c,k} - \hat{\boldsymbol{z}}_{c,k}$。

计算信息向量 $\boldsymbol{u}_{c,k} = (\boldsymbol{P}_{c,k}^{-})^{-1} \boldsymbol{P}_{c,xz,k} \boldsymbol{R}_{c,k}^{-1} \boldsymbol{e}_{c,k}$。

计算信息矩阵 $\boldsymbol{U}_{c,k} = (\boldsymbol{P}_{c,k}^{-})^{-1} \boldsymbol{P}_{c,xz,k} \boldsymbol{R}_{c,k}^{-1} \boldsymbol{P}_{c,xz,k}^{\mathrm{T}} (\boldsymbol{P}_{c,k}^{-})^{-1}$。

步骤4：广播与接收数据包

发送节点将信息包 $\boldsymbol{m}_{c,k} = (\boldsymbol{u}_{c,k}, \boldsymbol{U}_{c,k}, \hat{\boldsymbol{x}}_{c,k}^{-})$ 广播给邻居节点，并从邻居节点处收取相同定义的信息包 $\boldsymbol{m}_{s,k} = (\boldsymbol{u}_{s,k}, \boldsymbol{U}_{s,k}, \hat{\boldsymbol{x}}_{s,k}^{-})$。

步骤5：信息融合

计算信息融合矩阵 $\boldsymbol{S}_{c,k} = \sum_{s \in J_c} \boldsymbol{U}_{s,k}$。

计算信息融合向量 $\boldsymbol{g}_{c,k} = \sum_{s \in J_c} (\boldsymbol{u}_{s,k} - \boldsymbol{U}_{s,k}(\hat{\boldsymbol{x}}_{c,k}^{-} - \hat{\boldsymbol{x}}_{s,k}^{-}))$。

步骤6：状态更新

计算后验交叉协方差矩阵 $\boldsymbol{P}_{c,k}^{+} = [(\boldsymbol{P}_{c,k}^{-})^{-1} + \boldsymbol{S}_{c,k}]^{-1}$。

计算后验系统状态估计 $\hat{\boldsymbol{x}}_{c,k}^{+} = \hat{\boldsymbol{x}}_{c,k}^{-} + \boldsymbol{P}_{c,k}^{+} \boldsymbol{g}_{c,k} + \gamma \boldsymbol{P}_{c,k}^{-} \sum_{s \in N_c} (\hat{\boldsymbol{x}}_{s,k}^{-} - \hat{\boldsymbol{x}}_{c,k}^{-})$。

式中：$\gamma = \alpha/(1 + \|\boldsymbol{P}_{c,k}^{-}\|_F)$；$\alpha$ 为一个小常量；$\|\cdot\|_F$ 为矩阵的 Frobenius 范数。

通过节点间信息的分布式交互，各节点对系统状态的估计值 $\hat{\boldsymbol{x}}_{c,k}^{+}$ 可以达到渐进一致。

4.4.5 仿真验证与分析

采用雷达目标跟踪模型验证本节提出的两种分布式容积滤波算法的性能，目标运动的状态方程为

$$\boldsymbol{x}_k = \begin{bmatrix} 1 & \dfrac{\sin(\Omega T)}{\Omega} & 0 & -\dfrac{1-\cos(\Omega T)}{\Omega} & 0 & 0 & 0 \\ 0 & \cos(\Omega T) & 0 & -\sin(\Omega T) & 0 & 0 & 0 \\ 0 & \dfrac{1-\cos(\Omega T)}{\Omega} & 1 & \dfrac{\sin(\Omega T)}{\Omega} & 0 & 0 & 0 \\ 0 & \sin(\Omega T) & 0 & \cos(\Omega T) & 0 & 0 & 0 \\ 0 & 0 & 0 & 0 & 1 & T & 0 \\ 0 & 0 & 0 & 0 & 0 & 1 & 0 \\ 0 & 0 & 0 & 0 & 0 & 0 & 1 \end{bmatrix} \boldsymbol{x}_{k-1} + \boldsymbol{w}_{k-1} \tag{4-98}$$

式中：$\boldsymbol{x}_k$ 表示系统状态向量，$\boldsymbol{x}_k = (x_k, \dot{x}_k, y_k, \dot{y}_k, z_k, \dot{z}_k, \Omega_k)^{\mathrm{T}}$，$(x_k, y_k, z_k)^{\mathrm{T}}$ 和

$(\dot{x}_k,\dot{y}_k,\dot{z}_k)^{\mathrm{T}}$ 分别为 k 时刻目标的位置和速度，Ω_k 为转弯速率；T 为采样间隔；$\boldsymbol{w}_{k-1}$为零均值高斯白噪声，其协方差矩阵为

$$\boldsymbol{Q}_{k-1}=\begin{bmatrix} \frac{q_1T^3}{3} & \frac{q_1T^2}{2} & 0 & 0 & 0 & 0 & 0 \\ \frac{q_1T^2}{2} & q_1T & 0 & 0 & 0 & 0 & 0 \\ 0 & 0 & \frac{q_1T^3}{3} & \frac{q_1T^2}{2} & 0 & 0 & 0 \\ 0 & 0 & \frac{q_1T^2}{2} & q_1T & 0 & 0 & 0 \\ 0 & 0 & 0 & 0 & \frac{q_1T^3}{3} & \frac{q_1T^2}{2} & 0 \\ 0 & 0 & 0 & 0 & \frac{q_1T^2}{2} & q_1T & 0 \\ 0 & 0 & 0 & 0 & 0 & 0 & q_2T \end{bmatrix} \tag{4-99}$$

式中：$q_1=0.1$；$q_2=0.00175$；$T=1$。

量测方程如下：

$$\boldsymbol{z}_k=\begin{bmatrix} \sqrt{x_k^2+y_k^2+z_k^2} \\ \operatorname{arctan2}(y_k,x_k) \\ \operatorname{arctan2}(z_k,\sqrt{x_k^2+y_k^2}) \end{bmatrix}+\boldsymbol{v}_k \tag{4-100}$$

式中：$\boldsymbol{z}_k$ 为量测向量；arctan2 为四象限反正切函数；$\boldsymbol{v}_k$ 为零均值高斯白噪声，其协方差矩阵 $\boldsymbol{R}_k=\mathrm{diag}([1000,0.1,0.1])$。

初始状态 $\hat{\boldsymbol{x}}_0$ 由分布 $N(\hat{\boldsymbol{x}}_0;\boldsymbol{x}_0,\boldsymbol{P}_0)$ 随机产生，其中，$\boldsymbol{x}_0=(1000,300,1000,0,2000,0,-3^{\circ}/s)^{\mathrm{T}}$，$P_0=\mathrm{diag}([100,10,100,10,100,10,])$。在 1 次仿真中目标的运动轨迹与传感器节点的分布如图 4-13 所示。

仿真实验 1：分布式信息加权平均一致性容积信息滤波算法验证

该仿真实验主要验证 4.4.3 节中提出的分布式信息加权平均一致性容积信息滤波算法，将其与集中式滤波相比较，运行 200 次蒙特卡洛仿真，采用 RMSE 描述目标跟踪滤波精度，结果如图 4-14、表 4-4 和表 4-5 所示。从仿真结果可以看出，单独采用某一个传感器进行目标跟踪精度较低，而采用多传感器集中式或分布式目标跟踪精度明显提高，表明多传感器信息融合可以明显提高滤波跟踪精度。而由于在每个滤波周期内都需要进行一致性计算来同步各节点的信息，因此集中式滤波与分布式滤波的精度基本一致，但这样做同样会增大该算法每个滤波周期内的计算量。

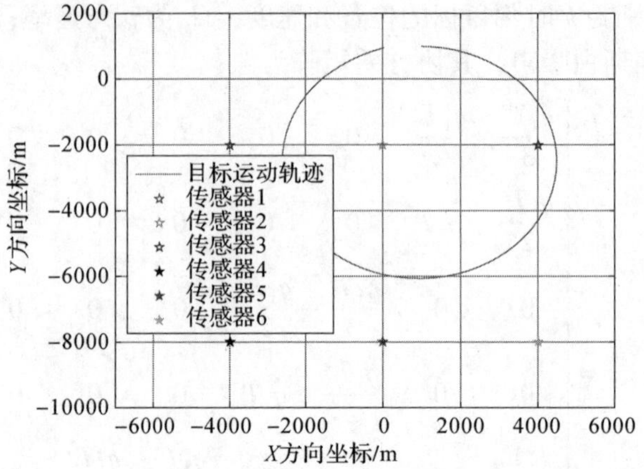

图 4 – 13　目标运动轨迹与传感器节点分布示意图

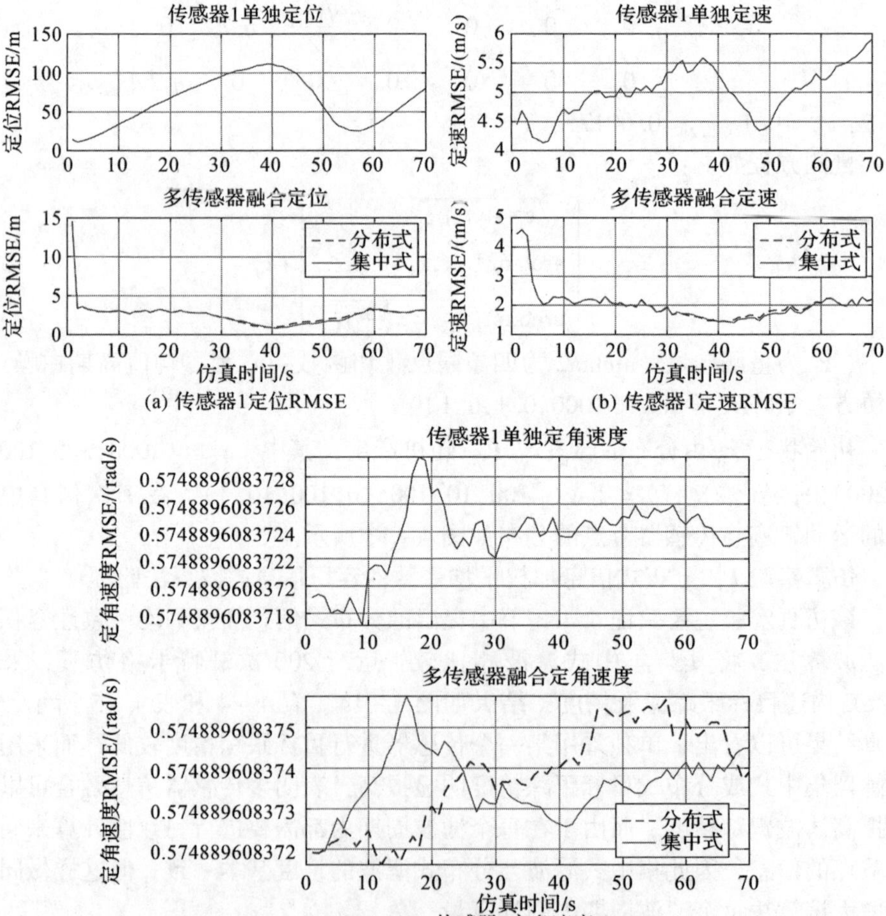

(a) 传感器1定位RMSE

(b) 传感器1定速RMSE

(c) 传感器1定角速度RMSE

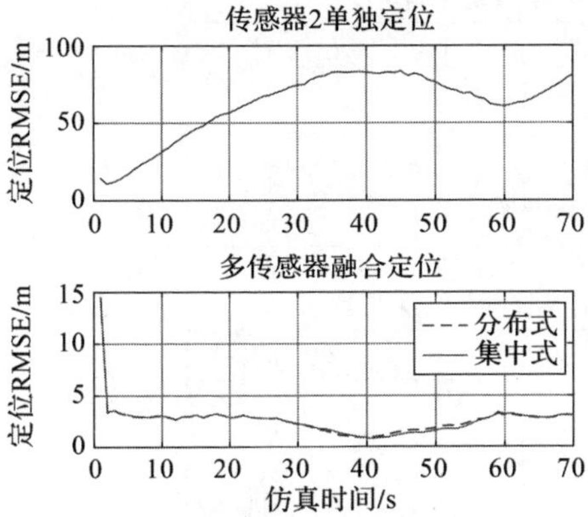

(d) 传感器2定位RMSE

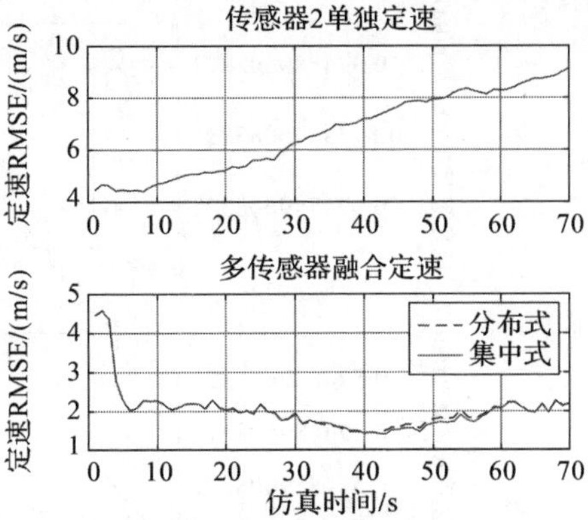

(e) 传感器2定速RMSE

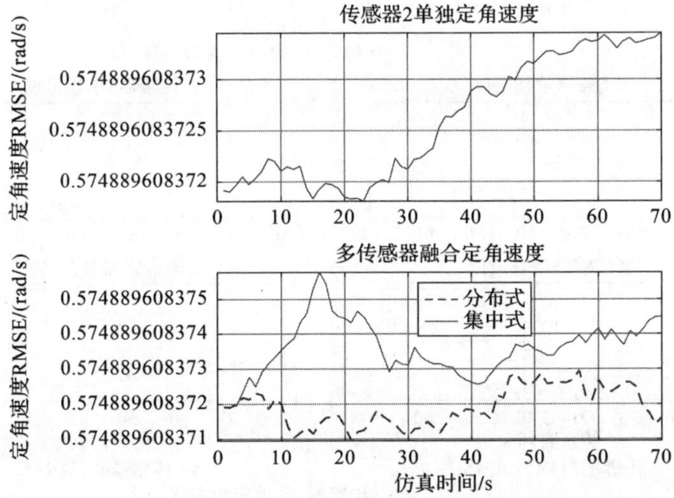

(f) 传感器2定角速度RMSE

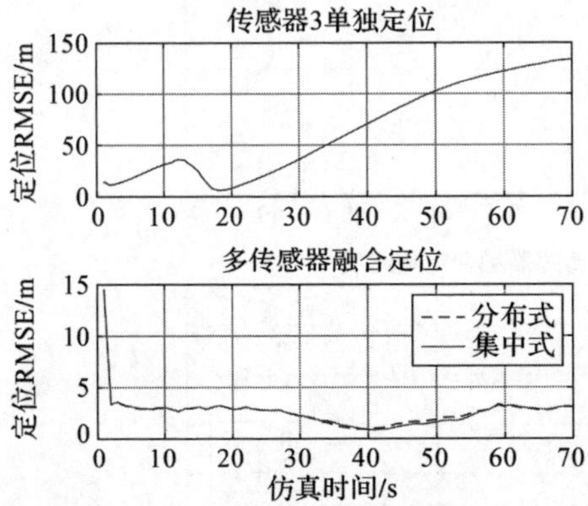

(g) 传感器3定位RMSE

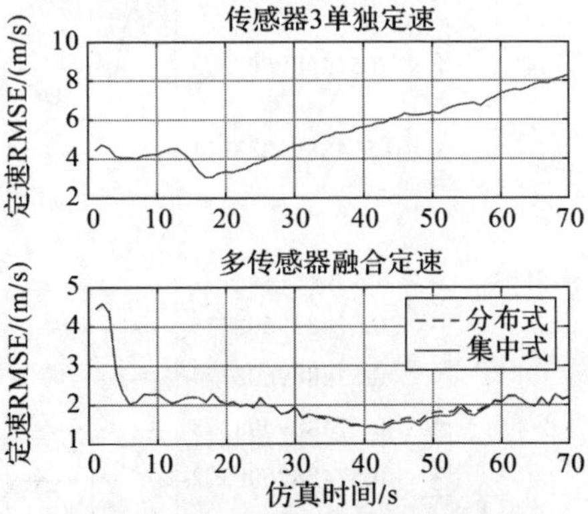

(h) 传感器3定速RMSE

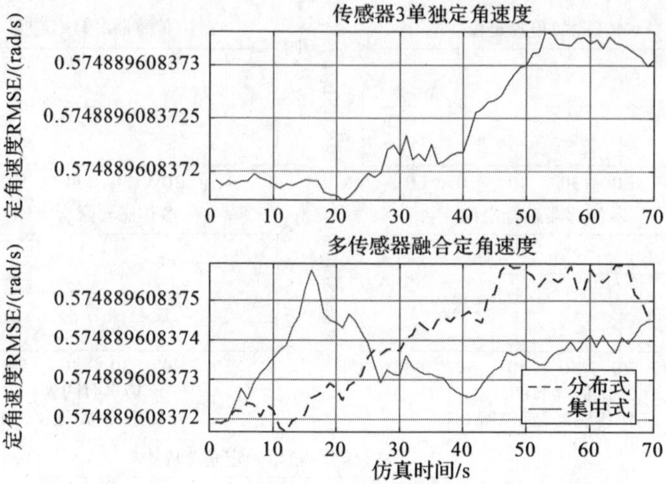

(i) 传感器3定角速度RMSE

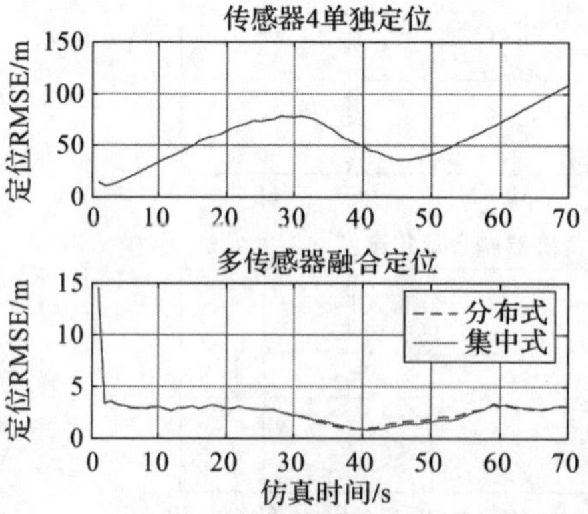

(j) 传感器4定位RMSE

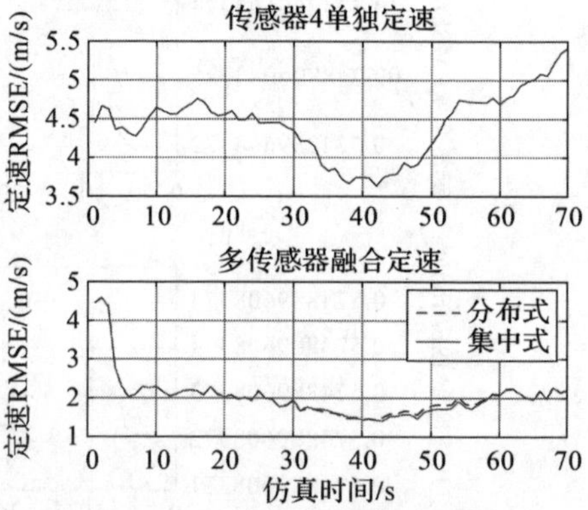

(k) 传感器4定速RMSE

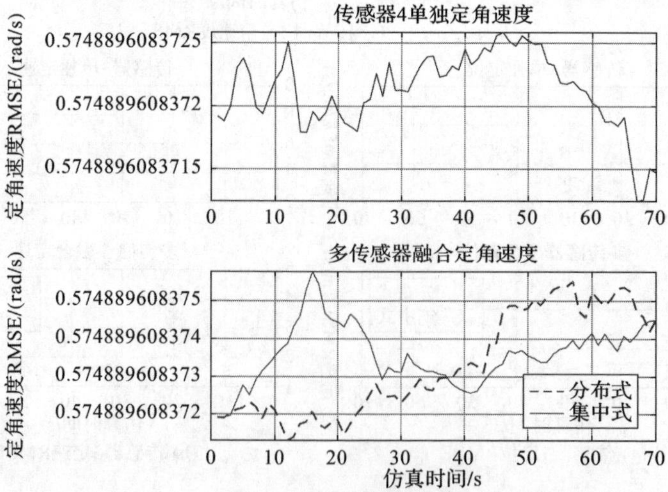

(l) 传感器4定角速度RMSE

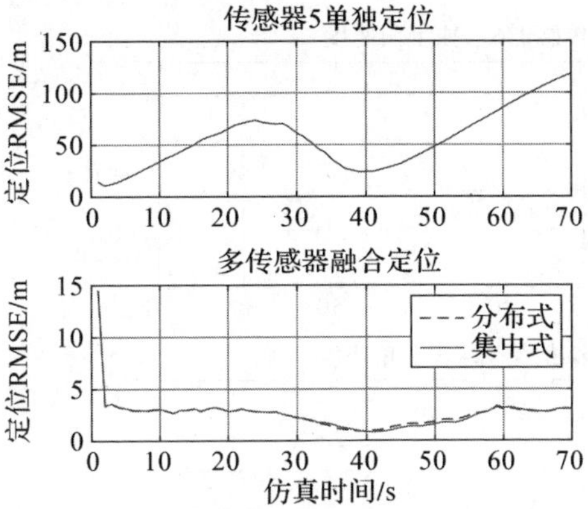

(m) 传感器5定位RMSE

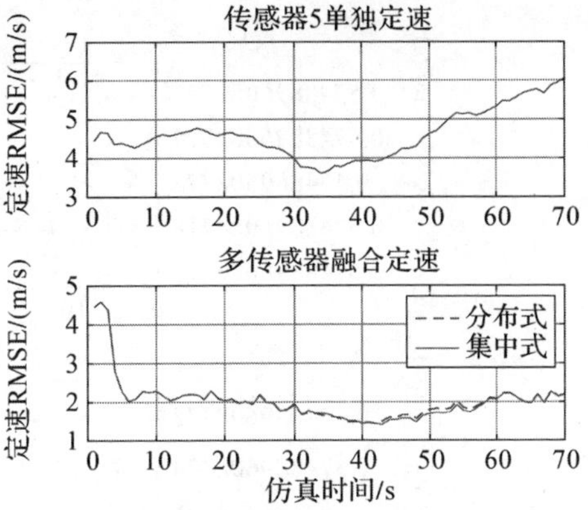

(n) 传感器5定速RMSE

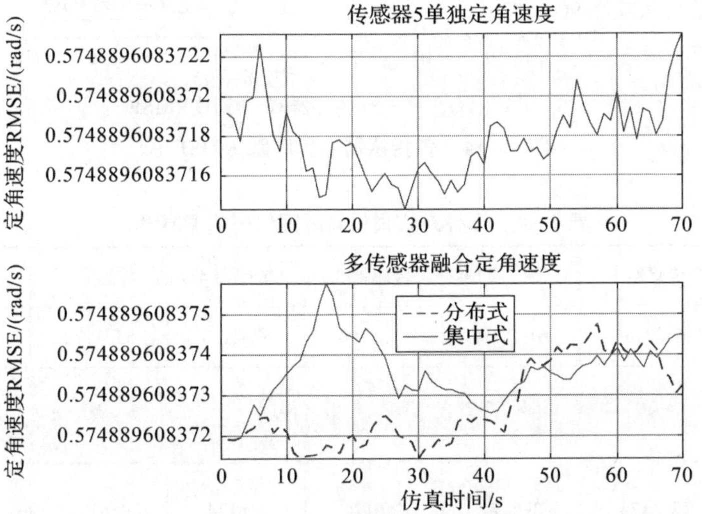

(o) 传感器5定角速度RMSE

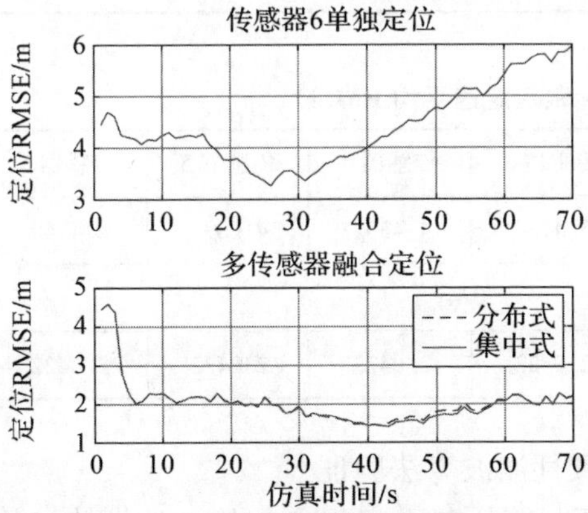

(p) 传感器6定位RMSE

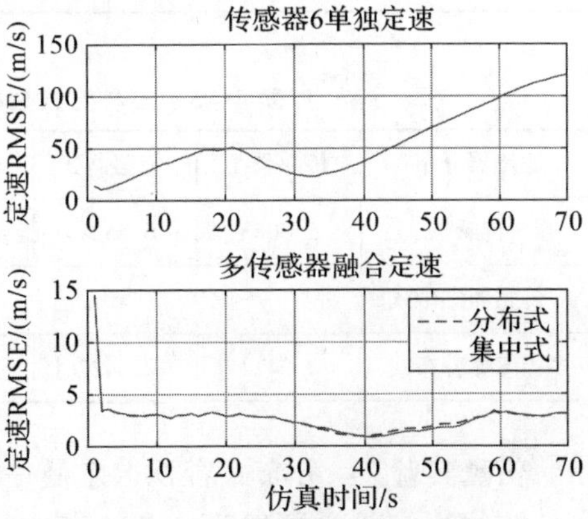

(q) 传感器6定速RMSE

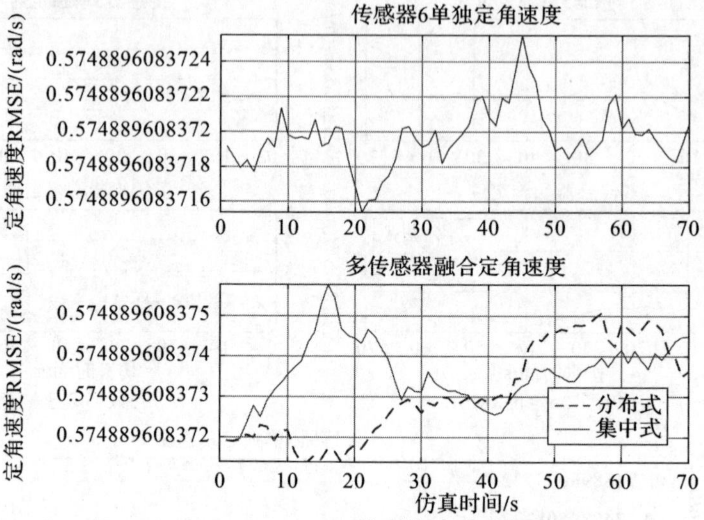

(r) 传感器6定角速度RMSE

图 4－14　各传感器目标跟踪 RMSE

表 4－4　三种方式目标跟踪定位平均 RMSE

滤波器分布	传感器 1	传感器 2	传感器 3	传感器 4	传感器 5	传感器 6
单传感器	63. 2266	61. 7704	64. 3290	57. 2183	55. 1172	54. 7038
多传感器集中式	2. 5959					
多传感器分布式	2. 6174	2. 6174	2. 6174	2. 6174	2. 6174	2. 6174

表 4－5　三种方式目标跟踪定速平均 RMSE

滤波器分布	传感器 1	传感器 2	传感器 3	传感器 4	传感器 5	传感器 6
单传感器	5. 0083	6. 6521	5. 4134	4. 4352	4. 6071	4. 4140
多传感器集中式	2. 0249					
多传感器分布式	2. 0422	2. 0422	2. 0422	2. 0422	2. 0422	2. 0422

仿真实验 2：分布式容积卡尔曼一致性滤波算法验证

该仿真实验主要验证 4. 4. 4 节中提出的分布式容积卡尔曼一致性滤波算

法，将其与集中式滤波相比较，运行 200 次蒙特卡洛仿真，采用 RMSE 描述目标跟踪滤波精度，结果如图 4－15、表 4－6 和表 4－7 所示。从仿真结果可以看出，单独采用某一个传感器进行目标跟踪精度较低，而采用多传感器集中式或分布式目标跟踪精度明显提高，表明多传感器信息融合可以明显提高滤波跟踪精度。但由于该算法的一致性计算周期与滤波周期相同，无法在一个滤波周期内实现多节点信息的同步，因此与仿真实验 1 仿真结果相比，该算法的分布式滤波精度与集中式滤波精度相比有所降低。但该算法在每个滤波周期内的计算量较小，应用实时性更高。

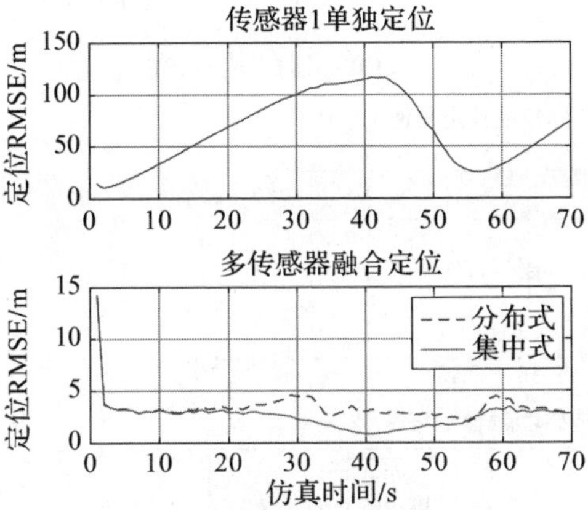

(a) 传感器1定位RMSE

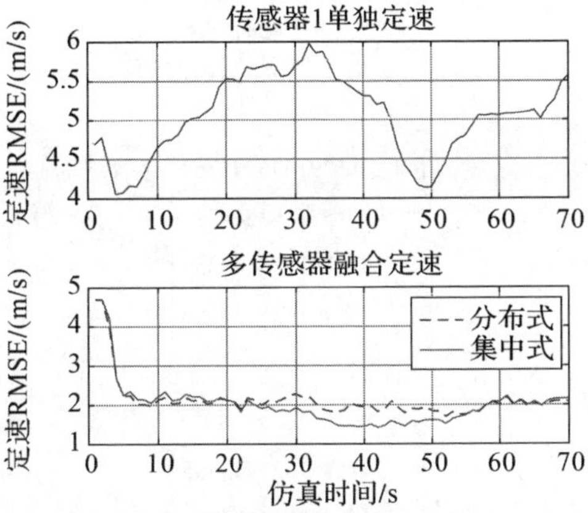

(b) 传感器1定速RMSE

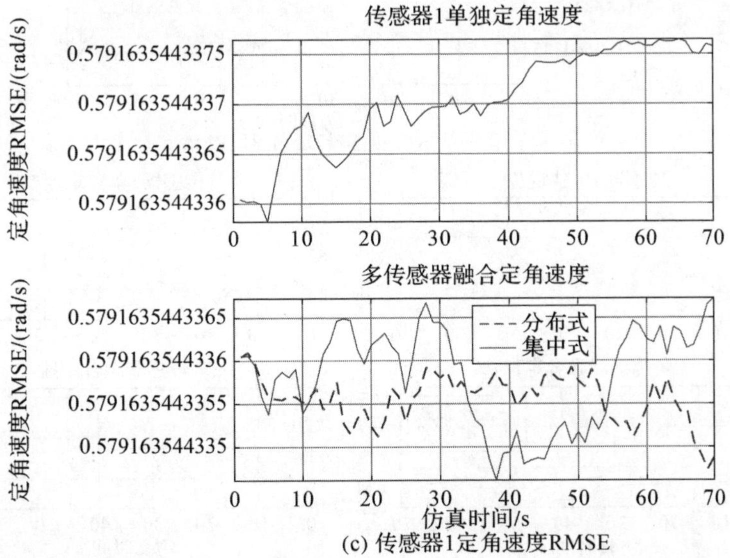

(c) 传感器1定角速度RMSE

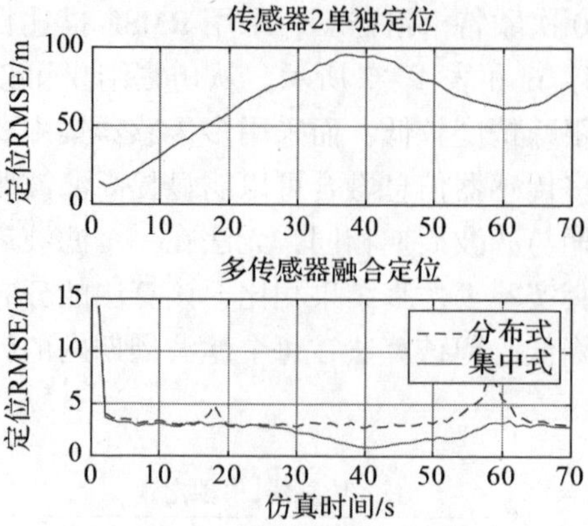

(d) 传感器2定位RMSE

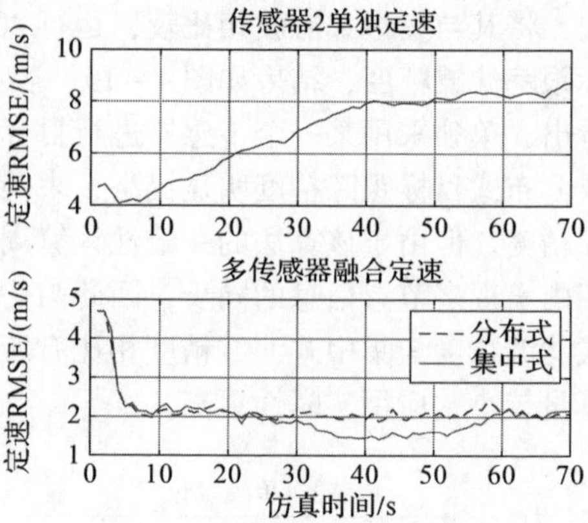

(e) 传感器2定速RMSE

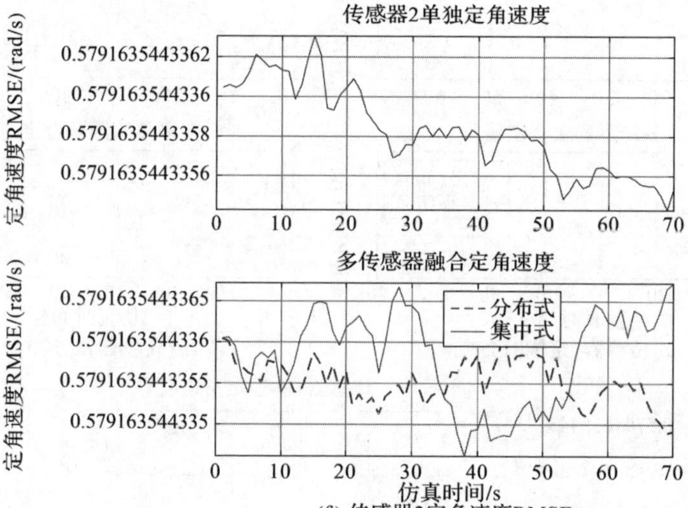

(f) 传感器2定角速度RMSE

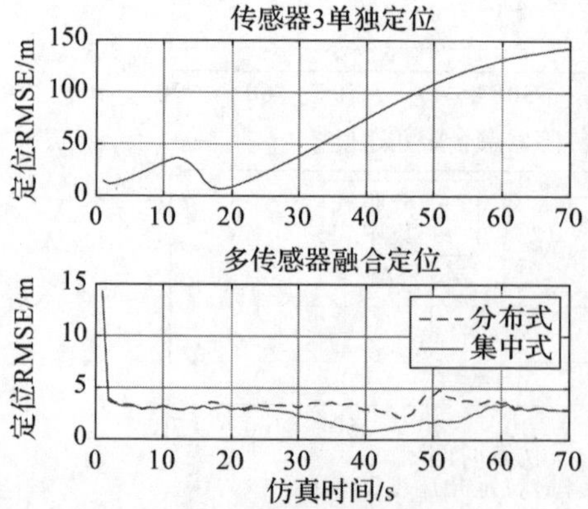

(g) 传感器3定位RMSE

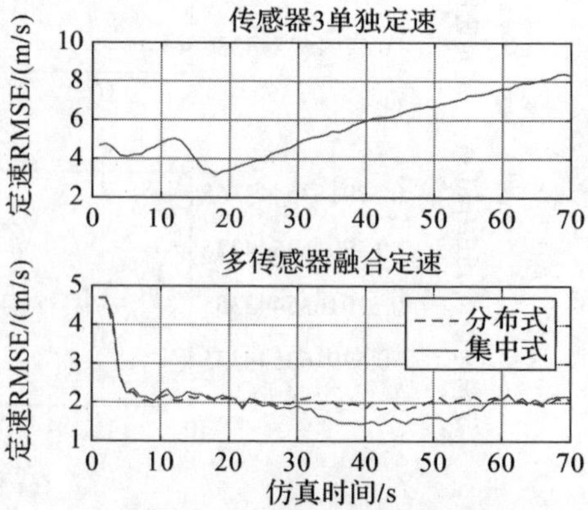

(h) 传感器3定速RMSE

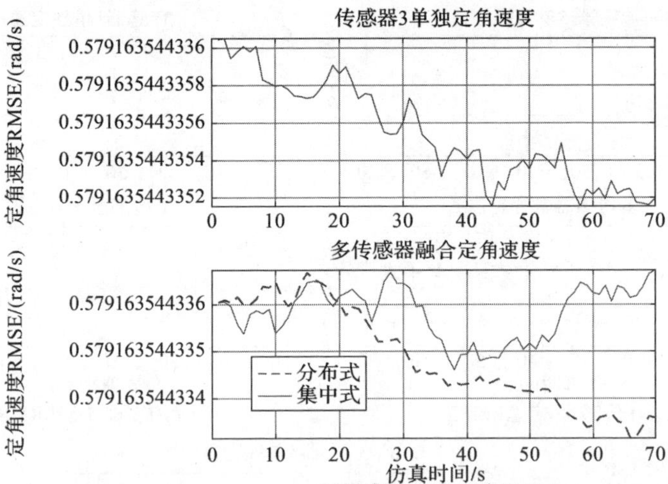

(i) 传感器3定角速度RMSE

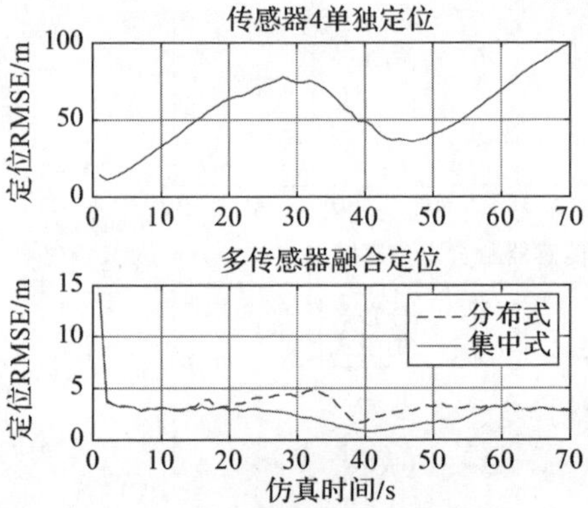

(j) 传感器4定位RMSE

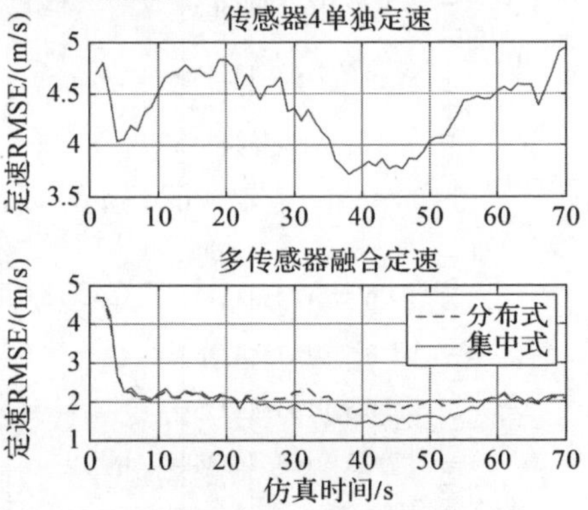

(k) 传感器4定速RMSE

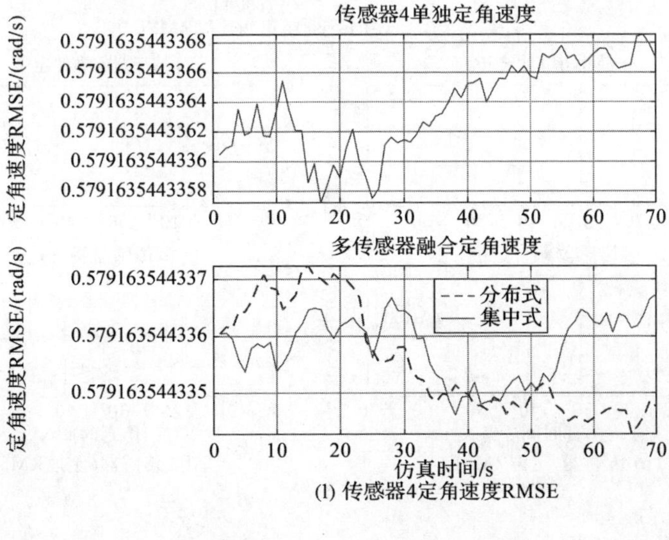

(l) 传感器4定角速度RMSE

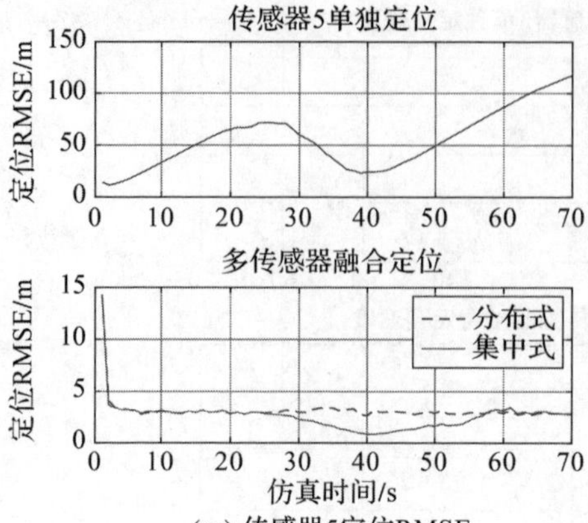

(m) 传感器5定位RMSE

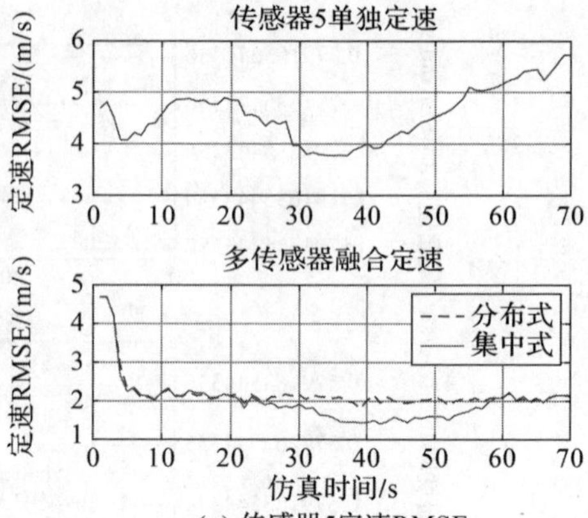

(n) 传感器5定速RMSE

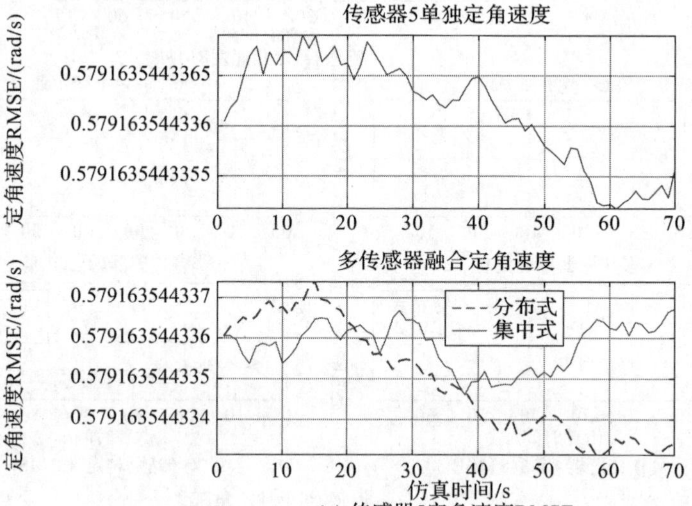

(o) 传感器5定角速度RMSE

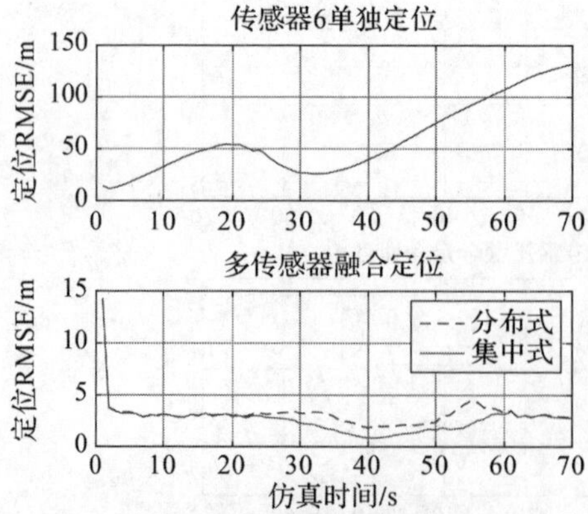

(p) 传感器6定位RMSE

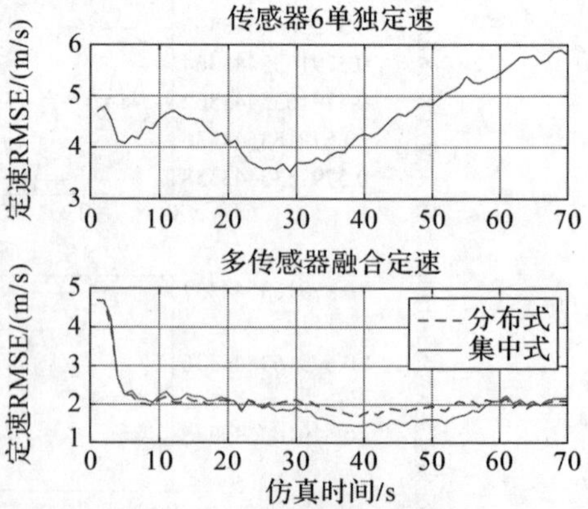

(q) 传感器6定速RMSE

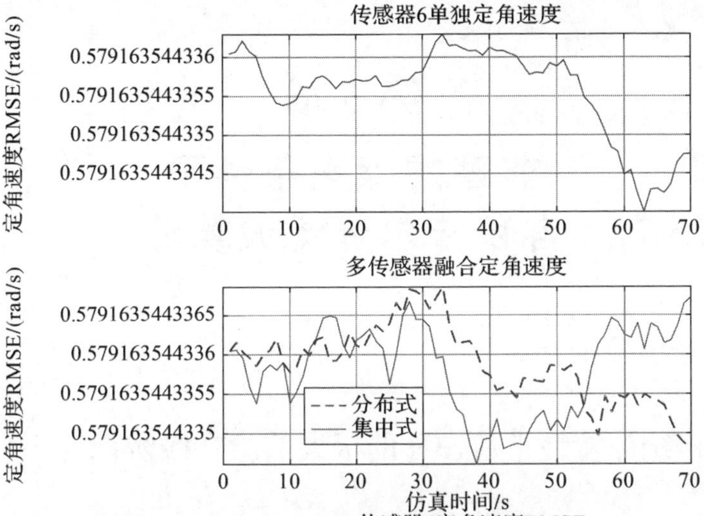

(r) 传感器6定角速度RMSE

图 4 –15　各传感器目标跟踪 RMSE

表 4 –6　三种方式目标跟踪定位平均 RMSE

滤波器分布	传感器 1	传感器 2	传感器 3	传感器 4	传感器 5	传感器 6
单传感器	65. 0318	64. 5278	68. 1412	55. 1525	55. 3296	58. 9469
多传感器集中式	2. 5978					
多传感器分布式	3. 4090	3. 6336	3. 4214	3. 4256	3. 1805	3. 1539

表 4 –7　三种方式目标跟踪定速平均 RMSE

滤波器分布	传感器 1	传感器 2	传感器 3	传感器 4	传感器 5	传感器 6
单传感器	5. 0528	6. 8747	5. 6752	4. 3520	4. 5805	4. 5744
多传感器集中式	2. 0093					
多传感器分布式	2. 1242	2. 1873	2. 1471	2. 1574	2. 2022	2. 1084

第 5 章
非理想噪声条件下容积卡尔曼滤波算法

5.1 噪声统计特性常值漂移的极大后验在线辨识

在前述研究的容积卡尔曼滤波器中，总是将系统过程噪声和量测噪声建模成零均值的高斯白噪声，并且要求在算法执行前获取该噪声的精确统计特性。然而，在面向实际系统的应用过程中，一般难以获得系统噪声统计特性的精确值，即使得到了初始时刻较为精确的噪声统计，该统计特性也可能在各种扰动因素的影响下随着滤波计算的进程发生改变，从而导致系统噪声统计特性不精确或未知。在这种情况下，如果仍然使用标准容积卡尔曼滤波则会造成滤波精度降低，甚至导致滤波计算发散。为此，有必要研究非理想噪声条件下改进的容积卡尔曼滤波算法，以确保系统在非理想噪声条件下仍然可以获得满意的滤波估计精度。本节主要研究噪声统计特性存在常值漂移的情况，设计了一种极大后验噪声统计在线辨识器。

5.1.1 基于极大后验原理的噪声统计常值漂移次优辨识器设计

考虑如下状态空间模型描述的随机动态系统：

$$\begin{cases} \boldsymbol{x}_k = \boldsymbol{f}(\boldsymbol{x}_{k-1}) + \boldsymbol{w}_{k-1} \\ \boldsymbol{z}_k = \boldsymbol{h}(\boldsymbol{x}_k) + \boldsymbol{v}_k \end{cases} \tag{5-1}$$

式中：$\boldsymbol{w}_{k-1}$ 为过程噪声，$\boldsymbol{w}_{k-1} \sim \mathrm{N}(\boldsymbol{w}_{k-1};\boldsymbol{q},\boldsymbol{Q})$，$\boldsymbol{q}$ 为过程噪声统计均值的常值漂移，$\boldsymbol{Q}$ 为真实的过程噪声协方差，$\boldsymbol{Q} = \hat{\boldsymbol{Q}} + \Delta\boldsymbol{Q}$ 其中，$\hat{\boldsymbol{Q}}$ 为先验协方差，$\Delta\boldsymbol{Q}$ 为协方差的常值漂移；$\boldsymbol{v}_k$ 为量测噪声，$\boldsymbol{v}_k \sim \mathrm{N}(\boldsymbol{v}_k;\boldsymbol{r},\boldsymbol{R})$，$\boldsymbol{r}$ 为量测噪声统计均值的常值漂移，$\boldsymbol{R}$ 为真实的量测噪声协方差，$\boldsymbol{R} = \hat{\boldsymbol{R}} + \Delta\boldsymbol{R}$，其中，$\hat{\boldsymbol{R}}$ 为先验协方差，$\Delta\boldsymbol{R}$ 为协方差的常值漂移。

可以看出，由于 $\boldsymbol{q}$，$\Delta\boldsymbol{Q}$，$\boldsymbol{r}$，$\Delta\boldsymbol{R}$ 的存在，导致系统噪声的真实统计特性

与先验统计特性存在常值漂移误差，该误差会降低标准 CKF 算法滤波精度，甚至造成滤波发散。因此，为了确保滤波器的工作性能，需要对系统噪声统计特性进行在线辨识，以实现对系统的校正。极大后验（maximum a posterior, MAP）估计准则采用后验概率密度函数的极大值点作为状态估计值，而本节研究的目的便是基于 MAP 设计一种噪声统计特性 $\boldsymbol{q}$，$\boldsymbol{Q}$，$\boldsymbol{r}$，$\boldsymbol{R}$ 的在线辨识器。

定义后验概率密度函数[91]为

$$\tilde{L}=p(\boldsymbol{X}_k,\boldsymbol{q},\boldsymbol{Q},\boldsymbol{r},\boldsymbol{R}\mid\boldsymbol{Z}_k) \tag{5-2}$$

式中：$\boldsymbol{X}_k$ 为不同时刻的状态集，$\boldsymbol{X}_k=(\boldsymbol{x}_0,\boldsymbol{x}_1,\cdots,\boldsymbol{x}_k)$；$\boldsymbol{Z}_k$ 为量测值的集合，$\boldsymbol{Z}_k=(z_1,z_2,\cdots,z_k)$。

由极大后验估计原理可知，噪声统计特性 $\boldsymbol{q}$，$\boldsymbol{Q}$，$\boldsymbol{r}$，$\boldsymbol{R}$ 的在线辨识器便是函数 $\tilde{L}$ 的极值点。由条件概率密度函数的计算性质可以推导出式（5-2）的等价计算形式为 $\tilde{L}=p(\boldsymbol{X}_k,\boldsymbol{q},\boldsymbol{Q},\boldsymbol{r},\boldsymbol{R},\boldsymbol{Z}_k)/p(\boldsymbol{Z}_k)$，其中，$p(\boldsymbol{Z}_k)$ 为量测值的概率密度，与极值计算无关，因此对式（5-2）中后验概率密度函数 $\tilde{L}$ 的极大值计算可以转化为对 L 的极大值的计算，即

$$\begin{aligned}L&=p(\boldsymbol{X}_k,\boldsymbol{q},\boldsymbol{Q},\boldsymbol{r},\boldsymbol{R},\boldsymbol{Z}_k)\\&=p(\boldsymbol{Z}_k\mid\boldsymbol{X}_k,\boldsymbol{q},\boldsymbol{Q},\boldsymbol{r},\boldsymbol{R})p(\boldsymbol{X}_k\mid\boldsymbol{q},\boldsymbol{Q},\boldsymbol{r},\boldsymbol{R})p(\boldsymbol{q},\boldsymbol{Q},\boldsymbol{r},\boldsymbol{R})\end{aligned} \tag{5-3}$$

式中：$p(\boldsymbol{q},\boldsymbol{Q},\boldsymbol{r},\boldsymbol{R})$ 为先验噪声概率密度，在计算中作为常量处理。

在高斯噪声假设下，式（5-3）中的两项 $p(\boldsymbol{Z}_k\mid\boldsymbol{X}_k,\boldsymbol{q},\boldsymbol{Q},\boldsymbol{r},\boldsymbol{R})$ 和 $p(\boldsymbol{X}_k\mid\boldsymbol{q},\boldsymbol{Q},\boldsymbol{r},\boldsymbol{R})$ 可以采用条件概率的乘法定理分别求解如下：

$$\begin{aligned}p(\boldsymbol{Z}_k\mid\boldsymbol{X}_k,\boldsymbol{q},\boldsymbol{Q},\boldsymbol{r},\boldsymbol{R})&=\prod_{j=1}^{k}p(z_j\mid\boldsymbol{x}_j,\boldsymbol{r},\boldsymbol{R})\\&=\prod_{j=1}^{k}\frac{1}{(2\pi)^{\frac{m}{2}}\,|\boldsymbol{R}|^{\frac{1}{2}}}\exp\left[-\frac{1}{2}\,\|z_j-\boldsymbol{h}(\boldsymbol{x}_j)-\boldsymbol{r}\|_{\boldsymbol{R}^{-1}}^{2}\right]\\&=M_1\,|\boldsymbol{R}|^{-\frac{k}{2}}\exp\left[-\frac{1}{2}\sum_{j=1}^{k}\|z_j-\boldsymbol{h}(\boldsymbol{x}_j)-\boldsymbol{r}\|_{\boldsymbol{R}^{-1}}^{2}\right]\end{aligned} \tag{5-4}$$

式中：M_1 为一个常量，$M_1=1/(2\pi)^{mk/2}$，m 为量测值维度；$|\cdot|$表示行列式计算；$\|\boldsymbol{u}\|_{\boldsymbol{A}}^{2}=\boldsymbol{u}^{\mathrm{T}}\boldsymbol{A}\boldsymbol{u}$ 表示二次型。

$$\begin{aligned}p(\boldsymbol{X}_k\mid\boldsymbol{q},\boldsymbol{Q},\boldsymbol{r},\boldsymbol{R})&=p(\boldsymbol{x}_0)\prod_{j=1}^{k}p(\boldsymbol{x}_j\mid\boldsymbol{x}_{j-1},\boldsymbol{q},\boldsymbol{Q})\\&=M_2\,|\boldsymbol{P}_0|^{-\frac{1}{2}}\cdot|\boldsymbol{Q}|^{-\frac{k}{2}}\exp\left\{-\frac{1}{2}\left[\|\boldsymbol{x}_0-\hat{\boldsymbol{x}}_0^{+}\|_{\boldsymbol{P}_0^{-1}}^{2}+\right.\right.\\&\left.\left.\sum_{j=1}^{k}\|\boldsymbol{x}_j-\boldsymbol{f}(\boldsymbol{x}_{j-1})-\boldsymbol{q}\|_{\boldsymbol{Q}^{-1}}^{2}\right]\right\}\end{aligned} \tag{5-5}$$

式中：M_2 为一个常量，$M_2 = 1/(2\pi)^{n(k+1)/2}$。

进而，将式（5-4）和式（5-5）代入式（5-3），可以得到

$$L = \boldsymbol{M}\,|\boldsymbol{Q}|^{-\frac{k}{2}} \cdot |\boldsymbol{R}|^{-\frac{k}{2}} \exp\left\{-\frac{1}{2}\left[\sum_{j=1}^{k} \|\boldsymbol{x}_j - \boldsymbol{f}(\boldsymbol{x}_{j-1}) - \boldsymbol{q}\|_{Q^{-1}}^2 + \sum_{j=1}^{k} \|z_j - \boldsymbol{h}(\boldsymbol{x}_j) - \boldsymbol{r}\|_{\boldsymbol{R}^{-1}}^2\right]\right\} \tag{5-6}$$

式中：$\boldsymbol{M} = M_1 M_2\, |\boldsymbol{P}_0|^{-\frac{1}{2}} p(\boldsymbol{q}, \boldsymbol{Q}, \boldsymbol{r}, \boldsymbol{R}) \exp\left(-\frac{1}{2}\|\boldsymbol{x}_0 - \hat{\boldsymbol{x}}_0^+\|_{\boldsymbol{P}_0^{-1}}^2\right)$。

对式（5-6）两侧取自然对数计算，得到

$$\ln L = -\frac{k}{2}\ln|\boldsymbol{Q}| - \frac{k}{2}\ln|\boldsymbol{R}| - \frac{1}{2}\sum_{j=1}^{k} \|\boldsymbol{x}_j - \boldsymbol{f}(\boldsymbol{x}_{j-1}) - \boldsymbol{q}\|_{Q^{-1}}^2 - \frac{1}{2}\sum_{j=1}^{k} \|z_j - \boldsymbol{h}(\boldsymbol{x}_j) - \boldsymbol{r}\|_{\boldsymbol{R}^{-1}}^2 + \ln \boldsymbol{M} \tag{5-7}$$

注意到式（5-6）和式（5-7）具有相同的极值点，从而进行如下偏微分运算：

$$\begin{cases} \partial \ln L / \partial \boldsymbol{q}\,|_{x_{j-1} = \hat{\boldsymbol{x}}_{j-1|k}^+, x_j = \hat{\boldsymbol{x}}_{j|k}^+, \boldsymbol{q} = \hat{\boldsymbol{q}}_k} = 0 \\ \partial \ln L / \partial \boldsymbol{Q}\,|_{x_{j-1} = \hat{\boldsymbol{x}}_{j-1|k}^+, x_j = \hat{\boldsymbol{x}}_{j|k}^+, Q = \hat{Q}_k} = 0 \\ \partial \ln L / \partial \boldsymbol{r}\,|_{x_j = \hat{\boldsymbol{x}}_{j|k}^+, \boldsymbol{r} = \hat{\boldsymbol{r}}_k} = 0 \\ \partial \ln L / \partial \boldsymbol{R}\,|_{x_j = \hat{\boldsymbol{x}}_{j|k}^+, R = \hat{\boldsymbol{R}}_k} = 0 \end{cases} \tag{5-8}$$

式中：$\hat{\boldsymbol{x}}_{j-1|k}^+$ 和 $\hat{\boldsymbol{x}}_{j|k}^+$ 为平滑值。

由于平滑值计算复杂，因此考虑采用滤波估计值 $\hat{\boldsymbol{x}}_{j-1}^+$ 和 $\hat{\boldsymbol{x}}_j^+$，或预测估计值 $\hat{\boldsymbol{x}}_j^-$ 代替平滑值参与计算，同时采用容积准则近似状态经非线性系统函数传递的后验均值和协方差，从而可以得到如下系统噪声统计常值漂移次优辨识器：

$$\begin{cases} \hat{\boldsymbol{q}}_k = \dfrac{1}{k}\displaystyle\sum_{j=1}^{k}\left[\hat{\boldsymbol{x}}_j - \sum_{i=1}^{L}\omega_i \boldsymbol{f}(\hat{\boldsymbol{x}}_{j-1}^{(i)})\right] \\ \hat{\boldsymbol{Q}}_k = \dfrac{1}{k}\displaystyle\sum_{j=1}^{k}(\hat{\boldsymbol{x}}_j - \hat{\boldsymbol{x}}_j^-)(\hat{\boldsymbol{x}}_j - \hat{\boldsymbol{x}}_j^-)^{\mathrm{T}} \\ \hat{\boldsymbol{r}}_k = \dfrac{1}{k}\displaystyle\sum_{j=1}^{k}\left[z_j - \sum_{i=1}^{L}\omega_i \boldsymbol{h}(\hat{\boldsymbol{x}}_j^{(i)})\right] \\ \hat{\boldsymbol{R}}_k = \dfrac{1}{k}\displaystyle\sum_{j=1}^{k}(z_j - \hat{z}_j)(z_j - \hat{z}_j)^{\mathrm{T}} \end{cases} \tag{5-9}$$

5.1.2 辨识器无偏性分析与改进

本节对式（5-9）所示的噪声统计常值漂移辨识器进行无偏性分析。当

状态后验特性精确已知时，理论上滤波新息序列 $\boldsymbol{e}_k=\boldsymbol{z}_k-\hat{\boldsymbol{z}}_k$ 为零均值高斯白噪声，即 $\mathrm{E}(\boldsymbol{e}_k)=0$。采用容积准则对状态的后验均值和协方差进行近似可以达到至少三阶近似精度，因此，此处可以认为容积卡尔曼滤波的新息序列同样是近似零均值的高斯白噪声。因此由式（5－9）可以得到

$$\mathrm{E}(\hat{\boldsymbol{q}}_k)=\frac{1}{k}\sum_{j=1}^{k}\mathrm{E}(\hat{\boldsymbol{x}}_j-\hat{\boldsymbol{x}}_j^-+\boldsymbol{q})=\frac{1}{k}\sum_{j=1}^{k}\mathrm{E}(\boldsymbol{K}_j\boldsymbol{e}_j+\boldsymbol{q})=\boldsymbol{q} \tag{5-10}$$

$$\mathrm{E}(\hat{\boldsymbol{r}}_k)=\frac{1}{k}\sum_{j=1}^{k}\mathrm{E}(\boldsymbol{z}_j-\hat{\boldsymbol{z}}_j+\boldsymbol{r})=\frac{1}{k}\sum_{j=1}^{k}\mathrm{E}(\boldsymbol{e}_j+\boldsymbol{r})=\boldsymbol{r} \tag{5-11}$$

由此看到，$\boldsymbol{q}$ 和 $\boldsymbol{r}$ 的常值漂移辨识器是无偏的。由 $\boldsymbol{P}_{z,k}=\mathrm{E}(\boldsymbol{e}_k\boldsymbol{e}_k^{\mathrm{T}})$ 得到

$$\begin{aligned}\mathrm{E}(\hat{\boldsymbol{R}}_k)&=\frac{1}{k}\sum_{j=1}^{k}\mathrm{E}(\boldsymbol{e}_j\boldsymbol{e}_j^{\mathrm{T}})=\frac{1}{k}\sum_{j=1}^{k}\boldsymbol{P}_{z,k}\\&=\frac{1}{k}\sum_{j=1}^{k}\left[\sum_{i=1}^{L}\omega_i(\boldsymbol{Z}_j^{(i)}-\hat{\boldsymbol{z}}_j)(\boldsymbol{Z}_j^{(i)}-\hat{\boldsymbol{z}}_j)^{\mathrm{T}}+\boldsymbol{R}\right]\end{aligned} \tag{5-12}$$

从而得到 $\boldsymbol{R}_k$ 的次优辨识器为

$$\hat{\boldsymbol{R}}_k=\frac{1}{k}\sum_{j=1}^{k}\left[\boldsymbol{e}_k\boldsymbol{e}_k^{\mathrm{T}}-\sum_{i=1}^{L}\omega_i(\boldsymbol{Z}_j^{(i)}-\hat{\boldsymbol{z}}_j)(\boldsymbol{Z}_j^{(i)}-\hat{\boldsymbol{z}}_j)^{\mathrm{T}}\right] \tag{5-13}$$

同理，由 $\hat{\boldsymbol{x}}_k-\hat{\boldsymbol{x}}_k^-=\boldsymbol{K}_k\boldsymbol{e}_k$ 及 $\boldsymbol{P}_k^--\boldsymbol{P}_k^+=\boldsymbol{K}_k\boldsymbol{P}_{z,k}\boldsymbol{K}_k^{\mathrm{T}}$，可得

$$\begin{aligned}\mathrm{E}(\hat{\boldsymbol{Q}}_k)&=\frac{1}{k}\sum_{j=1}^{k}\boldsymbol{K}_j\mathrm{E}(\boldsymbol{e}_j\boldsymbol{e}_j^{\mathrm{T}})\boldsymbol{K}_j^{\mathrm{T}}=\frac{1}{k}\sum_{j=1}^{k}\boldsymbol{K}_j\boldsymbol{P}_{z,k}\boldsymbol{K}_j^{\mathrm{T}}=\frac{1}{k}\sum_{j=1}^{k}(\boldsymbol{P}_j^--\boldsymbol{P}_j^+)\\&=\frac{1}{k}\sum_{j=1}^{k}\left[\sum_{i=1}^{L}\omega_i(\boldsymbol{X}_j^{(i)}-\hat{\boldsymbol{x}}_j^-)(\boldsymbol{X}_j^{(i)}-\hat{\boldsymbol{x}}_j^-)^{\mathrm{T}}-\boldsymbol{P}_j^++\boldsymbol{Q}\right]\end{aligned} \tag{5-14}$$

从而得到 $\boldsymbol{Q}_k$ 的次优辨识器为

$$\hat{\boldsymbol{Q}}_k=\frac{1}{k}\sum_{j=1}^{k}\left[\boldsymbol{K}_j\boldsymbol{e}_j\boldsymbol{e}_j^{\mathrm{T}}\boldsymbol{K}_j^{\mathrm{T}}+\boldsymbol{P}_j^+-\sum_{i=1}^{L}\omega_i(\boldsymbol{X}_j^{(i)}-\hat{\boldsymbol{x}}_j^-)(\boldsymbol{X}_j^{(i)}-\hat{\boldsymbol{x}}_j^-)^{\mathrm{T}}\right] \tag{5-15}$$

上述辨识器中的累加计算不便于实时应用，为此，将系统噪声统计常值漂移次优辨识器改写成递推计算的形式如下：

$$\begin{cases}\hat{\boldsymbol{q}}_k=\dfrac{1}{k}\left[(k-1)\hat{\boldsymbol{q}}_{k-1}+\hat{\boldsymbol{x}}_k^+-\displaystyle\sum_{i=1}^{L}\omega_i\boldsymbol{f}(\hat{\boldsymbol{x}}_{k-1}^{(i)})\right]\\\hat{\boldsymbol{Q}}_k=\dfrac{1}{k}\left[(k-1)\hat{\boldsymbol{Q}}_{k-1}+\boldsymbol{K}_k\boldsymbol{e}_k\boldsymbol{e}_k^{\mathrm{T}}\boldsymbol{K}_k^{\mathrm{T}}+\boldsymbol{P}_k^+-\displaystyle\sum_{i=1}^{L}\omega_i(\boldsymbol{X}_k^{(i)}-\hat{\boldsymbol{x}}_k^-)(\boldsymbol{X}_k^{(i)}-\hat{\boldsymbol{x}}_k^-)^{\mathrm{T}}\right]\\\hat{\boldsymbol{r}}_k=\dfrac{1}{k}\left[(k-1)\hat{\boldsymbol{r}}_{k-1}+\boldsymbol{z}_k-\displaystyle\sum_{i=1}^{L}\omega_i\boldsymbol{h}(\hat{\boldsymbol{x}}_k^{(i)})\right]\\\hat{\boldsymbol{R}}_k=\dfrac{1}{k}\left[(k-1)\hat{\boldsymbol{R}}_{k-1}+\boldsymbol{e}_k\boldsymbol{e}_k^{\mathrm{T}}-\displaystyle\sum_{i=1}^{L}\omega_i(\boldsymbol{Z}_k^{(i)}-\hat{\boldsymbol{z}}_k)(\boldsymbol{Z}_k^{(i)}-\hat{\boldsymbol{z}}_k)^{\mathrm{T}}\right]\end{cases} \tag{5-16}$$

由式（5－16）的推导过程分析可知，式中 $\hat{\boldsymbol{Q}}_k$ 和 $\hat{\boldsymbol{R}}_k$ 存在分别失去半正定性和正定性的可能性，从而导致滤波器发散。为了解决这个问题，可以采用如下有偏修正形式：

$$\hat{\boldsymbol{Q}}_k = \frac{1}{k}\sum_{j=1}^{k}\boldsymbol{K}_j\boldsymbol{e}_j\boldsymbol{e}_j^{\mathrm{T}}\boldsymbol{K}_j^{\mathrm{T}} \tag{5-17}$$

$$\hat{\boldsymbol{R}}_k = \frac{1}{k}\sum_{j=1}^{k}\boldsymbol{e}_j\boldsymbol{e}_j^{\mathrm{T}} \tag{5-18}$$

在辨识器的有偏修正形式中，只需满足 $\hat{\boldsymbol{Q}}_0$ 和 $\hat{\boldsymbol{R}}_0$ 分别为半正定和正定，便可以确保其递推过程中的半正定和正定性，经过推导得到其递推计算形式为

$$\begin{cases}\hat{\boldsymbol{Q}}_k = \dfrac{1}{k}[(k-1)\hat{\boldsymbol{Q}}_{k-1} + \boldsymbol{K}_k\boldsymbol{e}_k\boldsymbol{e}_k^{\mathrm{T}}\boldsymbol{K}_k^{\mathrm{T}}] \\ \hat{\boldsymbol{R}}_k = \dfrac{1}{k}[(k-1)\hat{\boldsymbol{R}}_{k-1} + \boldsymbol{e}_k\boldsymbol{e}_k^{\mathrm{T}}]\end{cases} \tag{5-19}$$

式（5－19）所示的噪声统计辨识器的有偏形式可以确保 $\hat{\boldsymbol{Q}}_k$ 和 $\hat{\boldsymbol{R}}_k$ 的半正定和正定，但同时会引入一定的估计误差，为了解决这个问题，可以用式(5－19)中噪声统计辨识器的有偏形式对式（5－16）进行修正可得

$$\hat{\boldsymbol{Q}}_k = \begin{cases}\dfrac{1}{k}\left[(k-1)\hat{\boldsymbol{Q}}_{k-1} + \boldsymbol{K}_k\boldsymbol{e}_k\boldsymbol{e}_k^{\mathrm{T}}\boldsymbol{K}_k^{\mathrm{T}} + \boldsymbol{P}_k^{+} - \sum_{i=1}^{L}\omega_i(\boldsymbol{X}_k^{(i)} - \hat{\boldsymbol{x}}_k^{-})(\boldsymbol{X}_k^{(i)} - \hat{\boldsymbol{x}}_k^{-})^{\mathrm{T}}\right] \\ \dfrac{1}{k}[(k-1)\hat{\boldsymbol{Q}}_{k-1} + \boldsymbol{K}_k\boldsymbol{e}_k\boldsymbol{e}_k^{\mathrm{T}}\boldsymbol{K}_k^{\mathrm{T}}]\end{cases} \tag{5-20}$$

$$\hat{\boldsymbol{R}}_k = \begin{cases}\dfrac{1}{k}\left[(k-1)\hat{\boldsymbol{R}}_{k-1} + \boldsymbol{e}_k\boldsymbol{e}_k^{\mathrm{T}} - \sum_{i=1}^{2n+2}\omega_i(\boldsymbol{Z}_k^{(i)} - \hat{\boldsymbol{z}}_k)(\boldsymbol{Z}_k^{(i)} - \hat{\boldsymbol{z}}_k)^{\mathrm{T}}\right] \\ \dfrac{1}{k}[(k-1)\hat{\boldsymbol{R}}_{k-1} + \boldsymbol{e}_k\boldsymbol{e}_k^{\mathrm{T}}]\end{cases} \tag{5-21}$$

式（5－20）和式（5－21）可以确保 $\hat{\boldsymbol{Q}}_k$ 和 $\hat{\boldsymbol{R}}_k$ 在递推计算过程中始终保持半正定和正定，从而确保滤波器的正常运行。

5.1.3 仿真验证与分析

5.1.2 节给出了噪声统计常值漂移辨识器的计算方法，利用该辨识器代替标准容积卡尔曼滤波中的噪声均值和协方差，便可以得到带噪声统计常值漂移辨识器的自适应容积卡尔曼滤波（adaptive cubature Kalman filter，ACKF）。在本小节中，采用两个仿真实验来验证算法的有效性。考虑的一阶非线性动态系统模型如下，该系统包含平方运算和三角函数运算，是验证非线性滤波算法的

常用系统模型。

$$x_{k+1}=0.6x_k+\frac{0.3x_k}{1+x_k^2}+8\cos(1.2(k-1))+w_k$$

$$z_{k+1}=\frac{x_{k+1}^2}{10}+v_k$$

式中：$\boldsymbol{w}_k$ 和 $\boldsymbol{v}_k$ 分别为相互独立的过程噪声和量测噪声，均为高斯白噪声序列。

在仿真中，假设过程噪声的真实概率密度为 $w_k \sim \mathrm{N}(q,Q)=\mathrm{N}(1.5,0.08)$，量测噪声的真实概率密度为 $v_k \sim \mathrm{N}(r,R)=\mathrm{N}(0.6,0.09)$。系统状态的真实初始值 $x_0=2$，而系统状态的滤波初始值 $\hat{x}_0^+=2.1$，误差协方差取为 $P_0^+=0.01$，仿真步数为 2000。在仿真中对比噪声统计特性未知时的 CKF 算法、噪声统计特性精确已知时的 CKF 算法，以及本节提出的 ACKF 算法和自适应求和卡尔曼滤波（adaptive cubature quadrature Kalman filter，ACQKF）算法，在仿真中分别简记为 CKF、CKF2、ACKF 和 ACQKF，同样采用 RMSE 描述滤波精度。

仿真实验 1：过程噪声未知而量测噪声已知的情况

假设量测噪声统计特性是精确已知的，过程噪声的先验统计特性为 $w_k \sim \mathrm{N}(0,0.1)$，而在实际过程中，过程噪声的统计特性发生常值漂移，其真实统计特性变为仿真条件中所述的情况，如图 5－1（a）所示。过程噪声统计的常值漂移直接造成噪声在时域内的表现不同，如图 5－1（b）所示。

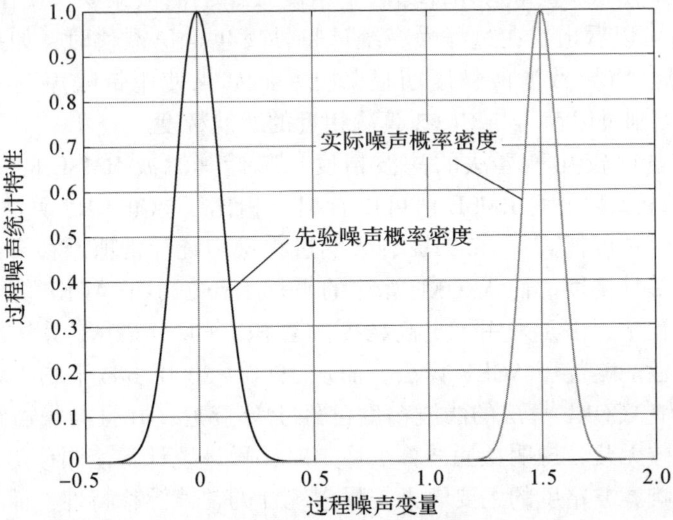

(a) 过程噪声统计特性

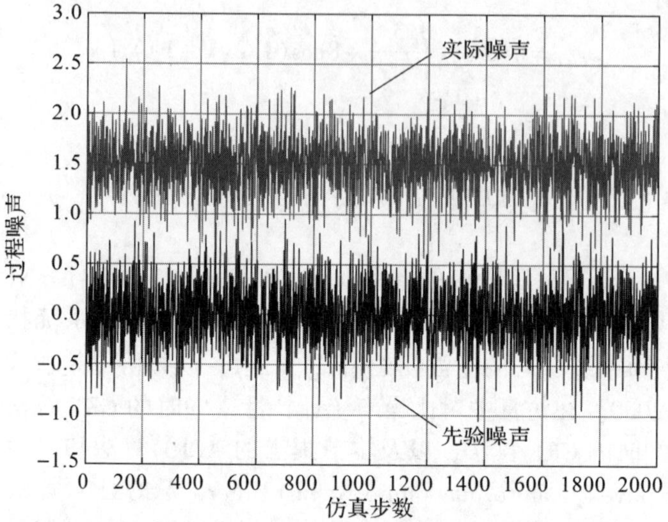

(b) 过程噪声

图 5-1　统计特性常值漂移的过程噪声

运行200次蒙特卡洛仿真，仿真结果如图5-2和图5-3所示。从图5-2（a）和5-2（b）可以看出，ACKF和ACQKF算法中的噪声统计特性辨识器可以逼近噪声的真实均值和协方差，从而有效实现噪声统计特性的在线辨识。因为在CKF2算法中假设可以精确获得过程噪声的统计特性，因而在理论上CKF2算法可以获得这几种算法中精度最高的滤波结果。从图5-3（a）和5-3（b）可以看出，在过程噪声统计特性发生常值漂移时，如果仍然使用传统CKF算法将导致滤波精度明显降低。而如果使用带噪声统计辨识器的ACKF算法，则可以获得与CKF2算法相近的滤波精度。

为了定量比较几种算法的滤波精度，统计其滤波RMSE的平均值列于表5-1。从全步数平均RMSE值可以看出，相比于标准CKF算法，ACKF算法将状态估计精度提高了76.91%，表明过程噪声统计常值漂移辨识器可以有效提高滤波估计精度。而ACQKF算法的平均RMSE小于ACKF算法，说明在整个滤波过程中，由于采用了更高精度的容积准则，ACQKF算法中的噪声统计辨识器的性能略优于ACKF算法。而从1900~2000步数平均RMSE可以看出，ACKF和ACQKF算法的滤波精度已经十分接近，并且与噪声统计特性精确已知时相差无几，说明在滤波算法稳定时，噪声统计常值漂移辨识器的性能优越，且影响滤波精度的主要因素是噪声统计的常值漂移特性，而对容积准则的改进难以带来滤波精度的提高。

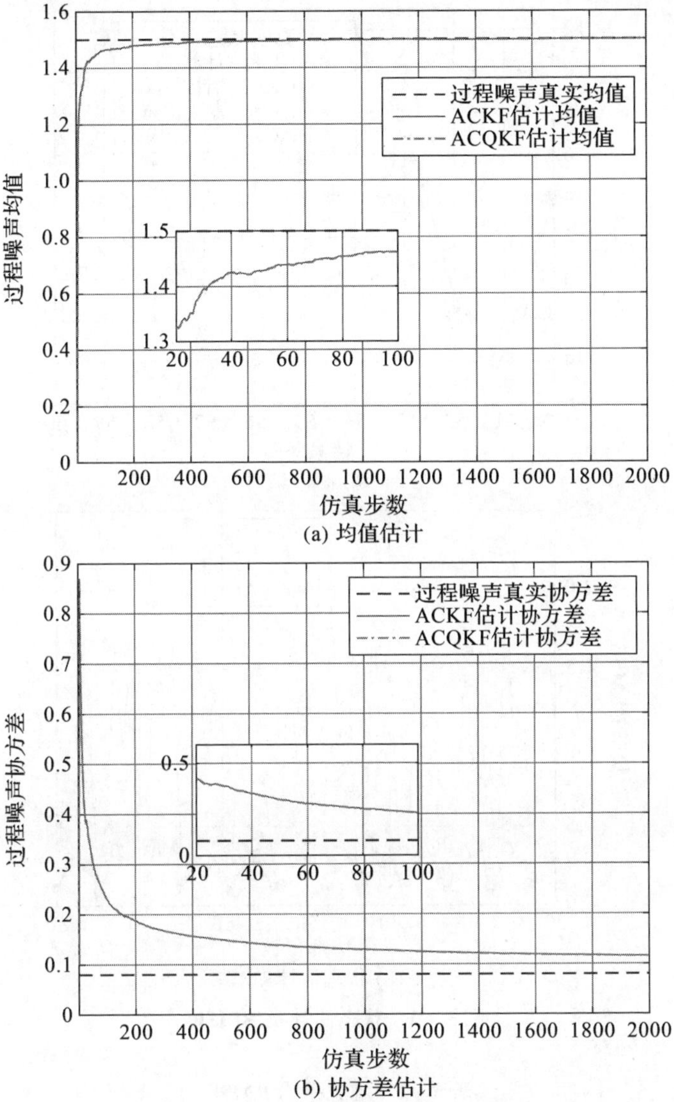

图 5 –2　过程噪声均值与协方差估计

从图 5 –2（b）可以看出，噪声统计辨识器对过程噪声均值的估计可以得到比较满意的结果，但是对过程噪声协方差的估计尚存在一定误差，通过仿真实验发现，如果将量测噪声的协方差降低为 0.01，则过程噪声的均值和协方差估计分别如图 5 –4 所示，可以看出，当量测噪声协方差降低时，噪声统计辨识器对过程噪声的估计精度也会提高。

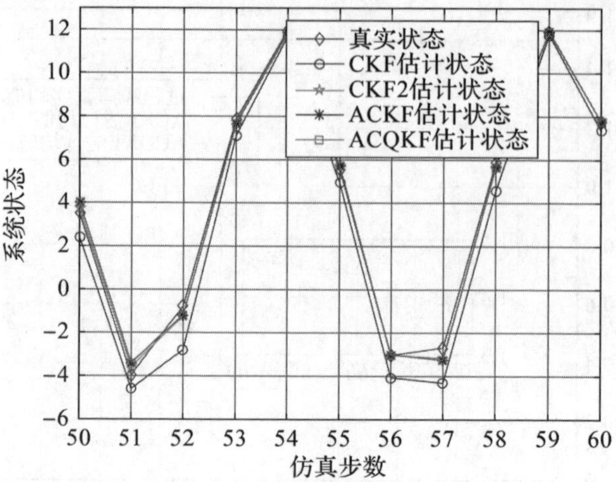

(a) 状态估计

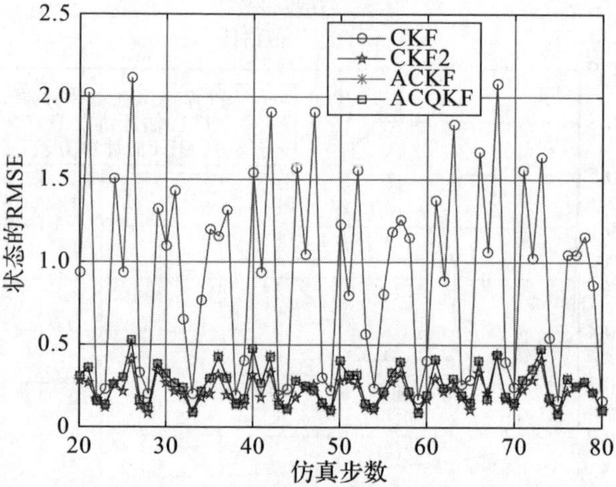

(b) 状态估计RMSE

图 5-3　状态估计及 RMSE

表 5-1　滤波平均 RMSE

滤波算法	全步数平均 RMSE	1900~2000 步数平均 RMSE
CKF	0.9262	0.9467
CKF2	0.2066	0.2050
ACKF	0.2139	0.2073
ACQKF	0.2137	0.2073

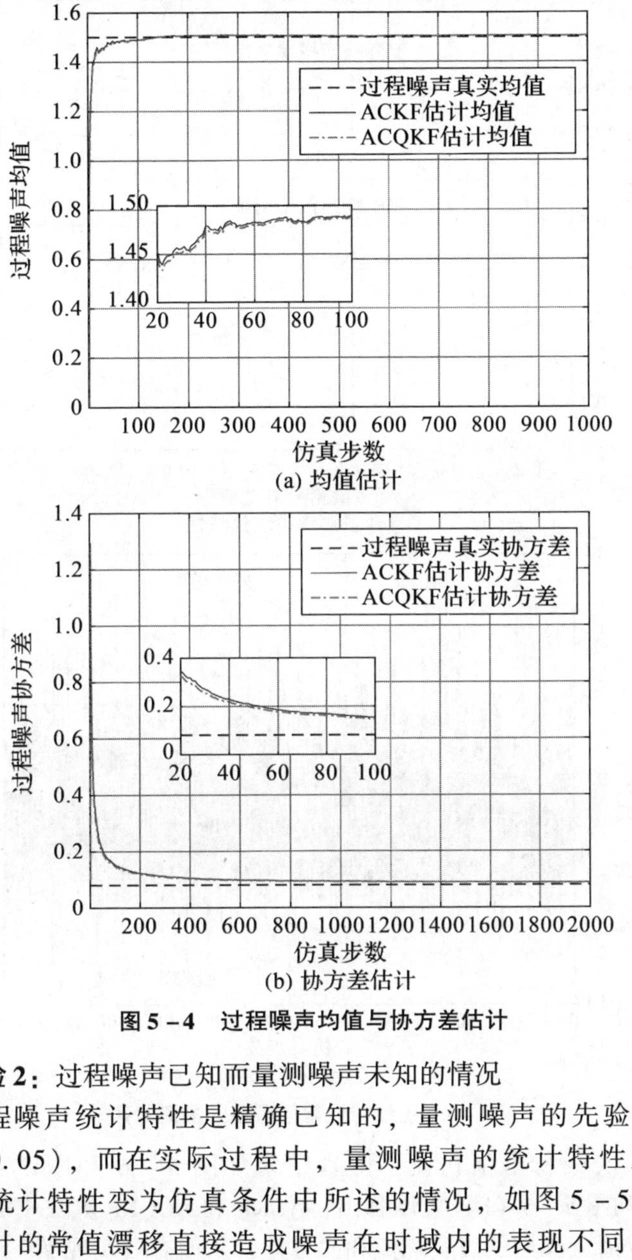

图5-4　过程噪声均值与协方差估计

仿真实验2：过程噪声已知而量测噪声未知的情况

假设过程噪声统计特性是精确已知的，量测噪声的先验统计特性为 $v_k \sim N(0, 0.05)$，而在实际过程中，量测噪声的统计特性发生常值漂移，其真实统计特性变为仿真条件中所述的情况，如图5-5（a）所示。量测噪声统计的常值漂移直接造成噪声在时域内的表现不同，如图5-5（b）所示。

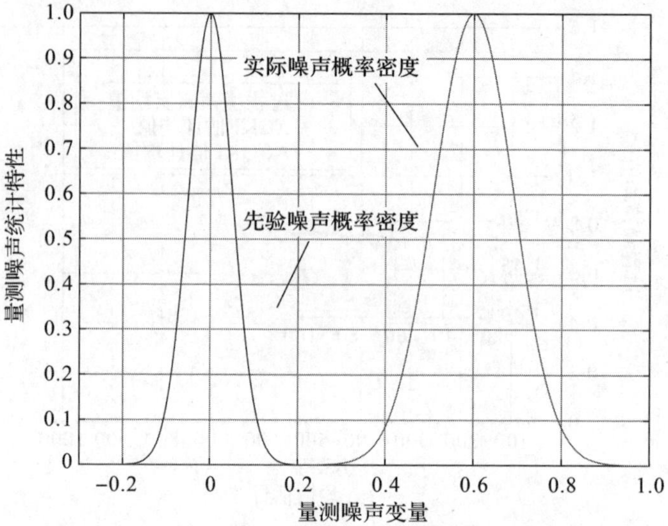

(a) 量测噪声统计特性

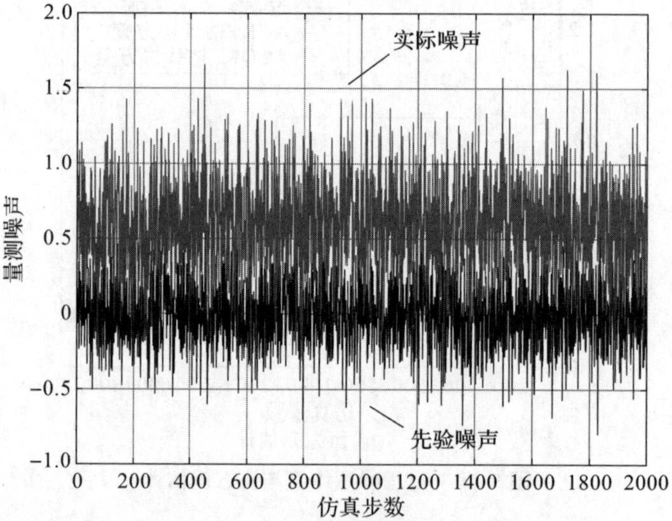

(b) 量测噪声

图 5-5　统计特性常值漂移的量测噪声

运行 200 次蒙特卡洛仿真，仿真结果如图 5-6 和图 5-7 所示。从图 5-6（a）和图 5-6（b）可以看出，ACKF 和 ACQKF 算法中的噪声统计特性辨识器可以逼近噪声的真实均值和协方差，从而有效实现噪声统计特性的在线辨识。因为在 CKF2 算法中假设可以精确获得量测噪声的统计特性，因而在理论上 CKF2 算法可以获得这几种算法中精度最高的滤波结果。从图 5-7（a）和图 5-7（b）可以看出，在量测噪声统计特性发生常值漂移时，如果仍然使用传统 CKF 算法将导致滤波精度明显降低。而如果使用带噪声统计辨识器的 ACKF 算法，则可以获得与 CKF2 算法相近的滤波精度。

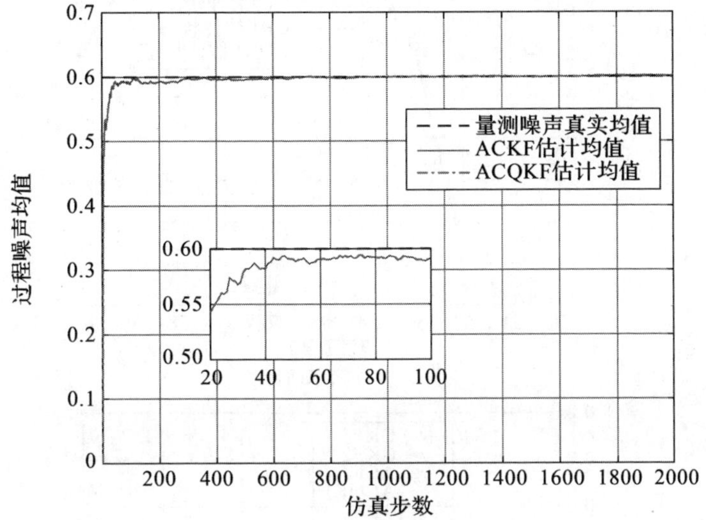

(a) 均值估计

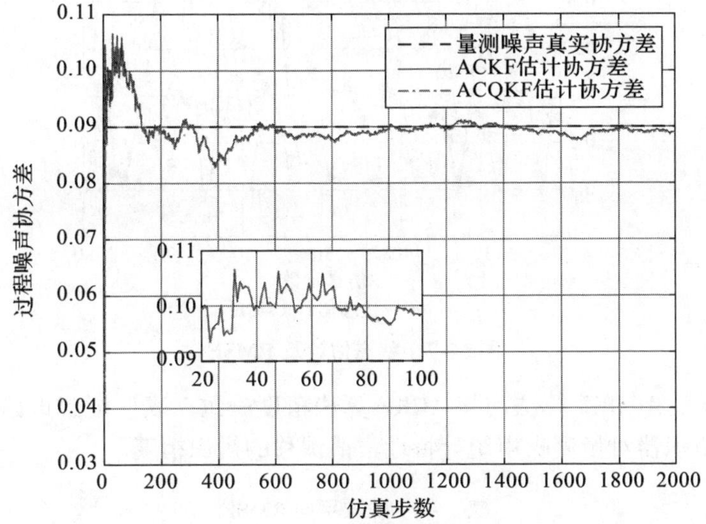

(b) 协方差估计

图 5-6　量测噪声均值与协方差估计

为了定量比较几种算法的滤波精度，统计其滤波 RMSE 的平均值列于表 5-2。从全步数平均 RMSE 值可以看出，相比于 CKF 算法，ACKF 算法将状态估计精度提高了 44.4%，表明量测噪声统计常值漂移辨识器可以有效提高滤波估计精度。而无论是全仿真步数平均 RMSE 值还是 1900~2000 步数平

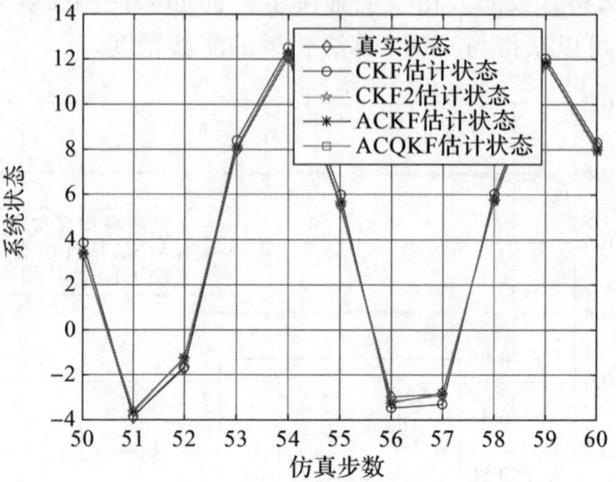

(a) 状态估计

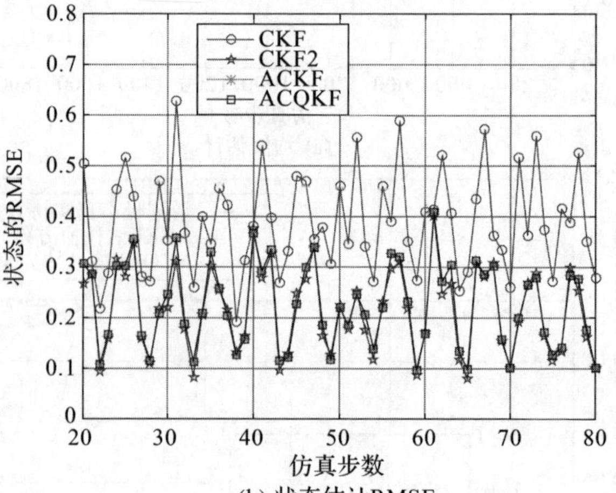

(b) 状态估计RMSE

图 5-7　状态估计及 RMSE

均 RMSE 值，ACQKF 算法均与 ACKF 算法精度一致，表明通过改进容积准则难以提高辨识器对量测噪声统计特性常值漂移的辨识精度。

表 5-2　滤波平均 RMSE

滤波算法	全步数平均 RMSE	1900~2000 步数平均 RMSE
CKF	0.3804	0.3822
CKF2	0.2099	0.2116
ACKF	0.2115	0.2119
ACQKF	0.2115	0.2119

5.2　时变噪声统计在线辨识的指数加权自适应容积卡尔曼滤波

在第 2 章和第 3 章研究的容积卡尔曼滤波和高阶容积卡尔曼滤波中，总是将系统过程噪声和量测噪声建模成零均值的高斯白噪声，并且从算法的递推过程可以看出，算法的执行要求对这两种噪声的先验统计特性精确已知。过程噪声描述了人们对实际系统模型认知的准确程度，而量测噪声描述了外部环境从不同的测量回路对量测系统的干扰，在理论研究中，将二者等效成零均值高斯白噪声可能会造成建模误差。并且在实际系统中，系统噪声统计特性一般难以精确获得甚至是未知的，即便是获得了噪声在初始时刻较为精确的统计特性，由于各种因素的影响，其统计特性也可能在滤波过程中发生变化。在这种情况下如果直接运行容积卡尔曼滤波算法则会造成很大的估计误差，甚至导致滤波发散。为此，有必要研究在噪声统计特性不精确或时变的条件下仍然可以获得良好滤波效果的方法。本节提出两种噪声统计特性在线估计器，分别为常值噪声统计估计器和时变噪声统计估计器，从而实现对噪声统计特性的实时估计。

5.2.1　噪声统计慢变的渐消记忆指数加权辨识器

在 5.1 节中，主要考虑了噪声统计特性的常值漂移情况，而本节主要研究噪声统计特性发生时变的情况，为此，分别假设过程噪声和量测噪声的统计特性为 $\boldsymbol{w}_k \sim \mathrm{N}(\boldsymbol{w}_k;\boldsymbol{q}_k,\boldsymbol{Q}_k)$ 和 $\boldsymbol{v}_k \sim \mathrm{N}(\boldsymbol{v}_k;\boldsymbol{r}_k,\boldsymbol{R}_k)$，其中，$\boldsymbol{q}_k$，$\boldsymbol{Q}_k$，$\boldsymbol{r}_k$ 和 $\boldsymbol{R}_k$ 随时间变化。以对 $\hat{\boldsymbol{r}}_k$ 的估计为例，当 $\boldsymbol{r}_k$ 不再是常数，而是随时间变化时，式（5-11）可以写成如下形式：

$$
\begin{aligned}
\mathrm{E}(\hat{\boldsymbol{r}}_k) &= \frac{1}{k}\sum_{j=1}^{k}\mathrm{E}\left[\boldsymbol{z}_j - \sum_{i=1}^{L}\omega_i \boldsymbol{h}(\hat{\boldsymbol{x}}_j^{(i)})\right] = \frac{1}{k}\sum_{j=1}^{k}\mathrm{E}[\boldsymbol{z}_j - \hat{\boldsymbol{z}}_j + \boldsymbol{r}_j] \\
&= \frac{1}{k}\sum_{j=1}^{k}\mathrm{E}[\boldsymbol{e}_j + \boldsymbol{r}_j] = \frac{1}{k}\sum_{j=1}^{k}\boldsymbol{r}_j
\end{aligned}
\tag{5-22}
$$

从式（5-27）可以看出，噪声统计常值漂移辨识器为从起始时刻到滤波当前时刻的算术平均值，由于噪声统计漂移为常值，因此在整个滤波时间段内求取算法平均值是合理的。然而，对于噪声统计特性时变的情况，对整个滤波区间取算术平均会削弱对局部变化的辨识精度，迫使可能完全不同的局部噪声统计特性向全局平均靠近，从而失去对时变噪声统计的跟踪。为此，必须削弱旧数据的影响，强调新数据的作用，即考虑采用指数加权衰减的方法实现对旧数据的遗忘。

首先考虑噪声统计特性慢变的情况，采用渐消记忆指数加权方法，即采用不同的系数对式（5-22）中各项进行加权。为此，选取一系列加权系数 μ_j，使之满足条件 $\mu_j=\mu_{j-1}\gamma$，$\sum_{j=1}^{k}\mu_j=1$，其中，$0<\gamma<1$ 为遗忘因子。可以得到满足该条件的加权系数为

$$\begin{cases}\mu_j=\rho_k\gamma^{j-1}\\ \rho_k=\dfrac{1-\gamma}{1-\gamma^k}\end{cases},j=1,2,\cdots,k \tag{5-23}$$

定义 $\boldsymbol{L}_j^q=\hat{\boldsymbol{x}}_j-\sum_{i=1}^{L}\omega_i\boldsymbol{f}(\hat{\boldsymbol{x}}_{k-1}^{(i)})$，$\boldsymbol{L}_j^Q=\boldsymbol{K}_k\boldsymbol{e}_k\boldsymbol{e}_k^{\mathrm{T}}\boldsymbol{K}_k^{\mathrm{T}}+\boldsymbol{P}_k^+-\sum_{i=1}^{L}\omega_i(\boldsymbol{X}_k^{(i)}-\hat{\boldsymbol{x}}_k^-)(\boldsymbol{X}_k^{(i)}-\hat{\boldsymbol{x}}_k^-)^{\mathrm{T}}$，对式（5-16）中各项用 μ_{k+1-j} 代替算术平均权系数 $1/k$，得到

$$\begin{aligned}\hat{\boldsymbol{q}}_k&=\sum_{j=1}^{k}\mu_{k+1-j}\boldsymbol{L}_j^q=\sum_{j=1}^{k}\rho_k\gamma^{k-j}\boldsymbol{L}_j^q=\rho_k\sum_{j=1}^{k}\gamma^{k-j}\boldsymbol{L}_j^q\\&=\rho_k\boldsymbol{L}_k^q+\rho_k\sum_{j=1}^{k-1}\gamma^{k-j}\boldsymbol{L}_j^q=\rho_k\boldsymbol{L}_k^q+\frac{\rho_k\gamma}{\rho_{k-1}}\sum_{j=1}^{k-1}\rho_{k-1}\gamma^{k-1-j}\boldsymbol{L}_j^q\\&=\rho_k\boldsymbol{L}_k^q+(1-\rho_k)\sum_{j=1}^{k-1}\rho_{k-1}\gamma^{k-1-j}\boldsymbol{L}_j^q=\rho_k\boldsymbol{L}_k^q+(1-\rho_k)\hat{\boldsymbol{q}}_{k-1}\\&=(1-\rho_k)\hat{\boldsymbol{q}}_{k-1}+\rho_k\left[\hat{\boldsymbol{x}}_j-\sum_{i=1}^{L}\omega_i\boldsymbol{f}(\hat{\boldsymbol{x}}_{k-1}^{(i)})\right]\end{aligned} \tag{5-24}$$

$$\begin{aligned}\hat{\boldsymbol{Q}}_k&=\sum_{j=1}^{k}\rho_k\gamma^{k-j}\boldsymbol{L}_j^Q=\rho_k\sum_{j=1}^{k}\gamma^{k-j}\boldsymbol{L}_j^Q\\&=\rho_k\boldsymbol{L}_k^Q+\rho_k\sum_{j=1}^{k-1}\gamma^{k-j}\boldsymbol{L}_j^Q=\rho_k\boldsymbol{L}_k^Q+\frac{\rho_k\gamma}{\rho_{k-1}}\sum_{j=1}^{k-1}\rho_{k-1}\gamma^{k-1-j}\boldsymbol{L}_j^Q\\&=\rho_k\boldsymbol{L}_k^Q+(1-\rho_k)\sum_{j=1}^{k-1}\rho_{k-1}\gamma^{k-1-j}\boldsymbol{L}_j^Q=\rho_k\boldsymbol{L}_k^Q+(1-\rho_k)\hat{\boldsymbol{Q}}_{k-1}\\&=(1-\rho_k)\hat{\boldsymbol{Q}}_{k-1}+\rho_k\left[\boldsymbol{K}_k\boldsymbol{e}_k\boldsymbol{e}_k^{\mathrm{T}}\boldsymbol{K}_k^{\mathrm{T}}+\boldsymbol{P}_k^+-\sum_{i=1}^{L}\omega_i(\boldsymbol{X}_k^{(i)}-\hat{\boldsymbol{x}}_k^-)(\boldsymbol{X}_k^{(i)}-\hat{\boldsymbol{x}}_k^-)^{\mathrm{T}}\right]\end{aligned} \tag{5-25}$$

同理，定义 $\boldsymbol{L}_j^r=\boldsymbol{z}_k-\sum_{i=1}^{L}\omega_i\boldsymbol{h}(\hat{\boldsymbol{x}}_j^{(i)})$，$\boldsymbol{L}_j^R=\boldsymbol{e}_j\boldsymbol{e}_j^{\mathrm{T}}-\sum_{i=1}^{L}\omega_i(\boldsymbol{Z}_j^{(i)}-\hat{\boldsymbol{z}}_j)(\boldsymbol{Z}_j^{(i)}-\hat{\boldsymbol{z}}_j)^{\mathrm{T}}$，对式（5-16）中各项用 μ_{k+1-j} 代替算术平均权系数 $1/k$，得到

$$\begin{aligned}\hat{\boldsymbol{r}}_k&=\sum_{j=1}^{k}\mu_{k+1-j}\boldsymbol{L}_j^r=\sum_{j=1}^{k}\rho_k\gamma^{k-j}\boldsymbol{L}_j^r=\rho_k\sum_{j=1}^{k}\gamma^{k-j}\boldsymbol{L}_j^r\\&=\rho_k\boldsymbol{L}_k^r+\rho_k\sum_{j=1}^{k-1}\gamma^{k-j}\boldsymbol{L}_j^r=\rho_k\boldsymbol{L}_k^r+\frac{\rho_k\gamma}{\rho_{k-1}}\sum_{j=1}^{k-1}\rho_{k-1}\gamma^{k-1-j}\boldsymbol{L}_j^r\end{aligned}$$

$$= \rho_k \boldsymbol{L}_k^r + (1-\rho_k)\sum_{j=1}^{k-1}\rho_{k-1}\gamma^{k-1-j}\boldsymbol{L}_j^r = \rho_k \boldsymbol{L}_k^r + (1-\rho_k)\hat{\boldsymbol{r}}_{k-1}$$

$$= (1-\rho_k)\hat{\boldsymbol{r}}_{k-1} + \rho_k\left[\boldsymbol{z}_k - \sum_{i=1}^{L}\omega_i \boldsymbol{h}(\hat{\boldsymbol{x}}_k^{(i)})\right] \tag{5-26}$$

$$\hat{\boldsymbol{R}}_k = \sum_{j=1}^{k}\rho_k\gamma^{k-j}\boldsymbol{L}_j^R = \rho_k\sum_{j=1}^{k}\gamma^{k-j}\boldsymbol{L}_j^R$$

$$= \rho_k\boldsymbol{L}_k^R + \rho_k\sum_{j=1}^{k-1}\gamma^{k-j}\boldsymbol{L}_j^R = \rho_k\boldsymbol{L}_k^R + \frac{\rho_k\gamma}{\rho_{k-1}}\sum_{j=1}^{k-1}\rho_{k-1}\gamma^{k-1-j}\boldsymbol{L}_j^R$$

$$= \rho_k\boldsymbol{L}_k^R + (1-\rho_k)\sum_{j=1}^{k-1}\rho_{k-1}\gamma^{k-1-j}\boldsymbol{L}_j^R = \rho_k\boldsymbol{L}_k^R + (1-\rho_k)\hat{\boldsymbol{R}}_{k-1}$$

$$= (1-\rho_k)\hat{\boldsymbol{R}}_{k-1} + \rho_k\left[\boldsymbol{e}_k\boldsymbol{e}_k^{\mathrm{T}} - \sum_{i=1}^{2n}\omega_i(\boldsymbol{Z}_k^{(i)} - \hat{\boldsymbol{z}}_k)(\boldsymbol{Z}_k^{(i)} - \hat{\boldsymbol{z}}_k)^{\mathrm{T}}\right] \tag{5-27}$$

然而，对于高维系统，$\hat{\boldsymbol{Q}}_k$ 和 $\hat{\boldsymbol{R}}_k$ 可能会分别失去半正定性和正定性，从而导致滤波器发散。为了解决这个问题，可以采用噪声统计估计器的有偏修正形式，来确保估计器在迭代过程中的正定性，即

$$\hat{\boldsymbol{Q}}_k = (1-\rho_k)\hat{\boldsymbol{Q}}_{k-1} + \rho_k\boldsymbol{K}_k\boldsymbol{e}_k\boldsymbol{e}_k^{\mathrm{T}}\boldsymbol{K}_k^{\mathrm{T}} \tag{5-28}$$

$$\hat{\boldsymbol{R}}_k = (1-\rho_k)\hat{\boldsymbol{R}}_{k-1} + \rho_k\boldsymbol{e}_k\boldsymbol{e}_k^{\mathrm{T}} \tag{5-29}$$

综上所述，适用于非线性系统的噪声统计慢变渐消记忆指数加权辨识器的递推计算形式如下：

$$\begin{cases}
\hat{\boldsymbol{q}}_k = (1-\rho_k)\hat{\boldsymbol{q}}_{k-1} + \rho_k\left[\hat{\boldsymbol{x}}_k^+ - \sum_{i=1}^{L}\omega_i\boldsymbol{f}(\hat{\boldsymbol{x}}_{k-1}^{(i)})\right] \\
\hat{\boldsymbol{Q}}_k = \begin{cases} (1-\rho_k)\hat{\boldsymbol{Q}}_{k-1} + \rho_k\Big[\boldsymbol{K}_k\boldsymbol{e}_k\boldsymbol{e}_k^{\mathrm{T}}\boldsymbol{K}_k^{\mathrm{T}} + \boldsymbol{P}_k^+ - \\ \sum_{i=1}^{L}\omega_i(\boldsymbol{X}_k^{(i)} - \hat{\boldsymbol{x}}_k^-)(\boldsymbol{X}_k^{(i)} - \hat{\boldsymbol{x}}_k^-)^{\mathrm{T}}\Big], \text{半正定} \\ (1-\rho_k)\hat{\boldsymbol{Q}}_{k-1} + \rho_k\boldsymbol{K}_k\boldsymbol{e}_k\boldsymbol{e}_k^{\mathrm{T}}\boldsymbol{K}_k^{\mathrm{T}}, \text{负定} \end{cases} \\
\hat{\boldsymbol{r}}_k = (1-\rho_k)\hat{\boldsymbol{r}}_{k-1} + \rho_k\left[\boldsymbol{z}_k - \sum_{i=1}^{L}\omega_i\boldsymbol{h}(\hat{\boldsymbol{x}}_k^{(i)})\right] \\
\hat{\boldsymbol{R}}_k = \begin{cases} (1-\rho_k)\hat{\boldsymbol{R}}_{k-1} + \rho_k\Big[\boldsymbol{e}_k\boldsymbol{e}_k^{\mathrm{T}} - \\ \sum_{i=1}^{L}\omega_i(\boldsymbol{Z}_k^{(i)} - \hat{\boldsymbol{z}}_k)(\boldsymbol{Z}_k^{(i)} - \hat{\boldsymbol{z}}_k)^{\mathrm{T}}\Big], \text{正定} \\ (1-\rho_k)\hat{\boldsymbol{R}}_{k-1} + \rho_k\boldsymbol{e}_k\boldsymbol{e}_k^{\mathrm{T}}, \text{负定} \end{cases}
\end{cases} \tag{5-30}$$

5.2.2 噪声统计快变的限定记忆指数加权辨识器

从式（5－30）可以看出，渐消记忆辨识器利用了滤波区间内的所有历史数据，而且越是旧数据，其加权系数越小，表明该数据在整个加权和中的作用也越小。对于慢变噪声统计而言，这样设置是合理的，然而，当噪声统计特性变化较快时，过于旧的数据对当前滤波时刻噪声统计特性的辨识作用较小，而应该突出强调近期数据对噪声时变统计特性辨识的作用。为此，考虑采用限定记忆指数加权方法，即对当前滤波时刻前固定窗口内的数据进行指数加权处理。

设置限定记忆窗口长度为 m，m 为预设常数，且满足 $0<m\leqslant k$。与渐消记忆辨识器相类似，选取一系列加权系数 μ_j，使其满足条件 $\mu_j=\mu_{j-1}\gamma$，$\sum_{j=1}^{m}\mu_j=1$，$0<\gamma<1$ 同样为遗忘因子。进而，得到满足条件的加权系数为

$$\begin{cases}\mu_j=\rho_m\gamma^{j-1}\\ \rho_m=\dfrac{1-\gamma}{1-\gamma^m}\end{cases},j=1,2,\cdots,m \tag{5-31}$$

同样，定义 $\boldsymbol{L}_j^q=\hat{\boldsymbol{x}}_j-\sum_{i=1}^{L}\omega_i\boldsymbol{f}(\hat{\boldsymbol{x}}_{k-1}^{(i)})$，$\boldsymbol{L}_j^Q=\boldsymbol{K}_k\boldsymbol{e}_k\boldsymbol{e}_k^{\mathrm{T}}\boldsymbol{K}_k^{\mathrm{T}}+\boldsymbol{P}_k^+-\sum_{i=1}^{L}\omega_i(\boldsymbol{X}_k^{(i)}-\hat{\boldsymbol{x}}_k^-)(\boldsymbol{X}_k^{(i)}-\hat{\boldsymbol{x}}_k^-)^{\mathrm{T}}$，对式（5－16）中 $k-m$ 时刻以后各项用 μ_{k+1-j} 代替算术平均权系数 $1/k$，得到

$$\begin{aligned}\hat{\boldsymbol{q}}_k&=\sum_{j=k-m+1}^{k}\mu_{k+1-j}\boldsymbol{L}_j^q=\sum_{j=k-m+1}^{k}\rho_m\gamma^{k-j}\boldsymbol{L}_j^q=\rho_m\sum_{j=k-m+1}^{k}\gamma^{k-j}\boldsymbol{L}_j^q\\&=\rho_m\boldsymbol{L}_k^q+\rho_m\sum_{j=k-m+1}^{k-1}\gamma^{k-j}\boldsymbol{L}_j^q=\rho_m\boldsymbol{L}_k^q+\frac{\rho_m\gamma}{\rho_{m-1}}\sum_{j=1}^{k-1}\rho_{k-1}\gamma^{k-1-j}\boldsymbol{L}_j^q\\&=\rho_k\boldsymbol{L}_k^q+(1-\rho_k)\sum_{j=1}^{k-1}\rho_{k-1}\gamma^{k-1-j}\boldsymbol{L}_j^q=\rho_k\boldsymbol{L}_k^q+(1-\rho_k)\hat{\boldsymbol{q}}_{k-1}\\&=(1-\rho_k)\hat{\boldsymbol{q}}_{k-1}+\rho_k\left[\hat{\boldsymbol{x}}_j-\sum_{i=1}^{L}\omega_i\boldsymbol{f}(\hat{\boldsymbol{x}}_{k-1}^{(i)})\right]\\&=\gamma\hat{\boldsymbol{q}}_k+\rho_m\boldsymbol{L}_k^q-\rho_m\gamma^m\boldsymbol{L}_{k-m}^q\end{aligned} \tag{5-32}$$

与式（5－32）中 $\hat{\boldsymbol{q}}_k$ 的推导过程相似，可以得到 $\hat{\boldsymbol{Q}}_k$，$\hat{\boldsymbol{r}}_k$，$\hat{\boldsymbol{R}}_k$ 的递推计算公式如下：

$$\hat{\boldsymbol{Q}}_k=\gamma\hat{\boldsymbol{Q}}_{k-1}+\rho_m\boldsymbol{L}_k^Q-\rho_m\gamma^m\boldsymbol{L}_{k-m}^Q \tag{5-33}$$

$$\hat{\boldsymbol{r}}_k=\gamma\hat{\boldsymbol{r}}_{k-1}+\rho_m\boldsymbol{L}_k^r-\rho_m\gamma^m\boldsymbol{L}_{k-m}^r \tag{5-34}$$

$$\hat{\boldsymbol{R}}_k = \gamma\hat{\boldsymbol{R}}_{k-1} + \rho_m L\boldsymbol{R}_k - \rho_m\gamma^m \boldsymbol{L}_{k-m}^R \tag{5-35}$$

式中：$\boldsymbol{L}_{k-m}^q$，$\boldsymbol{L}_{k-m}^Q$，$\boldsymbol{L}_{k-m}^r$和$\boldsymbol{L}_{k-m}^R$的定义与 5. 2. 1 节相同。

同样，$\hat{\boldsymbol{q}}_k$，$\hat{\boldsymbol{Q}}_k$，$\hat{\boldsymbol{r}}_k$，$\hat{\boldsymbol{R}}_k$ 可以得到有偏修正模式，共同构成噪声统计快变的限定记忆指数加权辨识器。在该辨识器中，窗口长度 m 可以根据实际应用需求灵活选取，并且此辨识器需要存储数据 $\boldsymbol{L}_{k-m}^*$。限定记忆指数加权辨识器从 $k=m+1$ 时刻开始进行递推计算，此时需要获取递推的初始值 $\boldsymbol{L}_1^*, \boldsymbol{L}_2^*, \cdots, \boldsymbol{L}_m^*$。为此，可以首先采用渐消记忆辨识器进行先行计算，进而从 $k=m+1$ 时刻开始切换为限定记忆辨识器计算。

5. 2. 3　带噪声统计辨识器的自适应容积卡尔曼滤波算法

将上述推导的噪声统计估计器应用到容积卡尔曼滤波算法中来实时估计不精确的噪声统计特性，便得到了自适应容积卡尔曼滤波（ACKF），其具体的递推计算步骤如下。

步骤 1：滤波初始化

给定滤波初始值 $\hat{\boldsymbol{x}}_0^+$，$\boldsymbol{P}_0^+$，$\hat{\boldsymbol{q}}_0$，$\hat{\boldsymbol{Q}}_0$，$\hat{\boldsymbol{r}}_0$，$\hat{\boldsymbol{R}}_0$。

循环 $k=1,2,\cdots$，完成以下递推更新步骤。

步骤 2：时间更新

分别用 $\hat{\boldsymbol{x}}_{k-1}^+$ 和 $\boldsymbol{P}_{k-1}^+$ 计算容积点 $\hat{\boldsymbol{x}}_{k-1}^{(i)}$，并计算非线性传递点 $\boldsymbol{X}_k^{(i)} = \boldsymbol{f}(\hat{\boldsymbol{x}}_{k-1}^{(i)}) + \hat{\boldsymbol{q}}_{k-1}$。

计算状态的先验估计 $\hat{\boldsymbol{x}}_k^- = \sum_{i=1}^{L} \omega_i \boldsymbol{X}_k^{(i)}$。

计算状态先验误差协方差矩阵 $\boldsymbol{P}_k^- = \sum_{i=1}^{L} \omega_i (\boldsymbol{X}_k^{(i)} - \hat{\boldsymbol{x}}_k^-)(\boldsymbol{X}_k^{(i)} - \hat{\boldsymbol{x}}_k^-)^{\mathrm{T}} + \hat{\boldsymbol{Q}}_{k-1}$。

步骤 3：量测更新

分别用 $\hat{\boldsymbol{x}}_k^-$ 和 $\boldsymbol{P}_k^-$ 计算容积点 $\hat{\boldsymbol{x}}_k^{(i)}$，并计算非线性传递点 $\boldsymbol{Z}_k^{(i)} = \boldsymbol{h}(\hat{\boldsymbol{x}}_k^{(i)}) + \hat{\boldsymbol{r}}_k$。

计算量测预测值 $\hat{z}_k = \sum_{i=1}^{L} \omega_i \boldsymbol{Z}_k^{(i)}$。

计算量测误差协方差矩阵 $\boldsymbol{P}_{z,k} = \sum_{i=1}^{L} \omega_i (\boldsymbol{Z}_k^{(i)} - \hat{z}_k)(\boldsymbol{Z}_k^{(i)} - \hat{z}_k)^{\mathrm{T}} + \hat{\boldsymbol{R}}_k$。

计算交叉协方差矩阵 $\boldsymbol{P}_{xz,k} = \sum_{i=1}^{L} \omega_i (\hat{\boldsymbol{x}}_k^{(i)} - \hat{\boldsymbol{x}}_k^-)(\boldsymbol{Z}_k^{(i)} - \hat{z}_k)^{\mathrm{T}}$。

计算卡尔曼滤波增益矩阵 $\boldsymbol{K}_k = \boldsymbol{P}_{xz,k}\boldsymbol{P}_{z,k}^{-1}$。

计算状态的后验估计 $\hat{\boldsymbol{x}}_k^+ = \hat{\boldsymbol{x}}_k^- + \boldsymbol{K}_k(z_k - \hat{z}_k)$。

计算后验误差协方差矩阵 $\boldsymbol{P}_k^+ = \boldsymbol{P}_k^- - \boldsymbol{K}_k \boldsymbol{P}_{z,k} \boldsymbol{K}_k^{\mathrm{T}}$。

步骤 4：噪声统计估计器更新

对于常值噪声，采用式（5 - 16）、式（5 - 20）和式（5 - 21）更新。

对于慢时变噪声，采用式（5 - 30）更新。

对于快时变噪声，采用式（5 - 32）~ 式（5 - 35）更新。

需要注意的是，由于噪声统计估计器的递推计算公式是非独立的，因此噪声 $\boldsymbol{w}_k$ 和 $\boldsymbol{v}_k$ 一般无法同时进行实时估计，否则会引起滤波器发散。

5.2.4 仿真验证与分析

在本小节中采用三个仿真实验来验证时变噪声统计辨识器的有效性。其中，前两个仿真实验条件与 5.1.3 节中基本相同，只是将噪声统计特性的常值漂移变成了随时间变化，主要用于比较时变噪声辨识器与常值噪声辨识器在性能上的区别。第三个仿真实验选取一个三维强非线性系统，主要用于比较时变噪声渐消记忆辨识器与限定记忆辨识器在性能上的区别。

仿真实验 1：过程噪声未知时变而量测噪声已知的情况

假设量测噪声统计特性是精确已知的，过程噪声的先验统计特性为 $w_k \sim N(w_k;0,0.1)$，而在实际应用过程中，过程噪声的统计特性随时间发生变化，其真实的时变统计特性为

$$q_k = \begin{cases} 1.5, 0 < k \leqslant 500 \\ 1, 500 < k \leqslant 1000 \\ 2, 1000 < k \leqslant 1500 \\ 0.5, 1500 < k \leqslant 2000 \end{cases}, Q_k = \begin{cases} 2 \times Q, 0 < k \leqslant 500 \\ 3 \times Q, 500 < k \leqslant 1000 \\ Q, 1000 < k \leqslant 1500 \\ 1.5 \times Q, 1500 < k \leqslant 2000 \end{cases} \tag{5-36}$$

过程噪声时变统计特性如图 5 - 8（a）所示，过程噪声的时变统计特性直接造成噪声在时域内的表现不同，如图 5 - 8（b）所示。

运行 200 次蒙特卡洛仿真，仿真结果如图 5 - 9 和图 5 - 10 所示。从图 5 - 9（a）和图 5 - 9（b）可以看出，带常值噪声辨识器的 ACKF 无法实现对时变噪声统计的有效辨识，而带时变噪声辨识器的 ACKF 和 ACQKF 算法可以实现对噪声均值和协方差的有效在线辨识。因为在 CKF2 中假设可以精确获得过程噪声的时变统计特性，所以在理论上 CKF2 算法可以获得这几种算法中精度最高的滤波结果。从图 5 - 10（a）和图 5 - 10（b）可以看出，在过程噪声统计特性时变情况下，如果仍然使用传统 CKF 算法将导致滤波精度明显降低。而如果使用带时变噪声统计辨识器的 ACKF 算法，则可以获得与 CKF2 算法相近的滤波精度。

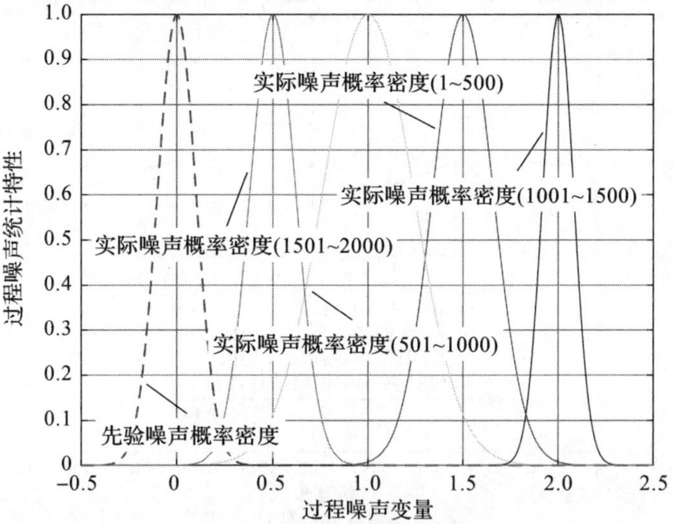

(a) 过程噪声统计特性

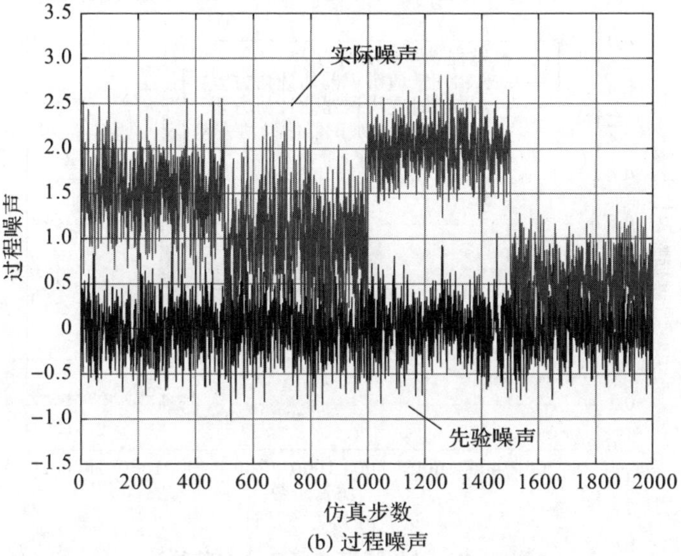

(b) 过程噪声

图 5 -8　统计特性时变的过程噪声

为了定量比较这几种算法的滤波精度，统计其滤波 RMSE 的平均值列于表 5 -3。从平均 RMSE 值可以看出，CKF 算法的精度较低，这也验证了当噪声统计时变时传统 CKF 算法滤波精度明显降低的结论。相比于 CKF 算法，ACKF 算法将滤波精度提高了 59. 71% ，表明虽然过程噪声常值漂移辨识器无法有效跟踪时变噪声，但仍然可以起到有限的作用，进而获得比标准 CKF 算

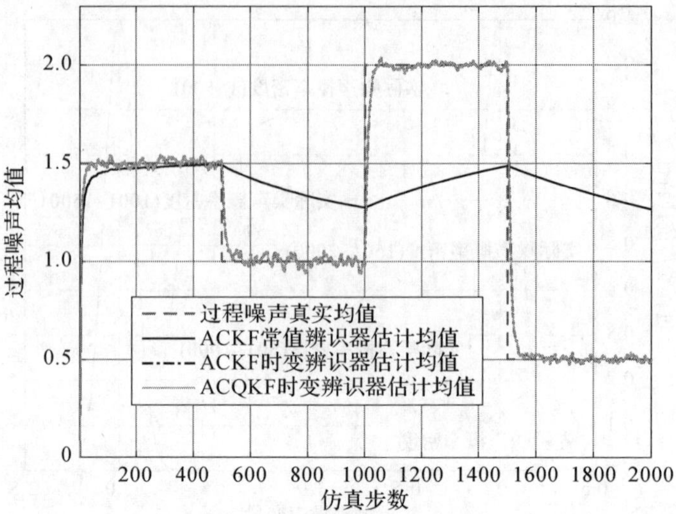

(a) 均值估计

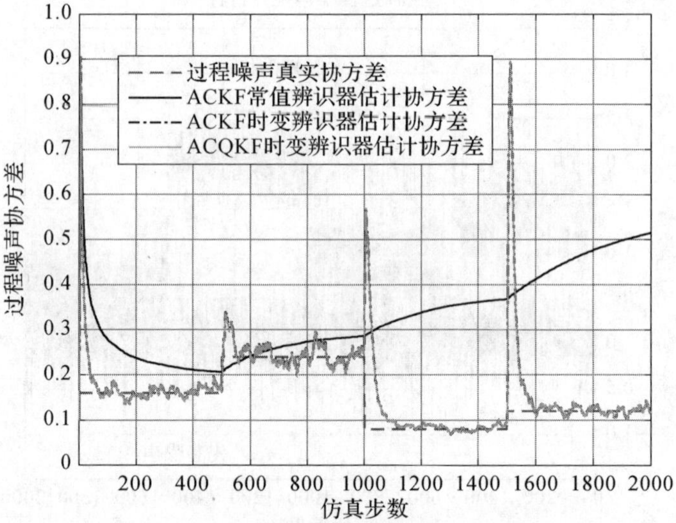

(b) 协方差估计

图 5-9　过程噪声均值与协方差估计

法高的滤波精度。而相比于带噪声统计常值辨识器的 ACKF 算法，带噪声统计时变辨识器的 ACKF2 算法将滤波精度进一步提高了 22.11%，表明噪声统计时变辨识器对噪声统计特性的有效跟踪可以进一步提高滤波估计精度。ACQKF算法和 ACKF2 算法的滤波精度已经十分接近，说明噪声统计特性时变的条件是影响滤波精度的主要原因，而通过改变容积准则对滤波精度的提高十分有限。

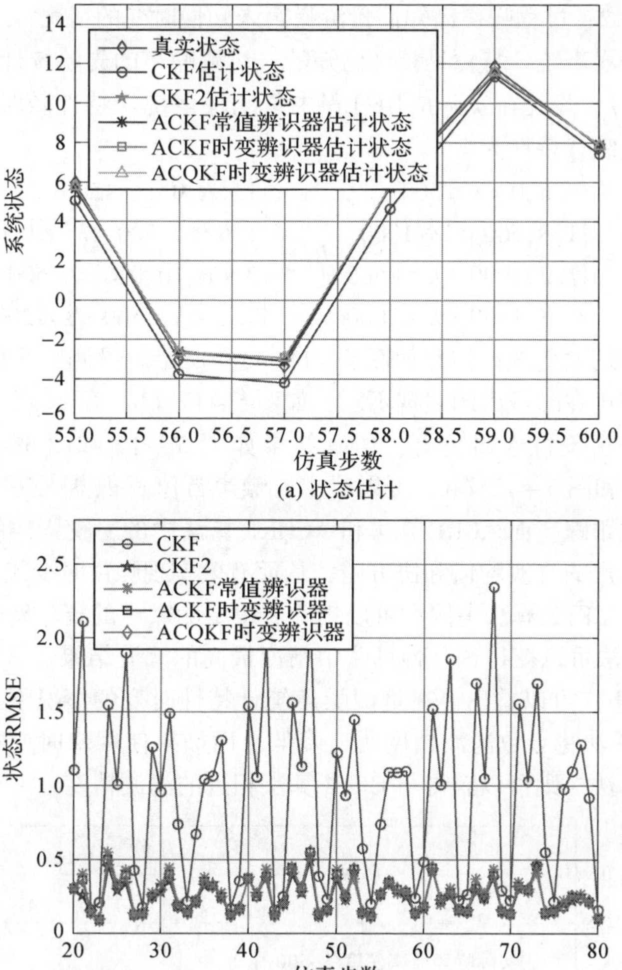

(a) 状态估计

(b) 状态估计RMSE

图 5－10　状态估计及 RMSE

表 5－3　滤波平均 RMSE

滤波算法	平均 RMSE
CKF	0. 8039
CKF1	0. 2408
ACKF	0. 3239
ACKF2	0. 2523
ACQKF	0. 2522

仿真实验 2：过程噪声已知而量测噪声未知慢时变的情况

假设过程噪声统计特性是精确已知的，量测噪声的先验统计特性为 $v_k \sim N(v_k; 0, 0.05)$，假设在实际应用过程中量测噪声统计特性随时间变化较慢，其真实的慢变统计特性为

$$r_k = \begin{cases} 0.6, 0 < k \leqslant 500 \\ 1.8, 500 < k \leqslant 1000 \\ 1.2, 1000 < k \leqslant 1500 \\ 1.5, 1500 < k \leqslant 2000 \end{cases}, R_k = \begin{cases} 1 \times R, 0 < k \leqslant 500 \\ 1.6 \times R, 500 < k \leqslant 1000 \\ 2 \times R, 1000 < k \leqslant 1500 \\ 1.1 \times R, 1500 < k \leqslant 2000 \end{cases} \tag{5-37}$$

量测噪声的时变统计特性如图 5-11（a）所示。量测噪声的时变统计特性直接造成噪声在时域内的表现不同，如图 5-11（b）所示。

运行 200 次蒙特卡洛仿真，仿真结果如图 5-12 和图 5-13 所示。从图 5-12（a）和图 5-12（b）可以看出，噪声常值辨识器无法实现对时变量测噪声的有效跟踪，而 ACKF 算法和 ACQKF 算法中的时变噪声统计辨识器可以逼近时变噪声的真实均值和协方差，从而有效实现噪声时变统计特性的在线辨识。因为在 CKF2 算法中假设可以精确获得量测噪声的统计特性，所以在理论上 CKF2 算法可以获得这几种算法中精度最高的滤波结果。从图 5-13（a）和图 5-13（b）可以看出，在量测噪声统计特性时变的情况下，如果仍然使用传统 CKF 算法将导致滤波精度明显降低。而如果使用带时变噪声统计辨识器的 ACKF 算法，则可以获得与 CKF2 算法相近的滤波精度。

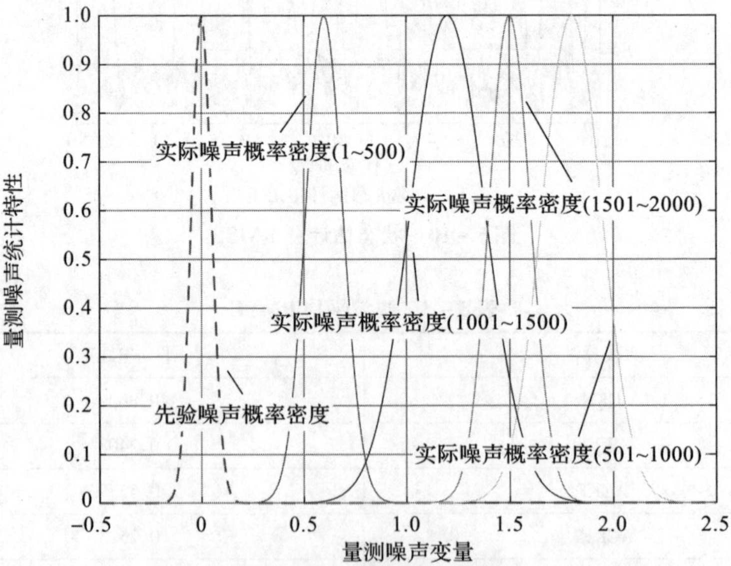

(a) 量测噪声统计特性

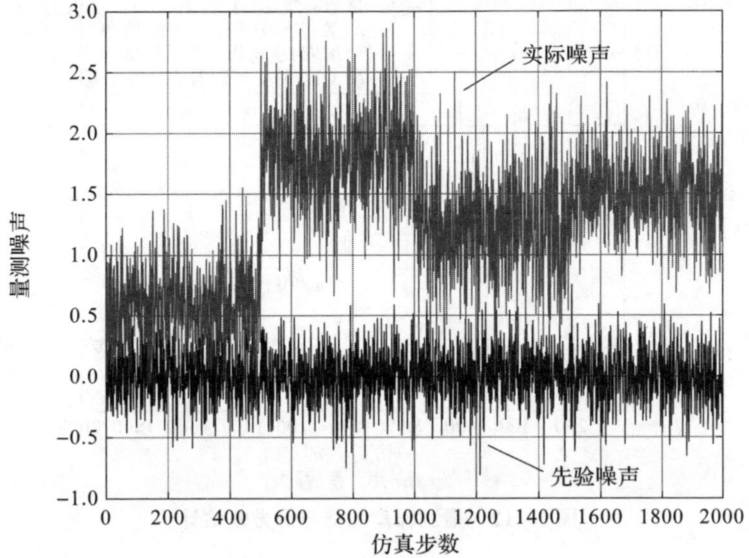

(b) 量测噪声

图 5－11　统计特性时变的过程噪声

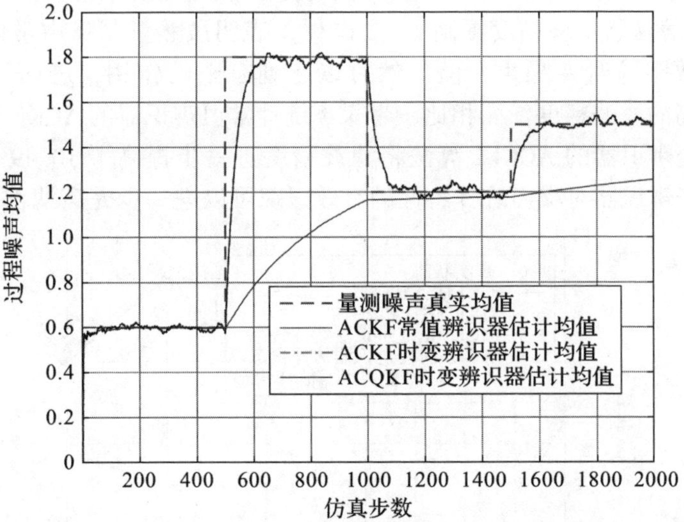

(a) 均值估计

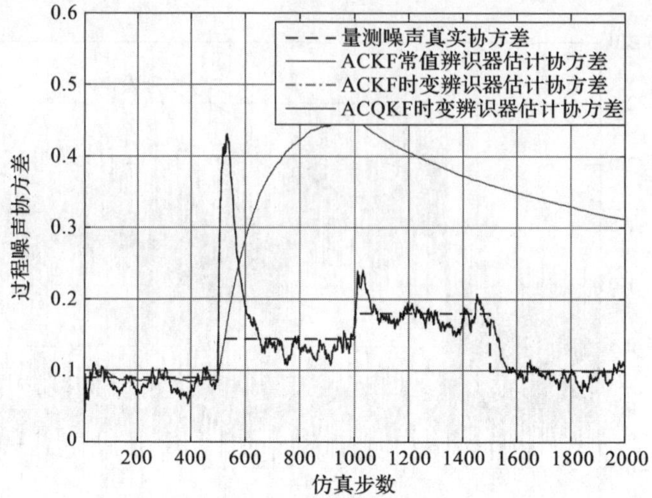

(b) 协方差估计

图 5－12　量测噪声均值与协方差估计

为了定量比较几种算法的滤波精度，统计其滤波 RMSE 的平均值列于表 5－4。从平均 RMSE 值可以看出，CKF 算法的滤波精度较低，表明在噪声统计特性时变的情况下，传统 CKF 算法的滤波精度明显降低。相比于 CKF 算法，ACKF 算法将滤波精度提高了 62.68%，表明虽然量测噪声常值漂移辨识器无法有效跟踪时变噪声，但仍然可以起到有限的作用，进而获得比标准 CKF 算法高的滤波精度。而相比于带噪声统计常值辨识器的 ACKF 算法，带噪声统计时变辨识器的 ACKF2 算法将滤波精度进一步提高了 10.49%，表明噪声统计时变辨识器对噪声统计特性的有效跟踪可以进一步提高滤波估计精度。

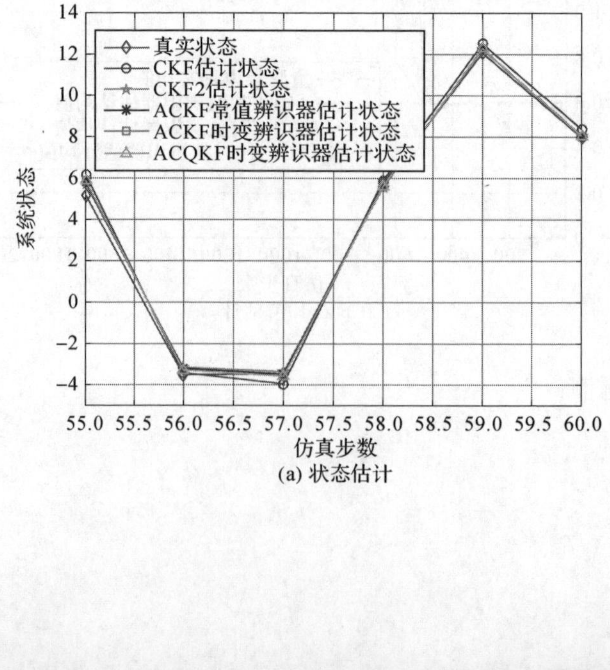

(a) 状态估计

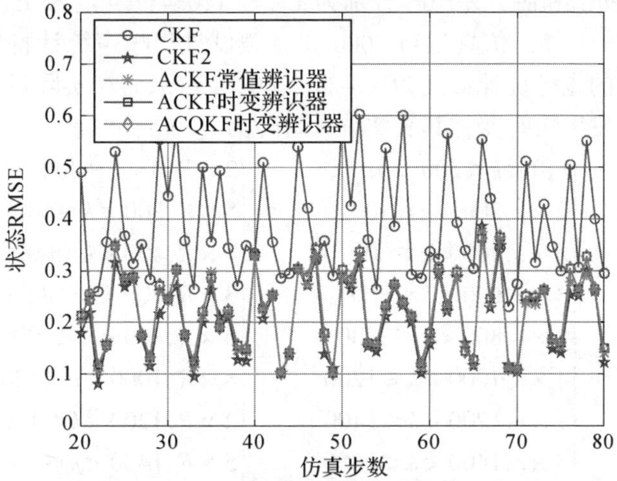

(b) 状态估计RMSE

图 5-13　状态估计及 RMSE

ACQKF 算法和 ACKF2 算法的滤波精度一致，说明噪声统计特性时变的条件是影响滤波精度的主要原因，而通过改变容积准则对滤波精度的提高十分有限。

表 5-4　滤波平均 RMSE

滤波算法	平均 RMSE
CKF	0.7023
CKF1	0.2229
ACKF	0.2621
ACKF2	0.2346
ACQKF	0.2346

仿真实验 3：过程噪声已知而量测噪声未知快时变的情况

考虑带快时变量测噪声统计的三维强非线性系统，系统模型如下：

$$\begin{bmatrix} x_{1,k+1} \\ x_{2,k+1} \\ x_{3,k+1} \end{bmatrix} = \begin{bmatrix} 2\cos(x_{2,k}) \\ x_{1,k}x_{3,k} \\ 0.1x_{1,k}(x_{2,k}+x_{3,k}) \end{bmatrix} + \boldsymbol{w}_k \tag{5-38}$$

$$z_k = x_{1,k}x_{2,k} + x_{3,k} + v_k \tag{5-39}$$

式中：$\boldsymbol{x}_k$ 为系统状态，$\boldsymbol{x}_k=(x_{1,k},x_{2,k},x_{3,k})^{\mathrm{T}}$。

仿真中，设置初始状态和协方差矩阵分别为 $\boldsymbol{x}_0=(0.3,0.6,0.1)^{\mathrm{T}}$ 和 $\boldsymbol{Q}_k=$

$0.01\boldsymbol{I}_3$。滤波初值和协方差矩阵分别为 $\hat{\boldsymbol{x}}_0^+=(1,0.4,1.4)^{\mathrm{T}}$ 和 $\boldsymbol{P}_0^+=0.01\boldsymbol{I}_3$。设置遗忘因子 $\gamma=0.97$，仿真运行 2000 步。假设过程噪声统计特性是精确已知的，量测噪声的先验统计特性为 $v_k\sim\mathrm{N}(v_k,0,0.5)$。而在实际过程中，量测噪声的统计特性发生快时变，其真实统计特性为

$$r_k=\begin{cases}r,0<k\leqslant 200\\2\times r,200<k\leqslant 400\\5\times r,400<k\leqslant 600\\3\times r,600<k\leqslant 800\\8\times r,800<k\leqslant 1000\\4\times r,1000<k\leqslant 1200\\9\times r,1200<k\leqslant 1400\\3\times r,1400<k\leqslant 1600\\5\times r,1600<k\leqslant 1800\\2\times r,1800<k\leqslant 2000\end{cases},R_k=\begin{cases}2\times R,0<k\leqslant 200\\5\times R,200<k\leqslant 400\\7\times R,400<k\leqslant 600\\3\times R,600<k\leqslant 800\\6\times R,800<k\leqslant 1000\\8\times R,1000<k\leqslant 1200\\2\times R,1200<k\leqslant 1400\\5\times R,1400<k\leqslant 1600\\7\times R,1600<k\leqslant 1800\\3\times R,1800<k\leqslant 2000\end{cases}\tag{5-40}$$

式中：$r=0.5$；$R=0.1$。

时变量测噪声统计特性如图 5-14（a）所示，量测噪声的时变统计特性直接造成噪声在时域内的表现不同，如图 5-14（b）所示。

运行 2000 次蒙特卡洛仿真，仿真结果如图 5-15 和图 5-16 所示。从图 5-15（a）和图 5-15（b）可以看出，渐消记忆辨识器和限定记忆辨识器均可以实现对时变量测噪声均值和协方差的有效在线辨识，但是限定记忆辨识器的跟踪速度和收敛精度明显快于渐消记忆辨识器。因为在 CKF2 算法中假设可以精确获得量测噪声的统计特性，所以在理论上 CKF2 算法可以获得该几种算法中精度最高的滤波结果。从图 5-16 可以看出，在量测噪声统计特性时变情况下，如果仍然使用传统 CKF 算法将导致滤波精度明显降低。而如果使用带噪声统计辨识器的 ACKF 算法，则可以获得与 CKF2 算法相近的滤波精度。

为了定量比较几种算法的滤波精度，统计其滤波 RMSE 的平均值列于表 5-5。从平均 RMSE 值可以看出，标准 CKF 算法的滤波精度最低。相比于标准 CKF 算法，ACKF 算法将三个状态的估计精度分别提高了 44.82%、53.57%、36.07%，表明噪声统计渐消记忆时变辨识器对于快变噪声仍然可以获得较高的跟踪精度。而相比于带渐消记忆时变辨识器的 ACKF 算法，带限定记忆时变辨识器的 ACKF2 算法将三个状态的估计精度进一步提高了 0.79%、3.44%、1.54%，表明对于快变噪声，限定记忆时变辨识器具有对噪声时变统计特性更优越的跟踪性能。

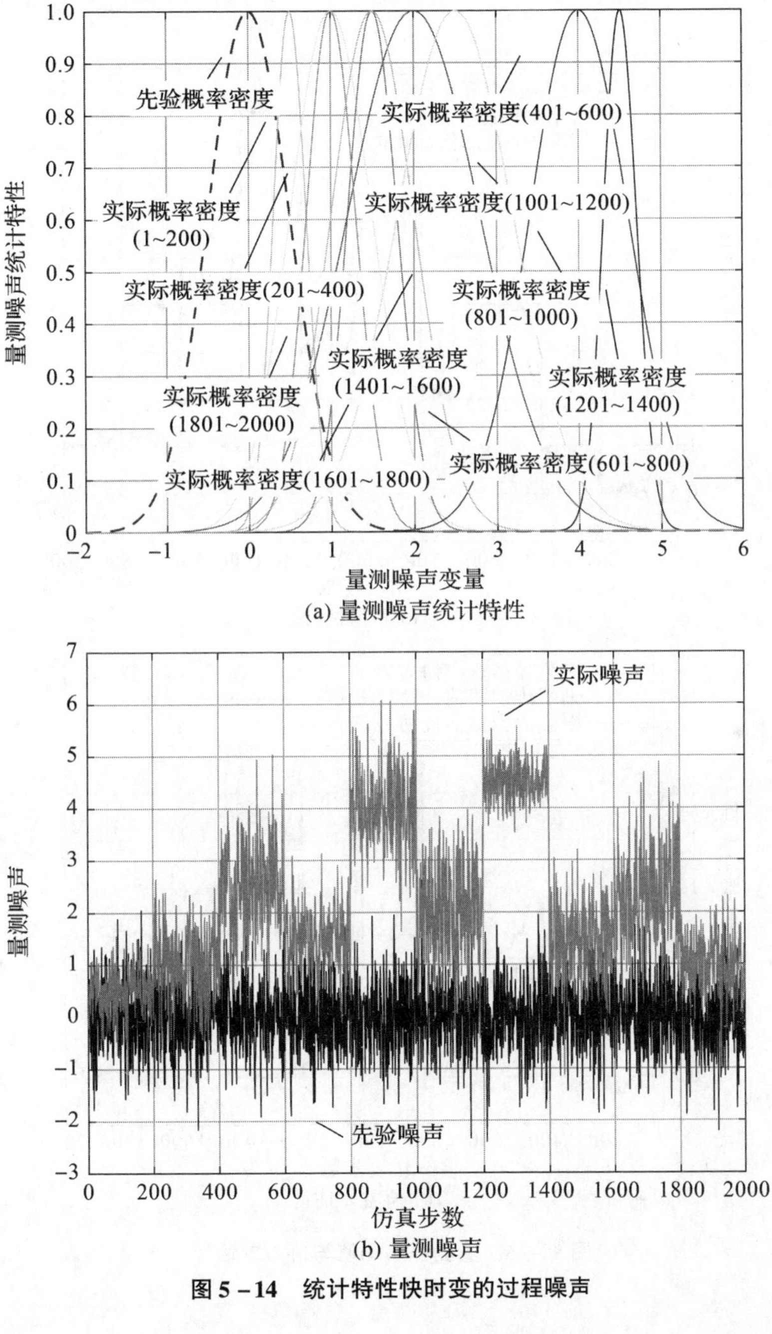

(a) 量测噪声统计特性

(b) 量测噪声

图 5 – 14　统计特性快时变的过程噪声

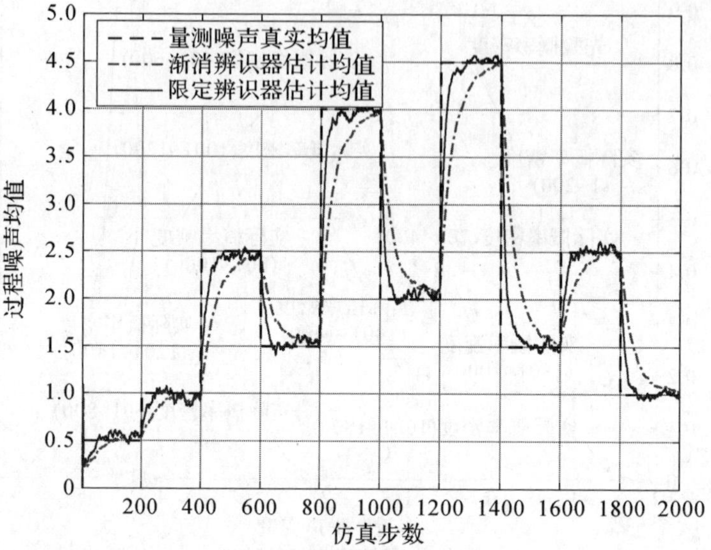

(a) 均值估计

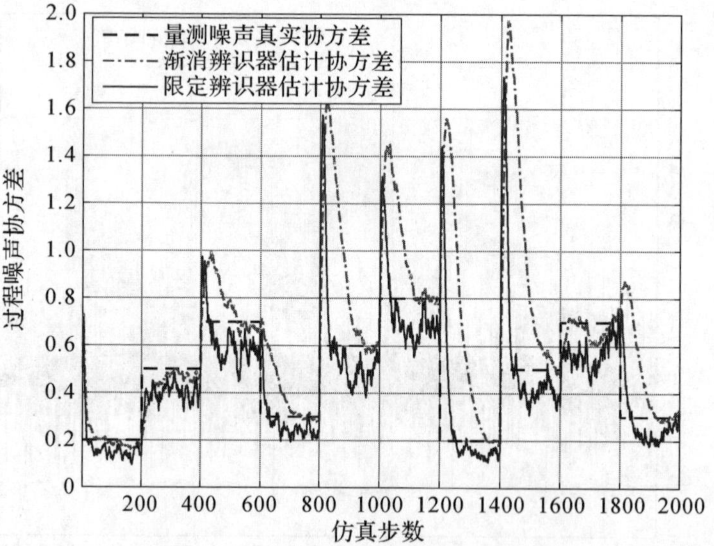

(b) 协方差估计

图 5-15　量测噪声均值与协方差估计

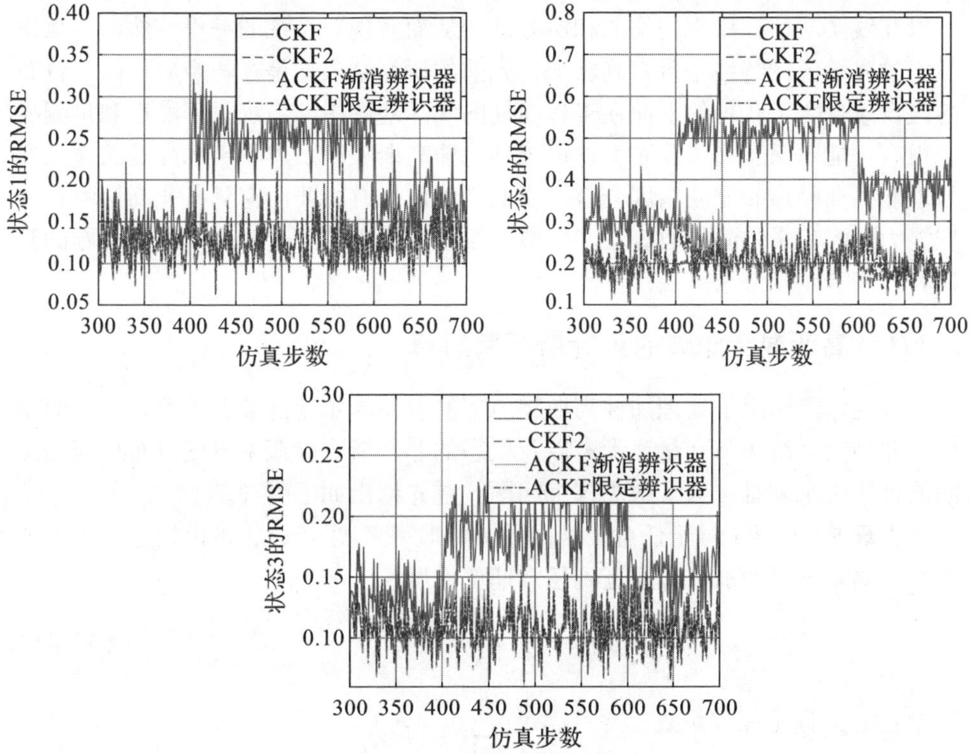

图 5－16　状态估计 RMSE

表 5－5　滤波平均 RMSE

滤波算法	状态 1 平均 RMSE	状态 2 平均 RMSE	状态 3 平均 RMSE
CKF	0. 2289	0. 4512	0. 1727
CKF2	0. 1224	0. 1843	0. 1053
ACKF	0. 1263	0. 2095	0. 1104
ACKF2	0. 1253	0. 2023	0. 1087

5. 3　处理非高斯噪声的高斯混合容积卡尔曼滤波算法

在推导容积卡尔曼滤波算法时，需要假设系统过程噪声和量测噪声服从高斯分布，并且在算法应用时需精确已知噪声的先验统计特性。对于噪声统计特性无法精确获得或时变的情况，在 5.1 节和 5.2 节中推导了噪声统计估计器，可以在线实时估计噪声的均值和协方差，从而实现对系统的补偿。然而，无论噪声的先验统计特性是否精确已知，先前的研究结果均是在噪声服从高斯分布的假设条件之下获得的。而在工程面临的实际问题中，系统过程噪声和量测噪声很有可能不服从高斯分布，这里统称为非高斯噪声。容积卡尔曼滤波算法在处理非高斯噪声时滤波精度会有所降低，因此，有必要研究具备非高斯噪声处理能力的容积卡尔曼滤波算法。本节主要研究提出了解决非高斯噪声问题的高斯和容积卡尔曼滤波算法。

5.3.1 高斯混合滤波的贝叶斯概率解释

前述已经给出了处理加性高斯噪声下的容积卡尔曼滤波，然而在实际应用中，非高斯系统噪声和量测噪声以及状态的非高斯先验概率密度分布可能会给滤波计算带来困难。为了解决这个问题，首先给出如下引理。

引理 5-1[92]　对于任意 n 维向量 $\boldsymbol{x}$ 的概率密度 $p(\boldsymbol{x})$，可以通过如下形式的多个高斯分量的加权和逼近到任意期望精度。

$$p_A(\boldsymbol{x}) = \sum_{i=1}^{L} \alpha_i \mathrm{N}(x;\tilde{\boldsymbol{x}}_i,\boldsymbol{P}_i) \tag{5-41}$$

式中：α_i 为标量加权系数，并且满足 $\sum_{i=1}^{L} \alpha_{k,i} = 1$。

该引理便是著名的 Wiener 近似理论，该引理表明，可以利用有限个已知的高斯概率密度函数和对任意随机变量的复杂概率密度进行充分近似。

由引理 5-1 可知，对于状态的非高斯先验概率密度和非高斯噪声，可以采用最大期望法（expectation - maximization，EM）和 k 均值算法（k - means algorithm）[93]将其表示成如下若干个高斯分量的和。

$$p(\boldsymbol{x}_k) \approx \sum_{i=1}^{L_1} \alpha_{i,k} p_i(\boldsymbol{x}_k) = \sum_{i=1}^{L_1} \alpha_{i,k} \mathrm{N}(\boldsymbol{x}_k;\tilde{\boldsymbol{x}}_{i,k},\boldsymbol{P}_{i,k}) \tag{5-42}$$

$$p(\boldsymbol{w}_k) \approx \sum_{i=1}^{L_2} \beta_{i,k} p_i(\boldsymbol{w}_k) = \sum_{i=1}^{L_2} \beta_{i,k} \mathrm{N}(\boldsymbol{w}_k;\tilde{\boldsymbol{w}}_{i,k},\boldsymbol{Q}_{i,k}) \tag{5-43}$$

$$p(\boldsymbol{v}_k) \approx \sum_{i=1}^{L_3} \mu_{i,k} p_i(\boldsymbol{v}_k) = \sum_{i=1}^{L_3} \mu_{i,k} \mathrm{N}(\boldsymbol{v}_k;\tilde{\boldsymbol{v}}_{i,k},\boldsymbol{R}_{i,k}) \tag{5-44}$$

式中：L_1 和 $\alpha_{i,k}$ 分别为状态高斯分量个数及权值系数；L_2 和 $\beta_{i,k}$ 分别为过程噪声高斯分量个数及权值系数；L_3 和 $\mu_{i,k}$ 分别为量测噪声高斯分量个数及权值系数。L_2，L_3，$\beta_{i,k}$ 和 $\mu_{i,k}$ 为已知的固定参数。

下面给出高斯混合滤波器的贝叶斯概率解释。假设已知 $k-1$ 时刻状态后

验概率密度 $p(\boldsymbol{x}_{k-1} \mid \boldsymbol{Z}_1^{k-1})$ 的高斯混合近似为

$$p(\boldsymbol{x}_{k-1} \mid \boldsymbol{Z}_1^{k-1}) = \sum_{i=1}^{L_1} \alpha_{i,k-1}^{+} \mathrm{N}(\boldsymbol{x}_{k-1}; \hat{\boldsymbol{x}}_{i,k-1}^{+}, \boldsymbol{P}_{i,k-1}^{+}) \tag{5-45}$$

式中：$\boldsymbol{Z}_1^{k-1}$ 为量测值的集合，$\boldsymbol{Z}_1^{k-1} = \{z_1, z_2, \cdots, z_{k-1}\}$。

利用系统过程模型可以得到状态的转移概率为

$$p(\boldsymbol{x}_k \mid \boldsymbol{x}_{k-1}) = \sum_{j=1}^{L_2} \beta_{j,k} \mathrm{N}(\boldsymbol{x}_k; \boldsymbol{f}(\boldsymbol{x}_{k-1}) + \tilde{\boldsymbol{w}}_{j,k}, \boldsymbol{Q}_{j,k}) \tag{5-46}$$

进而，由式（5-45）和式（5-46）可知状态的先验概率密度函数为

$$\begin{aligned}
p(\boldsymbol{x}_k \mid \boldsymbol{Z}_1^{k-1}) &= \int_{\mathbf{R}^n} p(\boldsymbol{x}_{k-1} \mid \boldsymbol{Z}_1^{k-1}) p(\boldsymbol{x}_k \mid \boldsymbol{x}_{k-1}) \mathrm{d}\boldsymbol{x}_{k-1} \\
&= \int_{\mathbf{R}^n} \left[\sum_{i=1}^{L_1} \alpha_{i,k-1}^{+} \mathrm{N}(\boldsymbol{x}_{k-1}; \hat{\boldsymbol{x}}_{i,k-1}^{+}, \boldsymbol{P}_{i,k-1}^{+}) \right] \\
&\quad \left[\sum_{j=1}^{L_2} \beta_{j,k} \mathrm{N}(\boldsymbol{x}_k; \boldsymbol{f}(\boldsymbol{x}_{k-1}) + \tilde{\boldsymbol{w}}_{j,k}, \boldsymbol{Q}_{j,k}) \right] \mathrm{d}\boldsymbol{x}_{k-1} \\
&= \int_{\mathbf{R}^n} [\alpha_{1,k-1}^{+} \mathrm{N}(\boldsymbol{x}_{k-1}; \hat{\boldsymbol{x}}_{1,k-1}^{+}, \boldsymbol{P}_{1,k-1}^{+}) + \cdots + \\
&\quad \alpha_{L_1,k-1}^{+} \mathrm{N}(\boldsymbol{x}_{k-1}; \hat{\boldsymbol{x}}_{L_1,k-1}^{+}, \boldsymbol{P}_{L_1,k-1}^{+})] \times \\
&\quad [\beta_{1,k} \mathrm{N}(\boldsymbol{x}_k; \boldsymbol{f}(\boldsymbol{x}_{k-1}) + \tilde{\boldsymbol{w}}_{1,k}, \boldsymbol{Q}_{1,k}) + \cdots + \\
&\quad \beta_{L_2,k} \mathrm{N}(\boldsymbol{x}_k; \boldsymbol{f}(\boldsymbol{x}_{k-1}) + \tilde{\boldsymbol{w}}_{L_2,k}, \boldsymbol{Q}_{L_2,k})] \mathrm{d}\boldsymbol{x}_{k-1} \\
&= \sum_{j=1}^{L_2} \sum_{i=1}^{L_1} \alpha_{i,k-1}^{+} \beta_{j,k} \int_{\mathbf{R}^n} \mathrm{N}(\boldsymbol{x}_{k-1}; \hat{\boldsymbol{x}}_{i,k}^{-}, \boldsymbol{P}_{i,k}^{-}) \mathrm{N}(\boldsymbol{x}_k; \boldsymbol{f}(\boldsymbol{x}_{k-1}) + \\
&\quad \tilde{\boldsymbol{w}}_{j,k}, \boldsymbol{Q}_{j,k}) \mathrm{d}\boldsymbol{x}_{k-1}
\end{aligned} \tag{5-47}$$

为了计算式（5-47）右侧的积分项 $\int_{\mathbf{R}^n} \mathrm{N}(\boldsymbol{x}_{k-1}; \hat{\boldsymbol{x}}_{i,k}^{-}, \boldsymbol{P}_{i,k}^{-}) \mathrm{N}(\boldsymbol{x}_k; \boldsymbol{f}(\boldsymbol{x}_{k-1}) + \tilde{\boldsymbol{w}}_{j,k}, \boldsymbol{Q}_{j,k}) \mathrm{d}\boldsymbol{x}_{k-1}$，引入如下引理，该定理的证明可以参考文献［94］。

引理 5-2[94]　已知矩阵 $\boldsymbol{F}$，$\boldsymbol{d}$，$\boldsymbol{Q}$，$\boldsymbol{m}$，$\boldsymbol{P}$，且 $\boldsymbol{Q}$ 和 $\boldsymbol{P}$ 正定，那么：

$$\int \mathrm{N}(\boldsymbol{x}, \boldsymbol{F}\boldsymbol{\xi} + \boldsymbol{d}, \boldsymbol{Q}) \mathrm{N}(\boldsymbol{\xi}, \boldsymbol{m}, \boldsymbol{P}) \mathrm{d}\boldsymbol{\xi} = \mathrm{N}(\boldsymbol{x}, \boldsymbol{F}\boldsymbol{m} + \boldsymbol{d}, \boldsymbol{Q} + \boldsymbol{F}\boldsymbol{P}\boldsymbol{F}^{\mathrm{T}}) \tag{5-48}$$

由式（2-7）可知，先验概率密度 $p(\boldsymbol{x}_k \mid \boldsymbol{Z}_1^{k-1})$ 可以近似为

$$\begin{aligned}
p(\boldsymbol{x}_k \mid \boldsymbol{Z}_1^{k-1}) &\approx \sum_{j=1}^{L_2} \sum_{i=1}^{L_1} \alpha_{i,k-1}^{+} \beta_{j,k} \mathrm{N}(\boldsymbol{x}_k; \hat{\boldsymbol{x}}_{i,j,k}^{-}, \boldsymbol{P}_{i,j,k}^{-}) \\
&= \sum_{s=1}^{L_1 L_2} \alpha_{s,k}^{-} \mathrm{N}(\boldsymbol{x}_k; \hat{\boldsymbol{x}}_{s,k}^{-}, \boldsymbol{P}_{s,k}^{-})
\end{aligned} \tag{5-49}$$

式中：$\alpha_{s,k}^{-} = \alpha_{i,k-1}^{+} \beta_{j,k}$，$s = (i-1)L_2 + j, i = 1, 2, \cdots, L_1, j = 1, 2, \cdots, L_2$。

由于量测噪声同样是非高斯的，因此可以用高斯混合模型描述，则量测似然概率密度可以写为

$$p(z_k \mid \boldsymbol{x}_k) = \sum_{j=1}^{L_3} \mu_{j,k} \mathrm{N}(z_k; \boldsymbol{h}(\boldsymbol{x}_k) + \tilde{\boldsymbol{v}}_{j,k}, \boldsymbol{R}_{j,k}) \tag{5-50}$$

因而，在接收到量测值 z_k 后，由式（2-8）可得后验概率密度函数 $p(\boldsymbol{x}_k \mid \boldsymbol{Z}_1^k)$ 的近似计算为

$$\begin{aligned} p(\boldsymbol{x}_k \mid \boldsymbol{Z}_1^k) &= \frac{p(z_k \mid \boldsymbol{x}_k) p(\boldsymbol{x}_k \mid \boldsymbol{Z}_1^{k-1})}{p(z_k \mid \boldsymbol{Z}_1^{k-1})} \\ &= \sum_{j=1}^{L_3} \sum_{s=1}^{L_1 L_2} \frac{\alpha_{s,k}^- \mu_{j,k}}{c_k} \mathrm{N}(z_k; \boldsymbol{h}(\boldsymbol{x}_k) + \bar{\boldsymbol{v}}_{j,k}, \boldsymbol{R}_{j,k}) \mathrm{N}(\boldsymbol{x}_k; \hat{\boldsymbol{x}}_{s,k}^-, \boldsymbol{P}_{s,k}^-) \end{aligned} \tag{5-51}$$

式中：归一化常数 c_k 可以结合定理按如下计算：

$$\begin{aligned} c_k &= p(z_k \mid \boldsymbol{Z}_1^{k-1}) = \int p(z_k \mid \boldsymbol{x}_k) p(\boldsymbol{x}_k \mid \boldsymbol{Z}_1^{k-1}) \mathrm{d}\boldsymbol{x}_k \\ &= \sum_{j=1}^{L_3} \sum_{i=1}^{L_1 L_2} \alpha_{s,k}^- \mu_{j,k} \mathrm{N}(z_k; \hat{z}_{r,k}, \boldsymbol{P}_{r,z}) \end{aligned} \tag{5-52}$$

将式（5-52）代入式（5-51）可得

$$\begin{aligned} p(\boldsymbol{x}_k \mid \boldsymbol{Z}_1^k) &= \sum_{j=1}^{L_3} \sum_{s=1}^{L_1 L_2} \frac{\alpha_{s,k}^- \mu_{j,k}}{c_k} \mathrm{N}(z_k; \boldsymbol{h}(\boldsymbol{x}_k) + \tilde{\boldsymbol{v}}_{j,k}, \boldsymbol{R}_{j,k}) \mathrm{N}(\boldsymbol{x}_k; \hat{\boldsymbol{x}}_{s,k}^-, \boldsymbol{P}_{s,k}^-) \\ &= \sum_{j=1}^{L_3} \sum_{s=1}^{L_1 L_2} \frac{\alpha_{s,k}^- \mu_{j,k} \mathrm{N}(z_k; \boldsymbol{h}(\boldsymbol{x}_k) + \tilde{\boldsymbol{v}}_{j,k}, \boldsymbol{R}_{j,k}) \mathrm{N}(\boldsymbol{x}_k; \hat{\boldsymbol{x}}_{s,k}^-, \boldsymbol{P}_{s,k}^-)}{\sum_{j=1}^{L_3} \sum_{s=1}^{L_1 L_2} \alpha_{s,k}^- \mu_{j,k} \mathrm{N}(z_k; \hat{z}_{r,k}, \boldsymbol{P}_{r,z})} \\ &= \sum_{j=1}^{L_3} \sum_{s=1}^{L_1 L_2} \frac{\alpha_{s,k}^- \mu_{j,k} \mathrm{N}(z_k; \hat{z}_{r,k}, \boldsymbol{P}_{r,z})}{\sum_{j=1}^{L_3} \sum_{s=1}^{L_1 L_2} \alpha_{s,k}^- \mu_{j,k} \mathrm{N}(z_k; \hat{z}_{r,k}, \boldsymbol{P}_{r,z})} \\ &\quad \frac{\mathrm{N}(z_k; \boldsymbol{h}(\boldsymbol{x}_k) + \tilde{\boldsymbol{v}}_{j,k}, \boldsymbol{R}_{j,k}) \mathrm{N}(\boldsymbol{x}_k; \hat{\boldsymbol{x}}_{s,k}^-, \boldsymbol{P}_{s,k}^-)}{\mathrm{N}(z_k; \hat{z}_{r,k}, \boldsymbol{P}_{r,z})} \\ &= \sum_{r=1}^{L_1 L_2 L_3} \alpha_{r,k}^+ \mathrm{N}(\boldsymbol{x}_k; \hat{\boldsymbol{x}}_{r,k}^+, \boldsymbol{P}_{r,k}^+) \end{aligned} \tag{5-53}$$

式中：$\alpha_{r,k}^+$ 为参数的后验更新，$\alpha_{r,k}^+ = \dfrac{\alpha_{s,k}^- \mu_{j,k} \mathrm{N}(z_k; \hat{z}_{r,k}, \boldsymbol{P}_{r,z})}{\sum_{j=1}^{L_3} \sum_{s=1}^{L_1 L_2} \alpha_{s,k}^- \mu_{j,k} \mathrm{N}(z_k; \hat{z}_{r,k}, \boldsymbol{P}_{r,z})}$，且 $r = (s-1)L_3 + j$，$s = 1, 2, \cdots, L_1 L_2, j = 1, 2, \cdots, L_3$。

从式（5-49）和式（5-53）可以看出，状态的先验概率密度 $p(\boldsymbol{x}_k \mid \boldsymbol{Z}_1^{k-1})$ 和后验概率密度 $p(\boldsymbol{x}_k \mid \boldsymbol{Z}_1^k)$ 均可以表示成高斯和的形式，至此便得

到了高斯混合滤波完整的可迭代执行的贝叶斯递推模型的概率解释。

5.3.2　高斯混合容积卡尔曼滤波算法

上一节给出了高斯混合滤波的贝叶斯递推计算步骤，基于该步骤，结合容积卡尔曼滤波可以得到高斯混合容积卡尔曼算法（GM-CKF）。

由式（5-49）和式（5-53）可知，状态的先验概率密度函数和后验概率密度函数分别为

$$p(\boldsymbol{x}_k \mid \boldsymbol{Z}_1^{k-1}) \approx \sum_{s=1}^{L_1L_2} \alpha_{s,k}^{-} \mathrm{N}(\boldsymbol{x}_k;\hat{\boldsymbol{x}}_{s,k}^{-},\boldsymbol{P}_{s,k}^{-}) \tag{5-54}$$

$$p(\boldsymbol{x}_k \mid \boldsymbol{Z}_1^{k}) \approx \sum_{r=1}^{L_1L_2L_3} \alpha_{r,k}^{+} \mathrm{N}(\boldsymbol{x}_k;\hat{\boldsymbol{x}}_{r,k}^{+},\boldsymbol{P}_{r,k}^{+}) \tag{5-55}$$

可以看出，只要采用容积卡尔曼滤波对式（5-54）和式（5-55）中的 $\hat{\boldsymbol{x}}_{s,k}^{-}$，$\boldsymbol{P}_{s,k}^{-}$，$\hat{\boldsymbol{x}}_{r,k}^{+}$和 $\boldsymbol{P}_{r,k}^{+}$进行计算，便可以得到高斯混合容积卡尔曼滤波算法，其具体的计算步骤如下。

步骤 1：滤波初始化

给定滤波初始值 $\hat{\boldsymbol{x}}_{i,0}^{+}$，$\boldsymbol{P}_{i,0}^{+}$，$\alpha_{i,k-1}^{+}$，$\beta_{i,k}$，$\mu_{i,k}$。

循环 $k=1$，2，…，完成以下步骤。

步骤 2：高斯分量的时间更新

按照第 2 章或第 3 章的算法选取合适的容积准则。

计算容积点 $\hat{\boldsymbol{x}}_{i,k-1}^{(l)}, l=1,2,\cdots,L$。

计算容积点的非线性传递 $\boldsymbol{X}_{i,k}^{(l)}=\boldsymbol{f}(\hat{\boldsymbol{x}}_{i,k-1}^{(l)})$。

计算先验状态估计 $\hat{\boldsymbol{x}}_{s,k}^{-}=\sum_{l=1}^{L}\omega_l \boldsymbol{X}_{i,k}^{(l)}+\tilde{\boldsymbol{w}}_{j,k}$。

计算先验误差协方差矩阵 $\boldsymbol{P}_{s,k}^{-}=\sum_{l=1}^{L}\omega_l \boldsymbol{X}_{k}^{(l)}(\boldsymbol{X}_{k}^{(l)})^{\mathrm{T}}-(\hat{\boldsymbol{x}}_{s,k}^{-}-\tilde{\boldsymbol{w}}_{j,k})(\hat{\boldsymbol{x}}_{s,k}^{-}-\tilde{\boldsymbol{w}}_{j,k})^{\mathrm{T}}+\boldsymbol{Q}_{j,k-1}$。

更新先验概率权值系数 $\alpha_{s,k}^{-}=\alpha_{i,k-1}^{+}\beta_{j,k}$。

步骤 3：高斯分量的量测更新

计算容积点 $\hat{\boldsymbol{x}}_{s,k}^{(l)}, l=1,2,\cdots,L$。

计算容积点的非线性传递 $\boldsymbol{Z}_{s,k}^{(l)}=\boldsymbol{h}(\hat{\boldsymbol{x}}_{s,k}^{(l)})$。

计算量测预测值 $\hat{z}_{r,k}=\sum_{l=1}^{L}\omega_l \boldsymbol{Z}_{s,k}^{(l)}+\tilde{\boldsymbol{v}}_{j,k}$。

计算量测误差协方差矩阵 $\boldsymbol{P}_{r,z}=\sum_{l=1}^{L}\omega_l \boldsymbol{Z}_{k}^{(l)}(\boldsymbol{Z}_{k}^{(l)})^{\mathrm{T}}-(\hat{z}_{r,k}-\tilde{\boldsymbol{v}}_{j,k})$

$(\hat{\boldsymbol{z}}_{r,k}-\tilde{\boldsymbol{v}}_{j,k})^{\mathrm{T}}+\boldsymbol{R}_{j,k}$。

计算交叉协方差矩阵 $\boldsymbol{P}_{r,xz}=\sum_{l=1}^{L}\omega_l\hat{\boldsymbol{x}}_{s,k}^{(l)}\boldsymbol{Z}_{s,k}^{(l)}-\hat{\boldsymbol{x}}_{s,k}^{-}(\hat{\boldsymbol{z}}_{r,k}-\tilde{\boldsymbol{v}}_{j,k})^{\mathrm{T}}$。

计算卡尔曼滤波增益 $\boldsymbol{K}_{r,k}=\boldsymbol{P}_{r,xz}\boldsymbol{P}_{r,z}^{-1}$。

计算后验状态估计 $\hat{\boldsymbol{x}}_{r,k}^{+}=\hat{\boldsymbol{x}}_{s,k}^{-}+\boldsymbol{K}_{r,k}(z_k-\hat{z}_{r,k})$。

计算后验误差协方差矩阵 $\boldsymbol{P}_{r,k}^{+}=\boldsymbol{P}_{s,k}^{-}-\boldsymbol{K}_{r,k}\boldsymbol{P}_{r,z}\boldsymbol{K}_{r,k}^{\mathrm{T}}$。

步骤 4：更新概率权值系数

更新权值系数 $\alpha_{r,k}^{+}=\dfrac{\alpha_{s,k}^{-}\mu_{j,k}\mathrm{N}(z_k;\hat{z}_{r,k},\boldsymbol{P}_{r,z})}{\sum_{j=1}^{L_3}\sum_{s=1}^{L_1L_2}\alpha_{s,k}^{-}\mu_{j,k}\mathrm{N}(z_k;\hat{z}_{r,k},\boldsymbol{P}_{r,z})}$。

步骤 5：高斯分量的融合

计算后验全局状态估计 $\hat{\boldsymbol{x}}_k^{+}=\sum_{r=1}^{L_1L_2L_3}\alpha_{r,k}^{+}\hat{\boldsymbol{x}}_{r,k}^{+}$。

计算后验全局协方差矩阵 $\boldsymbol{P}_k^{+}=\sum_{r=1}^{L_1L_2L_3}\alpha_{r,k}^{+}(\boldsymbol{P}_{r,k}^{+}+(\hat{\boldsymbol{x}}_{r,k}^{+}-\hat{\boldsymbol{x}}_k^{+})(\hat{\boldsymbol{x}}_{r,k}^{+}-\hat{\boldsymbol{x}}_k^{+})^{\mathrm{T}})$。

将高斯分量估计 $\hat{\boldsymbol{x}}_{r,k}^{+}$，$\boldsymbol{P}_{r,k}^{+}$和 $\alpha_{r,k}^{+}$不断迭代执行即可。

5.3.3 基于 Mahalanobis 距离的改进高斯项数裁剪方法

从高斯混合容积卡尔曼滤波算法可以看出，在时间更新过程中，高斯分量的个数从 L_1 增加到 L_1L_2，而在量测更新过程中，高斯分量的个数再次增加到 $L_1L_2L_3$，如果对高斯分量的个数不加以限制，那么如此循环递推计算，高斯分量的个数将急剧增多，从而导致计算量过大，计算结果的实时性将大大降低，最终导致算法失去实际应用的价值。为此，必须采用一些方法在每次迭代计算结束后对高斯分量的个数进行有效的删减。

对大规模高斯分量的删减方法主要有三种：直接决策法，即依据指定的决策对高斯分量进行直接的删减；随机删减法，即随机删减一定的高斯分量；拟贝叶斯近似法，可以动态确定需要删减的高斯分量的个数，是最为常用的方法。本节利用 Mahalonobis 距离的概念给出了如下合并策略：

采用 Mahalonobis 距离来描述两个高斯分量之间的相似性，定义两个高斯分量之间的 Mahalonobis 距离为

$$d_{i,j}^2=\frac{\alpha_{i,k}^{+}\alpha_{j,k}^{+}}{\alpha_{i,k}^{+}+\alpha_{j,k}^{+}}(\hat{\boldsymbol{x}}_{i,k}^{+}-\hat{\boldsymbol{x}}_{j,k}^{+})^{\mathrm{T}}(\boldsymbol{P}_k^{+})^{-1}(\hat{\boldsymbol{x}}_{i,k}^{+}-\hat{\boldsymbol{x}}_{j,k}^{+})\tag{5-56}$$

式中：$\boldsymbol{P}_k^{+}$ 为高斯混合的整体协方差矩阵；$\alpha_{i,k}^{+}$和 $\alpha_{j,k}^{+}$为两个高斯分量的权值。

合并 $d_{i,j}^2$ 较小的高斯项，直到高斯分量个数为 L_1 个，合并后得到新的高斯分量为

$$\text{权值：}\alpha_{c,k}^{+}=\alpha_{i,k}^{+}+\alpha_{j,k}^{+} \tag{5-57}$$

$$\text{均值：}\hat{\boldsymbol{x}}_{c,k}^{+}=\frac{1}{\alpha_{i,k}^{+}+\alpha_{j,k}^{+}}(\alpha_{i,k}^{+}\hat{\boldsymbol{x}}_{i,k}^{+}+\alpha_{j,k}^{+}\hat{\boldsymbol{x}}_{j,k}^{+}) \tag{5-58}$$

协方差矩阵：

$$\boldsymbol{P}_{c,k}^{+}=\frac{1}{\alpha_{i,k}^{+}+\alpha_{j,k}^{+}}\left[\alpha_{i,k}^{+}\boldsymbol{P}_{i,k}^{+}+\alpha_{j,k}^{+}\boldsymbol{P}_{j,k}^{+}+\frac{\alpha_{i,k}^{+}\alpha_{j,k}^{+}}{\alpha_{i,k}^{+}+\alpha_{j,k}^{+}}(\hat{\boldsymbol{x}}_{i,k}^{+}-\hat{\boldsymbol{x}}_{j,k}^{+})(\hat{\boldsymbol{x}}_{i,k}^{+}-\hat{\boldsymbol{x}}_{j,k}^{+})^{\mathrm{T}}\right] \tag{5-59}$$

可以看出，相比概率权值较大的高斯分量，该裁剪方法更侧重于合并概率权值小的高斯分量。

5.3.4　仿真验证与分析

本小节将采用如下非高斯闪烁噪声条件下的目标跟踪仿真实验来验证本节方法的有效性。闪烁噪声是目标跟踪中一种常见的非高斯噪声，与高斯噪声的分布不同，闪烁噪声的概率密度函数具有长拖尾的特点，而在均值附近区域则具有类似高斯分布的形状，研究表明，闪烁噪声概率密度可以看作高斯概率密度与另一种“厚尾”概率密度的叠加，其中高斯概率密度则具有较大的发生概率，一种常用的模型如下：

$$p(\boldsymbol{x})=(1-\varepsilon)p_G(\boldsymbol{x})+\varepsilon p_L(\boldsymbol{x}) \tag{5-60}$$

式中：$p_G(\boldsymbol{x})$为高斯概率密度；$p_L(\boldsymbol{x})$为拉普拉斯概率密度；ε 为噪声闪烁的强弱程度。

本节采用如下两个高斯概率密度的加权和来描述闪烁噪声的概率密度。

$$p(\boldsymbol{v}_k)=(1-\varepsilon)\mathrm{N}(\boldsymbol{v}_k;\boldsymbol{r}_1,\boldsymbol{R}_1)+\varepsilon\mathrm{N}(\boldsymbol{v}_k;\boldsymbol{r}_2,\boldsymbol{R}_2) \tag{5-61}$$

在目标跟踪仿真实验中，假设目标在二维平面进行匀速直线运动，其运动模型为

$$\boldsymbol{x}_k=\boldsymbol{F}\boldsymbol{x}_{k-1}+\boldsymbol{G}\boldsymbol{w}_{k-1} \tag{5-62}$$

式中：$\boldsymbol{x}_k$ 为系统状态，$\boldsymbol{x}_k=(x_k,\ \dot{x}_k,\ y_k,\ \dot{y}_k)^{\mathrm{T}}$；$\boldsymbol{F}$ 为状态转移矩阵；$\boldsymbol{G}$ 为噪声驱动矩阵，分别定义如下：

$$\boldsymbol{F}=\begin{bmatrix}1 & T & 0 & 0\\0 & 1 & 0 & 0\\0 & 0 & 1 & T\\0 & 0 & 0 & 1\end{bmatrix},\boldsymbol{G}=\begin{bmatrix}T^2/2 & 0\\T & 0\\0 & T^2/2\\0 & T\end{bmatrix} \tag{5-63}$$

式中：T 为采用时间间隔。

量测方程主要包括测距和测角，即

$$z_k = \begin{bmatrix} \sqrt{x_k^2 + y_k^2} \\ \arctan2(y_k, x_k) \end{bmatrix} + \boldsymbol{v}_k \tag{5-64}$$

式中：arctan2 为四象限反正切函数；$\boldsymbol{v}_k$ 为量测噪声。

在仿真实验中，式（5-61）中两个概率密度取值为 $\boldsymbol{r}_1 = \boldsymbol{r}_2 = \boldsymbol{0}$，$\boldsymbol{R}_1 = \mathrm{diag}(0.5, 0.05\pi/180)$，$\boldsymbol{R}_2 = \mathrm{diag}(5, 0.5\pi/180)$，闪烁概率 $\varepsilon = 0.25$，目标初始位置 $(x_0, y_0) = (100, 200)$，初始速度 $(\dot{x}_0, \dot{y}_0) = (2, 20)$，传感器位置为（1000，1000），仿真时间为 100s，滤波初始值取为 $\hat{\boldsymbol{x}}_0^+ = (105, 2, 205, 20)^{\mathrm{T}}$。

对比传统 CKF 算法和本节的 GS-CKF 算法。在 CKF 算法中，采用矩匹配法计算闪烁噪声的均值和协方差，分别为

$$\boldsymbol{r} = \mathrm{E}(\boldsymbol{v}_k) = (1-\varepsilon)\boldsymbol{r}_1 + \varepsilon\boldsymbol{r}_2 \tag{5-65}$$

$$\boldsymbol{R} = \mathrm{E}((\boldsymbol{v}_k - \boldsymbol{r})(\boldsymbol{v}_k - \boldsymbol{r})^{\mathrm{T}}) = (1-\varepsilon)\boldsymbol{R}_1 + \varepsilon\boldsymbol{R}_2 + \hat{\boldsymbol{R}} \tag{5-66}$$

式中：$\hat{\boldsymbol{R}} = (1-\varepsilon)\boldsymbol{r}_1\boldsymbol{r}_1^{\mathrm{T}} + \varepsilon\boldsymbol{r}_2\boldsymbol{r}_2^{\mathrm{T}} - \boldsymbol{r}\boldsymbol{r}^{\mathrm{T}}$。

图 5-17 和图 5-18 分别是测距和测角的闪烁概率密度和噪声，从概率密度图中可以看出，闪烁概率密度在均值附近与高斯概率密度相似，但是明显具有一个“厚尾”特征，在时域图内，闪烁噪声表现为会随机出现若干个较为突出尖刺，这与高斯噪声具有较为明显的区别。

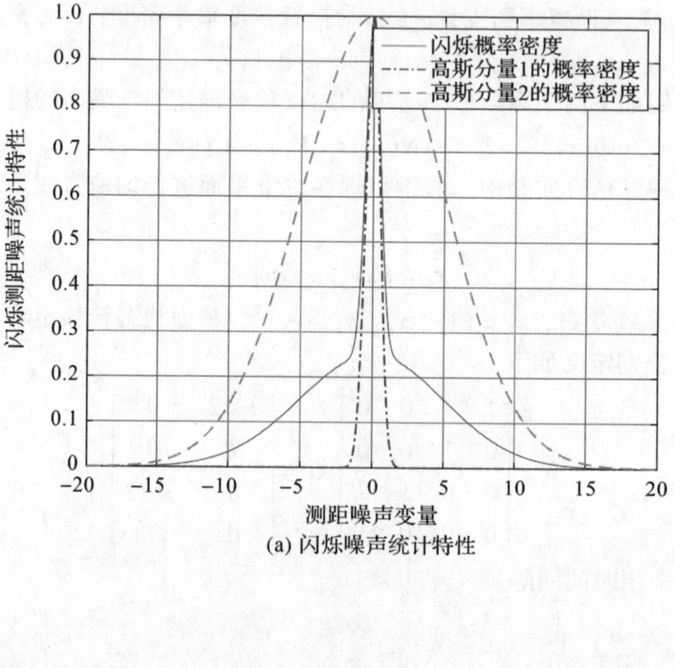

(a) 闪烁噪声统计特性

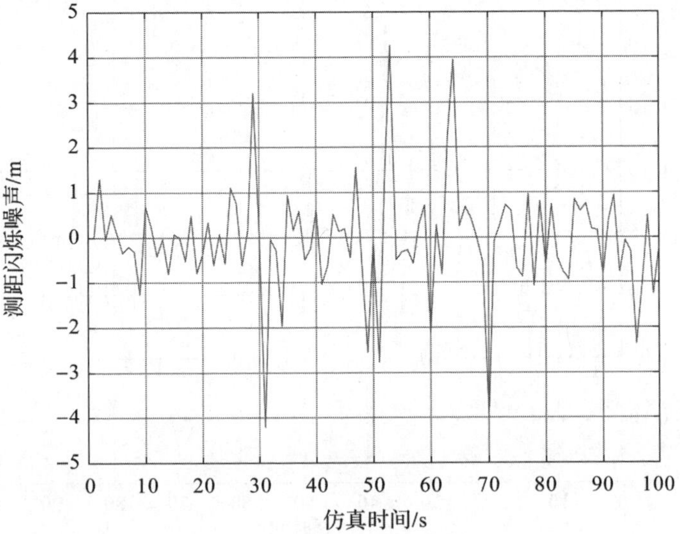

(b) 测距闪烁噪声

图 5－17　测距闪烁噪声

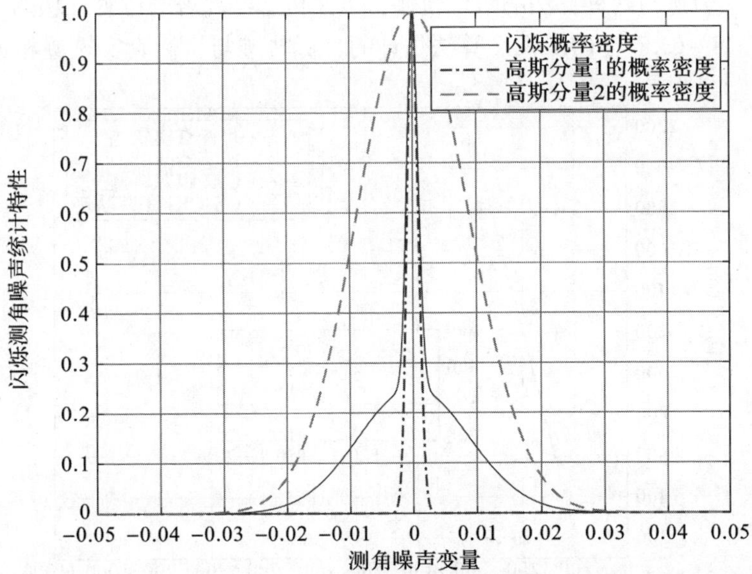

(a) 闪烁噪声统计特性

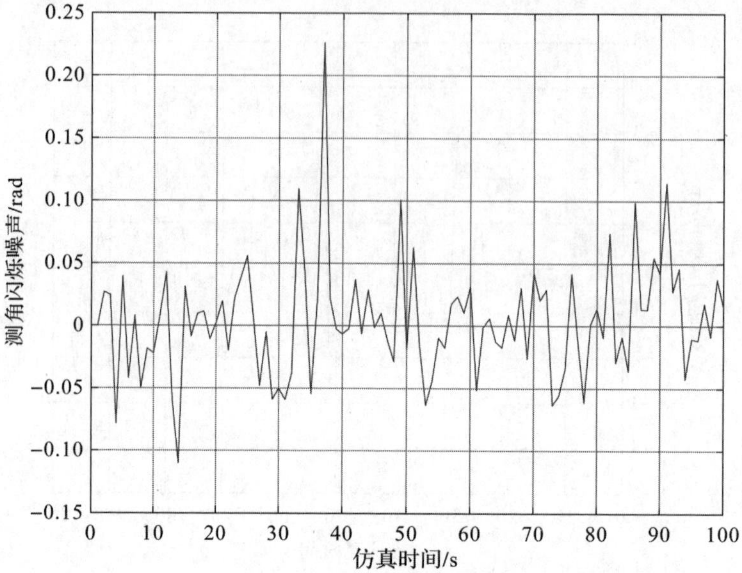

(b) 测角闪烁噪声

图 5－18　测角闪烁噪声

运行200次蒙特卡洛仿真，仿真结果如图 5－19 和图 5－20 所示。图 5－19为目标真实轨迹与两种算法的跟踪轨迹，以及传感器部署的位置。从图 5－19 可以看到，GS－CKF 与 CKF 两个算法估计的目标轨迹与目标真实轨迹相近，表明

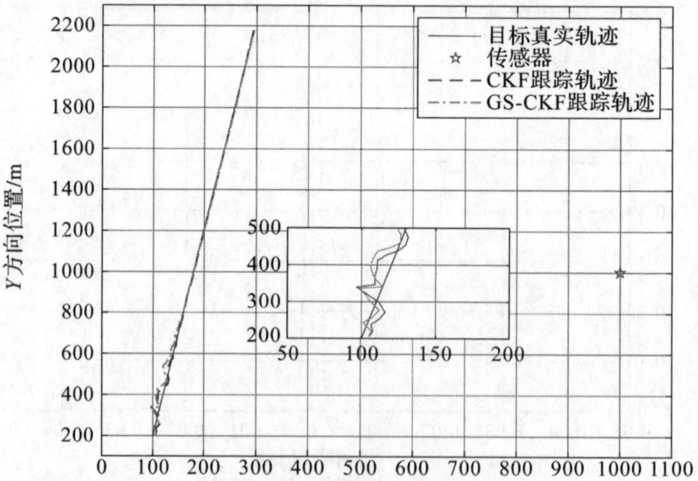

图 5－19　目标跟踪轨迹及传感器位置

两种算法可以实现对目标的有效跟踪。从图 5 - 20（a）和图 5 - 20（b）可以看出，在闪烁量测噪声的情况下，GS - CKF 算法与 CKF 算法的收敛速度相近，但 GS - CKF 算法的定位与定速 RMSE 明显小于传统 CKF 算法，表明 GS - CKF 算法的跟踪精度高于 CKF 算法。

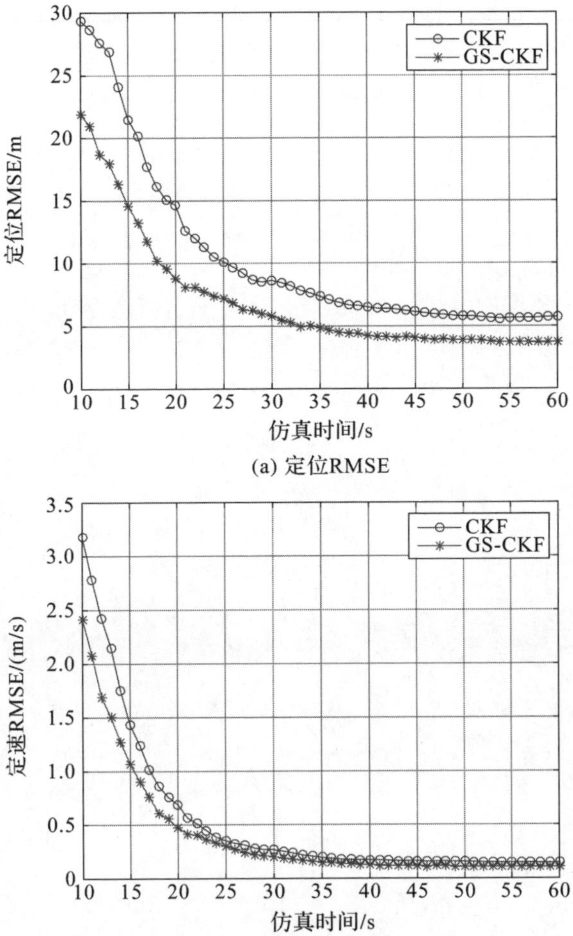

(a) 定位RMSE

(b) 定速RMSE

图 5 - 20　目标跟踪 RMSE

为了定量比较两种算法的滤波精度，统计其滤波 RMSE 的平均值列于表 5 - 6。从平均 RMSE 值可以看出，相比于传统 CKF 算法，GS - CKF 算法的定位精度和定速精度分别提高了 30.7% 和 17.95%，表明在闪烁噪声条件下，GS - CKF 算法具有更好的滤波性能。

表 5-6　滤波平均 RMSE

滤波算法	定位平均 RMSE	定速平均 RMSE
CKF	9.6517	0.6737
GS-CKF	6.6889	0.5528

第 6 章
容积卡尔曼滤波在航天器轨道估计中的应用

6.1 容积卡尔曼滤波在航天器自主轨道估计中的应用

航天器自主导航是航天器自主运行控制的基础，也是当前研究的热点问题。作为自主导航的一个重要方面，航天器自主轨道估计是指航天器不依赖于地面支持，仅依靠星载测量设备进行自主实时定轨，从而为航天器提供满足应用需求的轨道数据。利用光学敏感器对自然天体进行观测，是实现航天器自主轨道估计最重要的方法。传统的红外地球敏感器和星敏感器等大多工作在红外波段或可见光波段。20 世纪 80 年代后期，人们通过研究取得了有关地球大气的紫外辐射数据，相比于可见光谱段，地球辐射的紫外谱段具有更强的稳定性，而相比于红外谱段，地球辐射的紫外谱段则具有更锐利的梯度变化，为研制高精度紫外敏感器提供了理论依据。除测量敏感器外，航天器自主轨道估计同样与最优状态估计算法紧密相关。本章重点研究前述容积卡尔曼滤波算法在基于紫外敏感器的航天器自主轨道估计中的应用。

6.1.1 航天器自主轨道估计系统模型

为了研究基于紫外敏感器的航天器自主轨道估计，首先需要建立相应的轨道动力学模型和量测模型。

1. 航天器轨道动力学模型

对于运行在近地轨道上的卫星，地球 J_2 项非球形摄动和大气阻力摄动是卫星所受到的最主要的摄动力。在 J2000 地心惯性坐标系（$O-XYZ$）中，考虑上述两种摄动影响，卫星的轨道动力学模型为[95]

$$\begin{cases}\dot{x}=v_x\\ \dot{y}=v_y\\ \dot{z}=v_z\\ \dot{v}_x=\dfrac{\mu x}{r^3}\left[J_2\left(\dfrac{R_e}{r}\right)\left(7.5\dfrac{z^2}{r^2}-1.5\right)-1\right]+f_{ax}+f_x\\ \dot{v}_y=\dfrac{\mu y}{r^3}\left[J_2\left(\dfrac{R_e}{r}\right)\left(7.5\dfrac{z^2}{r^2}-1.5\right)-1\right]+f_{ay}+f_y\\ \dot{v}_z=\dfrac{\mu z}{r^3}\left[J_2\left(\dfrac{R_e}{r}\right)\left(7.5\dfrac{z^2}{r^2}-4.5\right)-1\right]+f_{az}+f_z\\ r=\sqrt{x^2+y^2+z^2}\end{cases} \tag{6-1}$$

式中：$\boldsymbol{X}_p$ 为卫星在 $O-XYZ$ 中的位置向量，$\boldsymbol{X}_p=(x,y,z)^{\mathrm{T}}$；$\boldsymbol{X}_v$ 为卫星在 $O-XYZ$ 中的速度向量，$\boldsymbol{X}_v=(v_x,\ v_y,\ v_z)^{\mathrm{T}}$；$J_2$ 为带谐项系数；μ 为地球引力常数；R_e 为地球半径；$(f_x,\ f_y,\ f_z)^{\mathrm{T}}$ 为地球高阶非球形摄动、三体引力摄动和太阳光压摄动等之和在三个坐标轴上的分量，在研究中可以等效成零均值的高斯白噪声；$\boldsymbol{f}_a$ 为大气阻力摄动，$\boldsymbol{f}_a=(\boldsymbol{f}_{a,x},\boldsymbol{f}_{a,y},\boldsymbol{f}_{a,z})^{\mathrm{T}}$，具体的表达式为[96]

$$\boldsymbol{f}_a=-\frac{1}{2}\frac{c_d A}{m}\rho_d v_{rel}\boldsymbol{v}_{rel} \tag{6-2}$$

式中：c_d 为大气阻力系数；A/m 为卫星面质比；ρ_d 为大气密度；$\boldsymbol{v}_{rel}$ 为卫星与大气间的相对速度。

假设大气随着地球转动，则有

$$\boldsymbol{v}_{rel}=\dot{\boldsymbol{X}}-\boldsymbol{\omega}\times\boldsymbol{X} \tag{6-3}$$

式中：$\boldsymbol{\omega}$ 为地球旋转角速度向量，$\boldsymbol{\omega}=\omega_e\times(0,0,1)^{\mathrm{T}}$；$\omega_e$ 为地球自转角速度。

为了便于在数字计算机上运行离散容积卡尔曼滤波算法，需要对式（6-1）所示的时间连续的航天器轨道动力学模型进行离散化处理，四阶龙格-库塔法作为一种应用广泛的经典的高精度数值解法，其可以达到四阶离散精度，对于 $\dot{y}=f(x)$ 的连续方程，它的一般数值计算格式为

$$y_{k+1}=y_k+\frac{h}{6}(K_1+2K_2+2K_3+K_4) \tag{6-4}$$

$$\begin{cases}K_1=f(x_k,y_k)\\ K_2=f(x_k+h/2,y_k+(h/2)K_1)\\ K_3=f(x_k+h/2,y_k+(h/2)K_2)\\ K_4=f(x_k+h,y_k+hK_3)\end{cases} \tag{6-5}$$

用四阶龙格－库塔法将式（6－1）写成如下离散形式：

$$\boldsymbol{X}_k = \boldsymbol{f}(\boldsymbol{X}_{k-1}) + \boldsymbol{w}_{k-1} \tag{6-6}$$

式中：$\boldsymbol{X}_k$ 为 k 时刻的轨道状态，$\boldsymbol{X}_k = (\boldsymbol{X}_{p,k}^{\mathrm{T}}, \boldsymbol{X}_{v,k}^{\mathrm{T}})^{\mathrm{T}} = (x_k, y_k, z_k, v_{x,k}, v_{y,k}, v_{z,k})^{\mathrm{T}}$；$\boldsymbol{f}(\cdot)$ 为非线性函数关系；$\boldsymbol{w}_k$ 为系统噪声。

2. 紫外敏感器量测模型

为了提升自主天文导航系统的性能，在红外地球敏感器的基础上研究发展出了新型紫外敏感器。紫外敏感器具有新颖的光机电一体化结构，采用先进的共光学系统成像测量方式，可基于单个固态敏感器组件同时获取恒星和地球图像，通过图像处理直接提取惯性空间中的地心向量信息，具备提供航天器三轴姿态数据和自主导航信息的能力[97]。由于紫外敏感器实现了恒星和地球的同时同光电探测器成像，在很大程度上降低了相对安装误差对自主导航精度的影响。

传统天文导航主要采用红外地球敏感器＋星敏感器的方案，其导航精度主要受限于地心方向的测量误差。相比之下，由于地球紫外辐射稳定且随高度变化的梯度更大，通过成像边缘拟合提取的地心方向精度较红外地球敏感器更高，避免了运动部件影响敏感器在轨寿命的问题，并且通过组合视场设计，直接获得惯性坐标系中的地心方向向量，减小了相对安装误差的影响，从而使得成像式紫外敏感器能够获得更高的地心方向测量精度。

紫外敏感器直接获取地心方向向量和地心距的量测方程如下：

$$\boldsymbol{z}_k = \begin{bmatrix} \boldsymbol{r} \\ r \end{bmatrix} + \boldsymbol{v}_k = \begin{bmatrix} \dfrac{x_k}{\sqrt{x_k^2 + y_k^2 + z_k^2}} \\ \dfrac{y_k}{\sqrt{x_k^2 + y_k^2 + z_k^2}} \\ \dfrac{z_k}{\sqrt{x_k^2 + y_k^2 + z_k^2}} \\ \sqrt{x_k^2 + y_k^2 + z_k^2} \end{bmatrix} + \boldsymbol{v}_k = \boldsymbol{h}(\boldsymbol{X}_k) + \boldsymbol{v}_k \tag{6-7}$$

式中：$\boldsymbol{v}_k$ 为量测误差。

6.1.2　轨道模型误差的鲁棒估计仿真分析

在本节以及后面的仿真实验中，为了验证改进容积卡尔曼滤波在航天器姿轨估计中的应用性能，需要构建相应的仿真系统。STK（System Tool Kit）软件是 AGI 公司开发的用于航天领域仿真的专业软件，具有很强的适用性和可信度。而 MATLAB 是广泛应用的数值计算软件，具有大量的函数工具箱。将这两种软件相结合使用，可以充分利用 STK 高精度仿真数据和 MATLAB 高精度数值计算的特点，进而得到高精度的仿真结果。

仿真实验 1：三方向自主轨道估计

仿真系统如图 6－1 所示，STK 采用 HPOP（High Precision Orbit Propagation）算法产生高精度的航天器轨道数据和地心向量、地心距数据，由于该算法考虑了大气阻力、太阳光压和三体引力等摄动影响，因此在仿真中可以将该轨道数据作为标称轨道，将该地心向量和地心距数据作为测量的真实值。STK 输出地心向量和地心距的真实值，将该真实值加上模拟量测噪声来模拟量测值。将模拟量测值输入运行在 MATLAB 上的容积卡尔曼滤波算法，输出自主轨道估计值，再与 STK 中输出的标称轨道状态值对比，得到自主轨道估计误差。

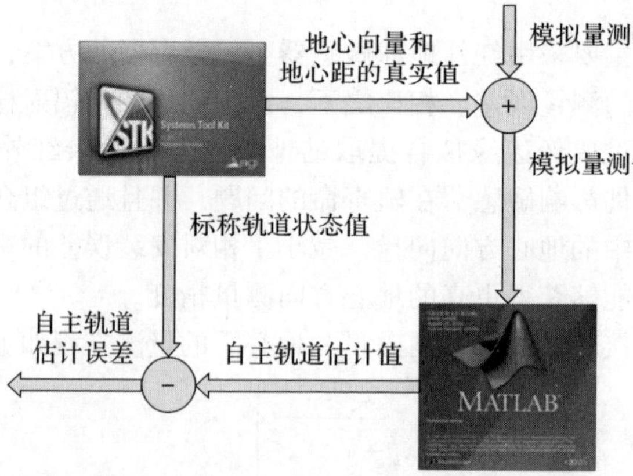

图 6－1　仿真系统示意图

在 STK 中构建仿真场景，如图 6－2 所示，轨道历元为 7 Jun 2018 05：00：00/UTC，轨道半长轴 6878km，偏心率 0，轨道倾角 97.4065°，升交点赤经 255.55°，近地点幅角 0°，真近点角 0°。假设紫外敏感器的地心方向测量精度为 0.05°，地心距测量精度为 1km。

在滤波算法中，假设滤波初值与真实值间存在误差，初始滤波状态为

$$\hat{\boldsymbol{x}}_0^+ = (-1745629, -6652459, 6852, -955, 268, 7530)^{\mathrm{T}}$$

$$\boldsymbol{P}_0^+ = \mathrm{diag}(1000^2, 1000^2, 1000^2, 10^2, 10^2, 10^2)$$

过程噪声协方差矩阵 $\boldsymbol{Q}$ 描述了轨道模型的精确程度，换言之，$\boldsymbol{Q}$ 表征了设计者对状态模型的信任程度，$\boldsymbol{Q}$ 越大，说明设计者对状态模型的信任度越低，状态预测值在最终的估计值中占比越小。反之，$\boldsymbol{Q}$ 越小，说明设计者对状态模型的信任度越高，状态预测值在最终的估计值中占比越大。本节低轨航天

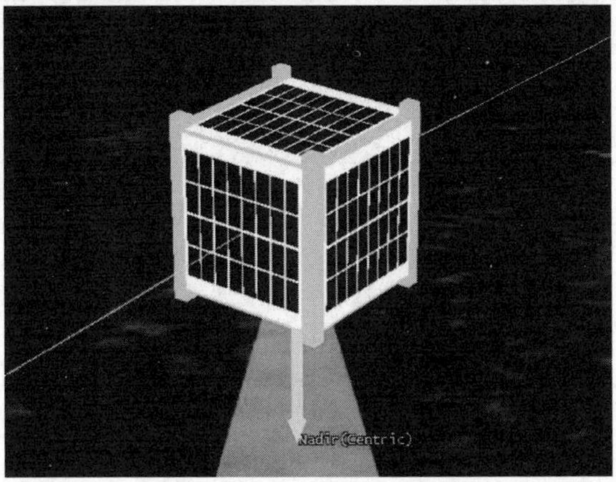

图 6－2　STK 构建仿真场景

器真实轨道模型中包含大气阻力摄动、太阳光压摄动、三体引力摄动、潮汐摄动等，而状态方程中仅考虑了 J_2 项摄动，因此可以预见状态方程存在较大的模型误差，为此，采用调谐方法将过程噪声协方差矩阵调大为

$$\boldsymbol{Q}=0.1\times\mathrm{diag}(1,1,1,0.01,0.01,0.01)$$

仿真结果如图 6－3 和图 6－4 所示。可以看出，容积卡尔曼滤波可以有效实现航天器的自主轨道估计。

仿真实验 2：三方向自主轨道估计（调整）

在仿真实验 1 中，$\boldsymbol{Q}$ 值设置较大，在模型存在误差时，这种调谐的方法可以提高滤波器的稳定性，但是也会带来精度的降低。为此，适当将过程噪声协方差矩阵调小为

$$\boldsymbol{Q}=0.005\times\mathrm{diag}(1,1,1,0.01,0.01,0.01)$$

仿真结果如图 6－5 和图 6－6 所示。可以看出，容积卡尔曼滤波算法可以有效实现航天器自主轨道估计，相比图 6－3 和图 6－4，当 $\boldsymbol{Q}$ 调小后，滤波计算过程更为平滑，滤波精度更高。

为了定量描述航天器自主轨道估计精度，统计 5000～18000s 内的平均定轨 RMSE，并列于表 6－1。可以看出，利用容积卡尔曼滤波可以实现航天器自主定位精度为 349.19m，定速精度为 0.669m/s。相比于上个仿真结果，当 $\boldsymbol{Q}$ 调小后，定位平均 RMSE 提高了 10.43%，定速平均 RMSE 提高了 24.22%。

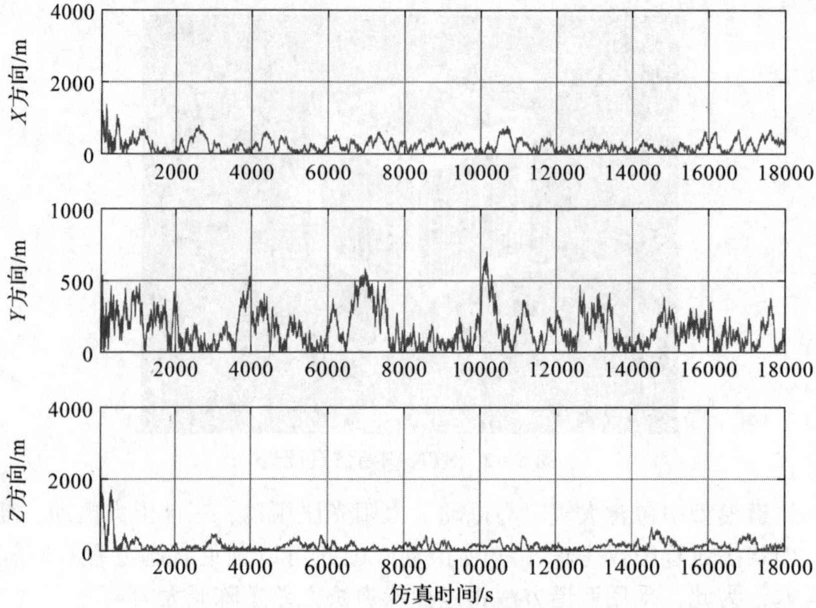

(a) 三方向位置RMSE

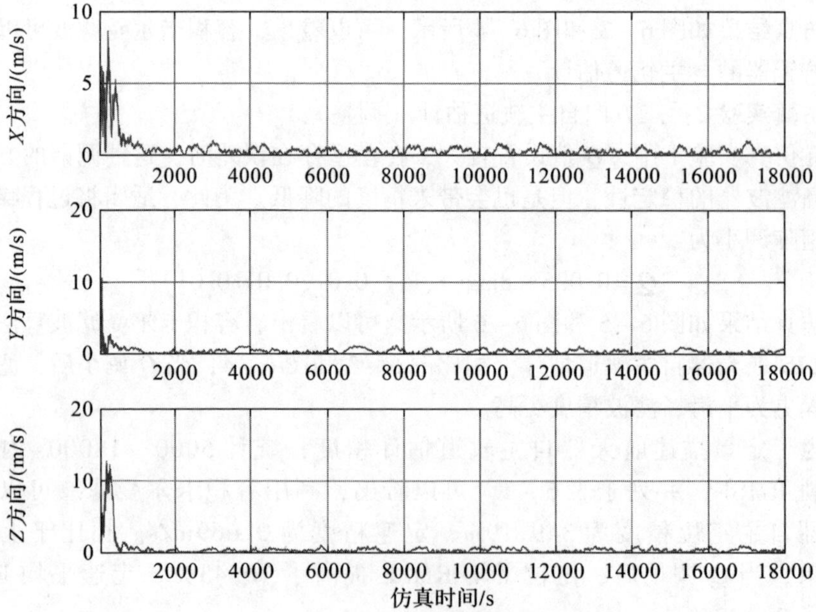

(b) 三方向速度RMSE

图 6－3　三方向自主轨道估计 RMSE

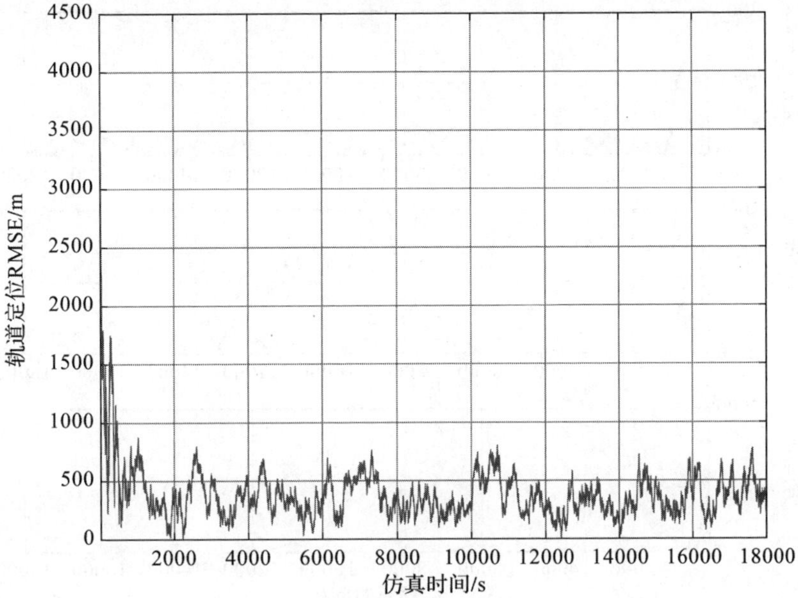

(a) 位置RMSE

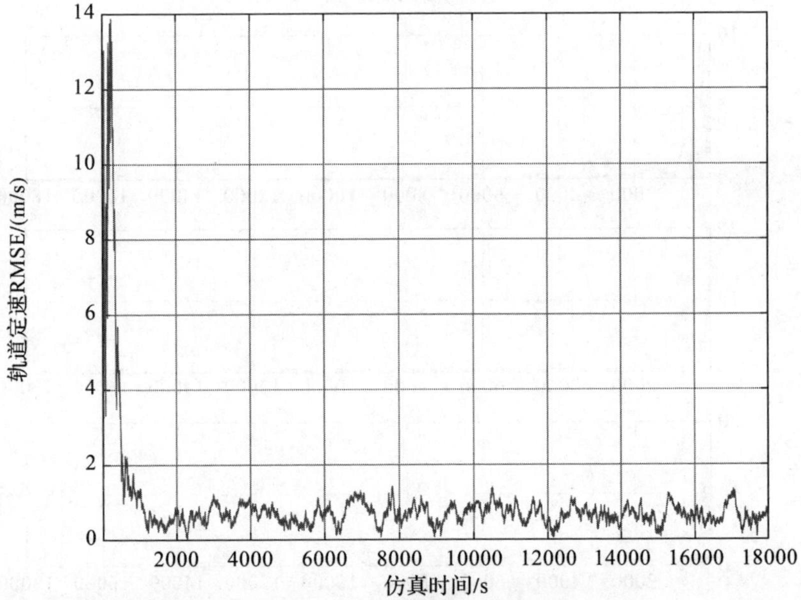

(b) 速度RMSE

图6-4　自主轨道估计 RMSE

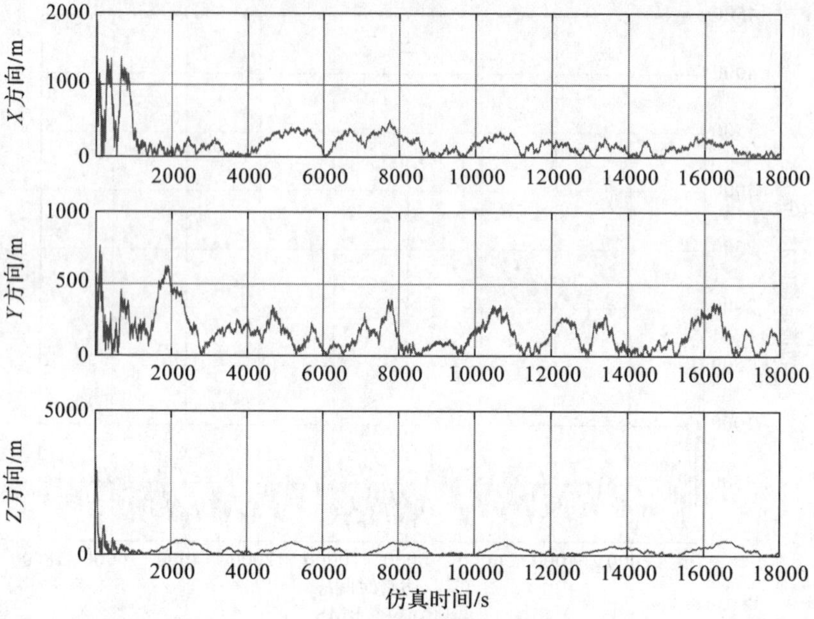

(a) 三方向位置RMSE

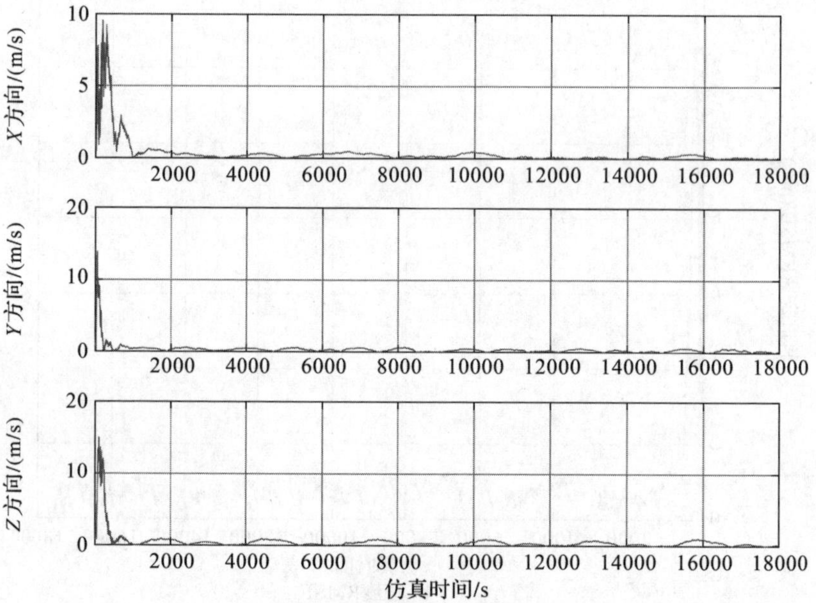

(b) 三方向速度RMSE

图 6-5　三方向自主轨道估计 RMSE

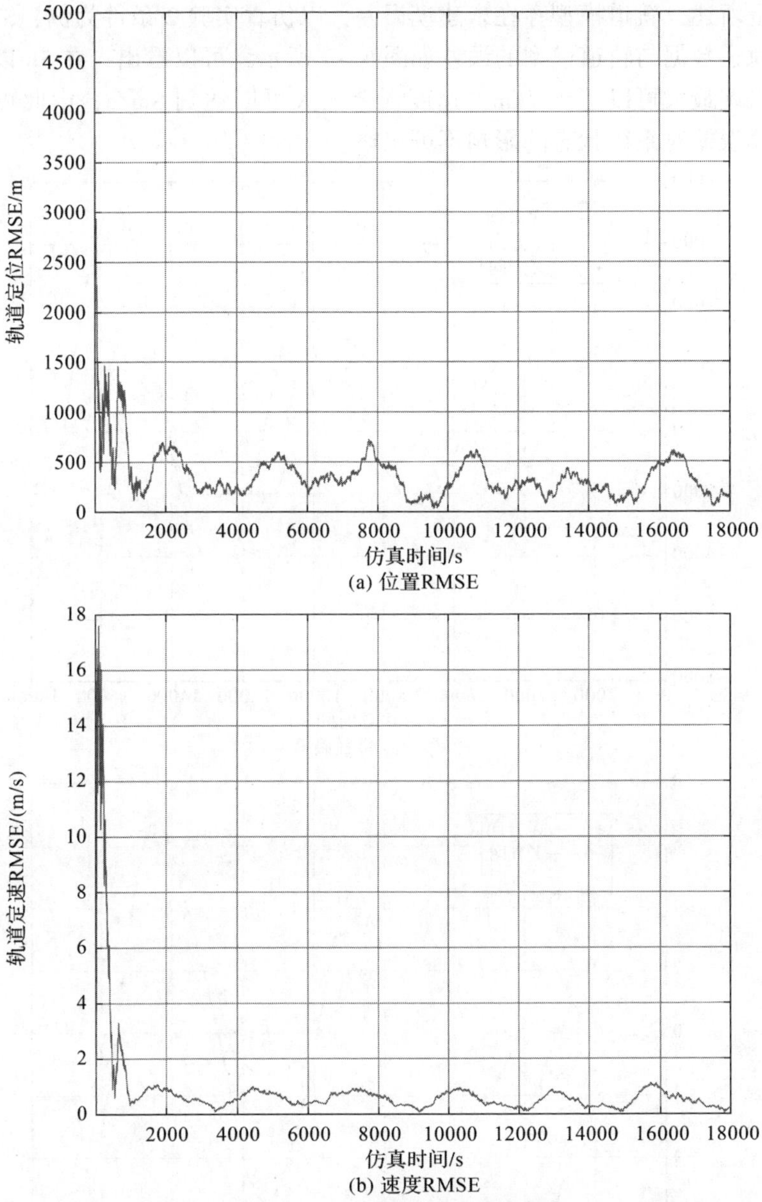

图 6-6　自主轨道估计 RMSE

表 6-1　两种情况下滤波算法轨道估计平均 RMSE

滤波过程噪声协方差矩阵 ***Q*** 值	定位平均 RMSE/m	定速平均 RMSE/（m/s）
Q 较大时	349.190	0.669
Q 较小时	312.759	0.507

如上所述，轨道模型存在未建模误差，以仿真实验2条件为例，STK生成的标称轨道数据与轨道模型的误差如图6－7所示，可以看出，在5h以内，轨道位置误差最大可以达到7km，速度误差最大可以达到8m/s，由此可见，系统未建模误差对系统状态的影响不可忽略。

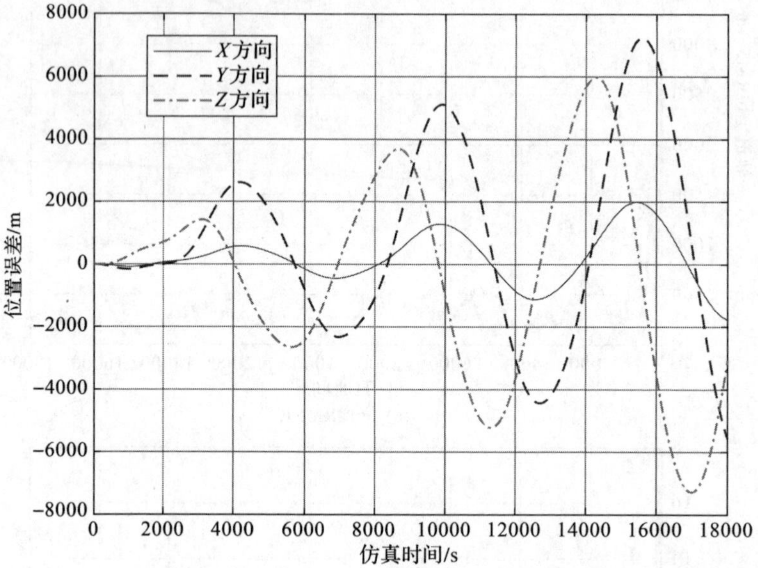

(a) 位置误差

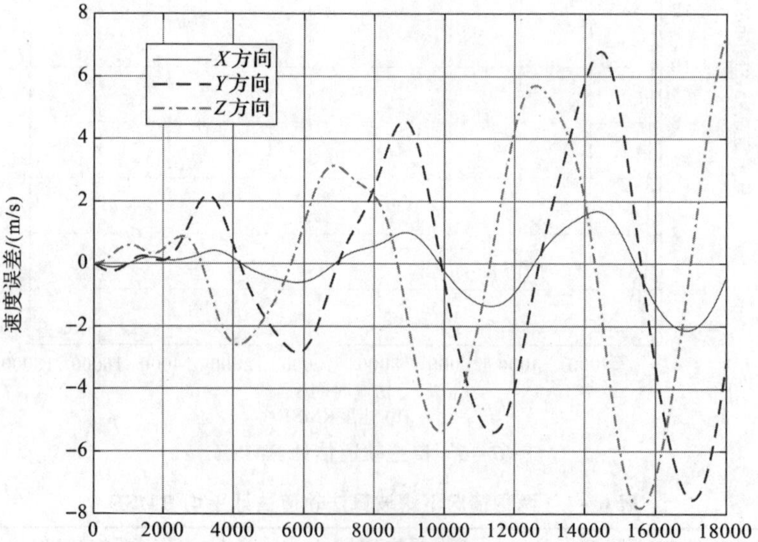

(b) 速度误差

图6－7　STK标称轨道与轨道模型误差

仿真实验 3：三方向自主轨道估计（抗干扰）

在已知系统存在未建模误差时，采用 ACH$_\infty$F 算法可以抵御未建模部分对系统状态估计的影响，为此，分别采用 CKF 和 ACH$_\infty$F 算法进行航天器自主轨道估计仿真实验，并对比两种算法的滤波性能。从前述分析可知，如果将过程误差协方差矩阵 $\boldsymbol{Q}$ 取得较大时，可以降低状态方程误差的影响，但同时也会在一定程度上降低滤波误差。而将 $\boldsymbol{Q}$ 调小后，系统状态方程对最终的状态估计影响变大，此时未建模部分可以看作一种干扰，降低滤波器性能。因此，考虑在将 $\boldsymbol{Q}$ 调小后，采用 ACH$_\infty$F 算法抵御系统未建模误差的影响。仿真条件与仿真实验 2 相同，仿真结果如图 6 – 8 和图 6 – 9 所示。可以看出，ACH$_\infty$F 算法的估计 RMSE 小于 CKF 算法，表明在系统存在未建模误差时，ACH$_\infty$F 算法具有抵御该误差影响的能力，从而获得更好的滤波性能。为了定量描述航天器自主轨道估计精度，统计 5000 ~ 18000s 内的平均定轨 RMSE，并列于表 6 – 2。可以看出，相比于 CKF 算法，ACH$_\infty$F 算法将定位精度和定速精度分别提高了 13.14% 和 7.78%。

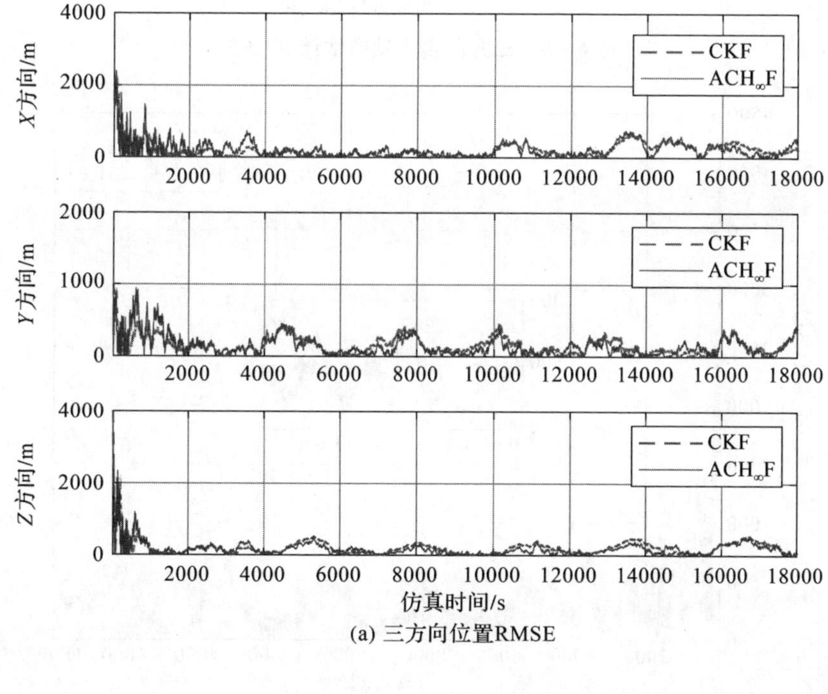

(a) 三方向位置RMSE

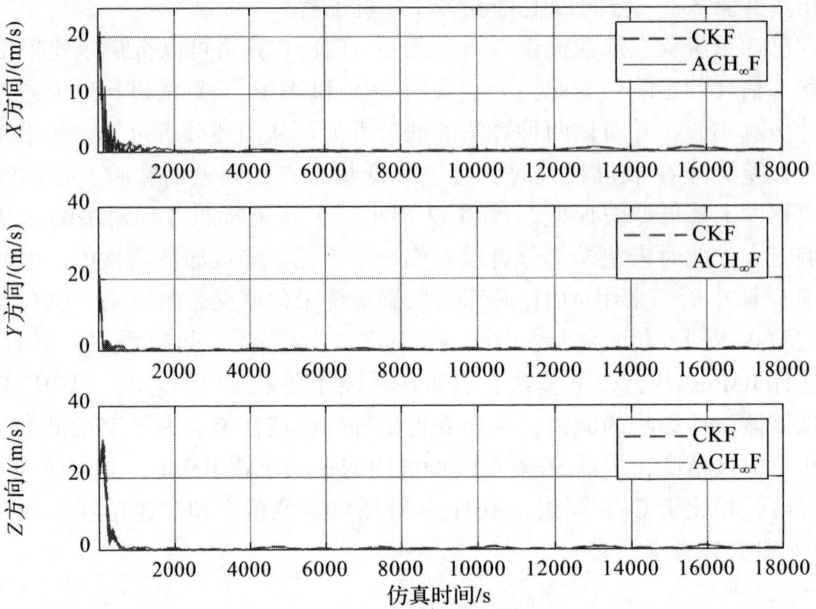

(b) 三方向速度RMSE

图 6-8 三方向自主轨道估计 RMSE

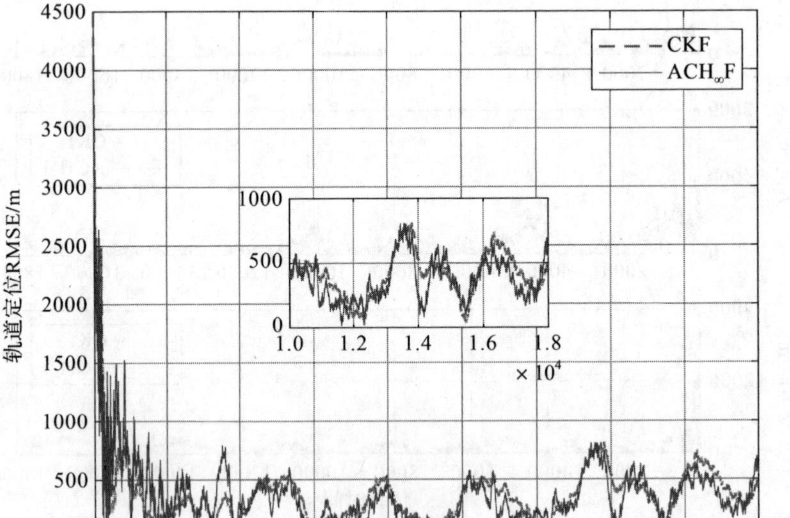

(a) 位置RMSE

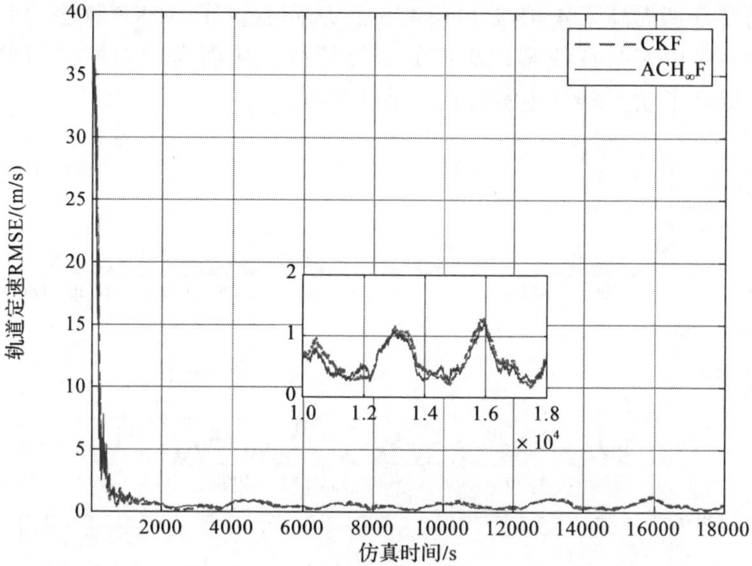

(b) 速度RMSE

图 6－9　自主轨道估计 RMSE

表 6－2　两种滤波算法自主轨道估计平均 RMSE

滤波算法	定位平均 RMSE/m	定速平均 RMSE/(m/s)
CKF	350.344	0.553
$ACH_\infty F$	304.296	0.510

6.1.3　量测噪声时变下的航天器自主轨道估计仿真分析

航天器在轨运行时，紫外敏感器的量测噪声可能会发生改变，从而与地面标定值不同，在这种情况下，如果在滤波器中仍然使用地面标定的量测误差协方差矩阵，则会造成自主轨道估计精度的降低。采用 5.2 节提出的带时变噪声统计辨识器的自适应容积卡尔曼滤波算法来进行航天器自主轨道估计。假设量测噪声协方差矩阵变化为

$$\boldsymbol{R}_k = \begin{cases} \boldsymbol{R}, 1 \leqslant k \leqslant 6000 \\ 1.5\boldsymbol{R}, 6000 < k \leqslant 12000 \\ 1.2\boldsymbol{R}, 12000 < k \leqslant 18000 \end{cases}$$

仿真结果如图 6－10 和图 6－11 所示。从两图中可以看出，ACKF 算法的 RMSE 曲线略低于 CKF 算法，表明 ACKF 算法的估计精度略高于 CKF 算法。为了定量描述航天器自主轨道估计精度，统计 5000～18000s 内的平均定轨 RMSE，并列于表 6－3。可以看出，相比于 CKF 算法，ACKF 算法将定位精度

和定速精度分别提高了4.45%和6.47%，从而验证了ACKF算法中时变噪声统计辨识器可以实时在线辨识噪声的统计特性，从而实现对滤波器的有效补偿，进而提高了航天器自主实时轨道估计精度。

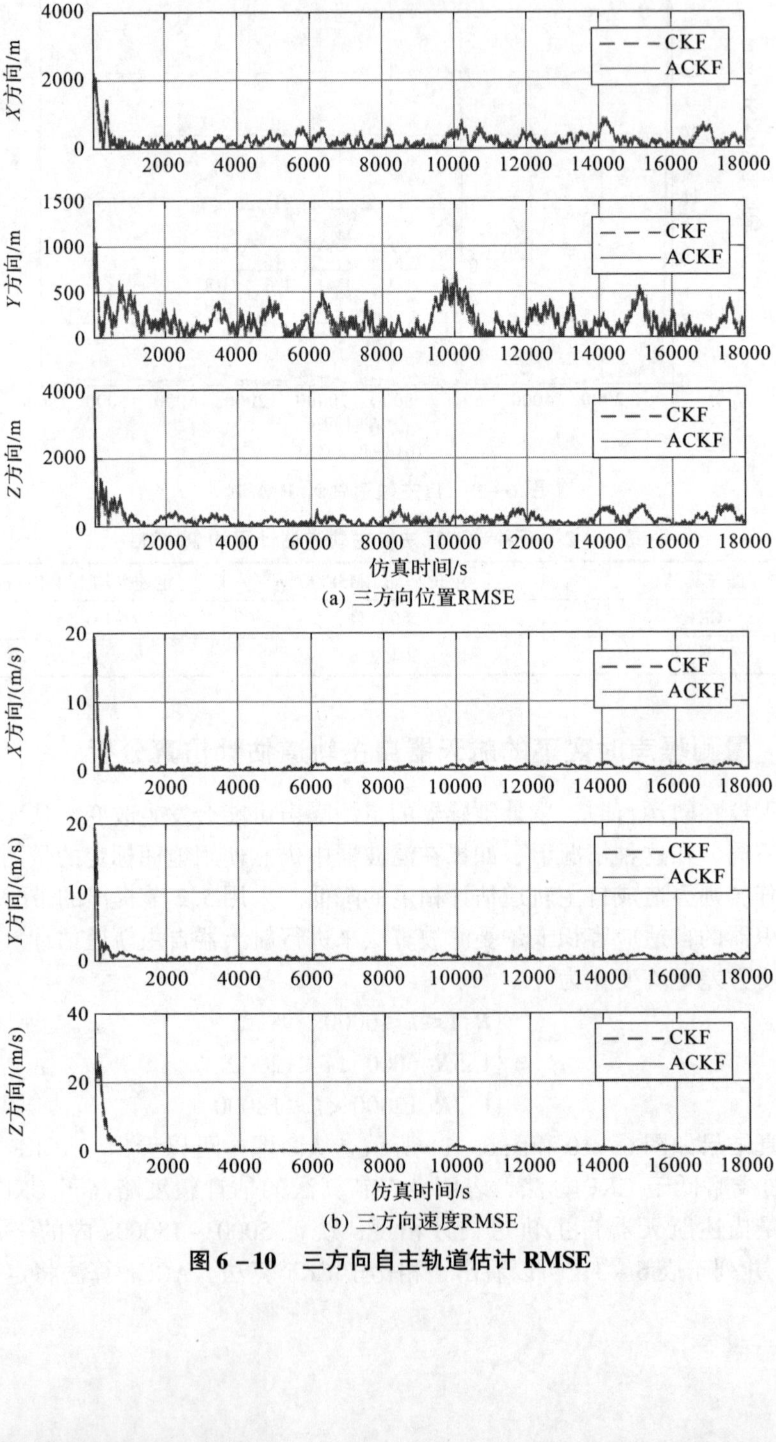

(a) 三方向位置RMSE

(b) 三方向速度RMSE

图6-10　三方向自主轨道估计RMSE

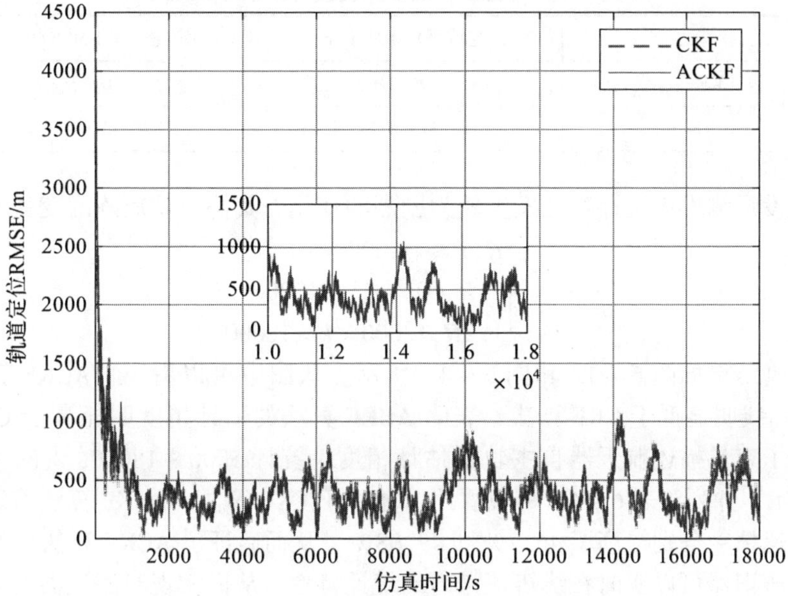

(a) 位置RMSE

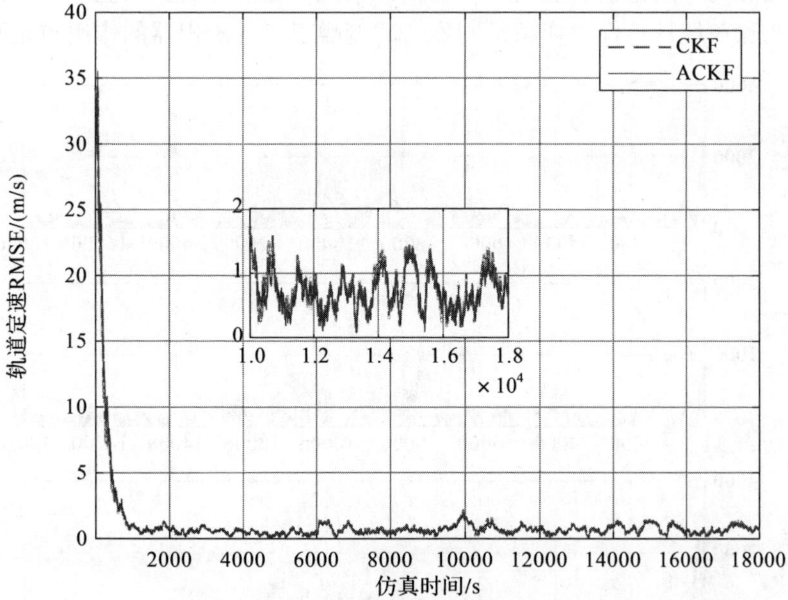

(b) 速度RMSE

图 6－11　自主轨道估计 RMSE

表 6－3　两种滤波算法自主轨道估计平均 RMSE

滤波算法	定位平均 RMSE/m	定速平均 RMSE/(m/s)
CKF	396.246	0.726
ACKF	378.615	0.679

假设量测噪声统计特性发生较为剧烈的变化，其协方差矩阵的变化为

$$\boldsymbol{R}_k=\begin{cases}\boldsymbol{R},1\leqslant k\leqslant 6000\\ 15\boldsymbol{R},6000<k\leqslant 12000\\ 1.2\boldsymbol{R},12000<k\leqslant 18000\end{cases}$$

仿真结果如图 6－12 和图 6－13 所示。从图中可以看出，ACKF 算法的 RMSE 曲线明显低于 CKF 算法，表明 ACKF 算法的估计精度明显高于 CKF 算法。为了定量描述航天器自主轨道估计精度，统计 5000～18000s 内的平均定轨 RMSE，并列于表 6－4。可以看出，相比于 CKF 算法，ACKF 算法将定位精度和定速精度分别提高了 46.7% 和 49.08%，从而验证了 ACKF 算法中时变噪声统计辨识器可以实时在线辨识噪声的统计特性，从而实现对滤波器的有效补偿，进而提高了航天器自主实时轨道估计精度。与前述仿真实验结果对比可以发现，当噪声统计特性时变越是剧烈，时变噪声统计辨识器的作用越是明显。

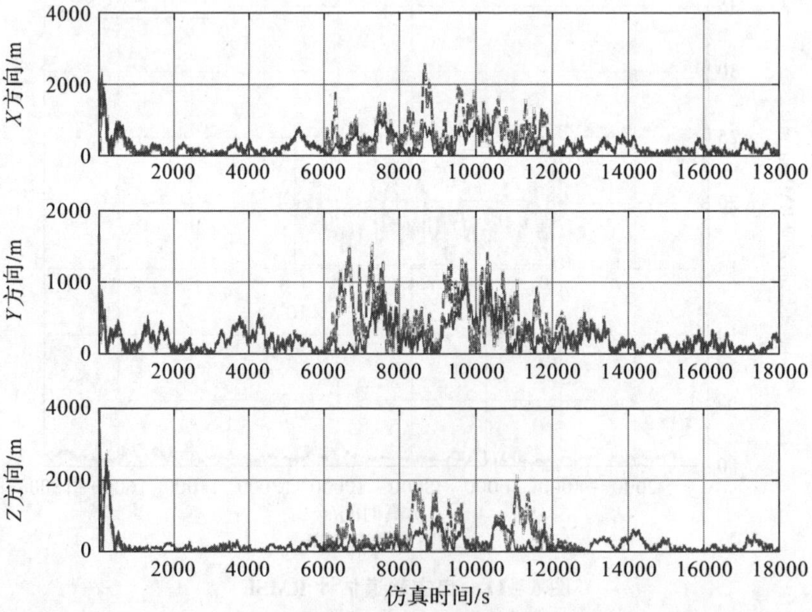

(a) 三方向位置RMSE

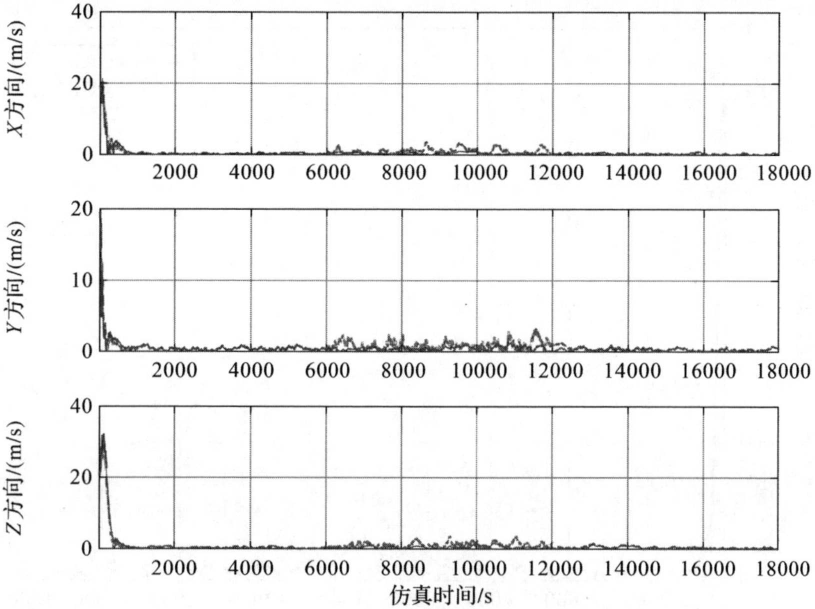

(b) 三方向速度RMSE

图 6－12　三方向自主轨道估计 RMSE

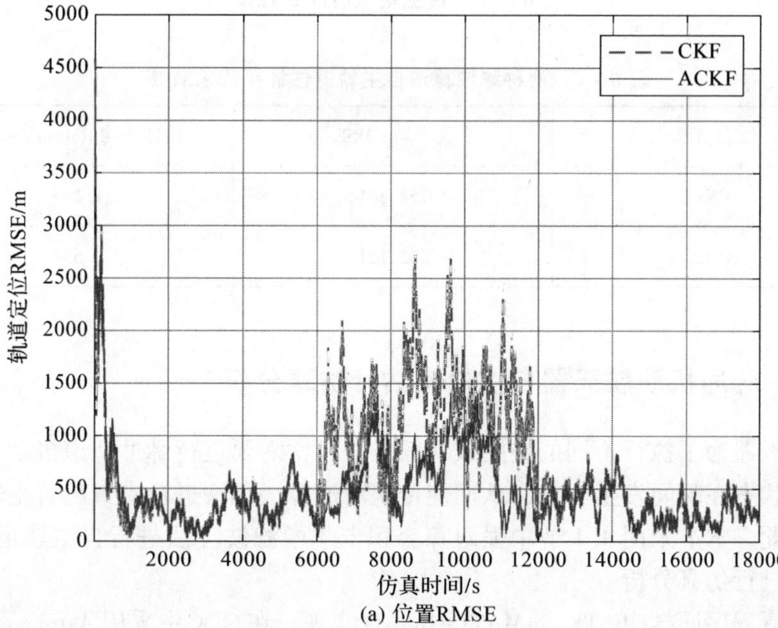

(a) 位置RMSE

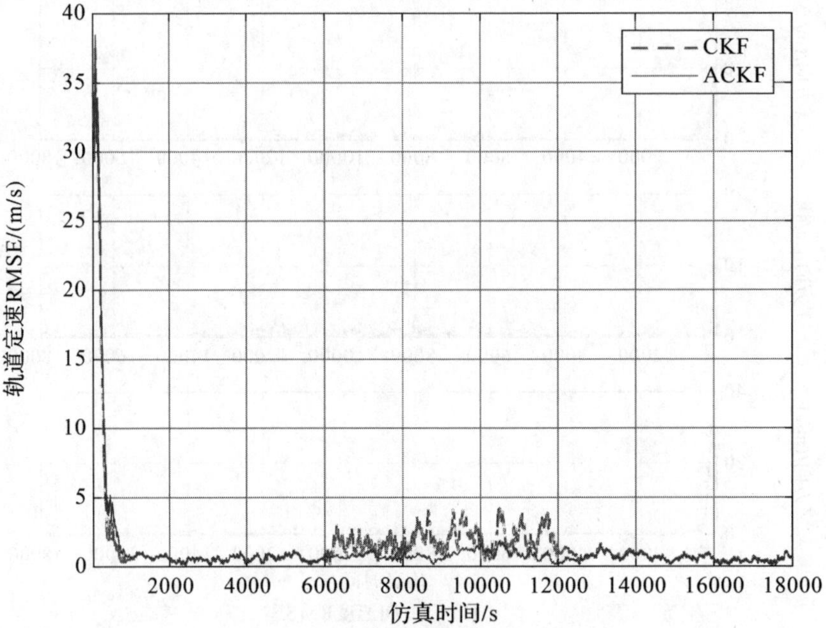

(b) 速度RMSE

图 6-13　自主轨道估计 RMSE

表 6-4　两种滤波算法自主轨道估计平均 RMSE

滤波算法	定位平均 RMSE/m	定速平均 RMSE/(m/s)
CKF	754.561	1.245
ACKF	402.161	0.634

6.1.4　脉冲机动航天器自主轨道估计仿真分析

航天器为了执行不同的空间载荷任务，经常需要进行脉冲轨道机动，这会使轨道状态在瞬间发生改变，从而使传统滤波算法无法进行有效的自主轨道估计。为此，本节采用 4.1 节中强跟踪容积卡尔曼滤波算法进行自主轨道估计，并对其进行仿真分析。

仿真程序同样由 STK 与 MATLAB 联合实现，在 STK 中采用 Astrogator 模块仿真航天器脉冲机动场景。航天器的轨道历元为 7 Jun 2018 04：00：00/UTC，半长轴为 6878.14km，偏心率为 0，轨道倾角为 60.8°，升交点赤经为 120°，近地点幅角为 0°，真近点角为 30°，航天器进行两次脉冲机动，第一次脉冲机动时间为 7 Jun 2018 05：00：00/UTC，脉冲大小为 $\Delta \boldsymbol{v}_1 = (0.6, 0.3, 0.1)$ km/s，第二次脉冲机动时间为 7 Jun 2018 07：00：00/UTC，脉冲大小为 $\Delta v_2 = 0.2$km/s，如图 6－14 所示。

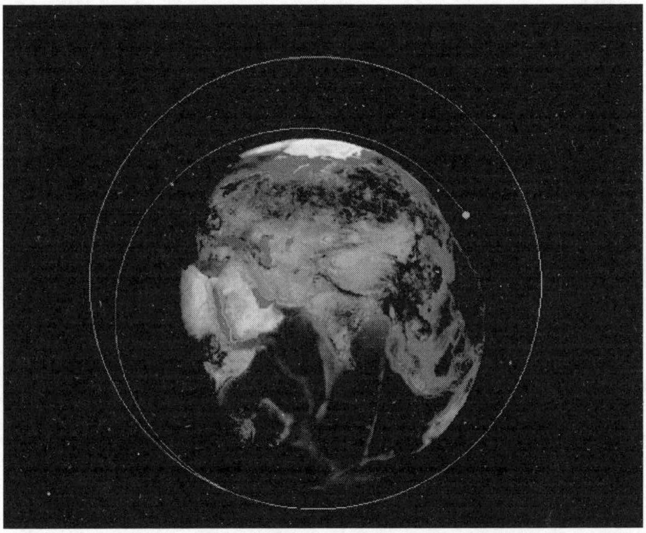

图 6－14　航天器脉冲机动 STK 示意图

仿真结果如图 6－15 和图 6－16 所示。从两图中可以看出，在两次脉冲机动时间点上，轨道状态发生突变，CKF 算法的 RMSE 曲线在轨道状态突变后的一段时间内较大，表明其在该时间段内无法有效进行自主轨道估计，而 ISTCKF 算法几乎不存在这样的区域，表明其在轨道状态突变后立刻跟踪上了新的状态。为了定量描述航天器自主轨道估计精度，统计 5000～18000s 内的平均定轨 RMSE，并列于表 6－5。从表中数据可以看出，相比于 CKF 算法，ISTCKF 算法将定位精度和定速精度分别提高了 85.96% 和 63.5%，表明次优渐消因子可以在线实时调整增益矩阵，实现对突变轨道状态的有效快速跟踪，从而验证了 ISTCKF 算法在基于紫外敏感器的脉冲机动航天器自主轨道估计中的有效性。

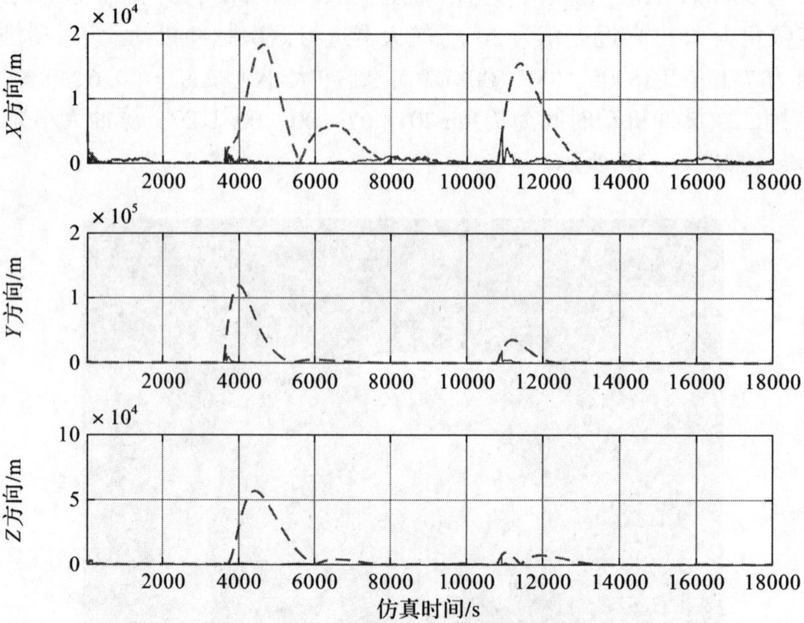

(a) 三方向位置RMSE

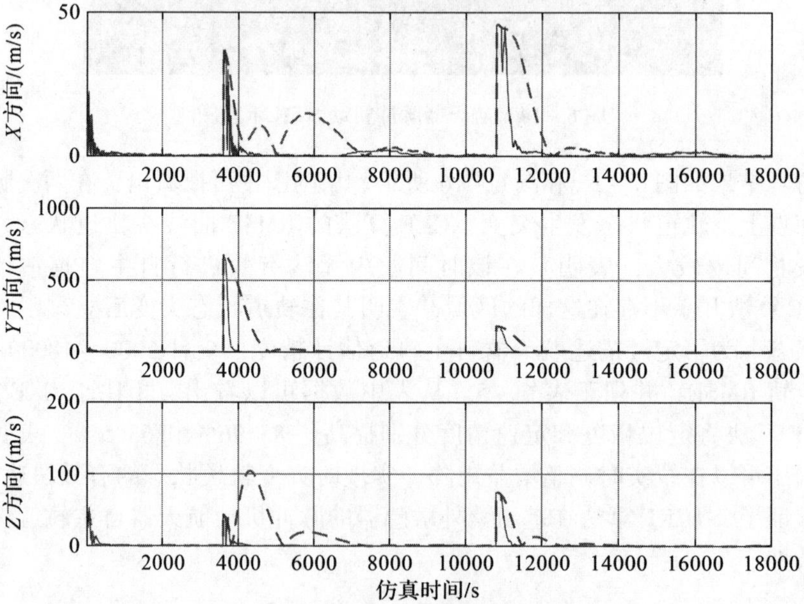

(b) 三方向速度RMSE

图 6-15　三方向自主轨道估计 RMSE

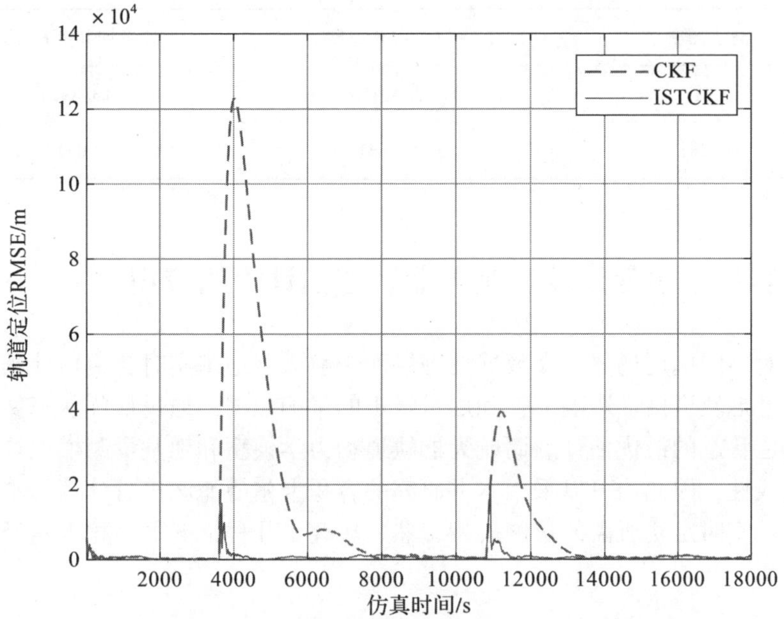

(a) 位置RMSE

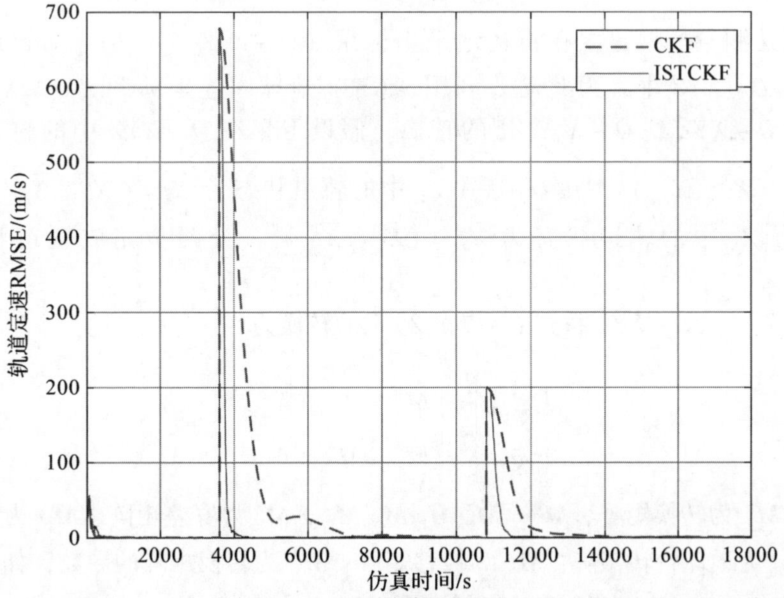

(b) 速度RMSE

图 6－16　自主轨道估计 RMSE

表 6-5　两种滤波算法自主轨道估计平均 RMSE

滤波算法	定位平均 RMSE/m	定速平均 RMSE/(m/s)
CKF	5354.436	13.8923
ISTCKF	751.631	5.0713

6.2　容积卡尔曼滤波在航天器轨道估计中的应用

针对不同应用场景，在数据处理层面，航天器地基实时轨道估计其本质上均是在考虑轨道摄动影响下，利用带噪声的量测数据，通过最优状态估计方法得到轨道状态的最优估计。而航天器轨道动力学模型和地基量测模型均具有较强的非线性，因此均可以采用本书研究的容积卡尔曼滤波进行计算。本节首先给出地基实时定轨所需的量测模型，然后研究了几种情况下容积卡尔曼滤波的应用。

6.2.1　基于地平坐标系转换的地基量测数学模型

雷达测量模型建立在雷达地平坐标系（$O-X_\mathrm{h}Y_\mathrm{h}Z_\mathrm{h}$）中，而轨道模型建立在 $O-XYZ$ 中，因此需要利用 WGS84 地球固连坐标系（$O-X_\mathrm{e}Y_\mathrm{e}Z_\mathrm{e}$）实现从 $O-XYZ$ 到 $O-X_\mathrm{h}Y_\mathrm{h}Z_\mathrm{h}$ 的转换。假设卫星在 $O-XYZ$ 中的轨道状态为 $\boldsymbol{X}_k=(\boldsymbol{X}_{p,k}^\mathrm{T},\boldsymbol{X}_{v,k}^\mathrm{T})^\mathrm{T}$，在 $O-X_\mathrm{e}Y_\mathrm{e}Z_\mathrm{e}$ 中的轨道状态为 $\tilde{\boldsymbol{X}}_k=(\tilde{\boldsymbol{X}}_{p,k}^\mathrm{T},\tilde{\boldsymbol{X}}_{v,k}^\mathrm{T})^\mathrm{T}$，在 $O-X_\mathrm{h}Y_\mathrm{h}Z_\mathrm{h}$ 中的轨道状态为 $\hat{\boldsymbol{X}}_k=(\hat{\boldsymbol{X}}_{p,k}^\mathrm{T},\hat{\boldsymbol{X}}_{v,k}^\mathrm{T})^\mathrm{T}$，分两步完成轨道状态的转换[96]。

首先，从 $O-XYZ$ 系到 $O-X_\mathrm{e}Y_\mathrm{e}Z_\mathrm{e}$ 系的转换为

$$\begin{bmatrix}\tilde{\boldsymbol{X}}_{p,k}\\ \tilde{\boldsymbol{X}}_{v,k}\end{bmatrix}=\begin{bmatrix}\boldsymbol{M}_J^W & \boldsymbol{0}\\ \dot{\boldsymbol{M}}_J^W & \boldsymbol{M}_J^W\end{bmatrix}\begin{bmatrix}\boldsymbol{X}_{p,k}\\ \boldsymbol{X}_{v,k}\end{bmatrix} \tag{6-8}$$

式中：$\boldsymbol{M}_J^W$ 为转换矩阵，$\boldsymbol{M}_J^W=\boldsymbol{M}_\mathrm{Pw}\boldsymbol{M}_\mathrm{Ro}\boldsymbol{M}_\mathrm{Nu}\boldsymbol{M}_\mathrm{Pr}$，$\boldsymbol{M}_\mathrm{Pr}$ 为岁差矩阵，$\boldsymbol{M}_\mathrm{Nu}$ 为章动矩阵，$\boldsymbol{M}_\mathrm{Ro}$ 为地球自转矩阵，$\boldsymbol{M}_\mathrm{Pw}$ 为极移矩阵；$\dot{\boldsymbol{M}}_J^W$ 为转换矩阵的导数，如下式：

$$\dot{\boldsymbol{M}}_J^W=\frac{\mathrm{d}(\boldsymbol{M}_\mathrm{Pw}\boldsymbol{M}_\mathrm{Ro}\boldsymbol{M}_\mathrm{Nu}\boldsymbol{M}_\mathrm{Pr})}{\mathrm{d}t}\approx\boldsymbol{M}_\mathrm{Pw}\frac{\mathrm{d}(\boldsymbol{M}_\mathrm{Ro})}{\mathrm{d}t}\boldsymbol{M}_\mathrm{Nu}\boldsymbol{M}_\mathrm{Pr} \tag{6-9}$$

而 $\mathrm{d}(\boldsymbol{M}_\mathrm{Ro})/\mathrm{d}t$ 为如下地球自转矩阵的导数矩阵：

$$\frac{\mathrm{d}(\boldsymbol{M}_{\mathrm{Ro}})}{\mathrm{d}t}=\begin{bmatrix}0 & \omega_{\mathrm{e}} & 0\\ -\omega_{\mathrm{e}} & 0 & 0\\ 0 & 0 & 0\end{bmatrix}\cdot\boldsymbol{M}_{\mathrm{Ro}} \tag{6-10}$$

式中：ω_{e} 为地球自转角速度。

从 $O-X_{\mathrm{e}}Y_{\mathrm{e}}Z_{\mathrm{e}}$ 系到 $O-X_{\mathrm{h}}Y_{\mathrm{h}}Z_{\mathrm{h}}$ 系的转换如下：

$$\begin{bmatrix}\hat{\boldsymbol{X}}_{p,k}\\ \hat{\boldsymbol{X}}_{v,k}\end{bmatrix}=\begin{bmatrix}\boldsymbol{M}_W^H & \boldsymbol{0}\\ \boldsymbol{0} & \boldsymbol{M}_W^H\end{bmatrix}\begin{bmatrix}\tilde{\boldsymbol{X}}_{p,k}\\ \tilde{\boldsymbol{X}}_{v,k}\end{bmatrix}-\begin{bmatrix}\boldsymbol{M}_W^H\boldsymbol{Y}_{c,k}\\ \boldsymbol{0}\end{bmatrix} \tag{6-11}$$

式中：$\boldsymbol{M}_W^H$ 为转换矩阵，即

$$\boldsymbol{M}_W^H=\begin{bmatrix}-\sin\lambda & \cos\lambda & 0\\ -\sin\varphi\cos\lambda & -\sin\varphi\sin\lambda & \cos\varphi\\ \cos\varphi\cos\lambda & \cos\varphi\sin\lambda & \sin\varphi\end{bmatrix} \tag{6-12}$$

式中：λ 为雷达地心经度；φ 为雷达地心纬度。

同时，可以换算成雷达在 $O-X_{\mathrm{e}}Y_{\mathrm{e}}Z_{\mathrm{e}}$ 中的地心坐标 $\boldsymbol{Y}_{\mathrm{c}}=(x_{\mathrm{c}},\ y_{\mathrm{c}},\ z_{\mathrm{c}})^{\mathrm{T}}$，将式（6－8）代入式（6－11）可得

$$\begin{bmatrix}\hat{\boldsymbol{X}}_{p,k}\\ \hat{\boldsymbol{X}}_{v,k}\end{bmatrix}=\begin{bmatrix}\boldsymbol{M}_W^H & \boldsymbol{0}\\ \boldsymbol{0} & \boldsymbol{M}_W^H\end{bmatrix}\begin{bmatrix}\boldsymbol{M}_J^W & \boldsymbol{0}\\ \dot{\boldsymbol{M}}_J^W & \boldsymbol{M}_J^W\end{bmatrix}\begin{bmatrix}\boldsymbol{X}_{p,k}\\ \boldsymbol{X}_{v,k}\end{bmatrix}-\begin{bmatrix}\boldsymbol{M}_W^H\boldsymbol{Y}_c\\ \boldsymbol{0}\end{bmatrix} \tag{6-13}$$

于是，便得到轨道状态从 $O-XYZ$ 到 $O-X_{\mathrm{h}}Y_{\mathrm{h}}Z_{\mathrm{h}}$ 的转换，如式（6－13）所示。为了得到 $O-X_{\mathrm{h}}Y_{\mathrm{h}}Z_{\mathrm{h}}$ 中的量测值与轨道状态的关系，将 $\hat{\boldsymbol{X}}_{p,k}$ 和 $\hat{\boldsymbol{X}}_{v,k}$ 写成具体向量的形式为 $\hat{\boldsymbol{X}}_{p,k}=(\hat{x}_k,\hat{y}_k,\hat{z}_k)^{\mathrm{T}}$ 和 $\hat{\boldsymbol{X}}_{v,k}=(\hat{v}_{x,k},\hat{v}_{y,k},\hat{v}_{z,k})^{\mathrm{T}}$，则雷达的测距值 R_k、方位角 A_k 和俯仰角 E_k 与轨道状态之间的几何关系为

$$\begin{cases}R_k=\sqrt{\hat{x}_k^2+\hat{y}_k^2+\hat{z}_k^2}\\ A_k=\arctan\dfrac{\hat{y}_k}{\hat{x}_k}\\ E_k=\arctan\dfrac{\hat{z}_k}{\sqrt{\hat{x}_k^2+\hat{y}_k^2}}\end{cases} \tag{6-14}$$

式（6－14）可以写成如下离散量测方程的形式：

$$\boldsymbol{Z}_k=\boldsymbol{h}(\boldsymbol{X}_k)+\boldsymbol{v}_k \tag{6-15}$$

式中：$\boldsymbol{Z}_k$ 为 k 时刻的量测值，$\boldsymbol{Z}_k=(R_k,A_k,E_k)^{\mathrm{T}}$；$\boldsymbol{h}(\cdot)$ 为式（6－14）中非线性关系；$\boldsymbol{v}_k$ 为量测噪声。

6.2.2 单站轨道降维实时估计仿真分析

由式（6－14）可知，量测方程的非线性全部由轨道状态中的位置状态引起，因此，为了降低实时定轨的计算量，提高滤波的实时性，可以采用前述降维容积卡尔曼滤波算法，从而在量测过程中将系统维度从六维降低为三维。仿真软件同样由 STK 和 MATLAB 联合实现，由 STK 提供标称轨道数据，利用其 Access 模块生成测站地平坐标系中的模拟测距和测角值，STK 中建立的场景如图 6－17 所示。滤波算法在 MATLAB 中实现。

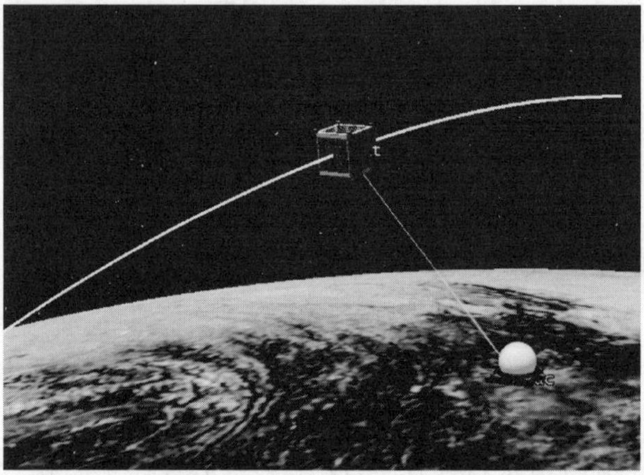

图 6－17　地基实时轨道估计 STK 仿真场景

在仿真实验中，航天器运行于低轨太阳同步轨道，其轨道历元为 12 Jun 2018 05：00：00/UTC，半长轴 6878.14km，偏心率 0，轨道倾角 97.4065°，升交点赤经 260.476°，近地点幅角 0°，真近点角 0°。雷达站地理纬度为 30.643°，经度为 103.892°。雷达站对低轨卫星的可见时间窗口持续 332s。假设测距精度为 60m，测角精度为 0.02°。

滤波初始轨道状态为 $\hat{\boldsymbol{x}}_0^+ = (276876, 5096280, 4596172, 1563, 4965, -5563)^{\mathrm{T}}$。

初始协方差矩阵为 $\boldsymbol{P}_0^+ = \mathrm{diag}(10^6, 10^6, 10^6, 10^2, 10^2, 10^2)$。

采用位置 RMSE 和速度 RMSE 来评价实时定轨结果，RMSE 定义如下：

$$\mathrm{RMSE}_{p,k} = \sqrt{\frac{1}{N}\sum_{n=1}^{N}\left((r_x^n - \hat{r}_x^n)^2 + (r_y^n - \hat{r}_y^n)^2 + (r_z^n - \hat{r}_z^n)^2\right)} \quad (6-16)$$

在仿真中比较了 CKF 和 RDCKF 两种算法，仿真结果如图 6－18 和图 6－19 所示，统计仿真结果平均值列于表 6－6。从两图中可以看出，CKF 的滤波估计曲线与 RDCKF 基本重合，表明两种算法的滤波估计性能基本一致。表 6－6 中的数据进一步验证了这个结论，从表 6 – 6 中的定轨精度可以看出，由于 RDCKF 仅采用部分状态进行滤波递推，因此相比较 CKF 算法定轨精度稍低，但是在实时定轨的应用层面，这部分区别可以忽略。而相对运行时间则有明显提高，从而验证了降维计算的有效性。

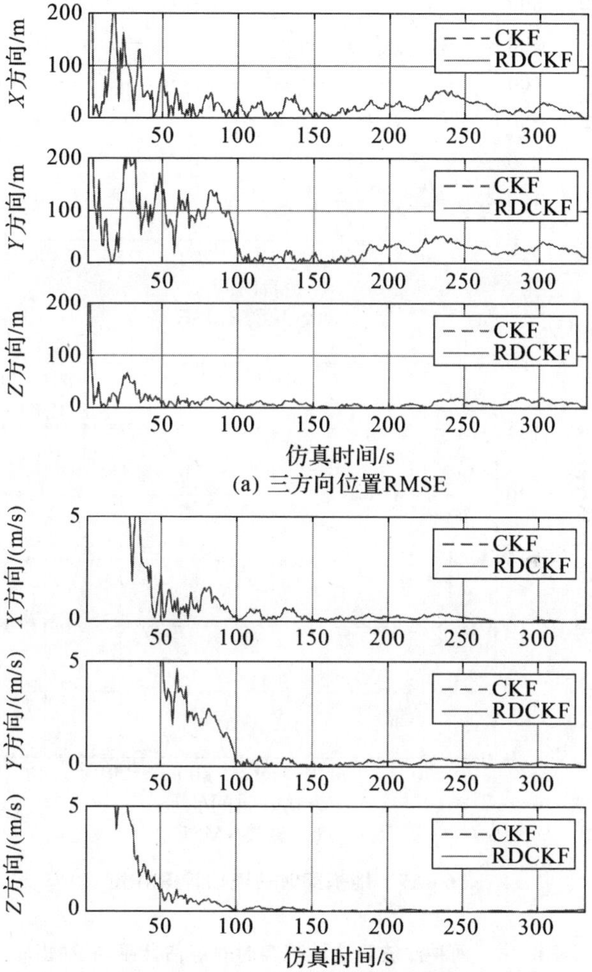

(a) 三方向位置RMSE

(b) 三方向速度RMSE

图 6 – 18　三方向地基实时轨道估计 RMSE

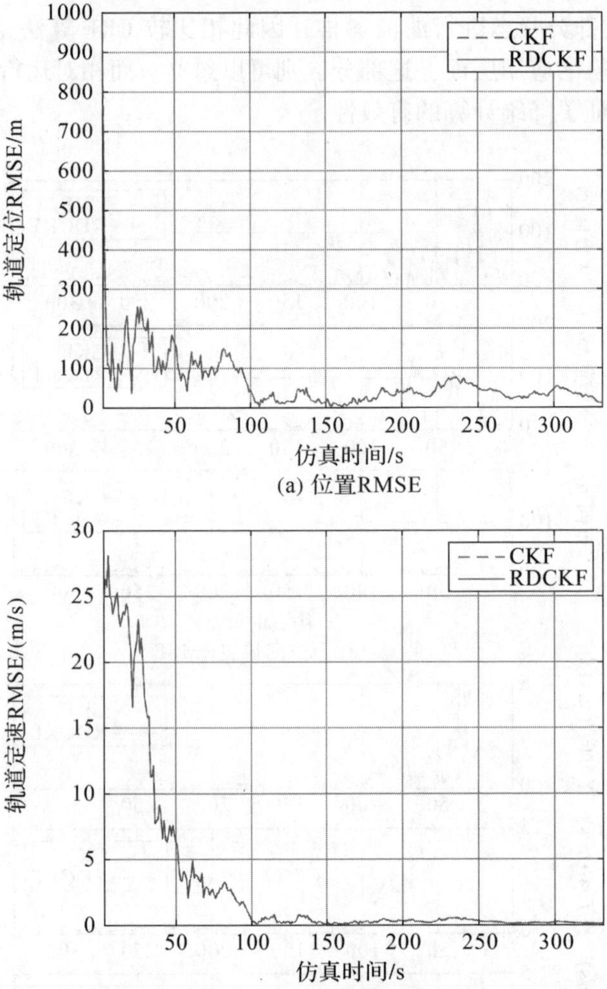

(a) 位置RMSE

(b) 速度RMSE

图 6-19　地基实时轨道估计 RMSE

表 6-6　两种滤波算法地基实时轨道估计平均 RMSE

滤波算法	定位平均 RMSE/m	定速平均 RMSE/(m/s)	运行时间/s
CKF	32.8746	0.2752	1
RDCKF	32.8808	0.2753	0.886

6.2.3 非高斯噪声实时轨道估计仿真分析

在地基实时轨道估计过程中，同样可能遇到非高斯闪烁噪声的情况，闪烁噪声是目标跟踪中一种常见的非高斯噪声，由散射中心理论可知，在雷达扩展目标跟踪过程中，目标可以认为由若干个散射中心组成，而目标的整体回波可以认为是由该散射中心的回波反射组合而成，组合结果可以等效成一个视在中心，该视在中心位置即为实际测得的位置。然而，目标不同部位的散射强度的随机变化会造成散射中心的反射随之变化，进而造成视在中心的变化，从而导致闪烁噪声。

与高斯噪声的分布不同，闪烁噪声的分布具有长拖尾的特点，而在均值附近区域则具有类似高斯分布的形状。研究表明，闪烁噪声概率密度可以看作高斯概率密度与另一种长拖尾概率密度的叠加，其中高斯概率密度具有较大的发生概率。本节采用两个高斯概率密度的加权和来描述闪烁噪声的概率密度，即

$$p(\boldsymbol{v}_k)=(1-\varepsilon)N(\boldsymbol{v}_k;\boldsymbol{r}_1,\boldsymbol{R}_1)+\varepsilon N(\boldsymbol{v}_k;\boldsymbol{r}_2,\boldsymbol{R}_2) \tag{6-17}$$

仿真实验的仿真场景与6.2.2节中一致，而量测值中的两个高斯分量分别如下：

$$\text{分量 1:}\begin{cases}\boldsymbol{r}_1=\boldsymbol{0}\\ \boldsymbol{R}_1=\mathrm{diag}(20^2,(0.02\pi/180)^2,(0.02\pi/180)^2)\end{cases} \tag{6-18}$$

$$\text{分量 2:}\begin{cases}\boldsymbol{r}_2=\boldsymbol{0}\\ \boldsymbol{R}_2=\mathrm{diag}(60^2,(0.06\pi/180)^2,(0.06\pi/180)^2)\end{cases} \tag{6-19}$$

闪烁概率 $\varepsilon=0.25$，闪烁噪声的模拟程序如下：

```
F0 =0;
F1 =u1;
F2 =1;
for k =2:1:332
    a =rand;
    if a >F0 && a <F1
        v(:,k) =sqrtm(R1)*randn(3,1);
    elseif a >F1 && a <F2
        v(:,k) =sqrtm(R2)*randn(3,1);
    end
    z(:,k) =RAE(k,:)' + v(:,k);
end
```

模拟的测距和测角闪烁噪声如图6-20所示。

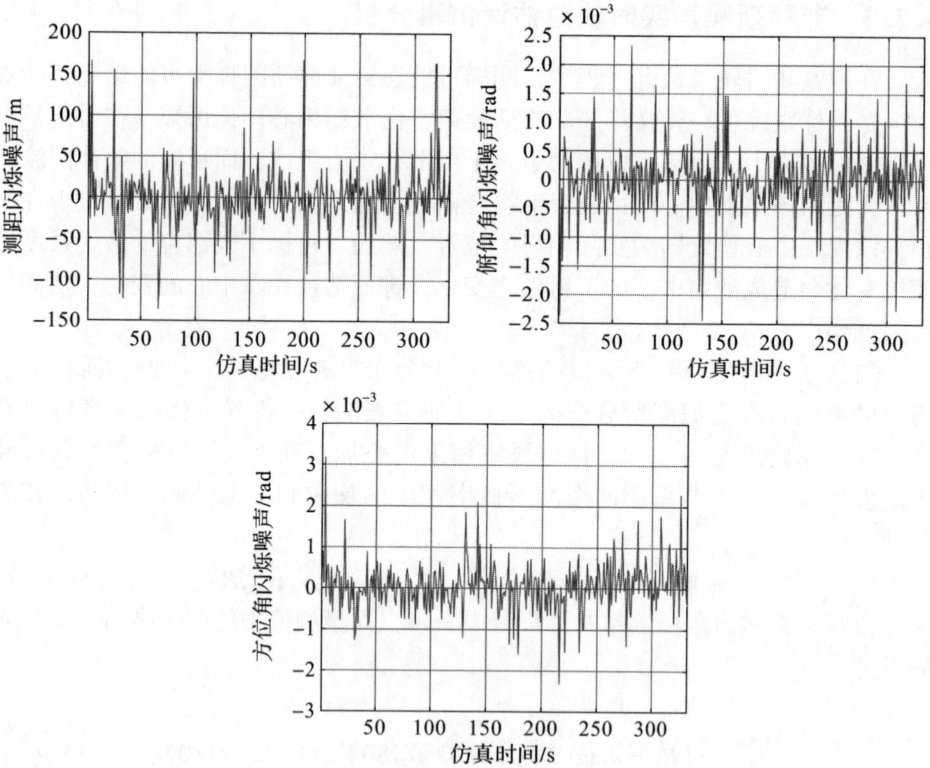

图 6-20　模拟闪烁噪声

仿真中比较 CKF 与 GSCKF 两种算法，在 CKF 算法中，同样采用矩匹配法计算闪烁噪声的均值和协方差，分别为

$$\boldsymbol{r} = \mathrm{E}(\boldsymbol{v}_k) = (1-\varepsilon)\boldsymbol{r}_1 + \varepsilon\boldsymbol{r}_2 \tag{6-20}$$

$$\boldsymbol{R} = \mathrm{E}((\boldsymbol{v}_k-\boldsymbol{r})(\boldsymbol{v}_k-\boldsymbol{r})^{\mathrm{T}}) = (1-\varepsilon)\boldsymbol{R}_1 + \varepsilon\boldsymbol{R}_2 + \hat{\boldsymbol{R}} \tag{6-21}$$

式中：$\hat{\boldsymbol{R}} = (1-\varepsilon)\boldsymbol{r}_1\boldsymbol{r}_1^{\mathrm{T}} + \varepsilon\boldsymbol{r}_2\boldsymbol{r}_2^{\mathrm{T}} - \boldsymbol{r}\boldsymbol{r}^{\mathrm{T}}$。

仿真结果如图 6-21 和图 6-22 所示，统计仿真结果平均值列于表 6-7。从两图中可以看出，GSCKF 算法的 RMSE 曲线明显小于 CKF，表明 GSCKF 算法的实时定轨精度明显高于 CKF 算法。从表中定轨数据可以看出，相比 CKF 算法，GSCKF 算法将定位精度提高了 56.85%，将定速精度提高了 63.8%，从而验证了闪烁噪声条件下 GSCKF 算法在地基实时轨道估计中的有效性。

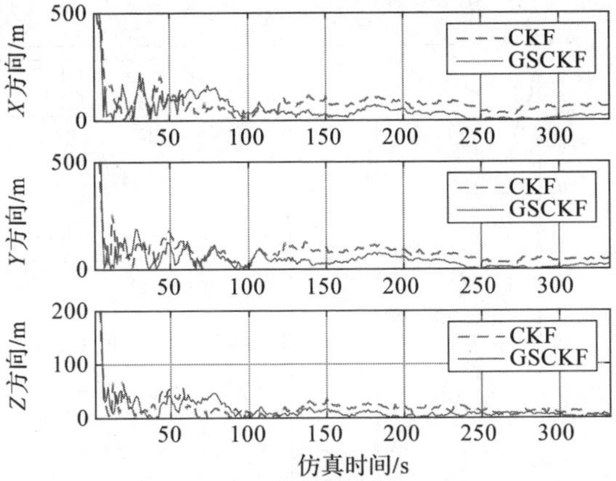

(a) 三方向位置RMSE

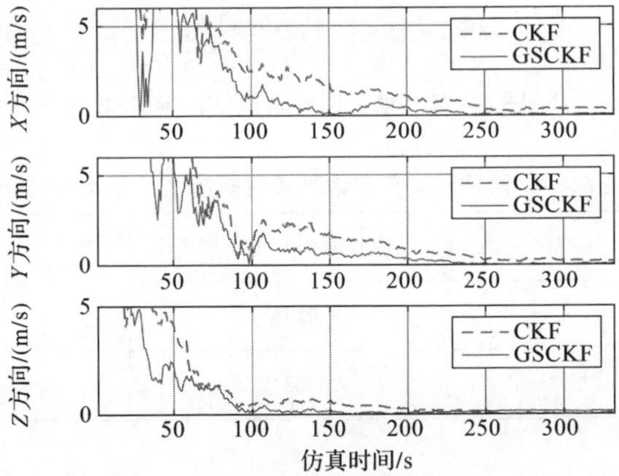

(b) 三方向速度RMSE

图 6－21　三方向地基实时轨道估计 RMSE

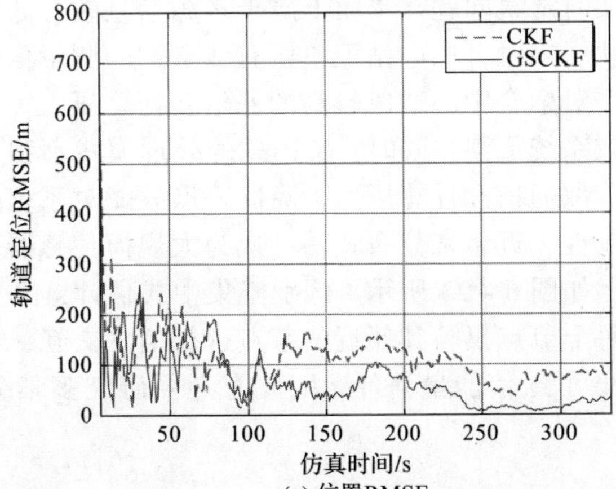

(a) 位置RMSE

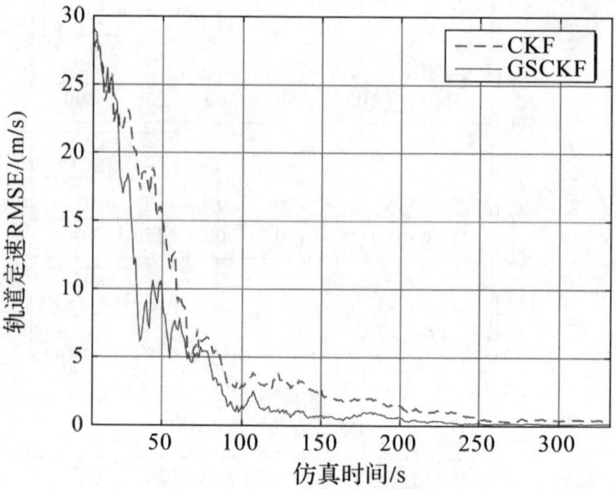

(b) 速度RMSE

图 6-22 地基实时轨道估计 RMSE

表 6-7 两种滤波算法地基实时轨道估计平均 RMSE

滤波算法	定位平均 RMSE	定速平均 RMSE
CKF	98.4156	1.4168
GSCKF	42.4637	0.5130

6.2.4 多站分布式实时轨道估计仿真分析

多站分布式实时定轨问题在本质上属于多源信息融合滤波问题，传统采用多站集中式定轨要求融合中心站汇集所有节点站的测量信息，进行集中式数据处理，一般会对融合中心造成较高的通信和计算压力，而且一旦该中心出现故障，易导致系统崩溃。同时，集中式的处理模式不利于整个系统的容错与扩展。为了分散通信和计算压力，降低节点故障对系统的影响，提高系统容错性与可扩展性，近年来分布式估计成为大规模传感器目标跟踪、监视问题的研究热点，如图 6-23 所示。区别于集中式估计，分布式估计不存在信息融合中心，每个节点仅与其邻近的节点进行信息交互，在提高容错性和扩展性的同时降低了通信能量消耗，因此有必要研究多站分布式实时定轨方法。

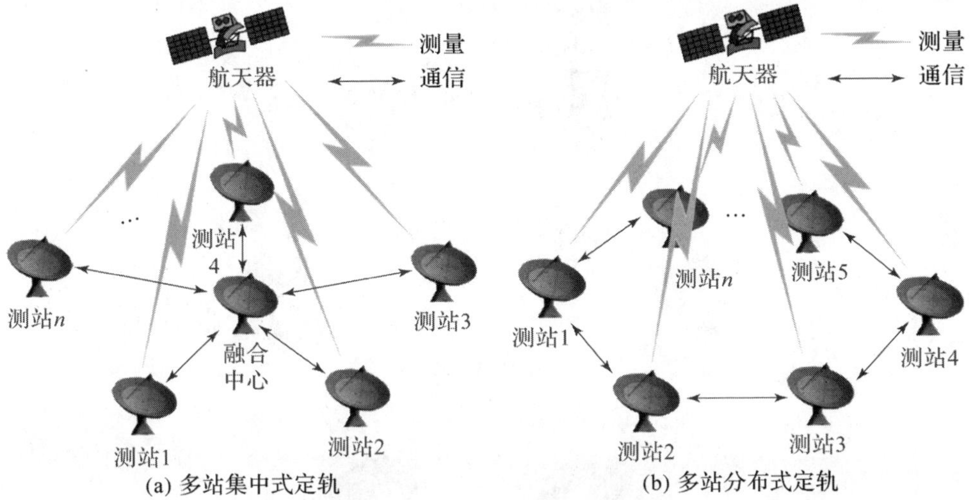

图 6－23　多站定轨模式示意图

采用图论基础来描述多站实时定轨系统，s 个测站处在一个分布式通信网络中，使用无向图 $G=(V,E)$ 对该通信网络拓扑进行建模。其中，$V=(1,2,\cdots,s)$ 为测站节点集合，$E=(d,q)\mid d,q\in V$ 为通信链路集合。当雷达 d 与 q 可以通信时，$(d,q)\in E$，此时称测站 d 与 q 互为邻居测站。测站 d 的邻居测站集合用 N_d 表示，同时记 $J_d=N_d\cup d$ 为邻居测站与自身的并集。假设每个节点测站均具备测量能力，通过与其邻居测站的分布式信息交互融合实现对航天器的协同渐进一致定轨。

在仿真实验中，主要考虑高阶非球形摄动、大气阻力摄动、太阳光压摄动、三体引力摄动和潮汐摄动，其中大气阻力系数 $c_d=2.2$，太阳光压系数 $c_r=1$，航天器的面质比为 0.02m^2/kg，采用 Jacchia－Roberts 大气模型，航天器运行于低轨太阳同步轨道。

6 个测站的经纬度及通信拓扑关系如图 6－24 所示，假设测距精度为 50m，测角精度为 0.02°，最小测量仰角为 10°。6 个测站对航天器的共同可见时间为 370s。如图 6－24 所示，每个测站仅与其相邻的两个邻居测站通信，双向箭头表示通信关系，系统中不存在数据融合中心。仿真算法采用 4.4.4 节的分布式容积卡尔曼一致性滤波算法，滤波初值为

滤波初始轨道状态为 $\hat{\boldsymbol{x}}_0^+=(-1485607,4323895,5272734,-327,5803,-4830)^{\mathrm{T}}$

初始协方差矩阵为 $\boldsymbol{P}_0^+=\mathrm{diag}(10^6,10^6,10^6,10^2,10^2,10^2)$

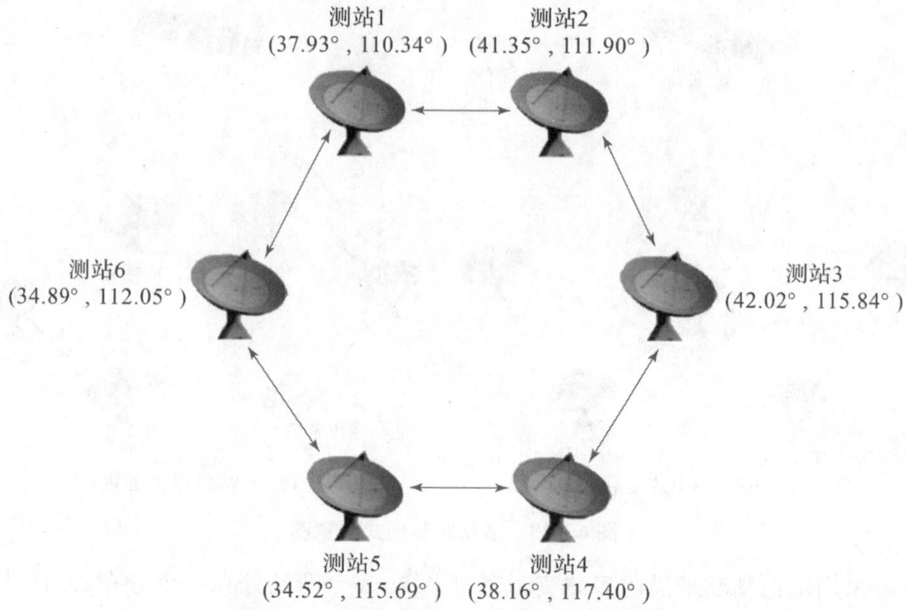

图6-24 测站通信拓扑与经纬度示意图

在仿真中，滤波周期1s，同样采用RMSE描述定轨精度。仿真结果如图6-25所示。统计平均定轨RMSE，并列于表6-8。从仿真结果可以看出，分布式实时定位精度约为9m，定速精度约为0.1m/s，明显高于前述仿真实验结果，从而表明多测站分布式信息融合具有更高的精度。从图6-25中的仿真曲线可以看出，分布式定轨算法通过测站间的分布式通信与数据流动融合，实现了对航天器轨道状态的渐进一致估计，从而避免了传统集中式处理中较高的通信和计算压力。每个测站的估计结果基本相同，结果间细微的差别主要由系统的非线性引起，因为在非线性卡尔曼滤波中，假设后验概率密度服从高斯分布，本质上是一种次优滤波方法，无法像线性卡尔曼滤波一样得到理论上的最优估计。同时，为了将非线性卡尔曼滤波嵌入分布式滤波中而引入的伪观测矩阵同样会带来一些误差，但每个测站估计值间的差别在应用中是可以接受的。而且从测站间的通信拓扑结构可以看出，每个测站仅与其邻居测站通信，滤波中间数据在整个无线网络中分布式流动，从而避免了将所有数据发送到融合中心的集中式处理，提高了系统的容错性与可扩展性。

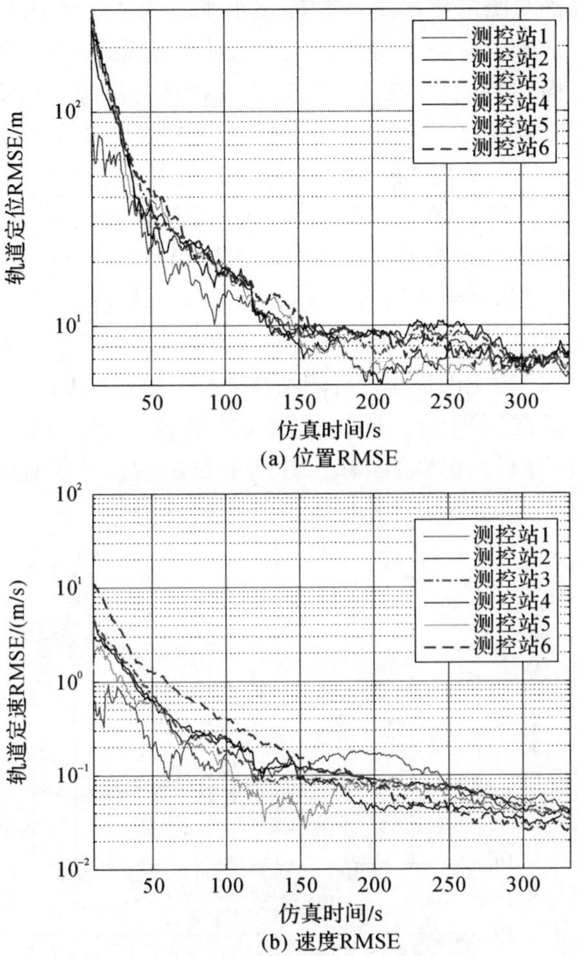

(a) 位置RMSE

(b) 速度RMSE

图 6－25　地基分布式轨道估计 RMSE

表 6－8　各测站地基分布式实时轨道估计平均 RMSE

滤波器	定位平均 RMSE/m	定速平均 RMSE/(m/s)
测站 1	8. 9311	0. 1089
测站 2	9. 6738	0. 0914
测站 3	9. 2447	0. 0789
测站 4	8. 2266	0. 0721
测站 5	8. 1347	0. 0598
测站 6	9. 3850	0. 1004

卫星应用设备的便携化程度和智能化水平直接决定着用户应用空间信息的能力。研究便于携带、易于操作、具有较强信息接收和处理能力的智能化手持终端（下文简称终端），在过境窗口内直接从卫星接收信息，采用个性化软件对信息进行按需处理，从而满足多样快变的信息处理需求。终端上安装有小型全向杆状天线，采用多普勒原理测量其与卫星之间的径向距离变化率，即仅具有测速元素，设备简单且误差源少。以某颗在轨运行的小卫星为例，其S频段下行遥测频率为2.3GHz，EIRP值为3dBW，当终端天线增益设计为0dB时，终端的有效作用距离约为1100km，即对轨道高度400km以下的卫星在最低15°仰角的过境弧段内可以保证0.1m/s的测速误差。从而具备对低轨卫星应急测控的功能，该功能也是对传统测站在低轨卫星测控上的一种有效补充。

在仿真中，滤波周期1s，同样采用RMSE描述定轨精度。仿真结果如图6-26所示。统计平均定轨RMSE，并列于表6-9。从仿真结果可以看出，

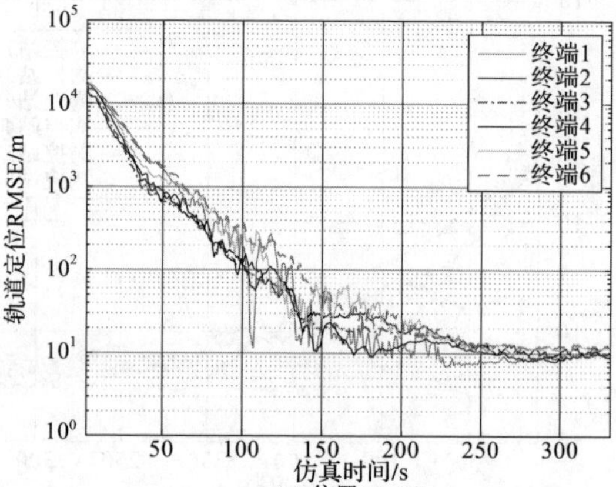

(a) 位置RMSE

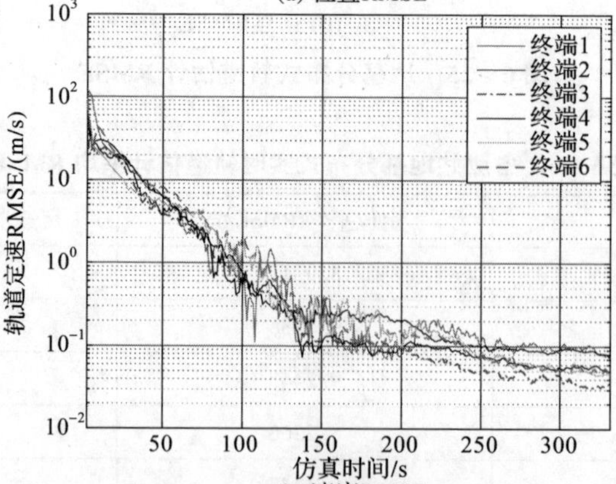

(b) 速度RMSE

图6-26　地基分布式轨道估计RMSE

分布式实时定位精度约为40m，定速精度约为0.2m/s，明显高于前述仿真实验结果，从而表明多终端分布式信息融合具有更高的定轨精度。从图6-26中的仿真曲线可以看出，分布式定轨算法通过终端间的分布式通信与数据流动融合，实现了对航天器轨道状态的渐进一致估计，从而避免了传统集中式处理中较高的通信和计算压力。

表6-9 各终端地基分布式实时轨道估计平均RMSE

滤波器	定位平均RMSE/m	定速平均RMSE/(m/s)
终端1	29.307	0.198
终端2	21.904	0.137
终端3	23.083	0.124
终端4	26.629	0.180
终端5	37.804	0.214
终端6	49.092	0.238

参考文献

[1] 李恒年．航天测控最优估计方法［M］．北京：国防工业出版社，2015.

[2] Arasaratnam I，Haykin S，Elliott R J. Discrete – time nonlinear filtering algorithms using Gauss – Hermite quadrature［J］. Proceedings of the IEEE，2007，95（5）：953 – 977.

[3] Bucy R S，Renne K D. Digital synthesis of nonlinear filters［J］. Automatica，1971，7（3）：287 – 298.

[4] Boutayeb M，Rafaralaby H，Darouach M. Convergence analysis of the extended Kalman filter used as an observer for nonlinear deterministic discrete – time systems［J］. IEEE Transactions on Automatic Control，1997，42（4）：581 – 586.

[5] 盛峥．扩展卡尔曼滤波和不敏卡尔曼滤波在实时雷达回波反演大气波导中的应用［J］．物理学报，2011，60（11）：820 – 826.

[6] Bell B M，Cathey F W. The iterated Kalman filter update as a Gauss – Newton method［J］. IEEE Transactions on Automatic Control，1993，38（2）：294 – 297.

[7] Henriksen R. The truncated second – order nonlinear filter revisited［J］. IEEE Transactions on Automatic Control，1982，27（1）：247 – 251.

[8] 杨争斌，钟丹星，郭福成，等．一种基于高斯牛顿迭代的单站无源定位算法［J］．系统工程与电子技术，2007，29（12）：2006 – 2009.

[9] Athans M，Wishner R，Bertolini A. Suboptimal state estimation for continuous – time nonlinear systems from discretenoisy measurements［J］. IEEE Transactions on Automatic Control，1968，13（5）：504 – 514.

[10] Sage A P，Husa G W. Adaptive filtering with unknown prior statistics［C］//Joint Automatic Control Conference，Colombia City，1969，7：760 – 769.

[11] Yoshimura T，Soeda T A. A technique for compensating the filter performance by a fictitious noise［J］. IEEE Transactions on Dynamic Systems，Measurement and Control，1978，100（2）：154 – 156.

[12] Friedland B. Treatment of bias in recursive filtering［J］. IEEE Transactions on Automatic Control，1969，14（4）：359 – 367.

[13] Ignagni M B. An alternate derivation and extension of Friedland's two – stage Kalman estimator［J］. IEEE Transactions on Automatic Control，1981，26（3）：746 – 750.

[14] 周东华，席裕庚，张钟俊．非线性系统带次优渐消因子的扩展卡尔曼滤波［J］．控制与决策，1990，5（5）：1 – 6.

[15] 周东华，席裕庚，张钟俊．一种带多重次优渐消因子的扩展卡尔曼滤波器［J］．自动化学

报，1991，17（6）：689－695.

［16］Xie X Q，Zhou D H，Jin Y H. Strong tracking filter based adaptive generic model control［J］. Journal of Process Control，1999，9（4）：337－350.

［17］Yu D R，Wang J B. Leak fault detection of liquid rocket engine based on strong tracking filter［J］. Journal of Propulsion and Power，2002，18（2）：280－283.

［18］Jwo D J，Wang S H. Adaptive fuzzy strong tracking extended Kalman filtering for GPS navigation［J］. IEEE Sensors Journal，2007，7（5）：778－789.

［19］Lin C L，Chang Y M，Hung C C，et al. Position estimation and smooth tracking with a fuzzy－logic－based adaptive strong tracking Kalman filter for capacitive touch panels［J］. IEEE Transactions on Industrial Electronics，2015，62（8）：5097－5108.

［20］Ge Q B，Shao T，Chen S D，et al. Carrier tracking estimation analysis by using the extended strong tracking filtering［J］. IEEE Transactions on Industrial Electronics，2017，64（2）：1415－1424.

［21］Daum F. Nonlinear filters：Beyond the Kalman filter［J］. IEEE Aerospace and Electronic Systems，2005，20（8）：57－69.

［22］Leung H，Zhu Z W. Performance evaluation of EKF－based chaotic synchronization［J］. IEEE Transactions on Circuits and Systems I：Fundamental Theory and Applications，2001，48（9）：1118－1125.

［23］Julier S J，Uhlmann J K，Durrant－Whyte H. A new method for the nonlinear transformation of means and covariances in filters and estimators［J］. IEEE Transactions on Automatic Control，2000，45（3）：477－482.

［24］Julier S J，Uhlmann J K. Unscented filtering and nonlinear estimation［J］. Proceedings of the IEEE，2004，92（3）：401－422.

［25］Ito K，Xiong K. Gaussian filters for nonlinear filtering problems［J］. IEEE Transactions on Automatic Control，2000，45（5）：910－927.

［26］潘泉，杨峰，叶亮，等. 一类非线性滤波器——UKF 综述［J］. 控制与决策，2005，20（5）：481－489.

［27］Julier S J. The scaled unscented transformation［C］//Proceedings of American Control Conference. Jefferson City，2002，6：4555－4559.

［28］Julier S J，Uhlmann J K. Comment on "A new method for the nonlinear transformation of means and covariances in filters and estimators"［J］. IEEE Transactions on Automatic Control，2002，47（8）：1408－1409.

［29］Xiong K，Zhang H Y，Chan C W. Performance evaluation of UKF－based nonlinear filtering［J］. Automatica，2006，42（2）：261－270.

［30］王小旭，赵琳，夏金喜，等. 基于 Unscented 变换的强跟踪滤波器［J］. 控制与决策，2010，25（7）：1063－1068.

［31］赵琳，王小旭，薛红香，等. 带噪声统计估计器的 Unscented 卡尔曼滤波器设计［J］. 控制与决策，2009，24（10）：1483－1488.

［32］Arasaratnam I，Haykin S. Cubature Kalman filters［J］. IEEE Transactions on Automatic Control，2009，54（6）：1254－1269.

［33］Arasaratnam I，Haykin S，Hurd T R，Cubature Kalman filtering for continuous－discrete systems：Theory and simulations［J］. IEEE Transactions on Signal Processing，2010，58（10）：4977－4993.

[34] Wang S Y, Feng J C, Tse C K. Novel cubature Kalman filtering for systems involving nonlinear states and linear measurements [J]. AEU – International Journal of Electronics and Communications, 2015, 69 (1): 314 – 320.

[35] Zarei J, Shokri E. Convergence analysis of non – linear filtering based on cubature Kalman filter [J]. IET Science, Measurement & Technology, 2015, 9 (3): 294 – 305.

[36] Xu B, Zhang P, Wen H Z, et al. Stochastic stability and performance analysis of cubature Kalman filter [J]. Neurocomputing, 2016, 186: 218 – 227.

[37] Zhang Y G, Huang Y L, Li N, et al. Embedded cubature Kalman filter with adaptive setting of free parameter [J]. Signal Processing, 2015, 114: 112 – 116.

[38] Potnuru D, Chandra K P B, Arasaratnam I, et al. Derivative – free square – root cubature Kalman filter for non – linear brushless DC motors [J]. IET Electric Power Applications, 2016, 10 (5): 419 – 429.

[39] 赵曦晶，汪立新，何志昆，等. 约简二次扩展平方根容积卡尔曼滤波及其应用 [J]. 航空学报，2014，35 (8): 2286 – 2298.

[40] Chandra K P B, Gu D W, Postlethwaite I. Square root cubature information filter [J]. IEEE Sensors Journal, 2013, 13 (2): 750 – 758.

[41] Zhang L J, Yang H B, Lu H P, et al. Cubature Kalman filtering for relative spacecraft attitude and position estimation [J]. Acta Astronautica, 2014, 105 (1): 254 – 264.

[42] Chen J G, Wang N, Ma L L, et al. Extended target probability hypothesis density filter based on cubature Kalman filter [J]. IET Radar, Sonar and Navigation, 2015, 9 (3): 324 – 332.

[43] Zhao Y W. Performance evaluation of cubature Kalman filter in a GPS/IMU tightly – coupled navigation system [J]. Signal Processing, 2016, 119: 67 – 79.

[44] Li W L, Jia Y M. Location of mobile station with maneuvers using an IMM – based cubature Kalman filter [J]. IEEE Transactions on Industrial Electronics, 2012, 59 (11): 4338 – 4348.

[45] Zhang K, Shan G L. Model – switched Gaussian sum cubature Kalman filter for attitude angle – aided three – dimensional target tracking [J]. IET Radar, Sonar & Navigation, 2015, 9 (5): 531 – 539.

[46] Zhao L Q, Wang J L, Yu T, et al. Nonlinear state estimation for fermentation process using cubature Kalman filter to incorporate delayed measurements [J]. Chinese Journal of Chemical Engineering, 2015, 23 (11): 1801 – 1810.

[47] Wang S Y, Feng J C, Tse C K. Spherical simplex – radial cubature Kalman filter [J]. IEEE Signal Processing Letters, 2014, 21 (1): 43 – 46.

[48] 朱奇光，袁梅，王梓巍，等. 机器人球面单径容积 FastSLAM 算法 [J]. 机器人，2015，37 (6): 708 – 717.

[49] Wu H, Chen S X, Yang B F, et al. Range – parameterised orthogonal simplex cubature Kalman filter for bearings – only measurements [J]. IET Science, Measurement & Technology, 2016, 10 (4): 370 – 374.

[50] Yu F, Sun Q, Lv C Y, et al. A SLAM algorithm based on adaptive cubature Kalman filter [J]. Mathematical Problems in Engineering, 2014. DOI: 10.1155/2014/171958.

[51] Huang W, Xie H S, Shen C, et al. A robust strong tracking cubature Kalman filter for spacecraft attitude estimation with quaternion constraint [J]. Acta Astronautica, 2016, 121: 153 – 163.

[52] 刘万利，张秋昭. 基于 Cubature 卡尔曼滤波的强跟踪滤波算法 [J]. 系统仿真学报，2014，

26（5）：1102－1107.

［53］张龙，崔乃刚，王小刚，等．强跟踪－容积卡尔曼滤波在弹道式再入目标跟踪中的应用［J］．中国惯性技术学报，2015，23（2）：211－218.

［54］杜占龙，李小民，郑宗贵，等．强跟踪平方根容积卡尔曼滤波和自回归模型融合的故障预测［J］．控制理论与应用，2014，31（8）：1047－1052.

［55］徐树生，林孝工，李新飞．强跟踪自适应平方根容积卡尔曼滤波算法［J］．电子学报，2014，42（12）：2394－2400.

［56］徐树生，李娟，温利，等．强跟踪自适应 CKF 及其在动力定位中应用［J］．电机与控制学报，2015，19（2）：101－108.

［57］Jia B，Xin M，Cheng Y. High－degree cubature Kalman filter［J］. Automatica，2013，49（2）：510－518.

［58］张龙，崔乃刚，杨峰，等．高阶容积卡尔曼滤波及其在目标跟踪中的应用［J］．哈尔滨工程大学学报，2016，37（4）：573－578.

［59］赵曦晶，刘光斌，汪立新，等．五阶容积卡尔曼滤波算法及其应用［J］．红外与激光工程，2015，44（4）：1377－1381.

［60］张龙，崔乃刚，王小刚，等．自适应高阶容积卡尔曼滤波在目标跟踪中的应用［J］．航空学报，2015，36（12）：3885－3895.

［61］黄湘远，汤霞清，武萌．5 阶 CKF 在捷联惯导非线性对准中的应用研究［J］．系统工程与电子技术，2015，37（3）：633－638.

［62］Zhang X C. Cubature information filters using high－degree and embedded cubature rules［J］. Circuits Systems and Signal Processing，2014，33（6）：1799－1818.

［63］张文杰，王世元，冯亚丽，等．基于 Huber 的高阶容积卡尔曼跟踪算法［J］．物理学报，2016，65（8）：358－366.

［64］赵利强，陈坤云，王建林，等．基于矩阵对角化变换的高阶容积卡尔曼滤波［J］．控制与决策，2016，31（6）：1080－1086.

［65］Zhang Y G，Huang Y L，Wu Z M，et al. Seventh－degree spherical simplex－radial cubature Kalman filter［C］//Proceedings of the 33rd Chinese Control Conference. Nanjing，China，2014：2513－2517.

［66］李兆铭，杨文革，丁丹，等．高阶球面单形—径向容积求积分卡尔曼滤波算法［J］．通信学报，2017，38（8）：111－117.

［67］Nørgaard M，Poulsen N K，Ravn O. New developments in state estimation for nonlinear systems［J］. Automatica，2000，36（11）：1627－1638.

［68］Huber M F. Chebyshev polynomial Kalman filter［J］. Digital Signal Processing，2013，23（5）：1620－1629.

［69］Sarmavuori J，Sarkka S. Fourier－Hermite Kalman filter［J］. IEEE Transactions on Automatic Control，2012，57（6）：1511－1515.

［70］巫春玲，韩崇昭．平方根求积分卡尔曼滤波器［J］．电子学报，2009，37（5）：987－992.

［71］Jia B，Xin M，Cheng Y. Sparse－grid quadrature nonlinear filtering［J］. Automatica，2012，48（2）：327－341.

［72］Gerstner T，Griebel M. Numerical integration using sparse grids［J］. Numerical Algorithms，1998，18（3）：209－232.

[73] Kalender C, Schottl A. Sparse grid – based nonlinear filtering [J]. IEEE Transactions on Aerospace and Electronic Systems, 2013, 49 (4): 2386 – 2396.

[74] 秦永元，张洪钺，汪叔华．卡尔曼滤波与组合导航原理 [M]. 2 版．西安：西北工业大学出版社，2012.

[75] Olfati – Saber R. Distributed Kalman filter with embedded consensus filters [C] //Proceedings of the 44th IEEE Conference on Decision and Control, and the European Control Conference. Spain, 2005: 8179 – 8184.

[76] Olfati – Saber R. Distributed Kalman filtering for sensor networks [C] //Proceedings of the 46th IEEE Conference on Decision and Control. USA, 2007: 5492 – 5498.

[77] Olfati – Saber R. Kalman – Consensus filter: optimality, stability, and performance [C] //Proceedings of the 48th IEEE Conference on Decision and Control. China, 2009: 7036 – 7042.

[78] Casbeer D W, Beard R. Distributed information filtering using consensus filters [C] //Proceedings of the American Control Conference. USA, 2009: 1882 – 1887.

[79] Li W L, Jia Y M. Consensus – based distributed multiple model UKF for jump Markov nonlinear systems [J]. IEEE Transactions on Automatic Control, 2012, 57 (1): 227 – 233.

[80] Phillips G M. A survey of one – dimensional and multidimensional numerical integration [J]. Computer Physics Communications, 1980, 20 (1): 17 – 27.

[81] James L, Darmofal D L. Higher – dimensional integration with Gaussian weight for applications in probabilistic design [J]. SIAM Journal on Scientific Computting, 2004, 26 (2): 613 – 624.

[82] Stroud A H. Approximate calculation of multiple integrals [M]. Englewood Cliffs, NJ: Prentice – Hall, 1971.

[83] Wei D L, Cui Z S, Chen J. Uncertainty quantification using polynomial chaos expansion with points of monomial cubature rules [J]. Computers and Structures, 2008, 86 (23/24): 2102 – 2108.

[84] Li Z M, Yang W G, Ding D, et al. A novel fifth – degree cubature Kalman filter approaching the lower bound on the number of cubature points [J]. Circuits, Systems, and Signal Processing, 2018, 37 (9): 4090 – 4108.

[85] Li Z M, Yang W G, Ding D, et al. A novel fifth – degree strong tracking cubature Kalman filter for two – dimensional maneuvering target tracking [J]. Mathematical Problems in Engineering, 2018. DOI: 10. 1155/2018/5918456.

[86] Einicke G A, White L B. Robust extended Kalman filtering [J]. IEEE Transactions on Signal Processing, 1999, 47 (9): 2596 – 2599.

[87] Yang F W, Wang Z O, Lauria S, et al. Mobile robot localization using robust extended H_∞ filtering [J]. Proceedings of the Institution of Mechanical Engineers, Part I: Journal of Systems and Control Engineering, 2009, 233 (8): 1067 – 1080.

[88] 刘晓光，胡静涛，王鹤．基于自适应 H_∞ 滤波的组合导航方法研究 [J]. 仪器仪表学报，2014，35 (5)：1013 – 1021.

[89] 李兆铭，杨文革，丁丹，等．多雷达实时定轨的一致性分布式容积信息滤波算法 [J]. 仪器仪表学报，2016，37 (8)：1833 – 1842.

[90] Li Z M, Yang W G, Ding D, et al. Simplex cubature Kalman – consensus filter for distributed space target tracking [J]. Wireless Communications and Mobile Computing, 2018. DOI: 10. 1155/2018/1476426.

[91] Li Z M, Yang W G, Ding D, et al. Time – varying noise statistic estimator based adaptive simplex cubature Kalman filter [J]. Mathematical Problems in Engineering, 2017. DOI: 10. 1155/2017/5349879.

[92] Anderson B D O, Moore J B. Optimal filtering [M]. Englewcod Cliffs, NJ: Prentice – Hall, 1979.

[93] Christopher M B. Pattern recognition and machine learning [M]. New York: Springer, 2006.

[94] Vo B N, Ma W K. The Gaussian mixture probability hypothesis density filter [J]. IEEE Transactions on Signal Processing, 2006, 54 (11): 4091 – 4104.

[95] Li Z M, Yang W G, Ding D, et al. A novel fifth – degree cubature Kalman filter for real – time orbit determination by radar [J]. Mathematical Problems in Engineering, 2017. DOI: 10. 1155/2017/8526804.

[96] 李兆铭，杨文革，丁丹，等．逼近积分点数下限的五阶容积卡尔曼滤波定轨算法 [J]．物理学报，2017，66 (15)：277 – 288.

[97] 乔国栋，李铁寿，王大轶．基于紫外敏感器的地月转移轨道慢旋探测器自主导航算法 [J]．宇航学报，2009，30 (2)：492 – 496.